"十四五"职业教育国家规划教材

重庆市中等职业教育电类专业共建共享系列教材
CHONGQINGSHI ZHONGDENG ZHIYE JIAOYU
DIANLEI ZHUANYE GONGJIAN GONGXIANG XILIE JIAOCAI

电子技术基础与技能

DIANZI JISHU JICHU YU JINENG

总主编 / 周永平
主　编 / 辜小兵　张　川　邱堂清
副主编 / 李小琼　马晓芳　罗朝平　杨　鸿
编　者（排名不分先后）
张　恒　高　岭　张　军　向　娟
程时鹏　钮长兴　田永华　杨　波
李命勤　雷菊华
主　审 / 杨清德

重庆大学出版社

内容提要

本书为重庆市中等职业教育电类共建共享系列教材中的一本,经全国中等职业教育教材审定委员会审定通过。本书依据教育部最新颁布的《中等职业学校电子技术基础与技能教学大纲》,并参照了有关的国家职业技能标准和行业的职业技能鉴定规范,结合重庆市中等职业学校的实际教学情况编写而成。

本书设计了3个项目共10个任务,以10个功能电路为载体,采用理实一体的方式,介绍了模拟电子技术的二极管及应用、直流稳压电源、三极管及放大电路、反馈电路、振荡电路、无线信号的发射与接收等知识,还介绍了数字电子技术的数字电路基础、组合逻辑电路、触发器、时序逻辑电路、脉冲产生与变换等知识。本书将关键知识、技能融合在工作任务的完成过程中。

本书配有课堂教学设计和PPT、操作视频、配套练习、题库(包括纸质书和网络考试平台)、实训套件等教学资源。

本书可作为三年制中等职业教育电类专业的教材,也可作为初中起点的五年一贯制大专电类专业的教材,还可作为相关电类专业工程技术人员的岗位培训教材。

图书在版编目(CIP)数据

电子技术基础与技能 / 辜小兵,张川,邱堂清主编
. —重庆 : 重庆大学出版社, 2018.9(2024.7重印)
重庆市中等职业教育电类专业共建共享系列教材
ISBN 978-7-5689-1154-2

Ⅰ.①电… Ⅱ.①辜… ②张… ③邱… Ⅲ.①电子技术—中等专业学校—教材 Ⅳ.①TN

中国版本图书馆CIP数据核字(2018)第205025号

重庆市中等职业教育电类专业共建共享系列教材

电子技术基础与技能

主　编　辜小兵　张　川　邱堂清

责任编辑:章　可　　版式设计:尹　恒

责任校对:刘志刚　　责任印制:赵　晟

*

重庆大学出版社出版发行

出版人:陈晓阳

社址:重庆市沙坪坝区大学城西路21号

邮编:401331

电话:(023) 88617190　88617185(中小学)

传真:(023) 88617186　88617166

网址:http://www.cqup.com.cn

邮箱:fxk@cqup.com.cn (营销中心)

全国新华书店经销

重庆紫石东南印务有限公司印刷

*

开本:787mm×1092mm　1/16　印张:16.5　字数:381千

2018年9月第1版　　2024年7月第3次印刷

ISBN 978-7-5689-1154-2　定价:39.80元

重庆市中等职业教育电类专业共建共享系列教材

编写委员会

前 言

本书是在重庆市教育科学研究院的组织下，综合了重庆市电类专业30多所共建共享学校的教学经验，结合教育部最新颁布的《中等职业学校电子技术基础与技能教学大纲》，制订了具有重庆市中职电类专业特点的《重庆市中等职业教育电子技术基础与技能课程标准》，以此为依据，参考有关国家职业技能鉴定标准编写而成。本书在编写过程中，认真贯彻落实“以服务为宗旨，以就业为导向，以学生为主体”的职教办学思想，注重中职学生的全面发展，提高中职学生的综合职业能力，对理论和实践相结合的理实一体化教学模式和现代学徒制进行了创新和探索。

电子技术是当代科学技术诸多领域中最重要的基础知识之一，它具有很强的逻辑性、严密性、基础性和可操作性。通过对本书的学习，可以使学生掌握必备的制作电源电路、模拟信号电路、数字信号电路的知识与技能，为学生继续学习其他专业课程奠定基础。

本书精心设计了3个项目共10个任务，让学生从多角度、多方位学习电子技术基础知识与基本技能。每个项目的学习过程都是以完成具体工作任务来进行的，体现了以工作过程为导向的编写理念。本书在编写时严格依据课程标准的要求，具有以下几个特点：

(1)以工作任务为载体，通过左右分栏的编写方式完成理论、技能的教学目标；

(2)以学生为中心，专业知识、专业技能采用3个层次编写，满足学生个性发展的需要；

(3)以能力为本位，突出“做学合一”的职教特色；

(4)根据中职学生特点采用大量实际操作的图片和影像，用图片代替文字的描述，增强学生对知识、技能点的理解和掌握。

本书建议学时为120学时，学时具体分配见下表。

学时分配表

序号	项　目	任　务	学时
1	制作电源电路	制作 LED 台灯	12
		制作串联型稳压电源	12
2	制作模拟信号电路	制作助听器	12
		制作梦幻音响	10
		制作有源音箱	12
		制作对讲机	10
3	制作数字信号电路	制作声光控制电子开关	10
		制作三人表决器	10
		制作八路抢答器	10
		*制作数字毫伏表	12
4	机动(含复习与考试)		10
5	合计		120

带“＊”号为选学内容。

本书有配套的课程教学设计和 PPT、操作视频、题库(包括纸质书和网络考试平台)、实训套件等教学资源,可作为三年制中职电子技术应用、电气技术应用等电类专业的教材,也可作为初中起点的五年一贯制大专电类专业的教材,还可作为相关专业工程技术人员的岗位培训教材。

本书由周永平博士担任总主编,辜小兵、张川、邱堂清担任主编,李小琼、马晓芳、罗朝平、杨鸿担任副主编,杨清德研究员担任主审。任务一由张川、张恒编写;任务二由杨鸿编写,任务三由高岭、张军编写,任务四由马晓芳、向娟编写,任务五由邱堂清、程时鹏编写,任务六由钮长兴编写,任务七由田永华编写,任务八由杨波编写,任务九由李小琼、李命勤编写,任务十由罗朝平、雷菊华编写。辜小兵负责编写大纲,张川负责全书统稿。

本书在编写过程中,得到了重庆市教育科学研究院、重庆大学出版社以及各参编学校等单位领导的高度重视和大力支持,同时也吸引了重庆富淞电子技术有限公司、重庆中鸿意诚科技有限公司、重庆市闻慧科技有限公司等企业参与其中,在此一并表示感谢。本书参考了部分教材及文献资料,在此向原作者致以诚挚的谢意。

由于编者水平有限,书中难免有不妥之处,恳请各位专家和广大读者批评、指正。

编　者

2018 年 6 月

※安全提示

序号	内 容	图 片	说 明
1	教学实训设备安全	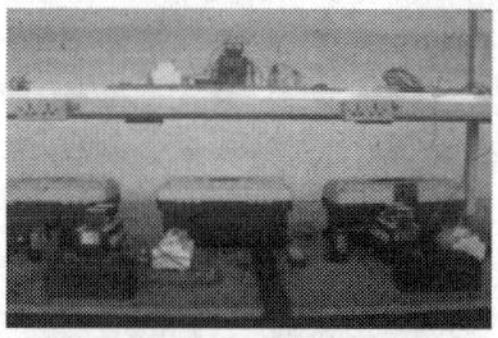	教学实训设备应登记造册，由电工进行定期维护和保养。设备发生故障时，必须由电工维修
2	装配工具安全		使用装配工具前必须先检查，发现存在问题不得使用
3	用电连接安全	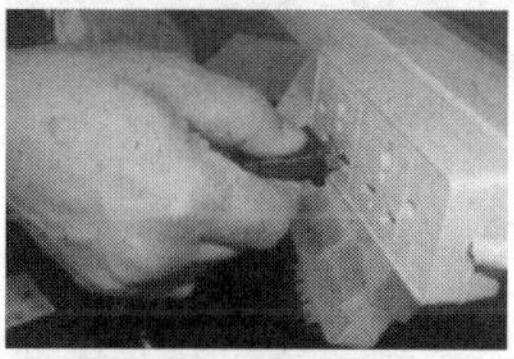 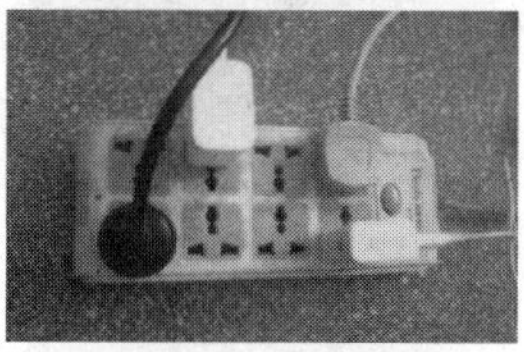	①不得将电线直接插入插头，拔出电线插头时，应该握紧插头拔出，不得拉扯插头的电线从而拔出插头； ②不得用湿手接触插头，因为湿皮肤令人体的电阻大大降低，增加触电的危险； ③不得在同一插座上使用太多插头，以免电力超过负荷，必须使用专用的保险线，不得用铜线、铁丝代替
4	电烙铁使用安全	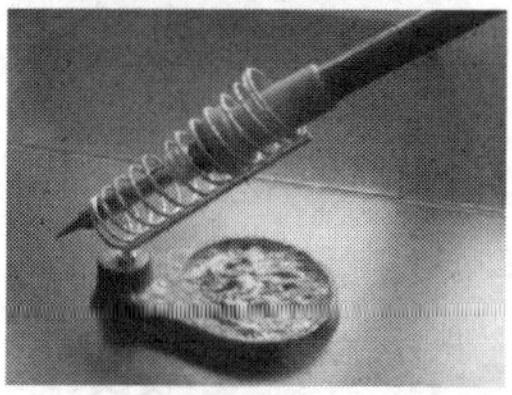 正确  错误	①电烙铁在不使用时的正确放置方法如左上图所示； ②在操作时应避免烙铁头接触不该接触的物体
5	触电急救方法		①切断电源，或用绝缘体（木棍、竹棒、干布等）使伤员快速脱离电源，营救者切勿直接接触伤员； ②现场急救方法如下：进行胸外心脏按压、人工呼吸，同时拨打120急救电话，不要轻易放弃

目 录

项目一

制作电源电路

电源电路是能够为负载装置提供电源的一种电子装置，它的供电电压(市电)是交流电压，而实际应用中的用电器大多数都采用直流供电。直流稳压电路是最常见的供电电路，不管是交流电源供电还是负载电阻发生变化，稳压器输出的直流电压都会始终保持稳定状态。由于大多数电子设备对电源电路的要求是能够提供持续稳定、满足负载要求的直流电能，提供这种稳定的直流电能的电源就是直流稳压电源。因此，测试分析直流稳压电路是学习电子技术人员的基本作业项目之一，本项目主要通过制作与检测直流稳压电源，认识、了解电源电路的工作原理及检测方法。

【项目目标】

- 能了解二极管和三极管的结构、特性、分类、主要参数、作用。
- 能正确分析二极管和三极管的输入、输出特性曲线。
- 能正确分析电流基本放大电路的工作原理。
- 能正确分析整流电路和电容滤波电路的工作原理。
- 能画出桥式整流电容滤波电路，理解其工作原理。
- 会识别和测试二极管、三极管、电阻、电容等电子器件。
- 会规范使用万用表、电烙铁等工具和仪器仪表。
- 会识读装配图，合理组装 LED 台灯、串联型稳压电源电路，能检查、排除直流稳压电源常见故障。
- 树立企业“6S”管理理念。

任务一　制作 LED 台灯

发光二极管的英文简称为 LED，材料是半导体，作用是将电能转换为光能。它具有高亮度、节能、使用寿命长等显著优点，是目前广泛应用的照明光源。LED 台灯就是利用 LED 作为光源制造出来的普通照明器具。本任务是制作如图 1-1 所示的 LED 台灯。

图 1-1　LED 台灯

※工作任务说明

现场提供了制作 LED 台灯的工具、仪表、元器件。按电路原理图（图 1-2）、电路装配图（图 1-3）和制作流程图（图 1-4）完成 LED 台灯的制作，同时将相关数据填入表 1-1 中。

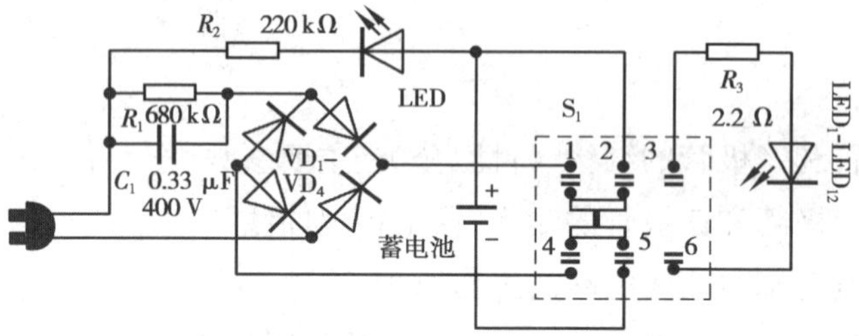

图 1-2　LED 台灯电路原理图

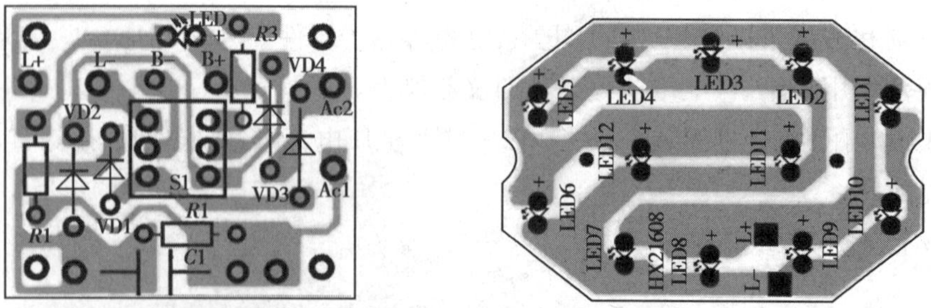

控制电路印制线路板　　　　照明电路印制线路板

图 1-3　LED 台灯电路装配图

图 1-4　制作流程图

表 1-1　LED 台灯制作各项任务完成时间

序号	任务内容	开始时间	结束时间	完成时间
1	清点并归类工具、仪表、元器件			
2	元器件检测			
3	元器件插装			
4	元器件焊接、剪脚			
5	电路检测			
6	电路维修			

※任务实施

活动一　清点并归类工具、仪表、元器件

一、清点并归类工具和仪表

清理本任务所需的工具和仪表，并归类摆放整齐，同时按安全提示要求检查工作现场安全情况，将清理情况写在表 1-2 中。

表 1-2　工具及仪表清单

名称	实物图片	规格/型号	状况
电烙铁			
万用表			

电烙铁

(1)电烙铁的作用、类别、规格

电烙铁的作用：通过焊接把电子元件及五金线材和其他一些金属物体固定在印制线路板上。

电烙铁的类别：按输出功率分为大功率电烙铁和小功率电烙铁；按加热方式分为外热式电烙铁和内热式电烙铁；按功能分为焊接用电烙铁和吸锡用电烙铁。常用的规格有 20 W、30 W 等。

(2)电烙铁的基本结构

电烙铁主要由手柄、加热芯、烙铁头和电源线等组成，如下图所示。

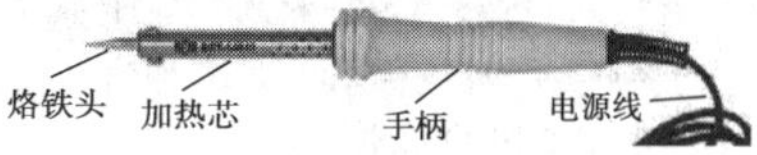

万用表

(1)万用表的作用

万用表主要用于测量阻值、电压、电流，同时辅助测量频率、三极管参数、温度等。

(2)万用表的类别与型号

一类是指针式万用表(内磁式和外磁式)，是以表头为核心部件的多功能测量仪表，测量值由表内指针指示。常用的型号有 MF47 和 MF500 。另一类是数字式万用表，常用的型号有胜利 VC9800 系列、优利德 UT39A、博世 MMD540H 等。

(3)指针式万用表的组成

MF47 型指针式万用表由表盘、内部测量电路及转换开关等组成,如下图所示。

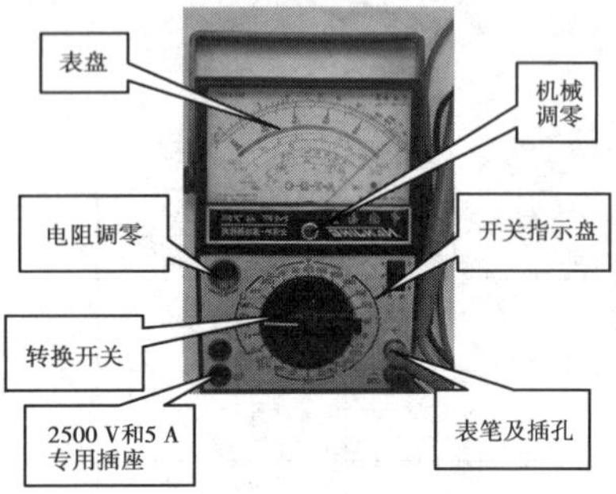

电阻器

(1)电阻器的作用

导体对电流通过时的阻碍作用即为电阻。起电阻作用的元件称为电阻器(简称"电阻"),它用字母"R"表示,其基本单位是欧姆(Ω),常用单位有 kΩ、MΩ 等。

电阻器在电路中的主要作用:分压、分流、阻抗匹配、滤波等。电阻符号如下图所示。

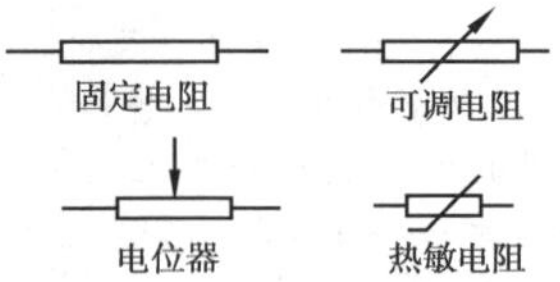

(2)电阻器的类别与规格

按电阻器的制作材料可分为碳膜电阻器、金属膜电阻器、线绕电阻器、水泥电阻器四类。按其精度分为 E-24 电阻器(精度为 5%)和 E-96 电阻器(精度为 1%);按阻值是否可变分为固定电阻器和可变电位器。电阻的实物如下图所示。

固定电阻 贴片电阻 可调电阻

(3)色环电阻的识别

色环电阻的识别如下图所示。

数值的读取方法

颜色	第一段	第二段	第三段	乘数	误差	
黑色	0	0	0	1		
棕色	1	1	1	10	±1%	F
红色	2	2	2	100	±2%	G
橙色	3	3	3	1 kΩ		
黄色	4	4	4	10 kΩ		
绿色	5	5	5	100 kΩ	±0.5%	D
蓝色	6	6	6	1 M	±0.25%	C
紫色	7	7	7	10 M	±0.10%	B
灰色	8	8	8		±0.05%	A
白色	9	9	9			
金色				0.1	±5%	J
银色				0.01	±10%	K
无					±20%	M

续表

名称	实物图片	规格/型号	状况
稳压电源			
斜口钳			
镊子			
螺丝刀			
焊锡丝			
防静电服			

二、清点并归类元器件

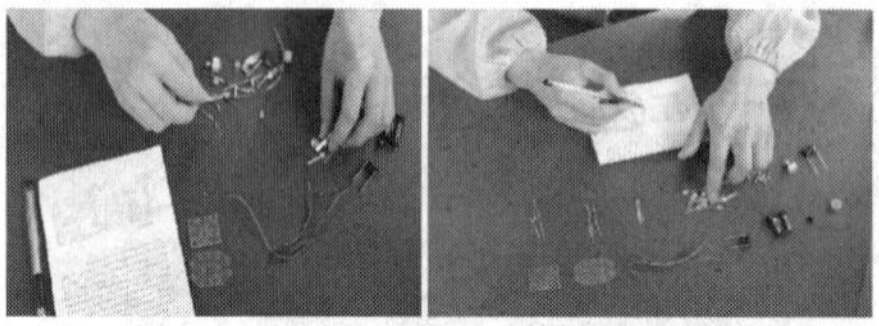

清理本任务所需的元器件,并归类摆放整齐,将元器件的符号、型号/规格、数量填写在表 1-3 中。

表 1-3 元器件清单

名称	位号	实物图片	符号	型号/规格	数量
电阻	R_1				
	R_2				
电容	C_1				
稳压二极管	VD_Z				

续表

名称	位号	实物图片	符号	型号/规格	数量
整流二极管	VD_1—VD_4				
发光二极管	φ3（LED）				
发光二极管	φ5（LED_1-LED_{12}）	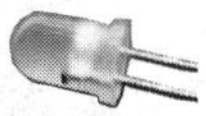			
拨动开关	S_1				
导线 0.8（红色）	—				
导线 0.8（黑色）	—				
充电电池	—				
电路板	—	—	—	—	
LED 灯外壳	—	—	—	—	

操作要点

- 在清点元器件时，注意观察元器件的外观，如有损坏应及时与实训教师沟通并更换。
- 做好清点元器件的登记笔录。
- 将清点好的元器件分类。

活动二　判断元器件质量

一、判断电阻 R_1、R_2 的质量

以判断 R_1 为例，用万用表判断电阻 R_1 质量的操作步骤如下：

电容器

（1）电容器的作用

电容器是一种容纳电荷的器件，是电路中常见的电子元件之一，它通常用于电路中的隔直通交、耦合、旁路、滤波、调谐回路、能量转换、控制等方面。电容器符号如下图所示。

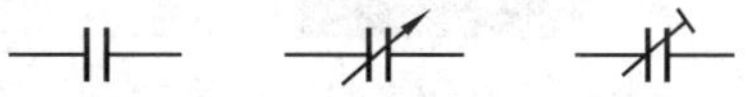

一般电容器　可调电容器　预调电容器

（2）电容器的种类

电容器的种类有很多，按有无极性可分为无极性电容器和有极性电容器；按材料的不同可分为聚丙烯电容器、涤纶电容器、瓷片电容器、云母电容器、独石电容器、电解电容器、钽电容器等。电容器的实物如下图所示。

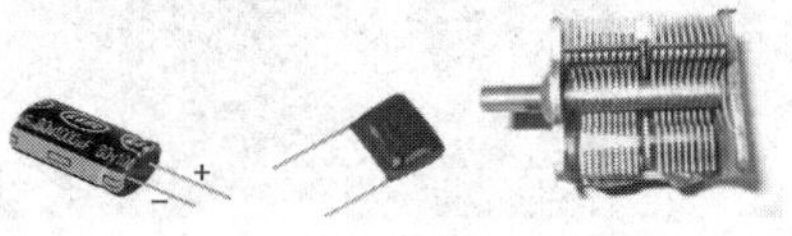

有极性电容器　无极性电容器　可调电容器

二极管

（1）二极管的作用

二极管又称晶体二极管，它是一种能够单向传导电流的电子器件。

二极管在电路中主要起开关、整流、显示等作用。二极管符号如下图所示。

二极管(一般符号)　发光二极管　稳压二极管

（2）二极管的类别、型号

二极管主要有普通二极管、发光二极管、变容二极管、稳压二极管、双向二极管等类型。常用二极管的型号有普通二极管 1N4000 系列、5400 系列，稳压二极管 2CW100 系列等。

<table>
<tr>
<td>①机械调零

水平放置万用表，用一字螺丝刀对准机械调零旋钮，在垂直观察的基础上，将表头表针调整到左端零刻度线处。</td>
<td>②选择量程

根据电路对电阻的要求（阻值是680 kΩ）和量程选择的原则。拨动万用表转换开关使白色标志指向电阻挡 10 kΩ 处。</td>
</tr>
<tr>
<td>③电阻调零

短接红、黑两支表笔，调整表头右下方的电阻调零旋钮，使表头指针指向电阻挡刻度线的零点。</td>
<td>④测量
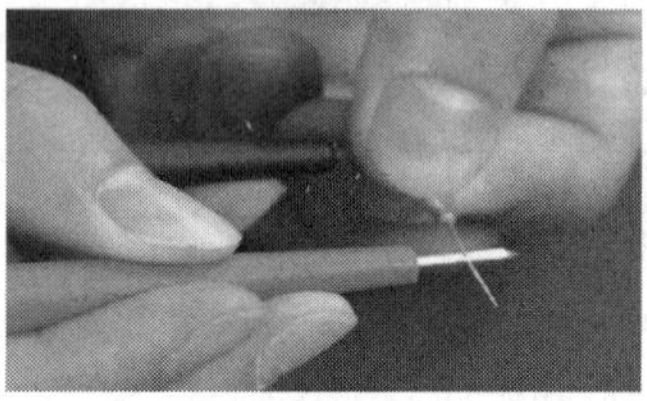
两支表笔分别接电阻的两只引脚，表头读数为68，R_1 的阻值为 68×10 kΩ = 680 kΩ。（选择 $R\times$ 10 kΩ挡位）
结论：此电阻可用。</td>
</tr>
</table>

导师说

①指针式万用表量程选择的原则：指针式万用表在测量中，为了得到比较高的测量精度，在测电阻时，由大到小选择合适的量程，使指针指到刻度的 2/3 处为最佳量程；在测电压、电流时，由大到小选择合适的量程，尽量让指针指到最大刻度位置附近为最佳量程。

②测量的注意事项：在测量时，两只手不可同时接触万用表的两支表笔，否则会影响万用表的测量结果，造成较大的测量误差。

练一练

- 万用表在测量电阻时的表盘指示读数如下左图所示，当选择 $R\times1$ Ω、$R\times10$ Ω、$R\times100$ Ω 挡时，所测得的电阻值分别是________Ω、________Ω、________Ω。
- 用万用表欧姆挡测同一电阻的阻值时，分别用 $R\times1$ Ω、$R\times10$ Ω、$R\times100$ Ω 3 个挡各测量 1 次，指针所指位置如下右图中的①、②、③所示，为了提高测量的准确度应选择的是________挡，被测电阻值约为________ Ω。

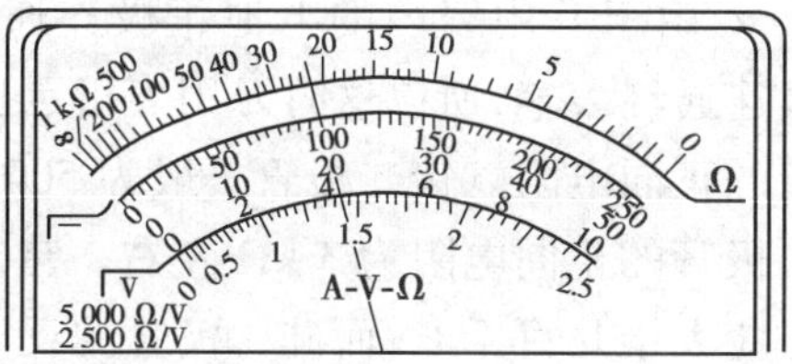

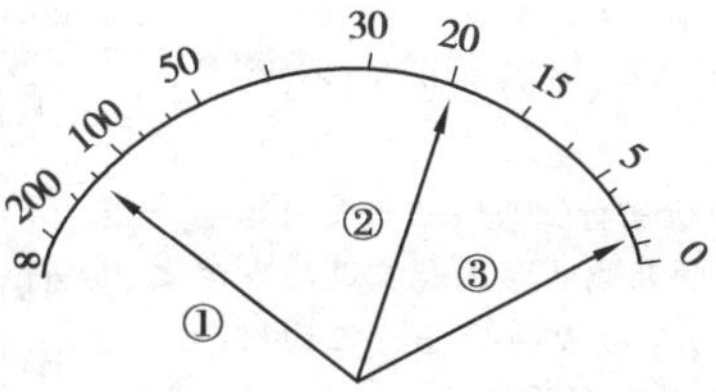

二、判断二极管的质量

操作步骤如下：

①判断整流二极管质量

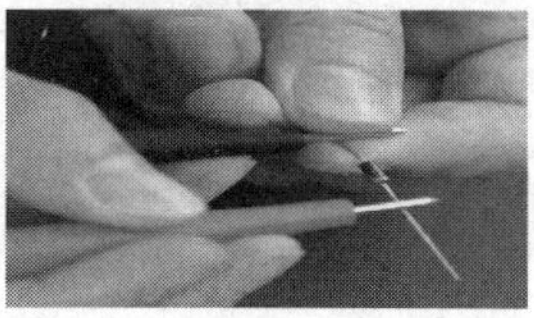

将万用表的转换开关拨到 $R\times1$ kΩ 挡并电调零，两支表笔分别接二极管的两只引脚，表头读数为 2，阻值为 2×1 kΩ = 2 kΩ，为正向电阻，黑笔接的是正极。交换两支表笔，分别再去接二极管的两只引脚，表头读数为∞，阻值为∞ ×1 kΩ = ∞，为反向电阻。

结论：该二极管可用。

②判断发光二极管质量

将万用表的转换开关拨到 $R\times10$ kΩ挡，黑表笔接正极，红表笔接负极，发光二极管发光，此时工作状态为正向导通。

结论：该发光二极管可用。

操作要点

- 指针式万用表电阻挡每变换一次挡位，需要重新进行欧姆调零。

(3)二极管的结构

二极管的结构如下图所示。

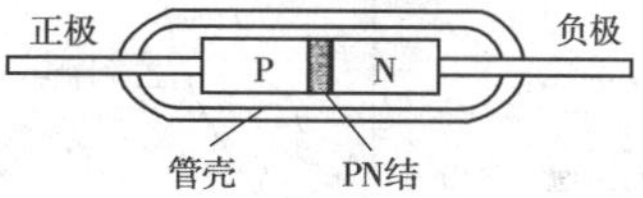

国内二极管实物标识的含义如下图所示。

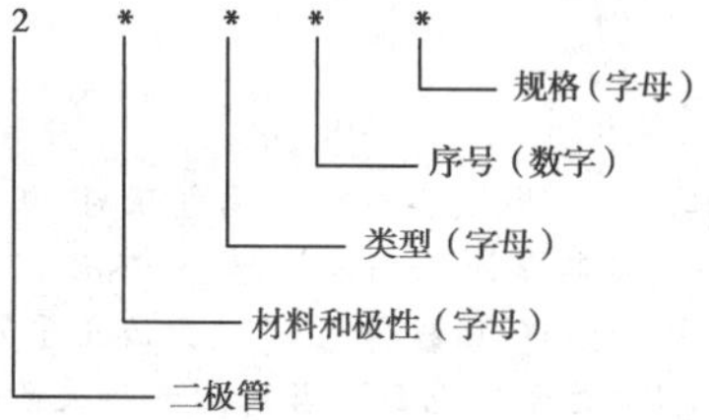

常用国外二极管 1N400X 系列简介：

1N400X 是美国电子工业协会命名的二极管。其命名规定如下：

1——非军用品二极管；

N——美国电子工业协会（EIA）注册标志；

400X——该器件在美国电子工业协会的登记顺序号。

(4)二极管的种类

二极管的种类有很多，按照所用的不同半导体材料，可分为锗二极管（Ge 管）和硅二极管（Si 管）；根据不同用途，可分为检波二极管、整流二极管、稳压二极管、开关二极管等；按照管芯结构，又可分为点接触型二极管、面接触型二极管及平面型二极管，如下图所示。

(a)点接触型　(b)面接触型　(c)平面型

(5)二极管的特性

二极管的导电特性:单向导电性和晶体二极管的伏安特性曲线。

(6)二极管的伏安特性曲线的相关内容

①定义:二极管两端的电压和流过的电流之间的关系曲线称为二极管的伏安特性曲线。二极管的伏安特性曲线如下图所示。

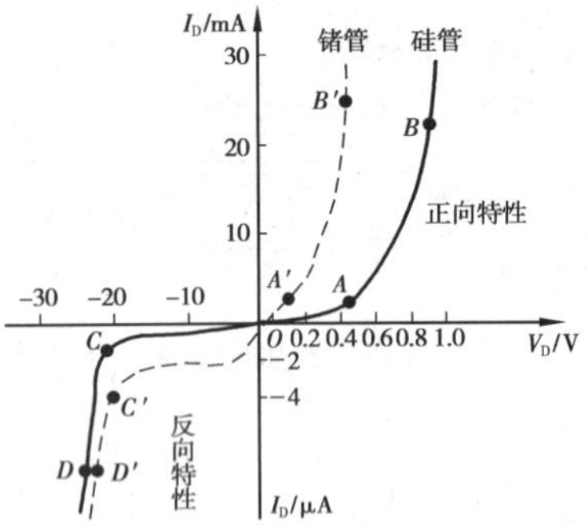

②正向特性:当外加正向电压时,正向特性的起始部分的正向电压很小,不足以克服PN结内电场的阻挡作用,正向电流几乎为零,这一段称为死区电压。当正向电压大于死区电压以后,PN结内电场被克服,二极管正向导通,电流随电压增大而迅速上升。在正常使用的电流范围内,导通时二极管的端电压几乎维持不变,这个电压称为二极管的正向电压。硅二极管的正向导通压降为0.5~0.7 V,锗二极管的正向导通压降为0.2~0.3 V。

③反向特性:当外加反向电压不超过一定范围时,二极管的电流是少数载流子通过漂移运动所形成的反向电流。由于反向电流很小,二极管处于截止状态。这个反向电流又称为反向饱和电流或漏电流。二极管的反向饱和电流受温度影响较大,当温度升高时,半导体受热激发,少数载流子数目增加,反向饱和电流也随之增大。一般硅二极管的反向电流比锗二极管的反向电流小得多。

④击穿:当外加反向电压超过某一数值时,反向电流会突然增大,这种现象称为电击穿。引起电击穿的临界电压称为二极管反向击穿电压。电击穿时二极管失去单向导电性。

注意:硅二极管(不发光类型)正向管压降为0.7 V,锗二极管正向管压降为0.3 V,发光二极管正向管压降会因不同的发光颜色而不同。其主要有3种颜色,具体压降参考值如下:红色发光二极管的压降为2.0~2.2 V,黄色发光二极管的压降为1.8~2.0 V,绿色发光二极管的压降为3.0~3.2 V,正常发光时的额定电流约为20 mA。

- 由于万用表内的电池正极连通黑表笔,电池负极连通红表笔,所以这时万用表指示出的读数是二极管的正向电阻。锗二极管一般为500~2 000 Ω,而硅二极管的正向电阻为3 kΩ左右。锗二极管的反向电阻应大于几百千欧,而硅二极管的反向电阻则接近无穷大,指针一般看不出明显偏转。这一测量结果说明二极管是好的。如果测得的二极管反向电阻很小,说明二极管已经失去了单向导电作用(PN结被击穿);如果正向电阻和反向电阻都很大,则说明二极管内部已经断路。

三、判断开关质量

操作步骤如下:

①选择检测点

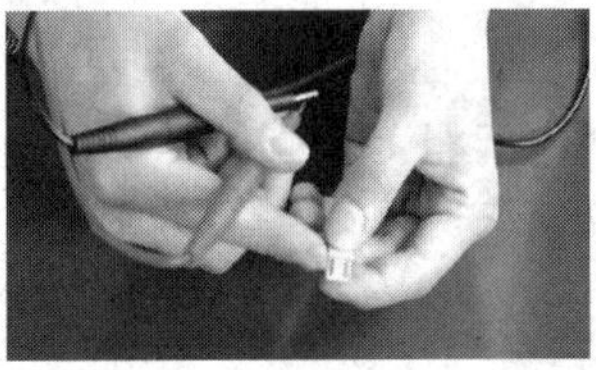

选择量程:万用表置于$R\times1$ Ω挡。

选择检测点:万用表的两支表笔分别与开关的两只引脚相接。

②判断输入脚

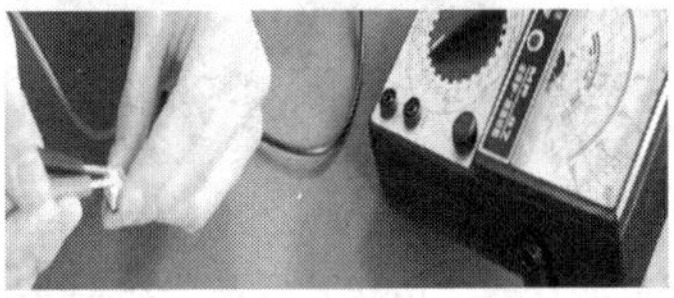

按下开关按钮,若万用表测得的阻值都极小(几欧左右),则两只引脚都为开关的输入脚。

③判断输出脚

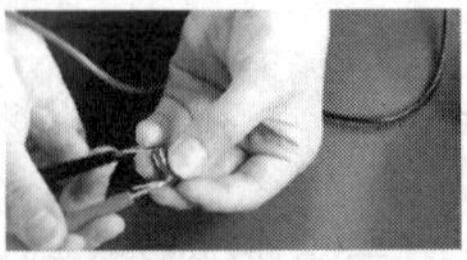

弹起开关按钮,若万用表测得的阻值都为∞,则两只引脚均为输出脚。

④判断开关质量

将万用表的两支表笔分别接开关的输入脚和输出脚,在按下和弹起按钮时测量阻值,若一次测得的阻值极小,另一次测得的阻值为∞,则此开关是好的,否则表示开关已损坏。

四、判断电容的质量

操作步骤如下:

①选择电容的检测量程

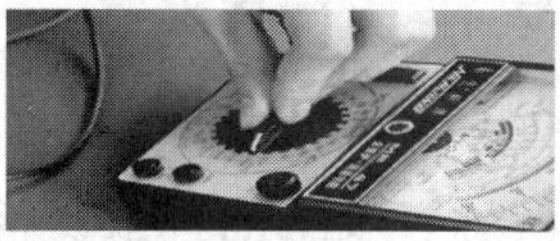

电容容量在 1 μF 以上,万用表置于 $R\times 10\ \mathrm{k}\Omega$挡。

电容容量在 1 μF 以下,万用表根据电容容量由小到大逐一降低量程。注意:电容的检测量程选择完成后要电阻调零。

②检测、判断电容

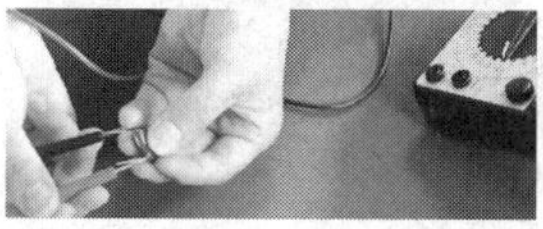

本电路电容为无极性电容,没有正负极之分,测量中观察表针有无偏转后回到无穷大的过程,然后交换表笔,再次观察表针的偏转是否与前面一样。如果偏转情形一样,表明电容可用;如果表针无偏转(∞)或偏转到最大值后不回到 0 值,表明电容已坏,不可用。

五、检查印制线路板及其他物料的质量

操作步骤如下:

①检查印制线路板的质量

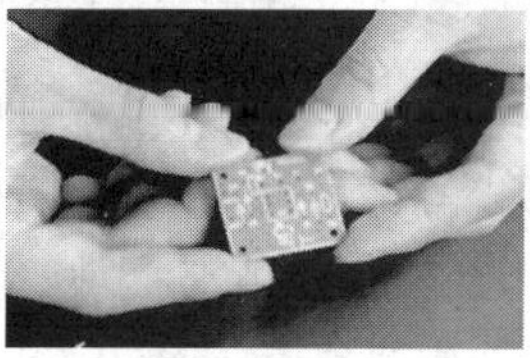

观察正面是否有印刷字符模糊不清、元器件位置不对、板面破裂等情况出现。

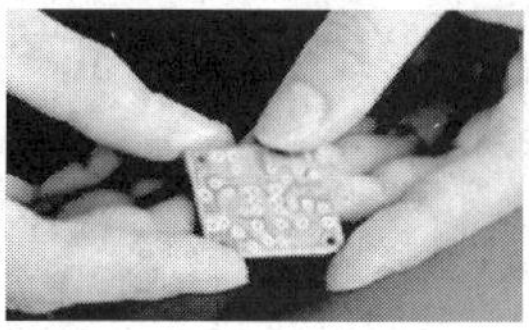

观察印制线路板的焊接面是否有铜箔翘起、开裂、脱落,焊盘氧化、无孔等现象,如有上述现象请及时更换。

印制线路板

将绝缘基材上,按预定设计,制成印制线路、印制元器件或两者组合,用于提供元器件之间电气连接的导电图形称为印制电路,把印制电路或印制线路的成品板称为印制线路板,也称为印制板或 PCB(Printed Circuit Board)板。

整机装配顺序和安装要求

电子设备整机装配的基本顺序:先轻后重、先小后大、先铆后装、先装后焊、先里后外、先平后高,上道工序不得影响下道工序。装配过程中,不得损伤元器件和零部件,避免碰伤机壳、元器件和零部件的表面涂敷层,不得破坏整机的绝缘性能。安装要求:保证安装件的方向、位置、极性正确,保证产品的电性能稳定,并有足够的机械强度和稳定度。

元器件可焊性处理

电子元器件引脚的可焊性处理主要有以下两个方面:

(1)电子元器件引脚的氧化膜处理

在实训过程中对电子元器件引脚的氧化膜处理主要采用小刀去膜的方法完成,如下图所示。

(2)镀锡

在电子装配过程中为避免虚焊,提高焊接的质量和速度,在装配前需要对元器件的焊接表面进行可焊性处理——镀锡,如下图所示。

镀锡的操作流程如下:

①处理经过清洁的元器件引脚的氧化膜;

②为元器件引脚浸涂助焊剂(盒式焊锡膏);

③用蘸锡的烙铁头沿着引脚镀锡(注意:要使引脚线镀层薄而均匀,表面光亮),然后再一次浸涂助焊剂。

元器件成形

元器件在清洗镀锡后,应按照印制板的尺寸要求使其引线弯曲成形,以便于插入孔内。元器件成形主要包括电阻成形、电容成形、二极管及跳线成形与芯片整形。

为了避免损坏元器件,成形时必须注意:

①引线弯曲的最小半径不得小于引线直径的2倍,即不能打死弯。

②引线弯曲处离元器件本体至少3 mm。对于容易崩裂的玻璃封装元器件,引线成形更应该注意这一点。元器件成形如下图所示。

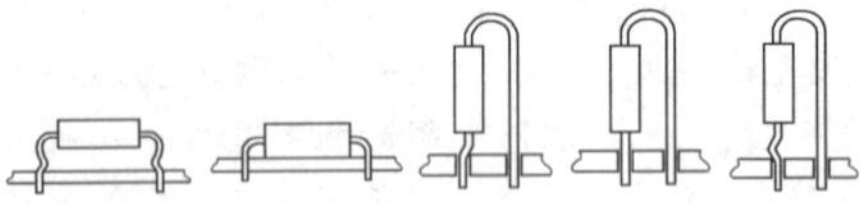

元器件的插装

电子元器件的插装是指将已经加工成形的元器件的引线垂直插入印制电路板的焊孔。

(1)元器件的插装类型

元器件在印制板上的插装分为卧式和立式两种,卧式是元器件与印制板平行,立式是元器件与印制板垂直,两种形式都应使元器件的引线尽量短,如下图所示。

②检查其他物料的质量

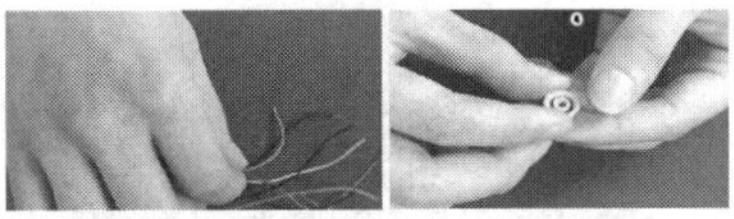

检查连接线是否完整,开关按钮、插头辅助件是否有开裂、型号不对等情况出现。

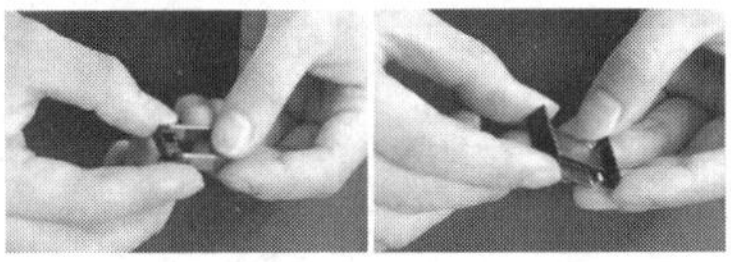

检查插头有无损坏,如有请及时更换。

活动三　安装LED台灯电路

一、观察LED台灯电路原理图、印制线路板

LED台灯电路原理图和印制线路板如图1-2和图1-3所示。

二、安装LED台灯印制线路板的电路

1.安装LED台灯印制线路板的电阻、二极管

以安装二极管为例,操作步骤如下:

①引脚可焊性处理

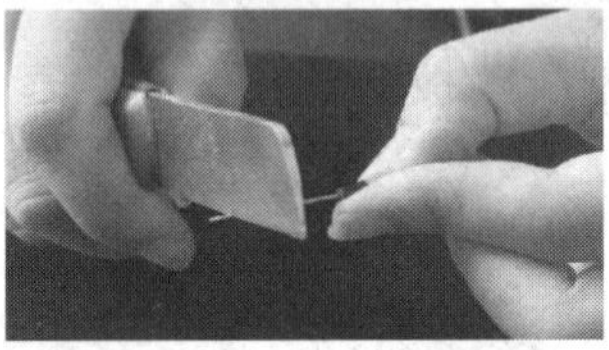

通常左手持元器件一端并转动,右手持小刀刮去元器件引脚四周的氧化膜,露出元器件引脚的金属面。

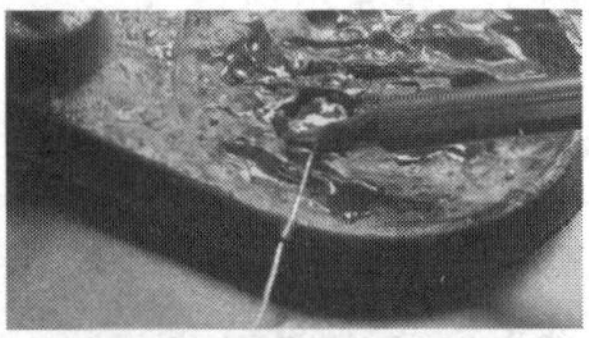

电烙铁在加热后粘镀锡和助焊剂对刮去引脚氧化膜的元器件进行镀锡操作。注意:在镀锡操作时,烙铁头在元器件引脚上的停留时间不宜过长。

②引脚整形

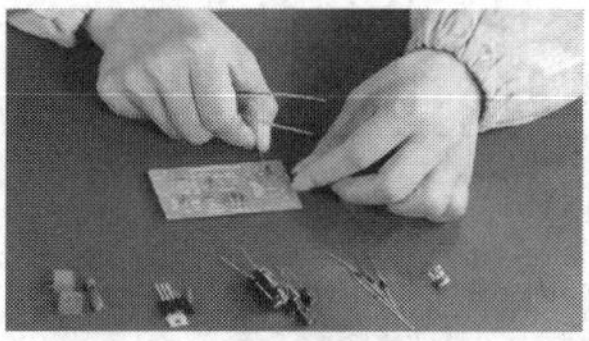

手持元器件找到印制线路板上该元器件的位号，确定元器件的安装尺寸。

用镊子撸直元器件引脚为元器件成形做准备。

用镊子按照印制线路板的尺寸要求使元器件引脚弯曲成形。

③上板

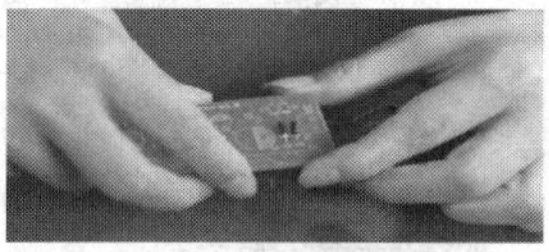

将二极管插入印制电路板上标有字符 VD_1 的过孔中，然后将插入的引脚微微往外扩，使二极管固定在印制电路板上等待焊接。

导师说

①安装电阻前要看清阻值大小并用万用表校核，安装时先要用镊子对电阻进行整形。分立式元器件的引脚不得从根部弯曲，从根部到弯曲处应留有1.5 mm以上的间距，以免对元器件内部造成损伤，弯曲时可使用尖嘴钳和镊子等工具。引脚弯曲处一般应成圆直角，圆弧半径应大于引线直径的1~2倍。

②二极管采用紧贴电路板立式安装的方式，元器件底部应距电路板0.5 mm左右，注意极性不能接反。

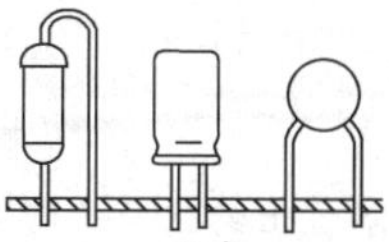

立式

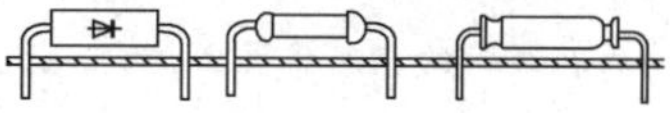

卧式

（2）元器件在PCB板上的插件装配工艺

在单面印制电路板上卧式装配时，小功率的元器件总是平行地紧贴板面；在双面板上装配时，元器件则需离开板面约1 mm，避免因元器件发热而减弱铜箔的附着力，并防止短路。在元器件立式装配时，单位面积上容纳元器件的数量多，适合元器件排列紧凑密集的产品，但立式装配的机械性能较差、抗震能力弱，如果某个元器件倾斜，有可能接触到邻近元器件而造成短路。

元器件装配注意事项

①元器件装配时，应先安装那些需要机械固定的元器件，如散热片、卡子、支架等，后安装靠焊接固定的元器件，如电阻、电容、二极管等，否则，就会在机械紧固时因印制板受力变形而损坏其他已焊接的元器件。

②各种元器件的插装，应使标记和色码朝上，标记的方向应从左到右，或从上到下，易于辨认，尽量使元器件两端的引脚长度相等，把元器件放在两插孔中央，排列要整齐。

③有极性的元器件，插装时要保证极性正确。

④焊接时，应先焊接比较耐热的元器件，如接插件、小型变压器、电阻、电容等，后焊接不耐热的元器件，如各种半导体器件及塑料元件、集成电路等。

电子装配工安全操作规程

①实训前应穿戴好相关的工作服，检查工具和用具是否完整，经检查合格后方可进行实训操作。

②电子装配一定要按装配工艺流程进行，对组装前的元器件进行认真清点和复核，合理选择装配工具和设备。

③对使用的工具和设备要进行维护保养，特别是电源、电烙铁等工具，要保证其安全性，损坏的工具要及时修理。

④电烙铁必须有插销，不准在电源上挂着使用；漏电的电烙铁不准使用。

⑤电烙铁必须用专用的金属架存放，使用与否均应放在支架上，不准随意放置。

⑥装配结束后，对周围的环境要进行清理，做到安全实训、文明实训。

⑦装配好的电子产品要整齐堆放。

位号

印制线路板上的位号是指元器件在印制线路板上的安放位置。如果设计电路要将电容元件放在线路的指定位置上，就要对这个位置进行编号，如 C_1。

焊盘、过孔

过孔就是印制线路板上的孔，起导通或散热作用。焊盘是印制线路板上的铜盘，其与过孔配合起到连接元器件的作用，部分铜盘是方盘，主要用来连接贴片器件。过孔的直径一般较小，而焊盘根据不同的元器件直径也不同，一般比过孔大。

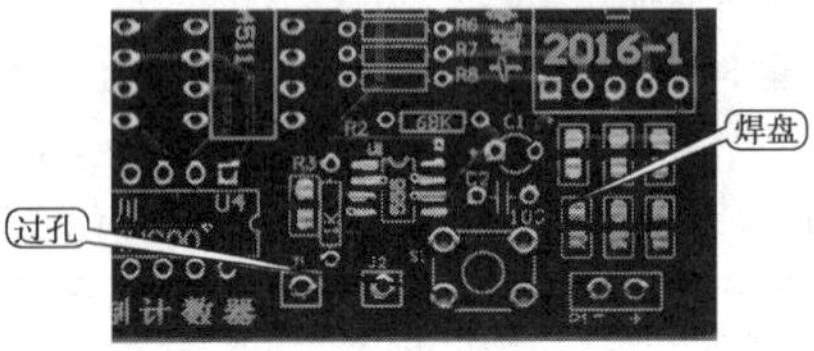

热缩管

热缩管又称为热收缩保护套管，为电线、电缆和电线端子提供绝缘保护。它具有高温收缩、柔软阻燃、绝缘防蚀等特点，广泛用于各种线束、焊点、电感的绝缘保护和金属管、棒的防锈、防蚀等。热缩管实物如下图所示。

2.焊接 LED 台灯印制线路板电路

印制线路板电路中所有元器件的焊接流程基本相同，操作步骤如下：

①焊接前的准备

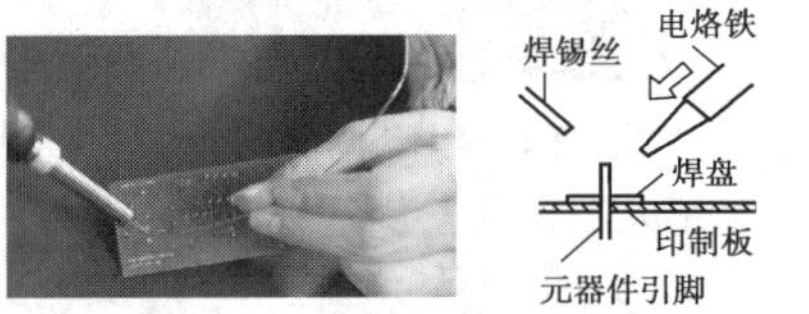

加热电烙铁，准备好焊锡丝和插上元器件的印制线路板，将烙铁头放在焊盘与元器件引脚之间加热。

②元器件焊接

元器件焊接分两步：

a.加热：用电烙铁加热焊盘和元器件引脚。

b.加锡：在焊盘和元器件引脚间加入融化的焊锡形成连接。

注意：焊接时间不宜超过 3 s。

③去焊接

去焊接分两步完成：

a.先去焊锡丝。

b.再去加热的烙铁。

④检查焊点质量

正常焊点

问题焊点

检查自己的焊点是否有上图所示的问题出现。

导师说

良好焊点的标准：焊点表面光滑、色泽柔和，没有砂眼、气孔、毛刺等缺陷；焊料在焊盘与引脚间呈弯月面；焊点间无桥接、拉丝等短路现象；焊料与焊件接触面没有疏松现象。

3.安装 LED 台灯印制线路板的电容

操作步骤如下：

①找电容在印制板上的位号	②装配电容	③焊接电容

在元器件中选出电容 C_1，并找准印制板上电容的安装位置。	电容的安装主要采用立式插装，在安装时要注意管脚过孔的大小，如过孔太小就需要扩孔。	在焊接电容 C_1 时，由于 C_1 的引脚比其他元器件的引脚稍粗，注意控制好锡量。

导师说

立式插装：元器件引脚（弯曲）成形方向与元器件轴向一致，一般立式安装元器件，其引脚根部距离印制电路板 0.5 mm。

4.安装 LED 台灯印制线路板的开关

操作步骤如下：

①找开关位号	②安装开关	③焊接开关

取开关器件 S_1，在印制板上找到开关的符号和位置。	将开关器件安装在印制板的相应位置上。	由于开关 S_1 的焊点间距较小，焊接开关时注意不要产生联焊。

5.处理 LED 台灯印制线路板管脚

操作步骤如下：

①剪脚	②检查焊点，修补缺陷	③清理
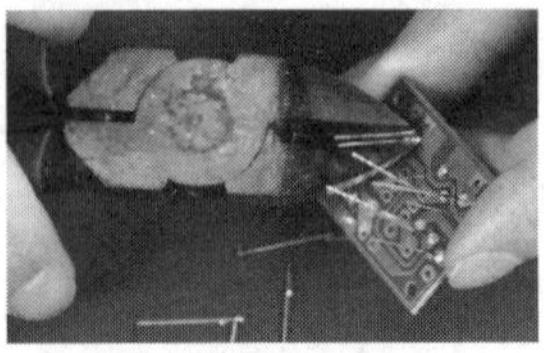 利用斜口钳的尖嘴部分剪去印制线路板元器件的多余引脚(剪头留脚 1 mm)。	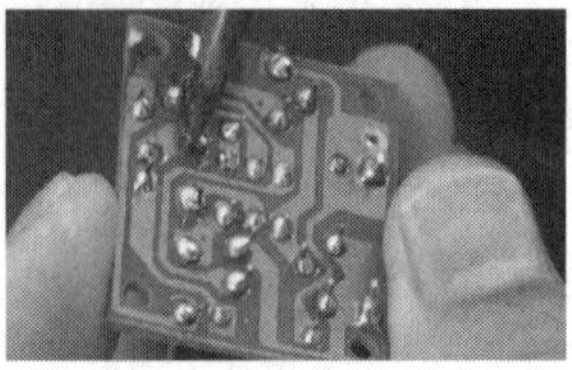 在剪脚的过程中，观察焊点有无缺陷，如漏焊、虚焊、假焊等，如有应及时修补。	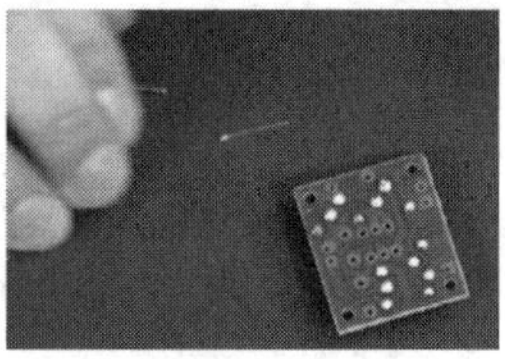 清理印制线路板和工作台面上多余的锡渣、剪掉的管脚。

6.装配 LED 台灯印制线路板的导线

操作步骤如下：

①整理连接线线头	②线头镀锡、找位号	③线头焊接
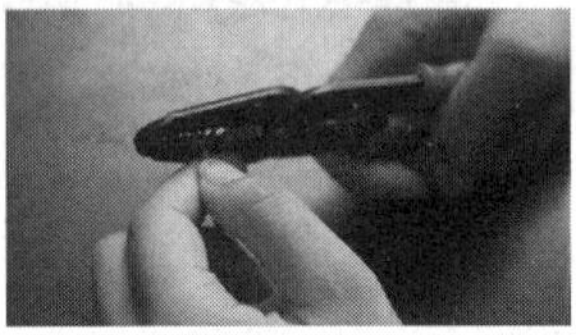 用剥线钳去掉连接线线头部分一定长度(5~10 mm)的绝缘层。注意：在剥绝缘层时不要伤到金属导线。 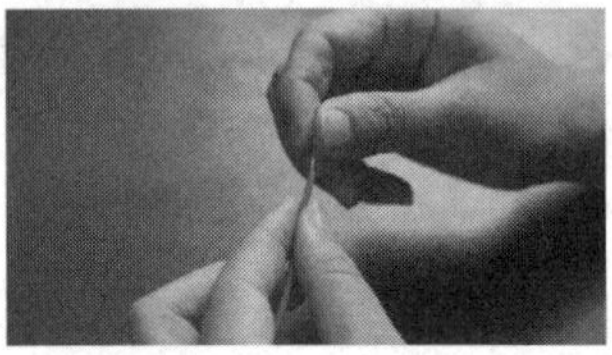 连接线分单芯线和多芯线，如果是多芯线，应将芯线收拢捻紧。	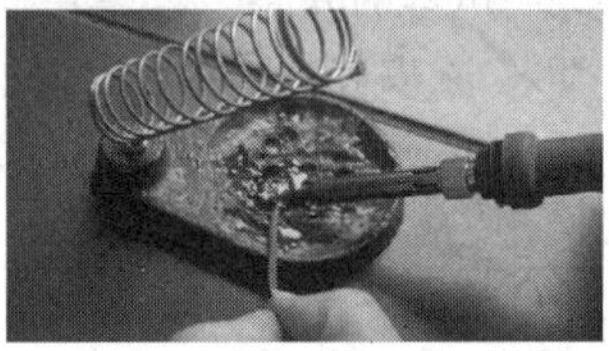 在加热的烙铁头顶端粘上焊锡和助焊剂，对线头端子进行镀锡操作。 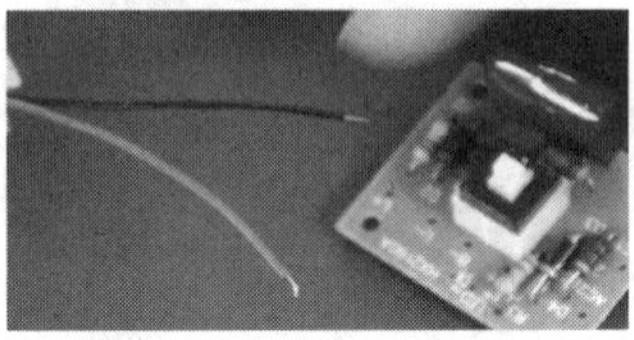 将整理好的连接线按照印制板的位号(B+、B−，L+、L−，AC_1、AC_2)分 3 组找到安装位置。注意颜色的搭配，红色线接电源，黑色线接地。	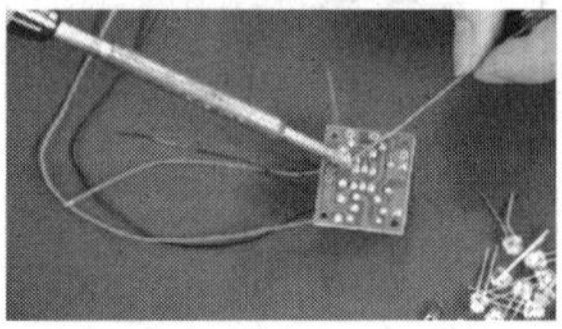 按搭配颜色的连接线，分 3 组焊接在对应位置的印制板上。

7.安装 LED 台灯的照明板

操作步骤如下：

①发光二极管上板	②焊接发光二极管
 发光二极管上板的安装过程与前面二极管的安装过程相似，在发光二极管上板时，要注意发光二极管的极性（长管脚为正），不要装反了，否则发光二极管不亮。	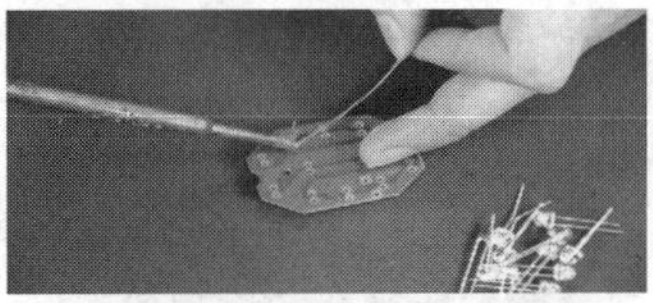 发光二极管的焊接与前面的焊接过程不同：先焊接发光二极管的负极，再焊接发光二极管的正极，不能带电焊接，并且要做好防静电措施。
③整理焊接后的发光二极管	④完成安装
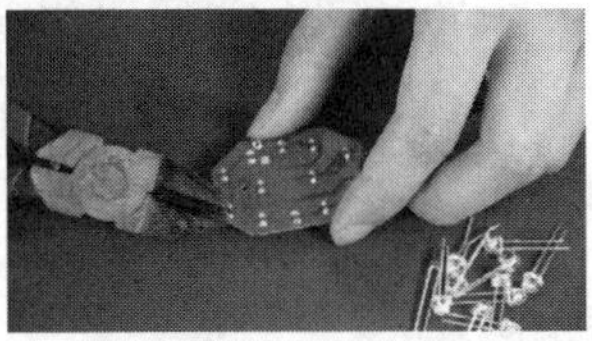 用斜口钳的顶端剪去印制板上多余的引脚（留 1 mm 长），清理印制板上不需要的残留物。	 在经过前面的流程后，完成照明板的安装。

导师说

①安装发光二极管时，电烙铁（最高不能超过 30 W）尖端温度不能超过 300 ℃，焊接时间不能超过 3 s，焊接位置离胶体至少 3 mm 远，避免加热时间过长损坏发光二极管。

②发光二极管在高温下剪脚会引起不良反应，所以需要在常温下进行剪脚。在焊接处的温度回到常温之前，必须避免发光二极管受到任何的震动或外力的影响。

活动四　LED 台灯整机电路装配

一、组装插头

组装插头的操作步骤如下：

①清理插头组件	②组装	③检查插头导线的连接点
 在元器件中找出上图所示的插头组件，并清理干净。	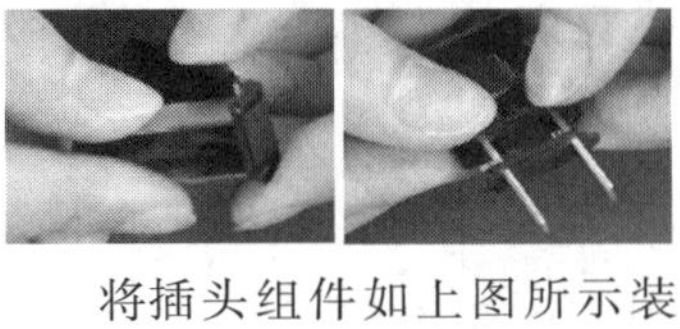 将插头组件如上图所示装配到一起，其中的最小件在台灯外壳组装完成后安装。	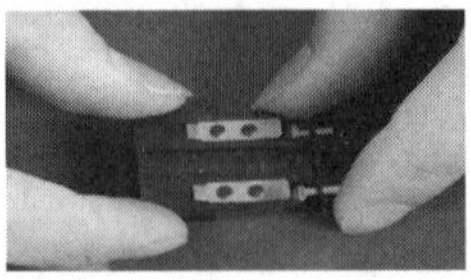 检查插头导线的连接点是否与插头金属片接触良好，检查导线连接点是否生锈。

将插头与 LED 台灯的电源输入端进行连接的操作步骤如下：

①导线与插头连接	②插头与电路连接
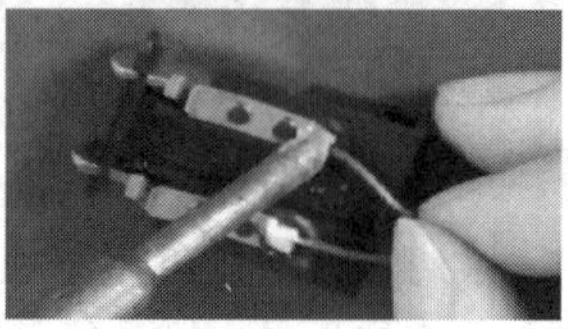	
将组装完成的插头的接线端上锡，焊接导线。注意：在交流电的插座的金属两端上锡，上锡时间不宜过长，以防烫伤插座。	将导线的另一端与台灯电路板上的 AC_1、AC_2 连接点上锡连接，完成插头与电路的连接。

导师说

安装插头时，应仔细检查插头是否有裂缝、破损、锈蚀等情况，若发现故障应及时更换，避免安全事故的发生。

LED 台灯电路的工作原理

LED 台灯电路的工作过程分成两个部分：

充电过程：插上电源插头，S_1 自锁开关接通图 1-2 中 1 与 2、4 与 5 时，LED_1—LED_{12} 熄灭为充电状态。220 V/50 Hz 市电通过 C_1（降压电容）、R_1、VD_1—VD_4 桥式整流电路为蓄电池充电。此时充电指示 LED 灯和 R_2 组成的串联电路有电流通过，LED 指示灯点亮（指示充电状态）。

台灯点亮过程：S_1 接通图 1-2 中 2 与 3、5 与6 时，蓄电池通过 S_1 正极接入 R_3，负极与 LED_1—LED_{12} 的阴极连通，形成通路，此时台灯点亮。在电源插头未接入市电的情况下，S_1 自锁开关接通 1 与 2、4 与 5 时，LED_1—LED_{12} 熄灭，指示灯 LED 不亮，台灯关闭。

二、连接蓄电池、照明电路印制线路板、控制电路印制线路板

操作步骤如下：

①连接蓄电池、控制电路
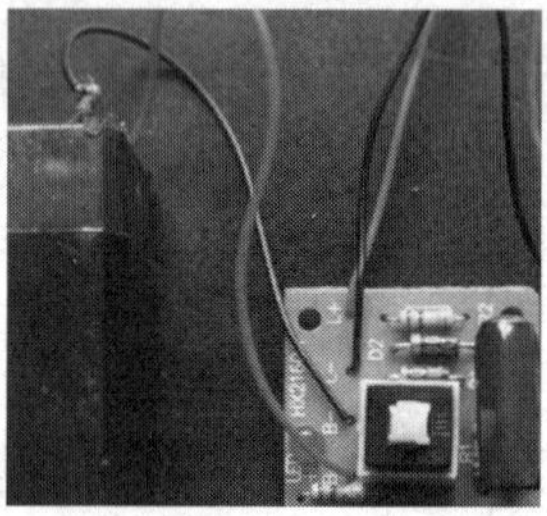
找出蓄电池，选用两根颜色不同的连接线（红、黑）与蓄电池的两个接线柱连接。两根连接线的另一端与控制电路板上的 B+、B-连接点相连。

②连接照明电路与控制电路	③电路完整连接
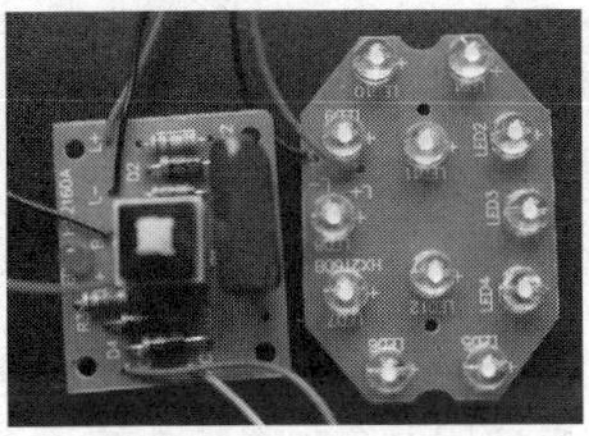 取出焊接安装完成的照明板，选两根颜色不同的连接线（红、黑），将一端焊接在照明电路板上的 L+、L-连接点，另一端焊接在控制电路板上的 L+、L-连接点，完成两板的连接。	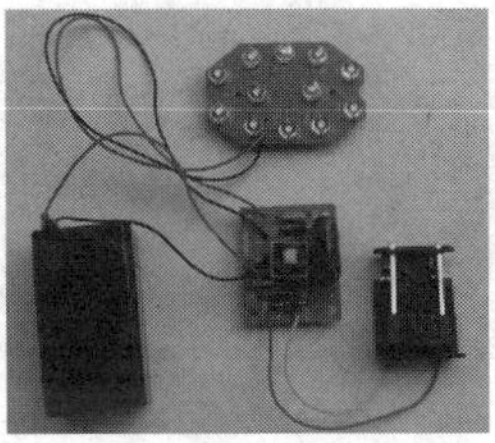 LED 照明台灯电路经过前面的操作后已组装完成。

活动五　检查、调试 LED 台灯电路

一、通电前检查

1.直观检查

正面

背面

通电前，用肉眼直观检查控制电路印制线路板和照明电路印制线路板的电路有无漏装、错装的元器件，焊点处有无明显的虚焊、漏焊、毛刺等情况出现。

2.在路电阻检测

操作步骤如下：

①万用表选量程	②插头电阻检测
 万用表选择开关置于 $R\times1\ \Omega$ 挡，进行电阻调零（数字万用表不需调零）。	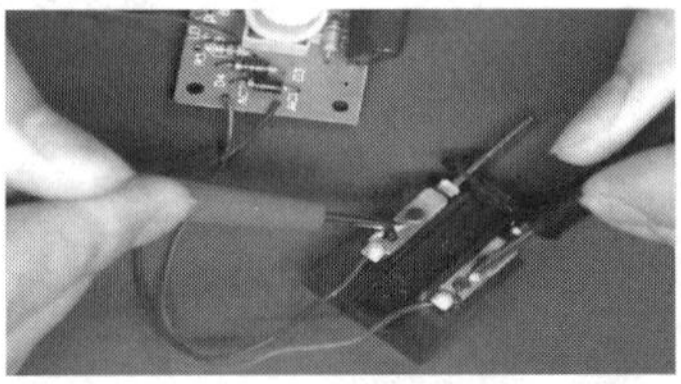 检测电源的插头有无短路、断路故障，用万用表测量电路板上 AC_1 和 AC_2 之间的正、反向电阻，电阻值为 0（短路），电阻值为 ∞（开路）。

③控制电路电阻检测

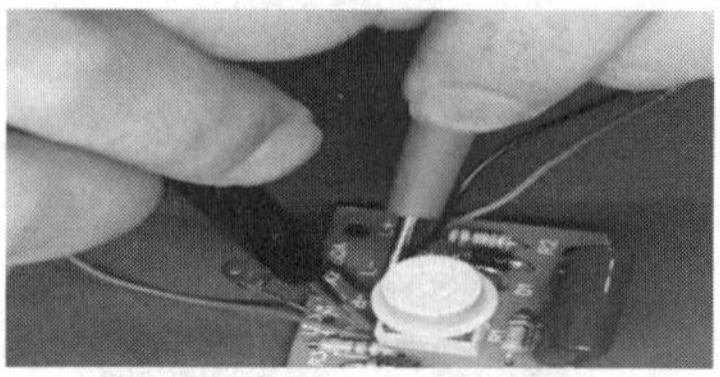

检测电路有无短路、开路故障，应进行在路电阻检测，用万用表测量电路板上 B+和 B-之间的正、反向电阻，电阻值为 0（短路），电阻值为∞（开路）。

④照明电路正、反向电阻测量

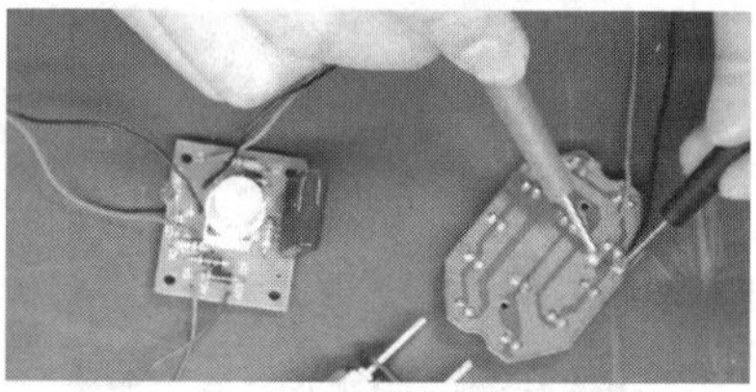

测量照明电路印制线路板 L+与 L-之间的电阻的目的是检测元器件是否有正、负极焊反的情况，在正常情况下，照明电路板的反向电阻应趋近于无穷大。

交流电

交流电（Alternating Current，AC）又称交变电流，它的电流方向随时间作周期性变化，其最基本的形式是正弦交流电流。

交流电由麦可·法拉第发现。1832 年，波利特·皮克西基于麦可·法拉第提出的原理制造出了世界上第一台交流电机。最早的高频率交流电机于 1838 年诞生于伦敦。1891 年，尼古拉·特斯拉改进了高频率（15 000 Hz）交流发电机中的一种，获得一个专利号。

1891 年后，多相交流发电机被用来供应电流，其电流频率通常设计在 16～100 Hz，搭配弧光灯、白炽灯或电动机使用。我国使用的交流电是 220 V/50 Hz，美国使用的交流电是 110 V/60 Hz。

直流电

直流电（Direct Current，DC）又称恒流电，其大小和方向都不随时间而变化。

直流电由爱迪生发现。美国的富兰克林根据实验提出电荷守恒定律，并定义了正电和负电的术语。

在实际应用中，多数电子设备的供电电压都是通过整流、滤波获得，电压主要在 2～16 V。整流、滤波电路的工作原理将在“拓展与提高”中详细讲解。

二、通电测试

1.直流通电测试

操作步骤如下：

①连接台灯电路

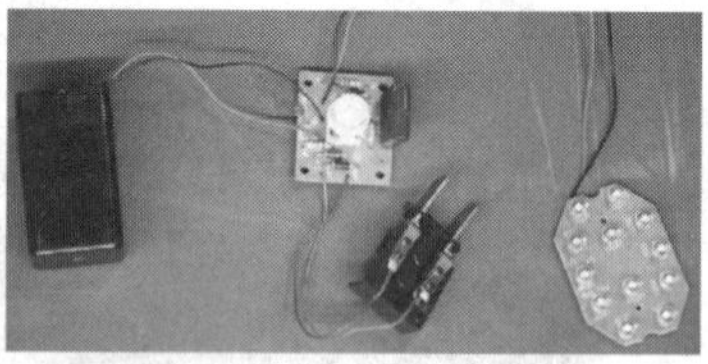

根据电路图完成电池、控制电路板、照明电路板的连接。

②电路通电测试

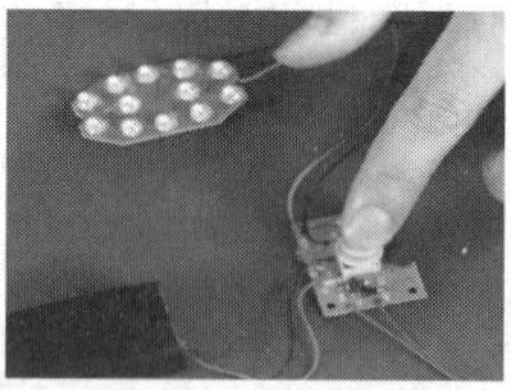

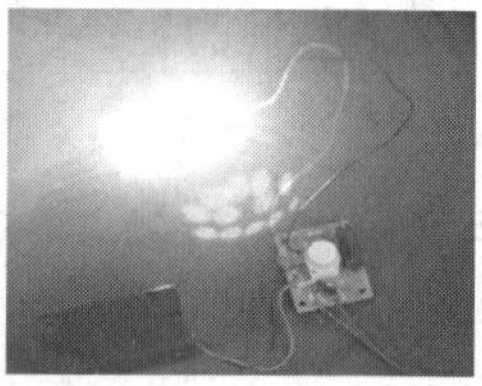

按下开关接通电源，如 LED 灯点亮，说明控制电路、照明电路安装正确；如 LED 灯不亮，检查电路组装、连接是否正确。

2.AC220 V 电源通电、充电测试

操作步骤如下：

<table>
<tr>
<td>①通电前的安全措施

清洁操作台面，杜绝安全隐患。
为了保证学生的操作安全，将220 V交流电降压为24 V交流电。</td>
<td>②通电
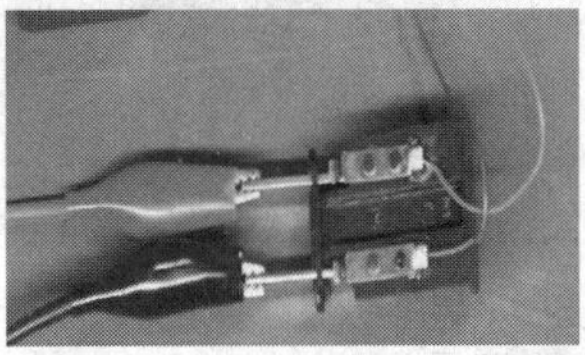
将鳄鱼夹夹在两个金属触片上，接入24 V交流电。</td>
<td>③测量24 V交流电压
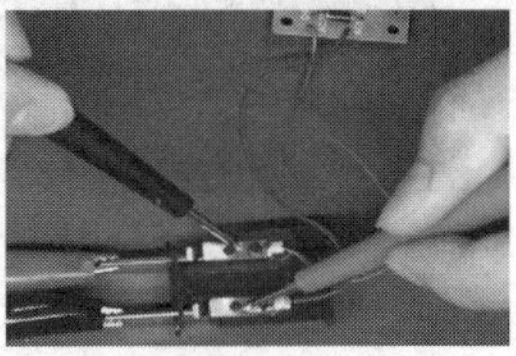
万用表选择交流50 V挡。
测量插头及控制电路板上的AC_1、AC_2处的电压（交流电24 V）。</td>
</tr>
<tr>
<td colspan="2">④测量充电电压
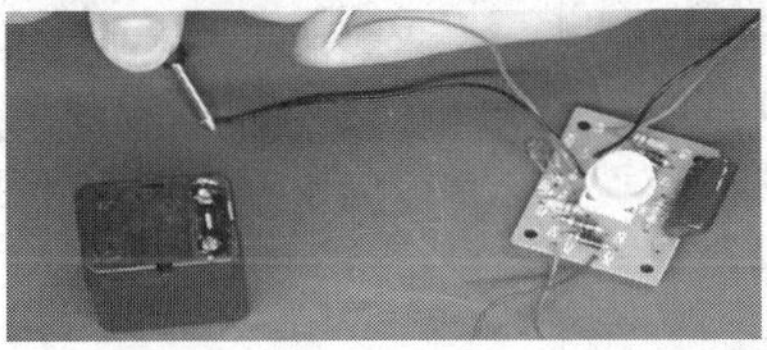
断开电池的连接线，关闭台灯开关，用万用表的直流50 V挡测量电池充电电压（B+、B-），电压如果大于4 V表明电池电压正常。注意：在测试时，万用表的表笔不要太倾斜，以免同时触碰到多个焊点而造成短路。</td>
<td>⑤测量电池供电电压

焊接电池与控制电路的连线（电池带上负载），选择万用表直流10 V挡测量电池电压，正常电压应为4 V左右。闭合台灯开关，LED灯点亮，电路装配正确，完成电路的通电检测。</td>
</tr>
</table>

导师说

因接入的是AC220 V交流电，人员有触电的危险，一定要仔细检查工作场所的供电安全，同时小心操作，手及身体的其他部位不能直接接触金属部件。

活动六　装配LED台灯整机

一、装配LED台灯底座

操作步骤如下：

①整理装配元器件 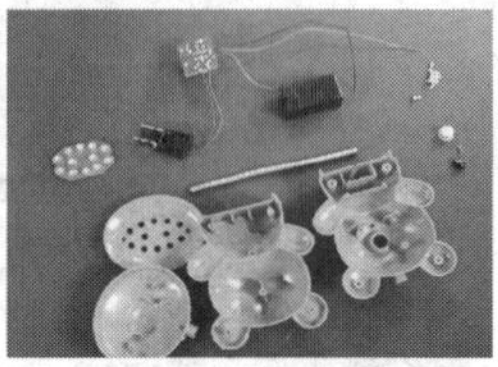 将照明电路板与控制电路板的连接线断开，清理操作台面，排列好装配元器件的顺序，清理安全隐患。	②连接底座、金属软管 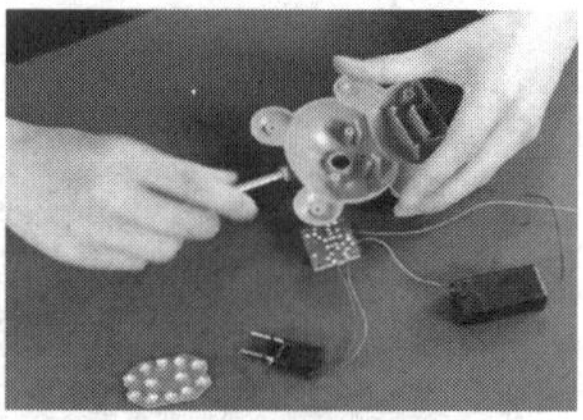 组装底座与灯头相连接的金属软管。	③安装控制电路  按照底座预留的位置安装LED灯控制电路板。
④装配插头、电池 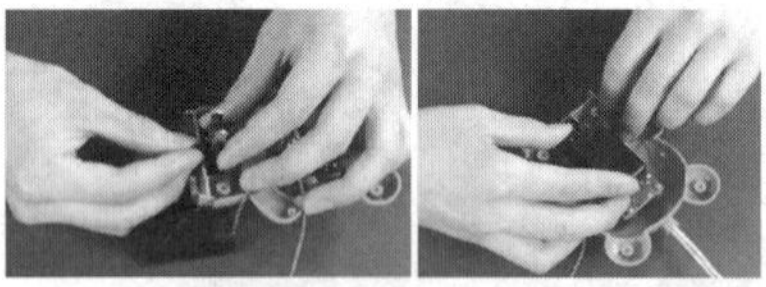 按照底座预留的位置安装插头，再根据底座的剩余空间找好固定位置完成电池的安装。	⑤照明板连线的装配 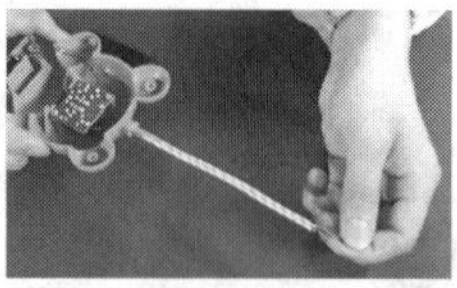 将控制电路板引出的与照明电路板连接的导线穿过连接软管，完成照明电路板连线的装配。	⑥组装底座 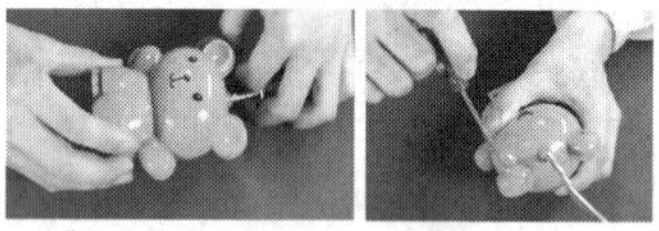 将电池放置在底座里，合上底座前盖，再从后盖的固定孔拧入螺丝固定好底座，完成底座的装配。

二、装配LED台灯的灯头

操作步骤如下：

①装配灯头后盖 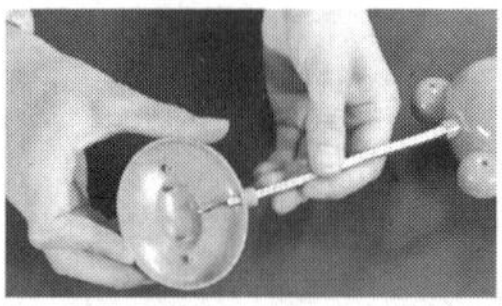 安装灯头的后盖，注意灯头与底座软管的连接，防止损坏灯头后盖接口。	②装配照明电路 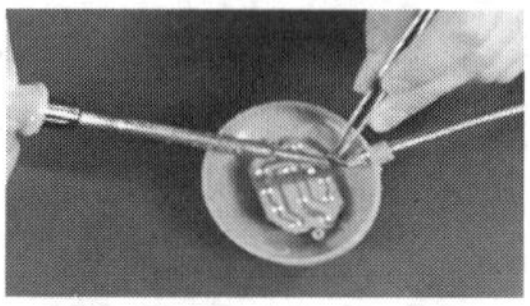 用电烙铁连接照明电路板与控制电路板的连线并固定照明电路板。	③装配灯头前盖 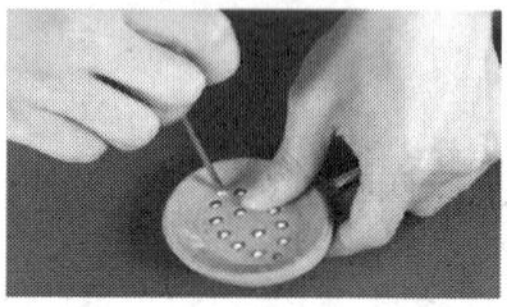 组装灯头的前盖完成台灯的装配。

三、展示LED台灯

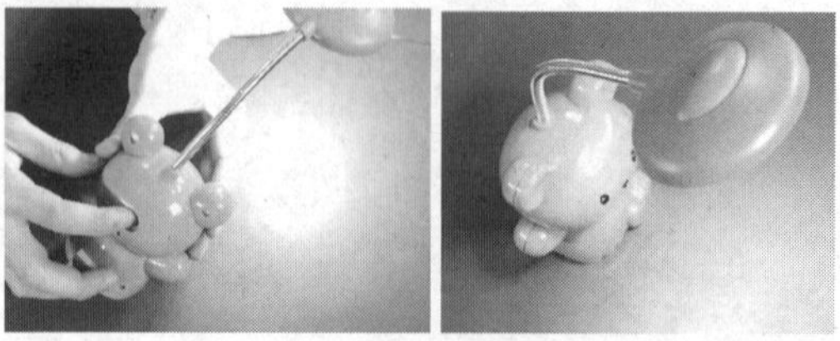

打开LED台灯开关，灯亮，顺利完成本任务的学习、操作。向同学、老师展示自己制作的成果。

活动七　LED 台灯电路的简单故障维修

由于同学们缺少电路维修的相关知识，有的同学还是第一次接触电路维修，这里介绍一种维修 LED 台灯电路的简单方法——直观检查维修法。

故障现象：LED 充电指示灯不亮。

维修步骤如下：

①观察元器件

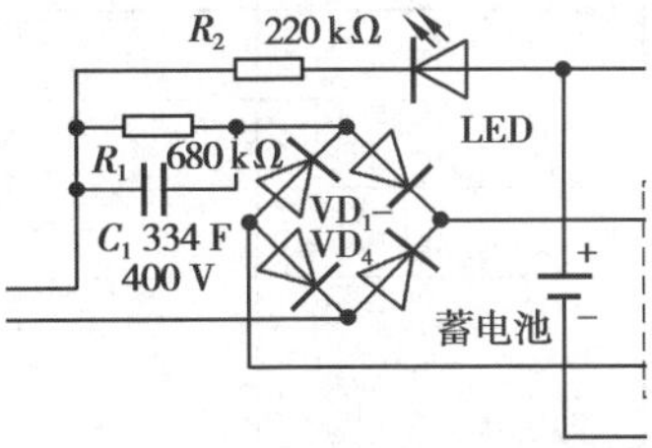

根据电路原理图，充电电路元器件有 C_1、R_1、VD_1—VD_4、R_2、LED 充电指示灯，逐一查看元器件的安装情况。

②观察控制电路元器件的焊接

正面

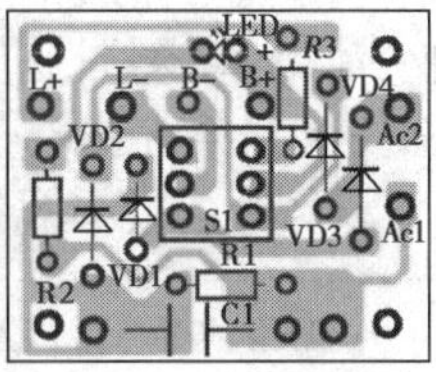

背面

找到充电电路的几个元器件，仔细观察控制电路的正面和背面上元器件引脚的焊接情况，注意铜箔、焊盘。

③发现故障

通过检查发现在装配过程中 R_2 的一只引脚出现了虚焊，使充电电路开路，造成指示灯不亮，出现无法充电的故障。

④排除故障

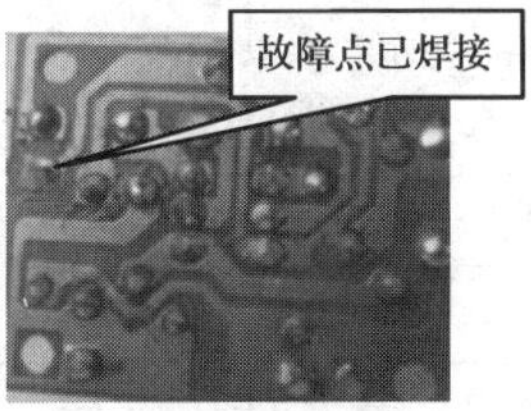

重新焊接 R_2 的焊点，再检查另外的电路后，接通市电，充电指示灯亮，故障排除。

故障现象：按下开关 S_1，LED 灯全部不亮。

维修步骤如下：

①理清 LED 灯点亮的元器件构成

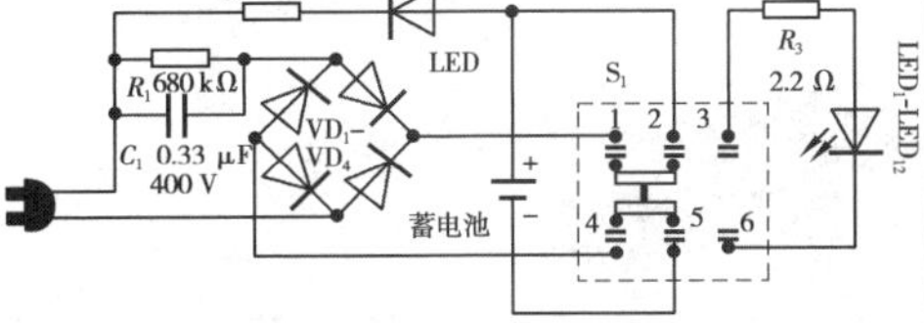

仔细观察控制电路板的正面和背面，根据电路原理图找出点亮 LED 灯的电路元器件：开关 S_1、蓄电池、电阻 R_3、LED 灯 LED_1—LED_2，并将这些元器件作为重点观察对象。

②发现故障

通过对重点元器件及电路的观察，发现控制电路与电池连接线的连接点 B+处的连接线脱落，使供电断开，造成 LED 灯全不亮。

③排除故障

重新焊接 B+导线连接点，再检查另外的电路后，按下开关 S_1，LED 灯全点亮，故障排除。

【任务评价】

任务评价表

评价内容		自评	小组评价	教师评价
		优☆良△中√差×		
职业素养	①安全用电			
	②设备及器材的安全			
	③记录整理完整准确			
	④符合“6S”管理理念			
知识与技能	①准备制作 LED 台灯所需的工具、仪表、元器件			
	②评估 LED 台灯元器件的质量			
	③安装 LED 台灯电路			
	④检查与调试 LED 台灯电路			
	⑤简单维修 LED 台灯电路			
汇报展示	①作品展示(可以为实物作品展示、PPT 汇报、简报、作业等形式)			
	②语言流畅,思路清晰			
评价等级				

※拓展与提高

一、半导体的基础知识

1.半导体的基本概念

根据物体导电能力的不同,电工材料可分为 3 类:导体、半导体和绝缘体。半导体可以定义为导电性能介于导体和绝缘体之间的电工材料,典型的半导体有硅(Si)、锗(Ge)以及砷化镓(GaAs)等。硅和锗的矿石如图 1-5 所示。

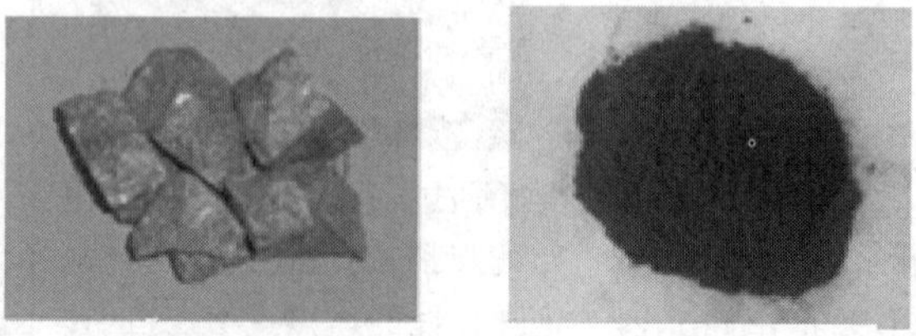

硅矿石　　锗矿石

图 1-5　硅和锗的矿石

影响半导体导电性能(电阻值)的常见因素如下:

- 温度:称热敏特性,电阻值随温度变化。
- 光照:称光敏特性,电阻值随亮度变化。
- 杂质:称掺杂特性,电阻值随掺入的微量元素显著变化。

2.本征半导体的结构及其导电性能

本征半导体是纯净的、没有结构缺陷的半导体。制造半导体元器件的半导体材料的纯度要达到99.9999999%,常称为“九个9”。本征半导体不导电。

3.杂质半导体

掺入杂质的半导体称为杂质半导体。杂质半导体是半导体元器件的基本材料。杂质半导体主要分为N型半导体和P型半导体两类。

(1)N型半导体

在本征半导体中掺入五价元素(如磷),就形成N型(电子型)半导体。在N型半导体中,电子是多数载流子,空穴是少数载流子。其具有导电性主要是因为自由电子导电。N型半导体如图1-6所示。

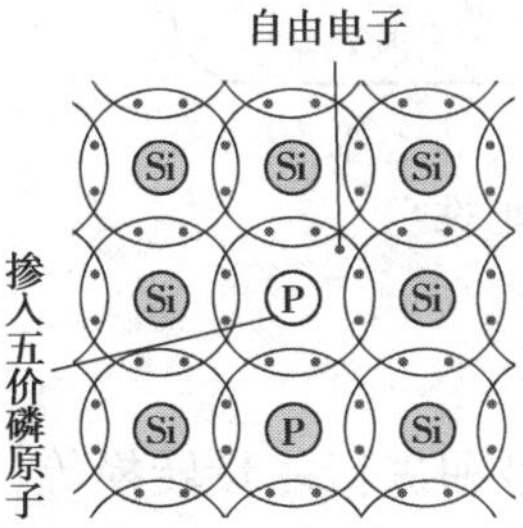

图1-6　N型半导体

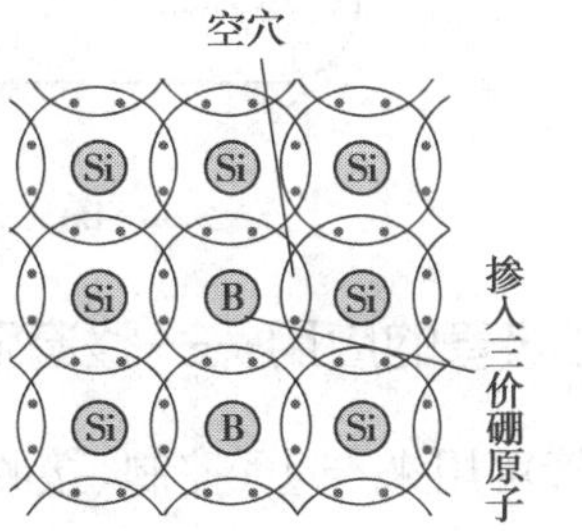

图1-7　P型半导体

(2)P型半导体

在本征半导体中掺入三价元素(如硼、镓、铟等)就形成P型(空穴型)半导体。在P型半导体中,空穴是多数载流子,电子是少数载流子。这类半导体由于含有较高浓度的“空穴”(“相当于”正电荷),成为能够导电的物质。P型半导体如图1-7所示。

提示:杂质半导体的导电性能与其掺杂浓度和温度有关,掺杂浓度越大、温度越高,其导电能力越强。

二、PN结的形成及其单向导电性

1.PN结的形成

半导体中的载流子有两种有序运动:载流子在浓度差作用下的扩散运动和电场作用下的漂移运动。在同一块半导体上形成P型和N型半导体区域,在这两个区域的交界处,当载流子运动达到稳定状态时,PN结就形成了,如图1-8所示。

2.PN结的单向导电性

当P区的电位高于N区的电位时,称为加正向电压(或称为正向偏置),此时,PN结导通,呈现低电阻,相当于开关闭合;当N区的电位高于P区的电位时,称为加反向电压(或称为反向偏置),此时,PN结截止,呈现高电阻,相当于开关断开。PN结是半导体的基本结构单

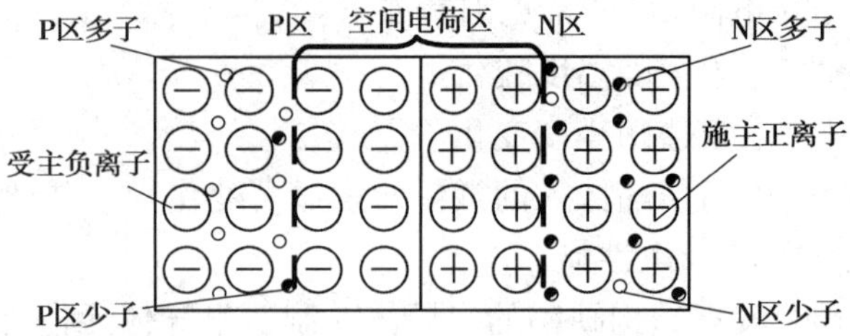

图 1-8 PN 结形成

元,其基本特性是单向导电性:当外加电压极性不同时,PN 结表现出截然不同的导电性能,如图 1-9 所示。

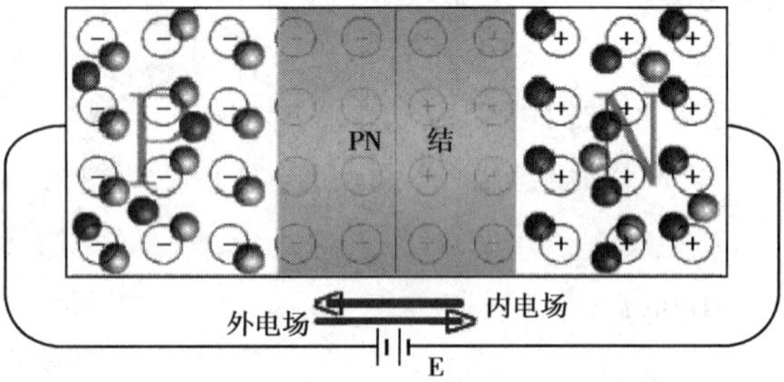

图 1-9 PN 结的单向导电性

三、晶体二极管的应用——整流电路

晶体二极管可用来产生、控制、接收、变换、放大信号和进行能量转换等,最常见的应用电路即整流电路。

整流电路的作用是将交流降压电路输出的电压较低的交流电转换成单向脉动性直流电,这就是交流电的整流过程。整流电路主要由整流二极管组成,经过整流电路之后的电压已经不是交流电压,而是一种含有直流电压和交流电压的混合电压,习惯上称其为单向脉动直流电压。整流电路在直流电动机的调速、发电机的励磁调节、电解、电镀等领域得到广泛应用。

1.单相半波整流电路

(1)单相半波整流电路的结构

单相半波整流电路由变压器 T、整流二极管 VD、负载 R_L三部分构成,如图 1-10(a)所示。

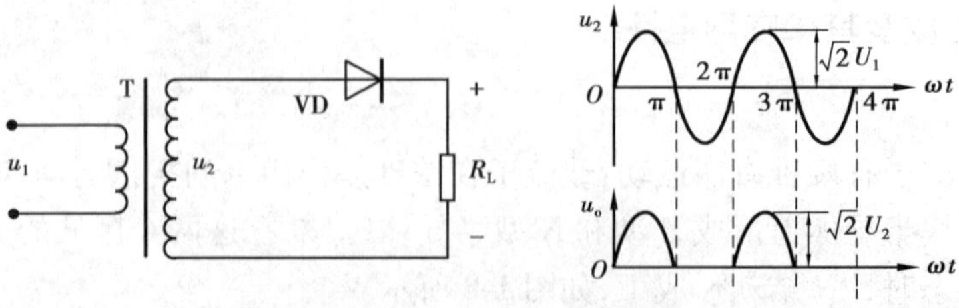

(a)单相半波整流电路 (b)单相半波整流电路的输入、输出波形

图 1-10 单相半波整流电路及其输入、输出波形

(2)单相半波整流电路的工作原理

变压器的次级绕组输出正弦交流电压 u_2,当 u_2 为正半周时,次级绕组输出的电压极性是

上正、下负。此时二极管 VD 加正向偏置而导通，有电流流过负载 R_L，负载两端得到一个上正、下负的电压 u_o。

当 u_2 为负半周时，次级绕组输出的电压极性是上负、下正。此时二极管 VD 加反向偏置而截止，没有电流流过负载 R_L，输出电压为零，如图 1-10(b)所示。也就是说，负载只能得到半个周期的电压和电流，所以称为半波整流。

(3)计算单相半波整流电路的负载电压、电流

①计算负载电压：$u_o \approx 0.45\ u_2$。

②计算负载电流：$i_o \approx 0.45\ u_2/R_L$。

注意：u_2为变压器次级电压有效值。

2.单相桥式整流电路

在整流电路的应用过程中，单相半波整流电路存在无法克服的缺陷，如电能利用率低、输出电压脉动较大、输出电压稳定性差等，在现实中使用较少，目前应用较多的是单相桥式整流电路。

(1)单相桥式整流电路的结构

单相桥式整流电路由变压器 T、整流二极管 VD_1—VD_4、负载 R_L 三部分构成，如图 1-11 所示。

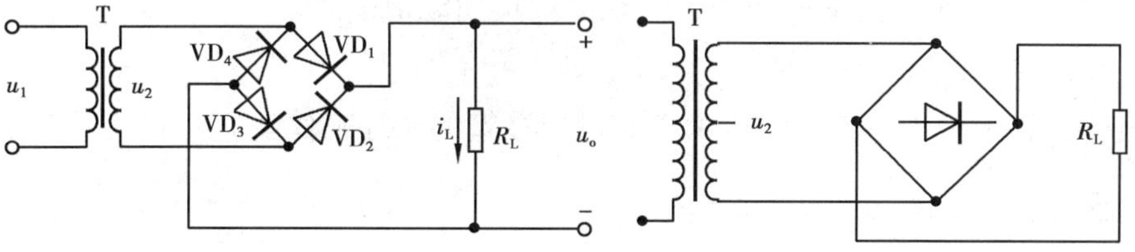

(a)常用画法　　(b)简单画法

图 1-11　单相桥式整流电路

(2)单相桥式整流电路的工作原理

单相桥式整流电路的工作原理如下：

变压器的次级 u_2输出的是正弦交流电。当 u_2输出的瞬时电压极性是上正、下负时，VD_1、VD_3 导通，VD_2、VD_4 截止，通过负载 R_L 的电流方向自上而下，如图 1-12 所示。

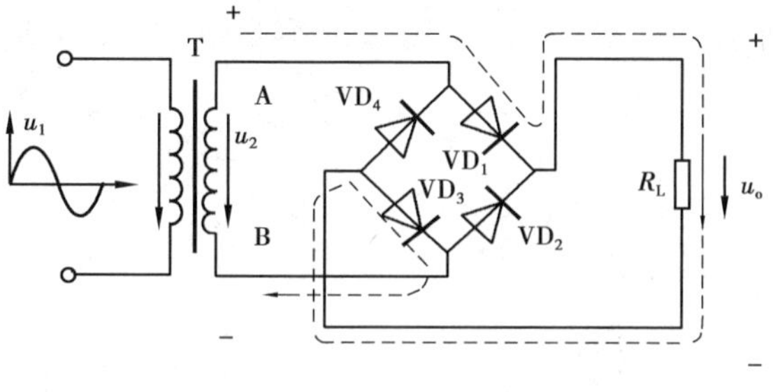

图 1-12　u_2在正半周时的电流通路

当 u_2输出的瞬时电压的极性是上负、下正时，VD_1、VD_3 截止，VD_2、VD_4 导通，通过负载 R_L 的电流方向自上而下，如图 1-13 所示。

由此可知,在正弦交流电的整个周期内,通过负载 R_L 的电流方向都自上而下。单相桥式整流电路的输入、输出波形如图 1-14 所示。

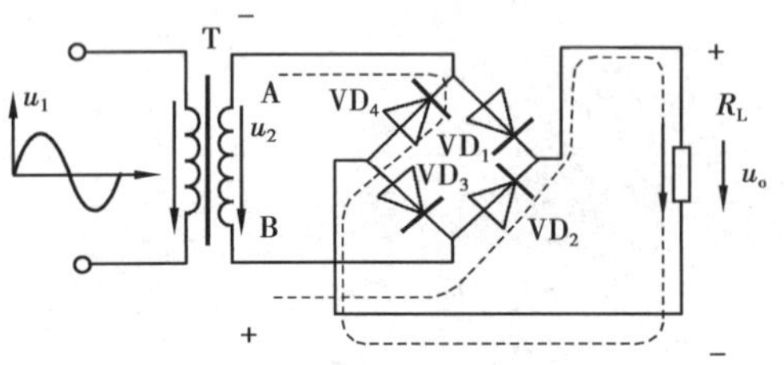

图 1-13 u_2在负半周时的电流通路

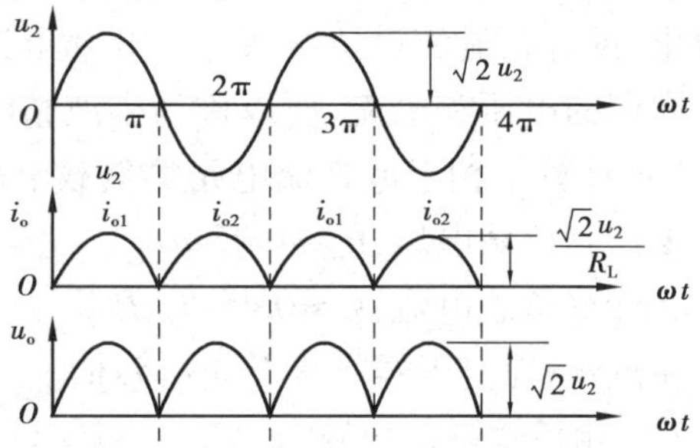

图 1-14 单相桥式整流电路的输入、输出波形

(3)计算单相桥式整流电路的负载电压、电流

①计算负载电压:$u_o \approx 0.9\ u_2$。

②计算负载电流:$i_o \approx 0.9\ u_2/R_L$。

注意:u_2为变压器次级电压有效值。

(4)整流二极管的最大整流电流和最高反向工作电压

① 二极管允许的最大反向电压应大于承受的反向峰值电压。

最大反向电压:$u_{RM} \geqslant \sqrt{2}u_2$。

②二极管允许的最大整流电流应大于流过二极管的实际工作电流。

最大整流电流:$i_{OM} \geqslant \frac{1}{2}i_o$。

四、认识滤波电器

用示波器观察桥式整流电路的输出电压波形,将其与桥式整流电容滤波电路的输出电压波形进行比较,可以发现滤波后能获得比较平滑的直流电压。滤波器的作用:滤除脉动直流电中的脉动成分。滤波器的种类:电容滤波器、电感滤波器、复式滤波器。

1.电容滤波器

在桥式整流电路中并联电容器 C,得到电容滤波电路。桥式整流电容滤波电路如图 1-15 所示,其波形如图 1-16 所示。这种电路电容器 C 的容量越大,负载 R_L的电阻值越大,滤波效果就越好。

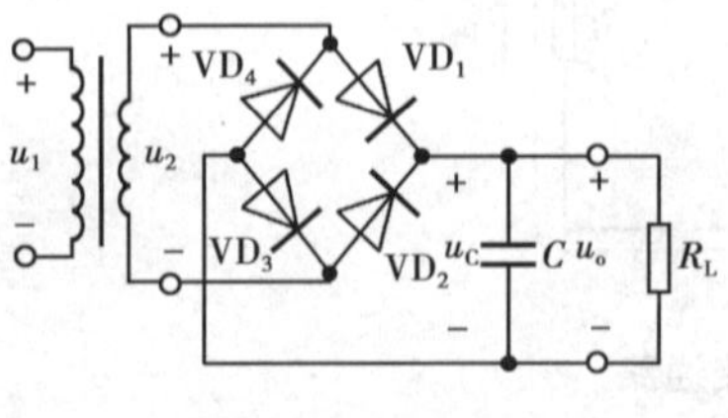

图 1-15 桥式整流电容滤波电路

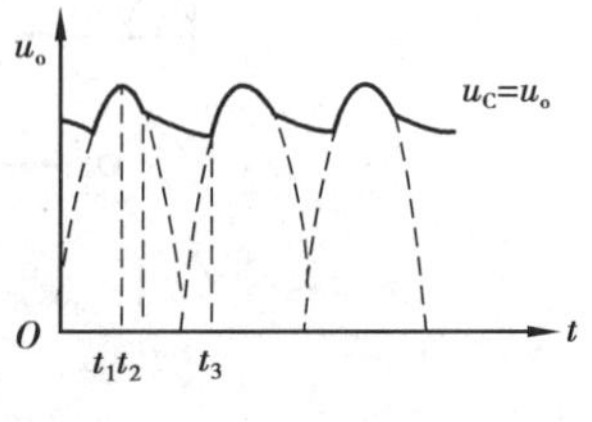

图 1-16 桥式整流电容滤波电路的波形

2.电感滤波器

在整流电路的负载回路中串联一个电感,使输出电流波形较为平滑。桥式整流电感滤波电路如图 1-17 所示,其波形如图 1-18 所示,负载获得了一个相对平滑的直流电压。电感滤波电路适用于负载电流比较大且变化也比较大的场合。

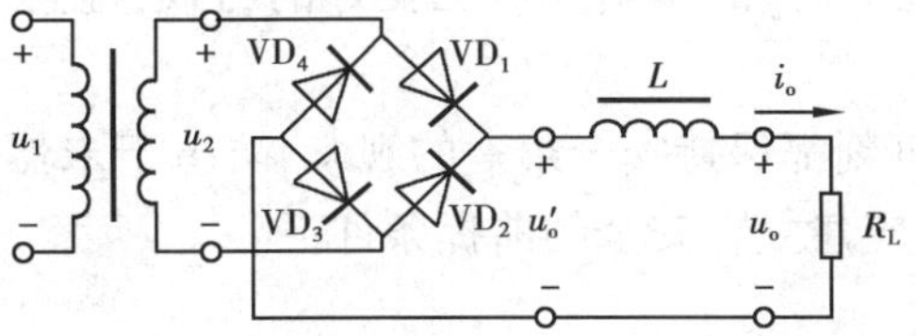

图 1-17　桥式整流电感滤波电路

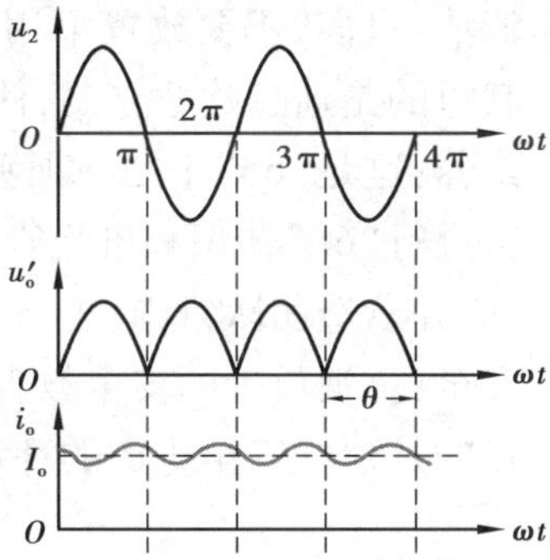

图 1-18　桥式整流电感滤波电路的波形

3.复式滤波器

(1)L 型滤波器

L 型滤波器的电路如图 1-19 所示。

L 型滤波器的工作原理:整流输出的脉动直流经电感 L 和电容 C 滤波,使脉动成分降低,在负载上可获得较平滑的直流电压。

(2)兀型滤波器

兀型滤波器的电路如图 1-20 所示。

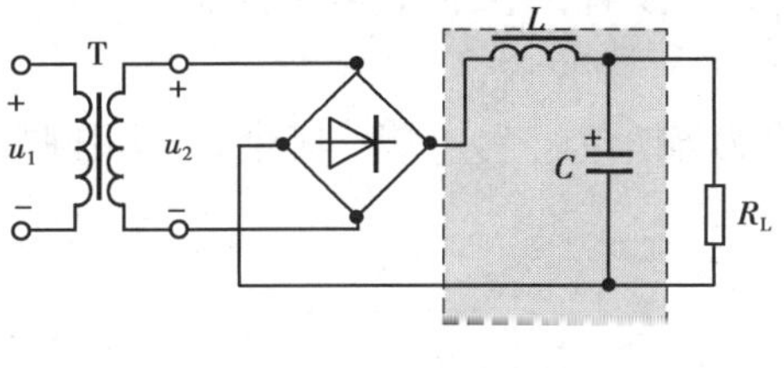

图 1-19　L 型滤波器的电路

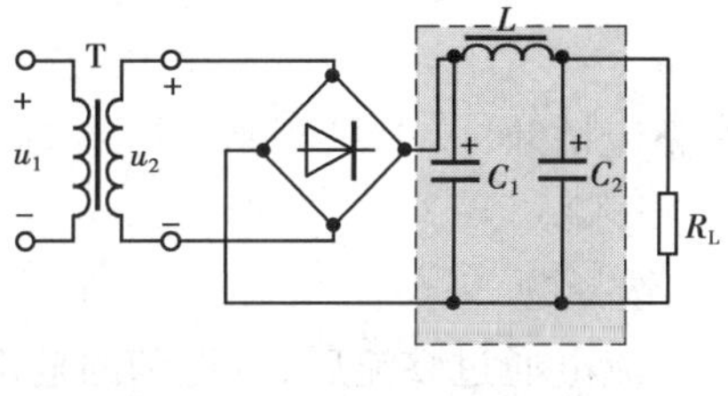

图 1-20　兀型滤波器的电路

兀型滤波器的工作原理:整流输出的脉动直流经电容 C_1 滤波后,再由一个 L 型滤波器滤波,使脉动成分大大降低,在负载上可获得平滑的直流电压。

※知识窗:企业“6S”现场管理

我国生产企业的“6S”现场管理是在日本企业的“5S”现场管理基础上增加了安全要素扩展而来,是在现代工厂中行之有效的现场管理理念和方法,其作用是提高效率,保证质量,使工作环境整洁有序,预防为主,保证安全。

“6S”现场管理的内容是对生产现场的人员、材料、方法等进行有效的管理,包括整理(Seiri)、整顿(Seiton)、清扫(Seiso)、清洁(Seiketsu)、素养(Shitsuke)、安全(Security)6 个要素,因其每个单词的罗马拼音均以“S”开头,故简称为“6S”。各要素的详细解释如下:

- 整理:区分生产现场的任何物品,必要的留下,不必要的清除。其目的是合理利用空间，打造整洁的生产现场。

- 整顿：把必要物品按照规定位置摆放整齐并加以标示。其目的是营造整齐的生产现场，节省寻找物品的时间。
- 清扫：将生产现场看得见与看不见的地方清扫干净。其目的是打造干净的生产现场。
- 清洁：贯彻“不要放置不用的东西、不要弄乱物品、不要弄脏环境”的“三不要”要求。其目的是通过建章立制，使现场始终保持最佳状态。
- 素养：这是“6S”中的一项独特要素，通过制订一系列管理制度，专门举办培训班对员工进行“6S”知识和班组管理制度的学习。其目的是培养员工良好的习惯，能遵守规则，并营造团队氛围。
- 安全：重视员工的安全教育，使员工每时每刻都保持安全第一的观念，防患于未然。其目的是建立安全生产的环境，所有的工作应建立在安全的前提条件下。

※检测与反思

A 类试题

一、填空题

1.半波整流电路输出电压平均值 U_o 与输入电压有效值 U_i 之间的关系是 U_o = ________ U_i，桥式整流电路输出电压平均值 U_o 与输入电压有效值 U_i 之间的关系是 U_o = ________ U_i。

2.硅二极管的死区电压为________V，锗二极管的死区电压为________V，指示用 ϕ3LED 的二极管压降为________V 左右。

3.1N4007 的反向击穿电压为________V，发光二极管的反向击穿电压为________V 左右。

4.整流桥堆有 4 只引脚，其中标“+”“-”的为输________脚，剩余两只引脚为输________脚。

二、选择题

1.交流电通过整流后，所得到的输出电压是(　　)。

A.交流电压　　B.脉动直流电压　　C.平滑的直流电压

2.在单相桥式整流电路中，若变压器次级电压的有效值为 10 V，则输出电压为(　　)。

A.4.5 V　　B.9 V　　C.10 V

三、判断题

1.半波整流电路只能使用一只二极管。(　　)

2.将 4 只 1N4007 任意接成 4 条桥臂就可以构成桥式整流电路。(　　)

3.所有的发光二极管在使用时都必须串联限流电阻。(　　)

4.二极管为非线性元件。(　　)

B 类试题

一、填空题

1.硅二极管用万用表 $R\times1$ kΩ 挡测二极管的正、反向电阻，阻值较小的一次，红表笔接的是二极管的________极。

2.用万用表的 $R\times1$ kΩ 挡测量二极管的正、反向电阻时，两次读数相差越大，这说明二极管的质量______________。

3.用万用表的 $R\times1$ kΩ 挡测量电容器时，指针无偏转，这说明电容器是______________。

4.用万用表的 $R\times1$ kΩ 挡测量电容器时，指针有偏转，这说明电容器是______________。

5.用万用表的 $R\times100$ Ω 挡测量电阻器的阻值，读数为 15，则电阻器的测量值为__________。

二、判断题

1.在使用万用表之前，应先进行"机械调零"，即在两表笔短接的时候，使万用表指针指在零电压或零电流的位置上。 （ ）

2.在测量某一电量时，不能在测量的同时换挡，尤其是在测量高电压或大电流时。 （ ）

3.用欧姆表测量电阻时，应选适当的倍率，使指针指示在中间数值附近，最好是指示在刻度的 1/2~2/3 处，这部分刻度比较精确。 （ ）

4.使用万用表电流挡测量电流时，应将万用表并联在被测电路中，因为只有并联才能使流过电流表的电流与被测支路的电流相同 。 （ ）

三、选择题

1.（ ）带电测量电阻，如果测量电容时，应该先放电后再进行测量。

A.不能　　B.能　　C.A 和 B

2.选择合适的量程挡位，如果不能确定被测量的电流时，应该选择（ ）去测量。

A.任意量程　　B.小量程　　C.大量程

C 类试题

一、画图题

把一只电阻和一只晶体二极管串联，装在盒子里，盒子外面只露出 3 个接线柱 A、B、C，如图 1-21 所示，今用万用表的欧姆挡进行测量，测量的电阻值见表 1-4，试在虚线框中画出盒内元件的符号和电路。

表 1-4

红表笔	A	C	C	B	A	B
黑表笔	C	A	B	C	B	A
阻 值	有阻值	与 AC 间的阻值相同	很大	很小	很大	接近 AC 间的阻值

图 1-21

二、选择题

1.把一个量程为 5 mA 的电流表改装成欧姆表,电流表的内阻是 50 Ω,电池的电动势是 1. 5 V,经过调零之后测电阻。当欧姆表指针指到满偏的 3/4 位置时,被测电阻的阻值是(　　)。

A.50 Ω　　B.100 Ω　　C.16.7 Ω　　D.400 Ω

2.如图 1-22 所示是欧姆表的原理示意图,其中,电流表的满偏电流为 $I_g=300\ \mu A$,内阻 $R_G=100\ \Omega$,调零电阻的最大值为 50 kΩ,串联的固定电阻为 50 Ω,电池电动势为 1.5 V,用它测量电阻 R_x,能准确测量的阻值范围是(　　)。

A.30~80 kΩ　　B.3~8 kΩ

C.300~800 Ω　　D.30~80 Ω

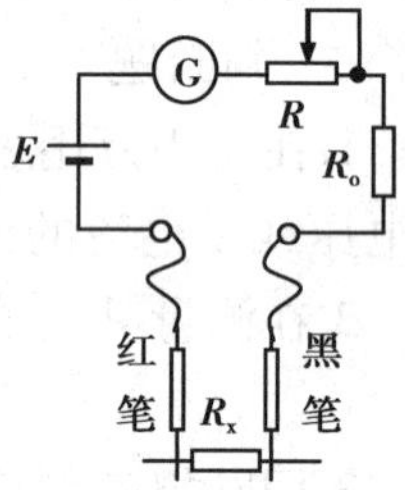

图 1-22

任务二　制作串联型稳压电源

串联型稳压电源(图 2-1)能对电子设备提供持续稳定的直流电。本任务通过制作串联型稳压电源,掌握串联型稳压电源的安装过程、工作原理及检测方法。

图 2-1　串联型稳压电源

※工作任务说明

现场提供了制作串联型稳压电源所需的工具、仪表、元器件。按电路原理图(图 2-2)、电路装配图(图 2-3)和制作流程图(图 2-4)完成串联型稳压电源的制作,同时将相关数据填入表 2-1 中。

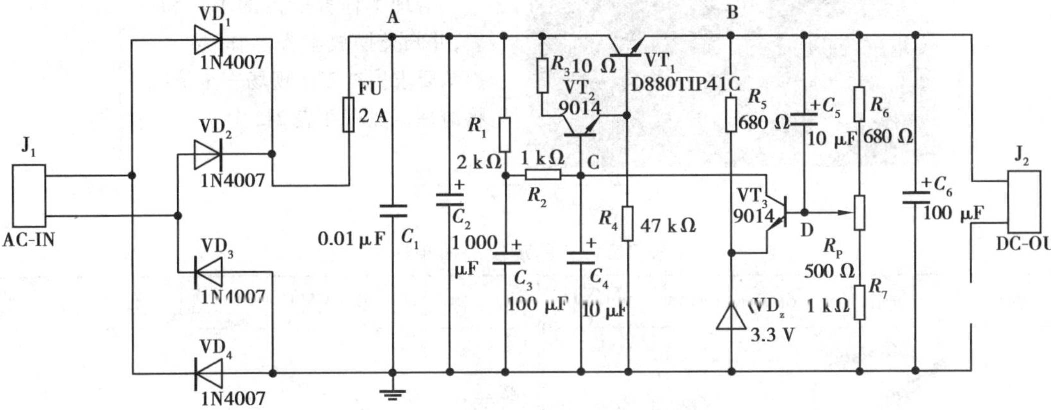

图 2-2　串联型稳压电源电路原理图

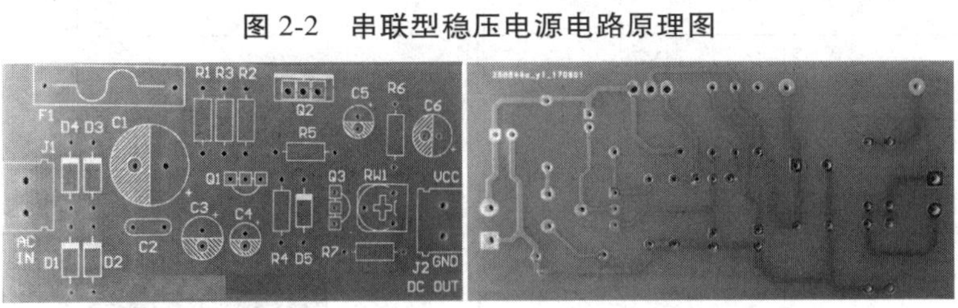

图 2-3　串联型稳压电源电路装配图

图 2-4　制作流程图

表 2-1 串联型稳压电源制作各项任务完成时间

序号	任务内容	开始时间	结束时间	完成时间
1	清点并归类工具、仪表、元器件			
2	元器件检测			
3	元器件插装			
4	元器件焊接、剪脚			
5	电路检测			
6	电路维修			

※任务实施

活动一　清点并归类工具、仪表、元器件

一、清点并归类工具和仪表

清理本任务所需的工具和仪表，并归类摆放整齐，同时按安全提示要求检查工作现场安全情况，将清理情况写在表 2-2 中。

表 2-2 工具及仪表清单

名 称	实物图片	规格/型号	状 况	名 称	实物图片	规格/型号	状 况
电烙铁				螺丝刀			
万用表				焊锡丝			
斜口钳				防静电服			
镊子							

二、清点并归类元器件

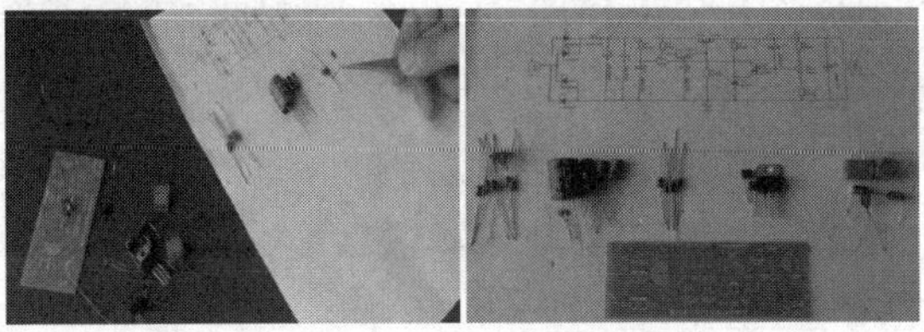

清理本任务所需的元器件，并归类摆放整齐，将元器件的符号、型号/规格、数量填写在表 2-3 中。

表 2-3　元器件清单

序号	名称	位号	实物图片	符号	型号/规格	数量
1	电阻	R_1				
2		R_2、R_7				
3		R_3				
4		R_4				
5		R_5、R_6				
6	电位器	R_P				
7	整流二极管	VD_1-VD_4				
8	稳压二极管	VD_z				
9	陶瓷电容	C_1				
10	电解电容	C_2				
11		C_3、C_6				
12		C_4、C_5				
13	复合管	VT_1				

稳压二极管

稳压二极管（又称齐纳二极管）是一种由硅材料制成的面接触型晶体二极管，简称“稳压管”。此二极管是一种直到其两端电压超过临界反向击穿电压前都具有很高电阻的半导体器件。稳压二极管在反向击穿时，在一定的电流范围内（或者说在一定功率损耗范围内），端电压几乎不变，表现出稳压特性，因而广泛应用于稳压电源与限幅电路之中。

（1）外形及符号

稳压二极管的外形及符号如下图所示。

（a）外形

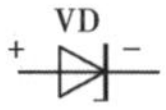

（b）符号

（2）稳压二极管的伏安特性

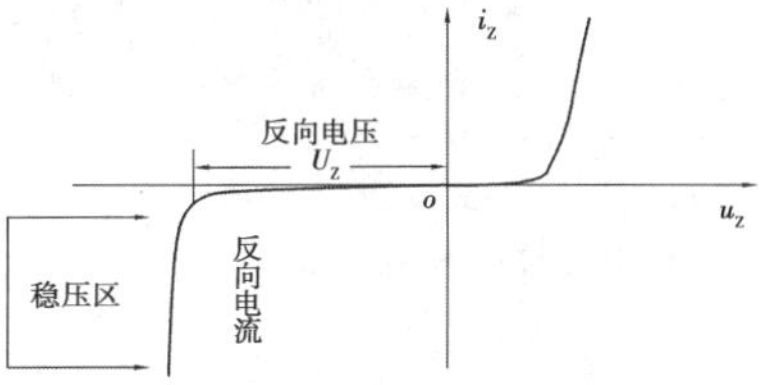

从上图中可以看出，如果把击穿电流限制在一定的范围内，二极管就可以长时间稳定工作在反向击穿电压 U_Z，即稳压值。所以稳压二极管稳压时工作于反向击穿状态。

稳压二极管的类型很多，主要有 2CW、2DW 系列，如 2CW15 的稳定电压为 7.0~8.5 V。从晶体管手册可以查到常用稳压二极管的技术参数和使用资料。

电位器

电位器是可变电阻器的一种。它由电阻体与转动或滑动系统组成。其作用是调节电压和电流的大小。

（1）电位器的外形及符号

电位器的外形及符号如下图所示。

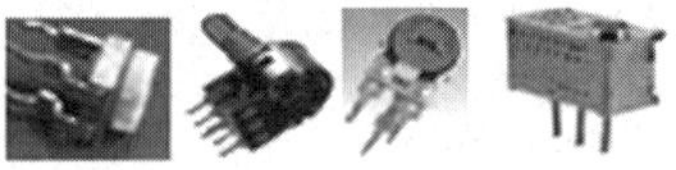

（a）外形

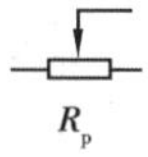

（b）符号

(2)电位器的结构特点

电位器的电阻体有两个固定端,通过手动调节转轴或滑柄,改变动触点在电阻体上的位置,则改变了动触点与任一个固定端之间的电阻值,从而改变了电压与电流的大小。

三极管

三极管也称双极型晶体管、晶体三极管,是一种电流控制型半导体器件。其作用是把微弱信号放大成幅度值较大的电信号,也用作无触点开关。

(1)三极管的外形

三极管的外形如下图所示。

(2)三极管的基本结构

晶体三极管由3个区、2个PN结、3个电极构成,如下图所示。

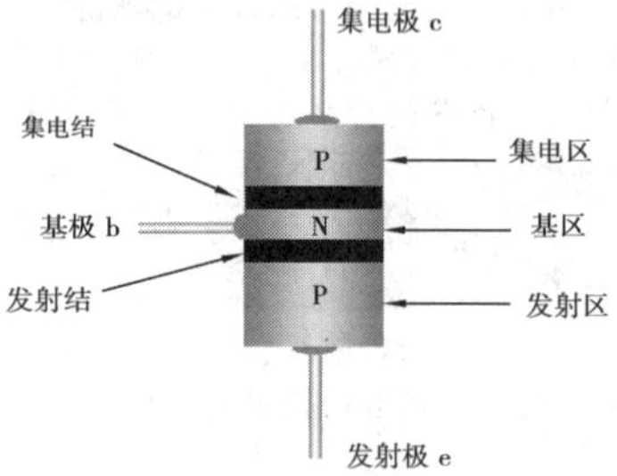

按两个PN结的组合方式不同,三极管可分为PNP型和NPN型两类。

(3)三极管的符号

PNP型三极管的符号如下图所示。

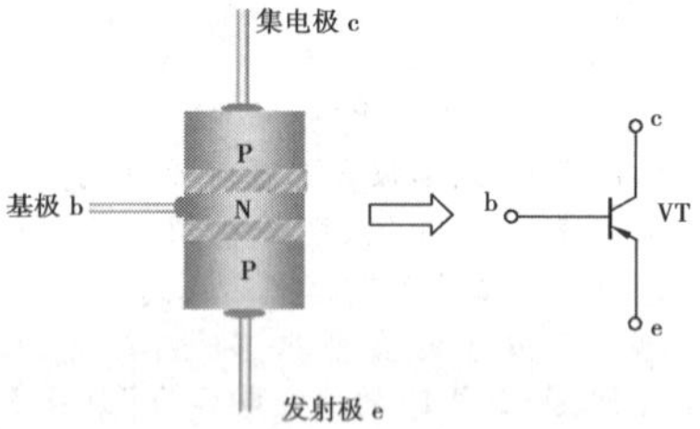

NPN型三极管的符号如下图所示。

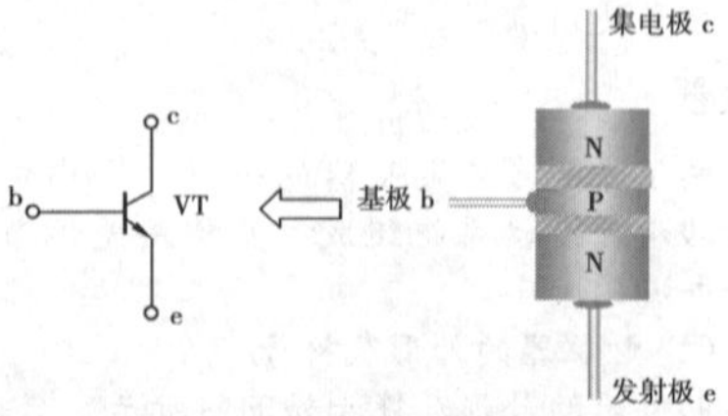

有箭头的电极是发射极,箭头的方向表示发射结电流方向和三极管的管型。无论是PNP型三极管还是NPN型三极管都可以用硅和锗两种材料制作,所以三极管又分为硅管和锗管。

续表

序号	名称	位号	实物图片	符号	型号/规格	数量
14	三极管	VT_2、VT_3				
15	保险管	FU				
16	接线器	J_1				
17		J_2				
18	印制电路板	—	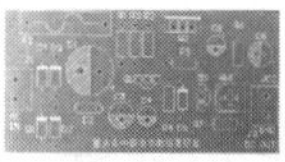	—	—	

活动二　判断元器件质量

一、判断电阻、整流二极管、电容的质量

检测方法与任务一相同,操作步骤如下:

①检测电阻

仿照任务一检测电阻的方法,检测本任务中的R_1—R_7的参数并判断质量。

②检测电容

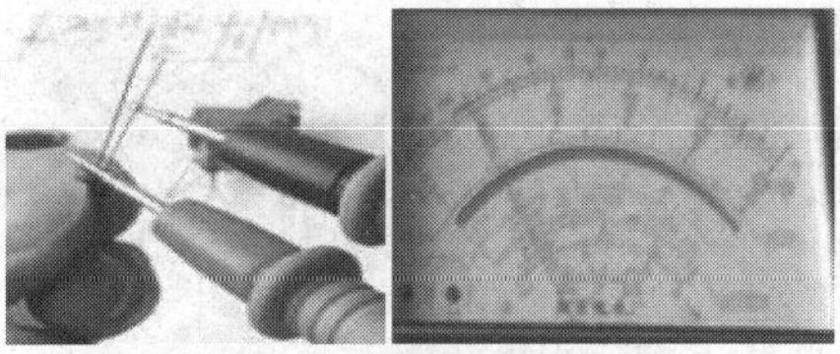

仿照任务一检测电容的方法，检测本任务中的 C_1—C_5 的参数并判断质量。

③检测整流二极管

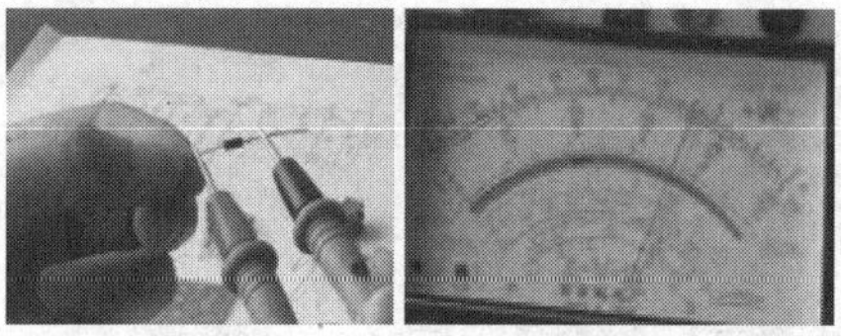

仿照任务一检测电容的方法，根据所学知识和方法，检测本任务中的 VD_1—VD_4 的参数并判断质量。

二、检测稳压二极管

操作步骤如下：

①测量 2 V 稳压二极管的正向电阻

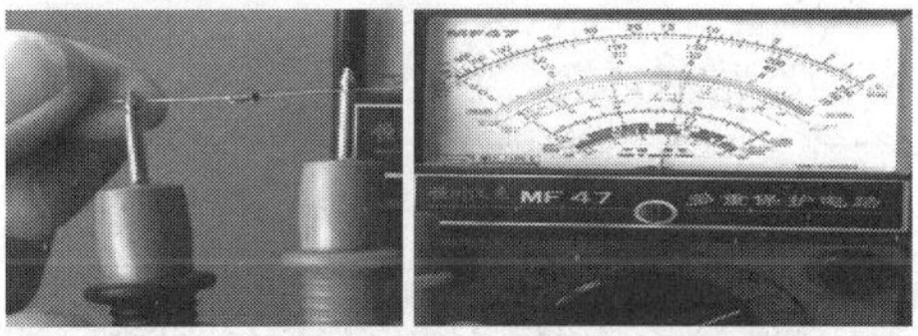

选用万用表 $R\times1$ kΩ 挡并进行欧姆调零。

黑表笔接正极，红表笔接负极。经实测，这只二极管的正向电阻为 11 kΩ。

②测量 2 V 稳压二极管的反向电阻

黑表笔接负极，红表笔接正极。经实测，这只二极管的反向电阻为 41 kΩ，质量良好。

稳压二极管的检测

稳压二极管的检测方法与普通二极管的检测方法相同，只是正向电阻比普通二极管要大。当稳压值大于 10.5 V 时，用 $R\times10$ kΩ 挡检测，其值为∞；当稳压值在 3~10 V 时，用 $R\times1$ kΩ 挡检测，其值为∞。用 $R\times10$ kΩ 挡检测时，反向电阻不为无穷大；当稳压值小于3 V 时，用 $R\times1$ kΩ 挡测量其反向电阻，其值不为∞，但大于正向电阻。

若需要对稳压二极管的稳定电压做精确测量，则可用晶体管特性图示仪测量。

三、检测电位器

操作步骤如下：

①检测电位器标称阻值

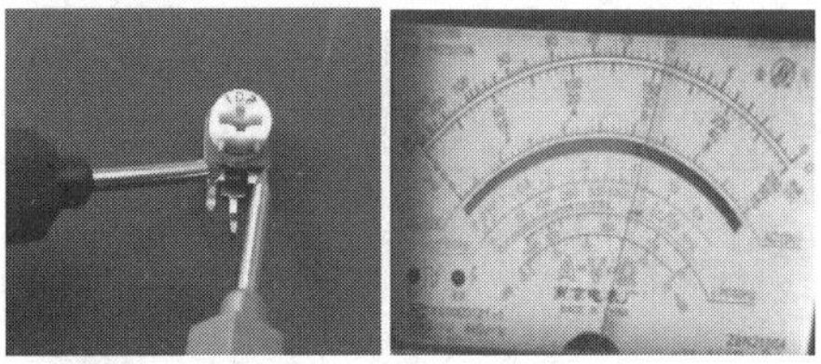

选用万用表 $R\times100$ Ω 挡并进行欧姆调零。

将表笔分别接触电位器 1、3 脚，测量值为电位器标称阻值。

电位器的检测

①检测电位器，首先根据标称值选择合适的挡位。旋转电位器旋柄时，其阻值应连续变化，转动应平滑。

②检测标称阻值时，如万用表的指针不动或与标称值相差很多，表明该电位器已损坏。

③如果万用表的指针在电位器旋转过程中有跳动现象，说明活动触点有接触不良的故障。

②检测电位器 1、2 动臂

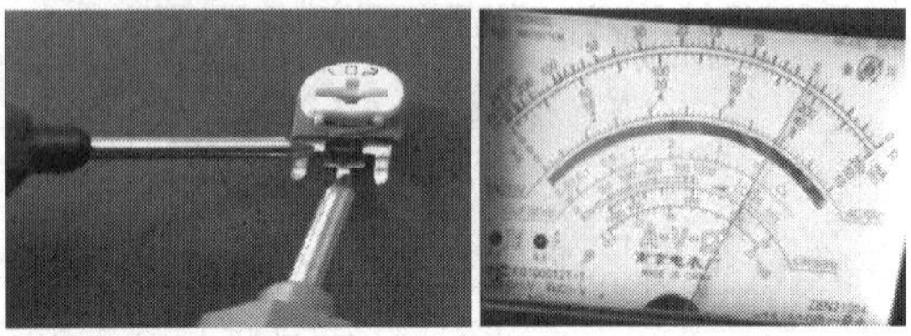

将表笔分别接触电位器 1、2 脚，用螺丝刀旋动电位器转柄，观察阻值变化情况。顺时针旋转，阻值慢慢变大。

③检测电位器 2、3 动臂

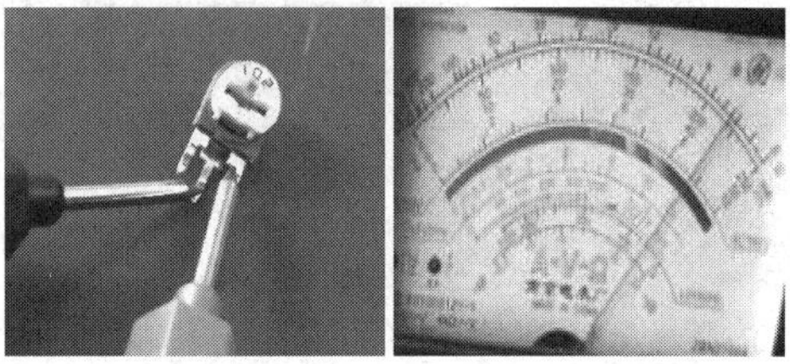

将表笔分别接触电位器 2、3 脚，操作同步骤②。

三极管的型号和命名

在使用三极管时，应从相关器件手册或网上查找三极管的型号、参数、用途以及引脚排列等的相关内容，正确使用三极管。三极管的命名与二极管相同。

三极管的选用

选用三极管时，具体应从以下几个方面考虑：

(1) 三极管的使用频率

工程设计中一般要求三极管的 f_T 高于电路工作频率 3 倍以上。

(2) 三极管工作的安全性

对于工作在大电流场合的三极管，如驱动继电器等，应保证集电极工作电流 $I_c \leq I_{cm}$。

对于工作在大功率场合的三极管，使三极管额定消耗功率 $P_c \leq P_{cm}$。同时，大功率三极管在使用时，因功耗较大，应按要求加装一定规格尺寸的散热片。

小功率的三极管 $U_{(BR)ceo}$ 可以根据电路的电源电压来确定。一般情况下，只要使电路电源的最高电压小于等于 $U_{(BR)ceo}$ 即可。

在换用三极管时，也应注意用于替换的三极管的极限参数、材料、管型以及性能等。

四、检测小功率三极管

1.找基极

操作步骤如下：

①找基极

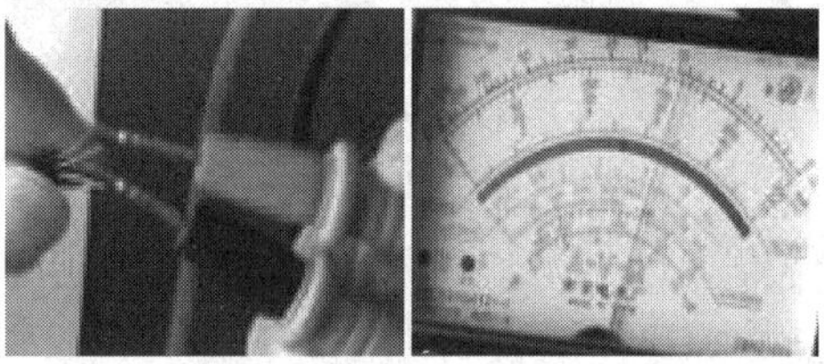

选用 $R\times1$ kΩ 或 $R\times100$ Ω 挡并进行欧姆调零。两表笔去测三极管任意两引脚电阻，共测 6 次，其中有两次阻值较小，在这两次测量过程中，不动的表笔所接的引脚为基极 b。如果不动的表笔是黑笔，则三极管管型为 NPN 型；如果不动的表笔为红笔，则三极管管型为 PNP 型。

②定管型

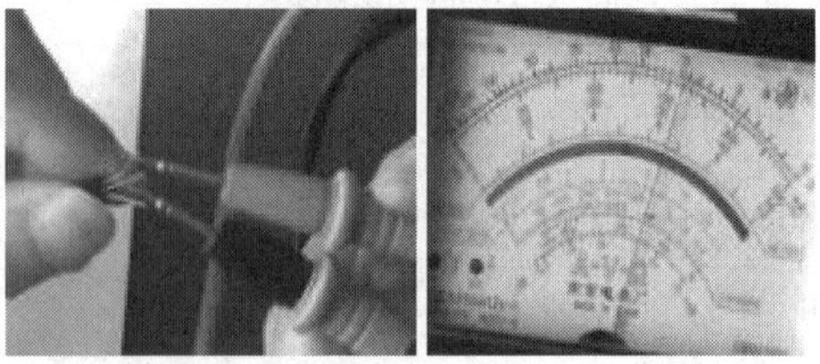

在本次测量中，与基极相接的是黑表笔，所以三极管的管型为 NPN 型。

2.找集电极 c 和发射极 e

①判断 NPN 型三极管的集电极和发射极	②判断 PNP 型三极管的集电极和发射极
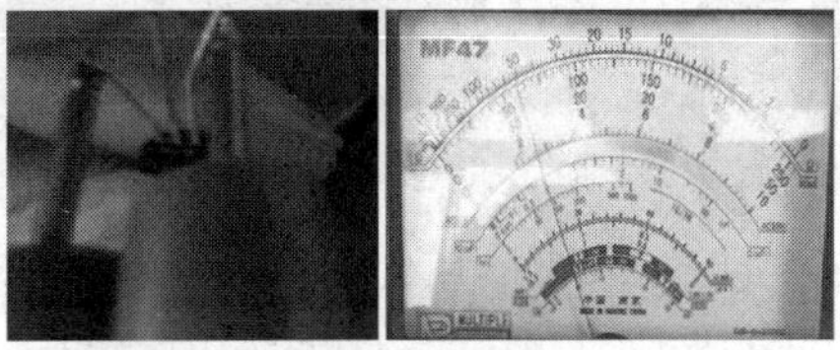	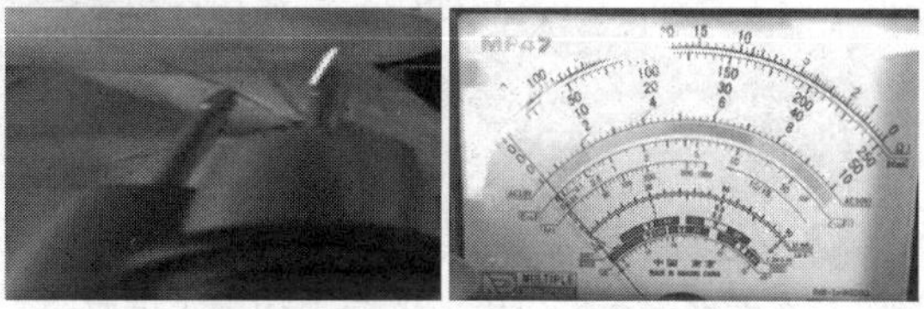
已经确定本次测量的三极管是 NPN 型,两表笔去测除基极 b 以外的两只引脚,用手在基极和黑笔之间加人体电阻,记下电阻值,然后交换红、黑两表笔,人体电阻依然加在基极与黑表笔之间,记下电阻值。比较两次测得的阻值,阻值小的一次,黑表笔接的是集电极 c,红表笔接的是发射极 e。	PNP 型管集电极和发射极的判断方法与 NPN 型类似,只是人体电阻加在基极与红表笔之间,阻值小的一次,黑表笔接的是发射极 e,红表笔接的是集电极 c。

五、检查印制线路板及其他物料的质量

操作步骤如下:

①印制线路板的质量检测	②其他物料的质量检测
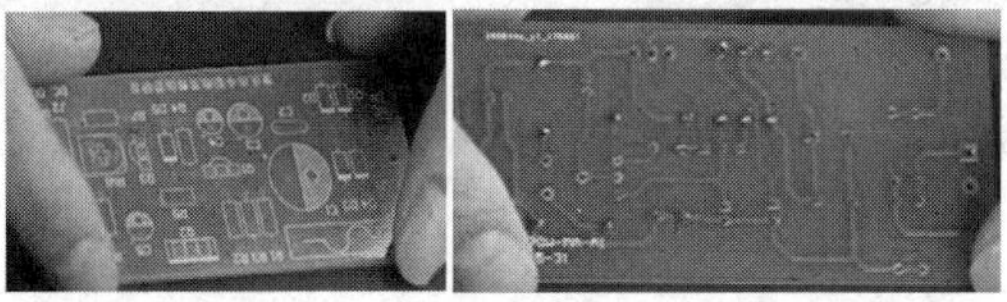	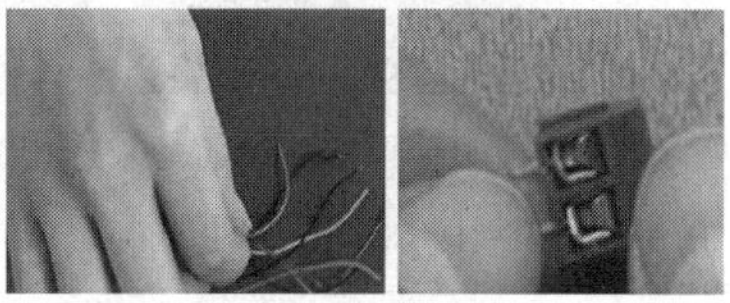
观察正面是否有印刷字符模糊不清、元器件位置不对、板面破裂等情况出现。 观察印制线路板的焊接面,是否有铜箔翘起、开裂、脱落,焊盘氧化、无孔等现象,如有上述现象请及时更换。	检查接线器有无损坏,如有请及时更换。

活动三　安装串联型稳压电源电路

一、观察串联型稳压电源电路原理图和印制线路板

串联型稳压电源电路原理图和印制线路板如图 2-2 和图 2-3 所示。

二、安装串联型稳压电源印制线路板电路

1.安装稳压二极管

操作步骤如下:

①找到 VD_Z 在印制板上的位号	②装配 VD_Z	③焊接 VD_Z
 在元器件中选出稳压二极管 VD_Z，并找准印制板上 VD_Z 的安装位置。	 稳压二极管采用贴板安装，用镊子按照印制板的尺寸要求使其引脚弯曲成形。	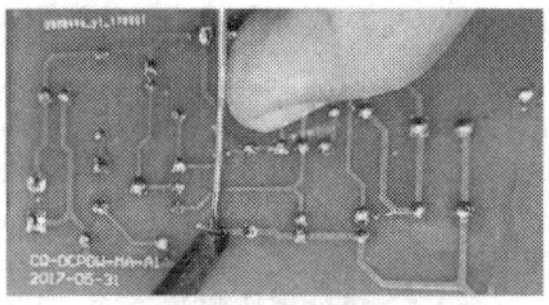 用任务一中的焊接法将 VD_Z 焊接在印制板上，注意焊料适中，焊点美观。

2.安装电位器

操作步骤如下：

①找到 R_P 在印制板上的位号	②装配 R_P	③焊接 R_P
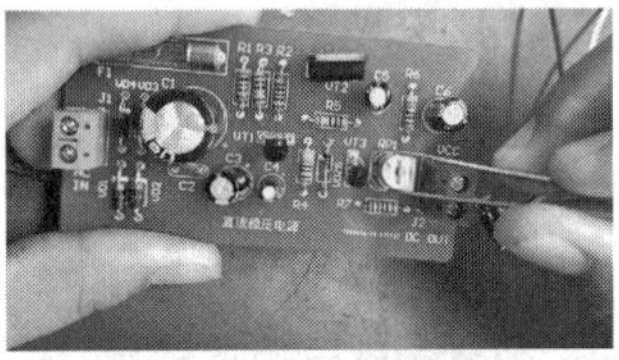 在元器件中选出电位器 R_P，并找准印制板上 R_P 的安装位置。	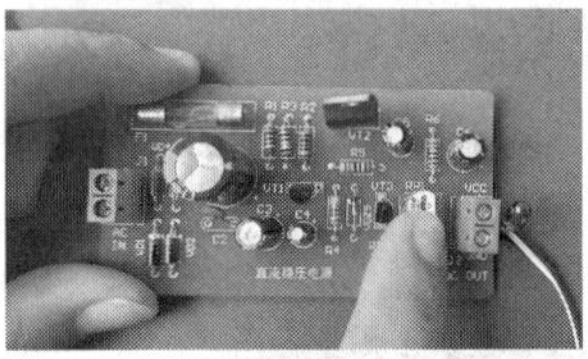 电位器采用立式安装，安装时注意用力按下卡紧。	 在焊接电位器时，由于电位器的引脚比其他器件的引脚稍粗，注意控制锡量。

3.安装晶体管

操作步骤如下：

①找到 VT_1、VT_2、VT_3 在印制板上的位号	②装配 VT_1、VT_2、VT_3	③焊接 VT_1、VT_2、VT_3
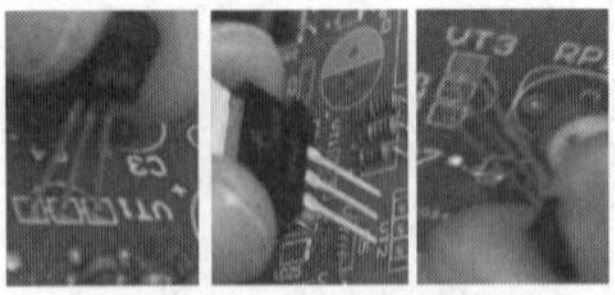 在元器件中选出晶体管 VT_1、VT_2、VT_3，并找准印制板上 VT_1、VT_2、VT_3 的安装位置。	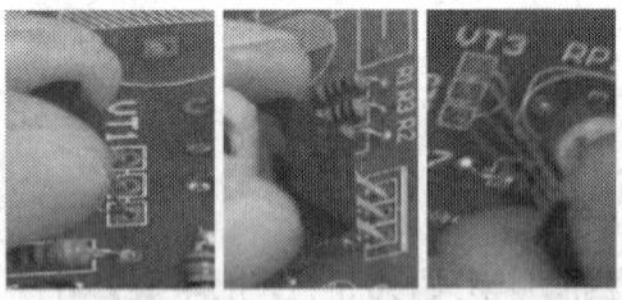 晶体管采用立式安装，注意三极管的极性，不要装错。	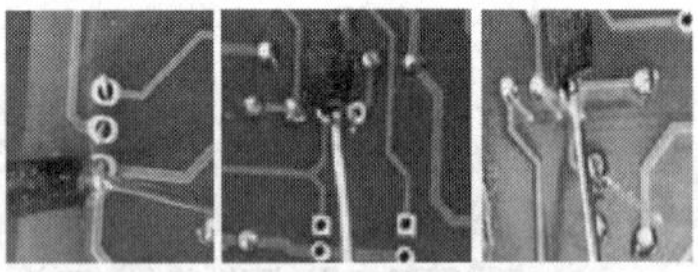 在焊接晶体管时，注意保证引脚到板有 0.5 cm 左右的距离，用于散热。

4.管脚处理

①剪脚	②检查焊点，修补缺陷	③清理
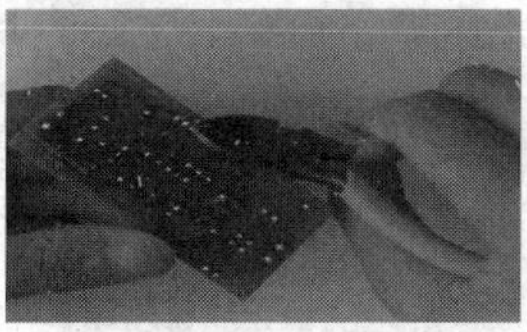	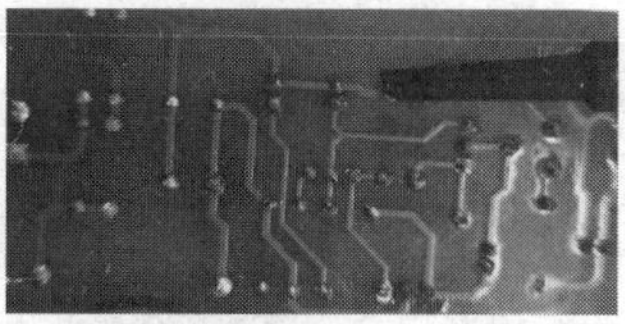	
利用斜口钳的尖嘴部分剪去印制板元器件的多余引脚（剪头留脚1 mm）。	在剪脚的过程中，观察焊点有无缺陷，如漏焊、虚焊、假焊等，如有应及时修补。	清理印制线路板和工作台面上多余的锡渣、剪去的管脚。

导师说

①在进行元器件弯曲成形加工时，实际引脚的尺寸要根据印制板上安装位置的孔距来确定。

②元器件的安装顺序一般为先低后高、先轻后重、先易后难、先一般元器件后特殊元器件。

③安装元器件时，由于体积不同，在翻转焊接时会掉落，可以将元器件的一端引脚进行弯曲，先焊接另一端，再将弯曲的引脚进行整形焊接。

活动四　检查电源并调试电路

一、通电前检查

1.直观检查

 正面	 背面	通电前，用肉眼直观检查有无漏装、错装的元器件，确保所有元器件焊接位置正确。检查焊点有无漏焊、虚焊、毛刺等情况出现。

在路电阻的检测目的和方法

目的：检查电路有无明显的短路或开路现象。

方法：测正向电阻 R 时，红表笔接电路的参考点，黑表笔接被测点，读出其阻值；测反向电阻R时，黑表笔接电路的参考点，红表笔接被测点，读出其阻值。

2.在路电阻的检测

操作步骤如下：

①在路电阻的检测（正向电阻）

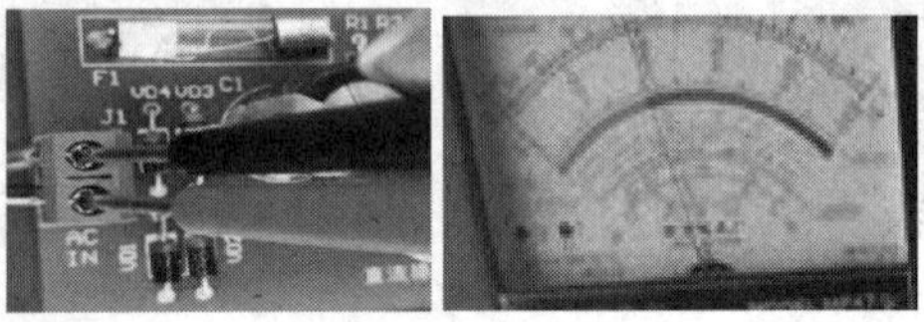

选 $R\times1$ kΩ 挡并调零后，将万用表红表笔接地，黑表笔接被测点，测量桥式整流电路的输入端正向电阻，并记录在表 2-4 中。

②在路电阻的检测（反向电阻）

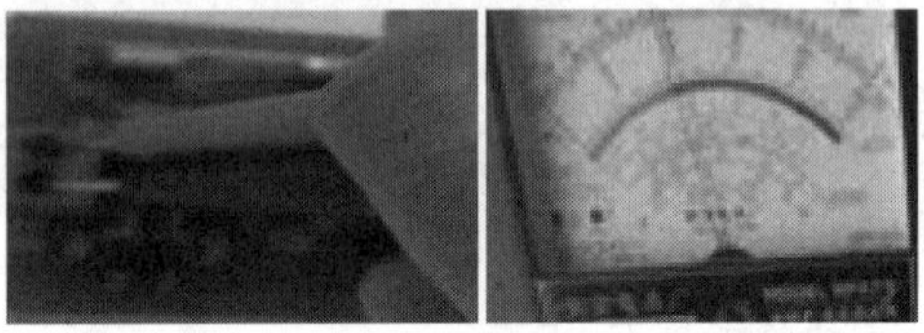

选 $R\times1$ kΩ 挡并调零后，将万用表黑表笔接地，红表笔接被测点，测量桥式整流电路的输入端反向电阻，并记录在表 2-4 中。

表 2-4　在路电阻

	A	U_o	B	C	D
正向电阻 R⊕					
反向电阻 R⊖					

注：被测电路中有电容器，读出的阻值为充电结束后的值。

用电阻挡测量电路中各关键点的在路电阻，如未发现明显的开路与短路故障，可以进行下一步通电测试。

二、通电测试

1.工作电源测试

操作步骤如下：

①测交流电源

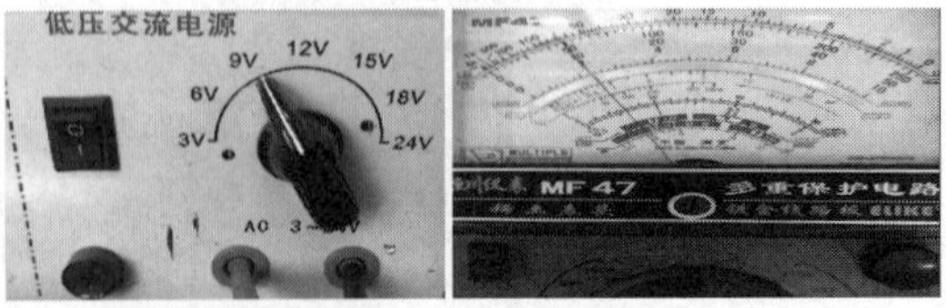

用万用表交流电压 20 V 挡检测是否为 9 V。若正常，则连接电路板。

②将交流电源接入电路

将交流电源与电路板连接，电源指示灯 LED 点亮，电路工作基本正常。

2.输出电压测试

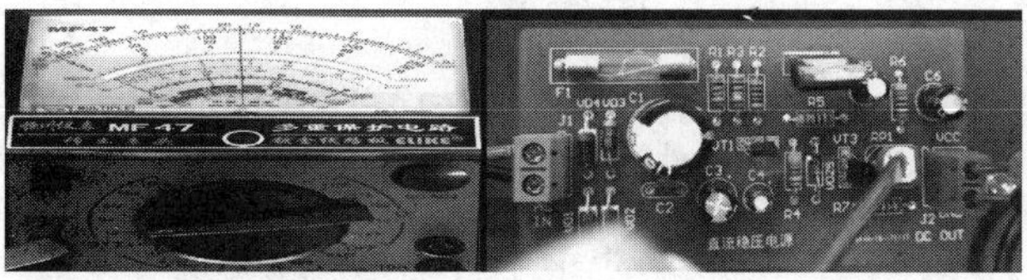

调节 R_P 让输出电压为 5 V，选择直流电压 10 V 挡，将红表笔接 V_{CC}，黑表笔接 OUT。用一字螺丝刀调节电位器 R_P，并监测输出端电压，调到 5 V 为止。

3.测试各关键点电压

测试各关键点电压，测试方法与任务一相同，将测试数据记录在表 2-5 中。

表 2-5　关键点电压

测试点	U_2	A	U_o	B	C	D
量程	AC20 V 挡	DC20 V 挡	DC20 V 挡	DC20 V 挡	DC20 V 挡	DC20 V 挡
参数值	10 V	12.62 V	5.00 V	2.85 V	2.20 V	5.65 V
测量值						

4.测试并判定三极管的工作状态

参考判断标准（以硅材料为例）：

①截止状态：$U_{be}<0.5$ V，$U_{ce}\approx$电源电压（加三极管放大电路的电压）。

②放大状态：0.5 V$\leqslant U_{be}\leqslant$0.7 V，0.7 V$\leqslant U_{ce}\leqslant$电源电压。

③饱和状态：0.6 V$\leqslant U_{be}\leqslant$0.8 V，$U_{ce}<0.7$ V。

三极管的电压和工作状态见表 2-6。

表 2-6　三极管的电压和工作状态

三极管 电压和工作状态	VT_1	VT_2
U_{be}	0.65 V	0.65 V
U_{ce}	7.60 V	3.45 V
工作状态	放大	放大

活动五　串联型稳压电源电路的简单故障维修

故障现象：输出异常。

维修步骤如下：

①直观检查电路板

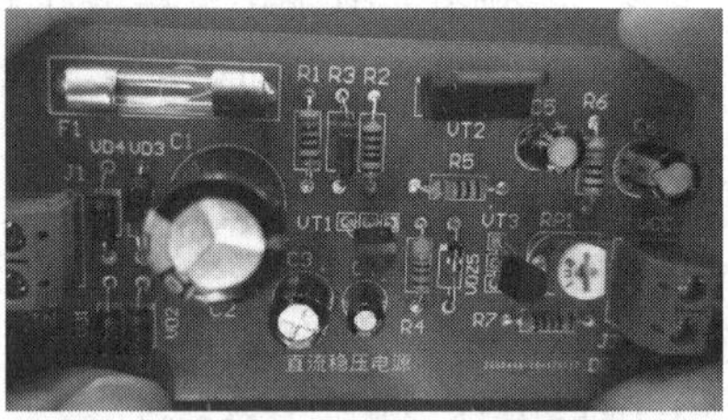

首先直观检查电路板，发现电阻 R_3 有明显烧黑的情况。

②排除故障

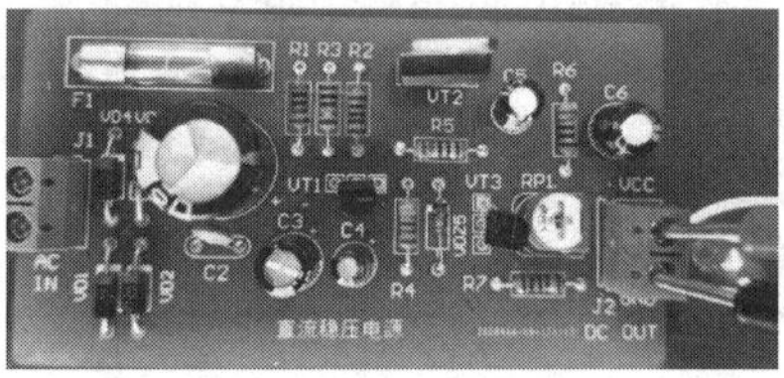

更换电阻 R_3，故障排除，电路恢复正常。

电路产生故障的原因

①电路中元器件故障。

②电路连接不良引起的故障。

③调试中对仪器、仪表操作不当引起的故障。

故障处理的基本原则

①应先进行分析，后动手检查，不能盲目乱拆乱换。

②先简后繁。先用简易方法检修，若不行，再用复杂的方法检修。

③先断电检查，后通电维修。

操作要点

- 在进行故障处理时，注意安全用电，防止产生事故，焊接时不要带电操作。
- 严禁用手触摸电源进线部分的元器件和零部件，以免造成事故。

【任务评价】

任务评价表

评价内容		自　评	小组评价	教师评价
		优☆良△中√差×		
职业素养	①安全用电			
	②设备及器材的安全			
	③记录整理完整准确			
	④符合“6S”管理理念			

续表

评价内容		自　评	小组评价	教师评价
		优☆良△中√差×		
知识与技能	①准备制作串联型稳压电源的工具、仪表、元器件			
	②评估串联型稳压电源元器件的质量			
	③安装串联型稳压电源电路			
	④检查与调试串联型稳压电源电路			
	⑤简单维修串联型稳压电源电路			
汇报展示	①作品展示(可以为实物作品展示、PPT 汇报、简报、作业等形式)			
	②语言流畅,思路清晰			
评价等级				

※拓展与提高

一、三极管的电流分配与放大原理

1.三极管的电流分配

三极管具有电流放大作用,在正常工作时,三极管的 3 个引脚之间的电流具有一定的关系,如图 2-5 所示。

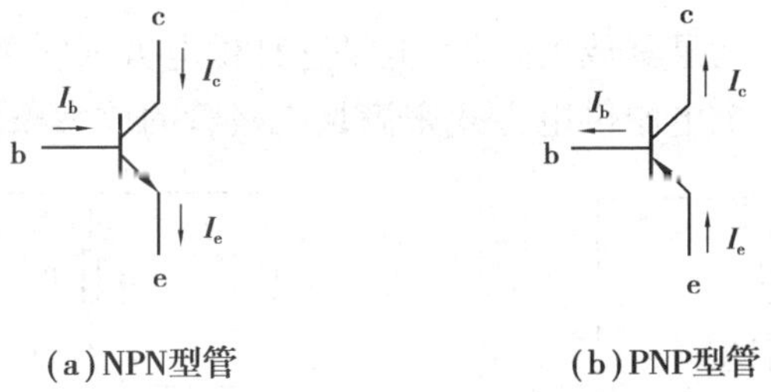

图 2-5　三极管的电流分配

如果把三极管看作一个封闭面,根据基尔霍夫定律,则有流进三极管的电流等于流出三极管的电流,即三极管的发射极电流等于集电极电流与基极电流之和。公式为

$$I_e = I_c + I_b$$

2.三极管的电流放大作用

三极管具有电流放大作用,当三极管的工作状态满足其放大条件时,它的集电极电流 I_c 与基极电流 I_b 之间就有一个固定的倍率关系,这个倍率用字符 β 表示,即

$$I_c = \beta I_b$$

式中,β 称为三极管的电流放大倍数,它没有单位。对于一个三极管而言,它的电流放大倍数

β 是一个常数，其值一般在几十到几百之间。

电流放大倍数 β 也可以反映在某一段时间内，三极管的集电极和基极的电流变化关系，即

$$\beta = \Delta i_c / \Delta i_b$$

式中，Δi_c 表示集电极电流的变化量，Δi_B 表示基极电流的变化量。即可以用较小的基极电流变化，去控制较大的集电极电流变化，这就是三极管的电流放大原理。

归纳上面所述，得到三极管3个引脚间的电流关系为

$$I_e = I_c + I_b$$

$$I_c = \beta I_b$$

$$I_e = I_c + I_b = \beta I_b + I_b = (1 + \beta)\ I_b \approx I_c$$

3.三极管的放大条件

为了使三极管正常放大，所加直流电压必须满足发射结正偏、集电结反偏。为了保证这一点，对于NPN管而言，要求3个电极的电压关系为 $U_c > U_b > U_e$；而对于PNP管而言，要求3个电极的电压关系为 $U_e > U_b > U_c$，两种三极管的供电如图2-6所示。

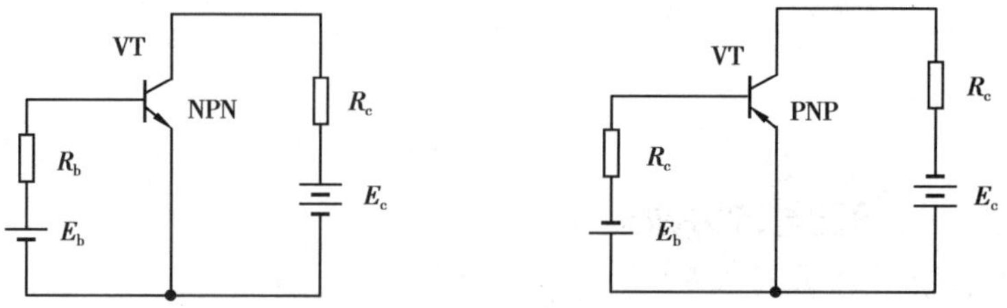

(a) NPN型管　　(b) PNP型管

图2-6　三极管的直流供电原理图

为三极管供电时，可以满足其放大条件，但是这种供电方式需要两个电源，在实际使用中很不方便，所以一般采用单个电源供电方式来满足三极管的放大条件，如图2-7所示。

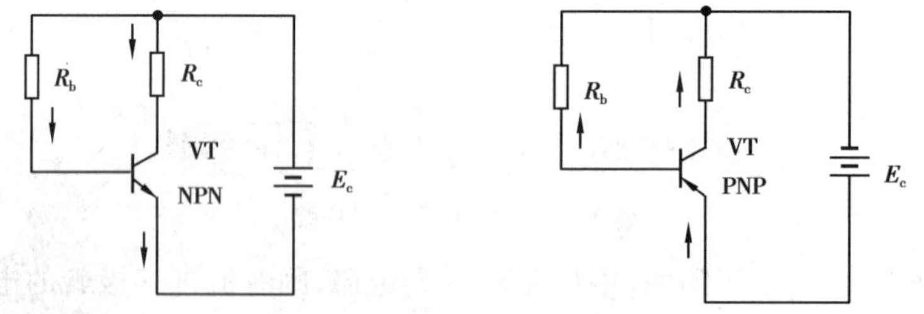

(a) NPN型管　　(b) PNP型管

图2-7　三极管的单电源供电

4.三极管的主要参数与选用

三极管的主要参数有5个，见表2-7。

表 2-7　三极管的主要参数

参　数	符号	含　义	选　用
电流放大倍数	β	反映电流放大能力。中小功率管的 β 值一般在几十到几百之间。在高频状态下工作时，β 值会下降	视具体要求而定
穿透电流	I_{ceo}	集电极与发射极间的漏电流。硅管的 I_{ceo} 较小，在 1 μA 以下；锗管的 I_{ceo} 较大，为几十到几百微安	I_{ceo} 越小越好
反向击穿电压	U_{ceo}	基极开路时，c、e 之间能够承受的最高反向工作电压	要求 $U_{ce}<U_{ceo}$，否则会损坏三极管
集电极最大允许电流	I_{cm}	三极管的 I_c 增大时，β 值会下降。当 β 值下降到正常值的 2/3 时，对应的 I_c 值即为集电极最大允许电流 I_{cm}	工作电流不能超过 I_{cm}，否则会损坏三极管
最大耗散功率	P_{cm}	在正常工作时，三极管上会产生功耗：$P_c=U_{ce}I_c$。如果 P_c 太高，三极管会因发热而损坏。P_{cm} 是保证三极管能维持正常工作的最大耗散功率。 $P_{cm}<300$ MW 的三极管称为小功率三极管； 300 MW< $P_{cm}<1$ W 的三极管称为中功率管； $P_{cm}>1$ W 的三极管称为大功率管	在正常使用条件下，保证 $P_c<P_{cm}$

二、三端集成稳压器

1.三端固定式集成稳压器

(1)CW78××系列

CW78××系列的引脚排列如图 2-8 所示，1 脚为输入端(U_i)，2 脚为公共端(ADJ)，3 脚为输出端(U_o)。

(2)CW79××系列

CW79××系列稳压器是负电压输出，引脚排列如图 2-9 所示。注意引脚排列与 CW78××系列不同。其中，1 脚为公共端(ADJ)，2 脚为输入端(U_i)，3 脚为输出端(U_o)。

图 2-8　CW78××系列

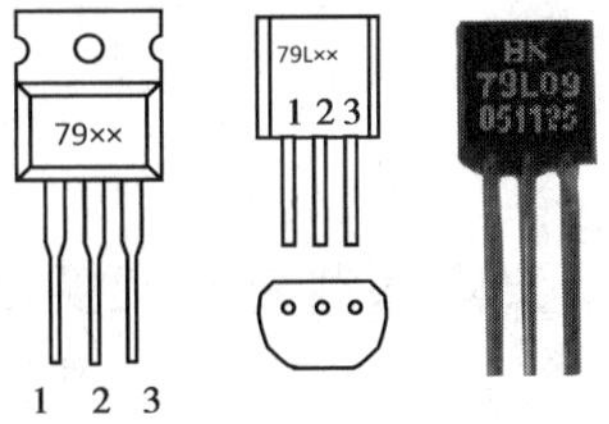

图 2-9　CW79××系列

2.三端可调式集成稳压器

在常见产品中,国产的有 CW317、CW337,进口的有 LM317、LM337 等。型号中后两位数字为 17,则该稳压器为正电压输出;若数字为 37,则该稳压器为负电压输出。

三端可调式集成稳压器的外形与引脚排列如图 2-10 所示。

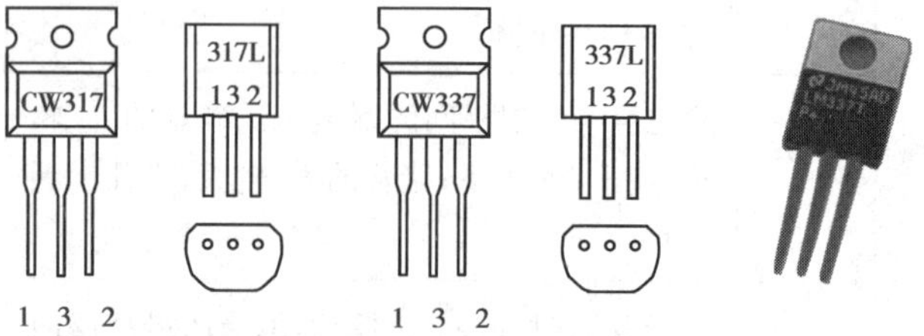

图 2-10　三端可调式集成稳压器

CW317 的 1 脚为调整端,2 脚为输入端,3 脚为输出端;CW337 的 1 脚为调整端,2 脚为输出端,3 脚为输入端。

三端可调式集成稳压器与三端固定式稳压器相比,不仅使用起来同样简便,而且其稳压精度远高于三端固定式稳压器,使用它制作稳压电源有很大的灵活性。

三、串联型稳压电源

1.电路组成及各元器件的作用

电路由 4 部分组成:调整元器件、取样电路、基准电压、比较放大,其结构框图如图 2-11 所示。调整元器件 VT_1工作于放大状态,受比较放大管的控制,是该电路稳压的基本元器件。当电源电压发生波动时,能使输出电压基本保持稳定。比较放大管 VT_3将取样电压和基准电压进行比较,把误差电压进行放大,控制调整管的状态。VD_Z与 R_5配合后为比较放大管提供基准电压。取样电路由 R_6、R_P、R_7组成,将输出电压取样后送到比较放大管的基极。

因为在电路中作为调整元器件的三极管与负载串联,所以该电路称为串联型稳压电路。

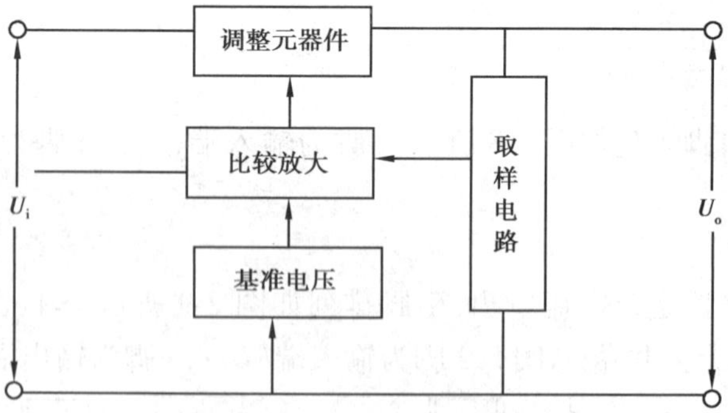

图 2-11　电路结构框图

2.稳压过程

因电源电压波动、负载变化、更换元器件等原因,使输出电压增加,电路稳压过程如下:

$U_o\uparrow \xrightarrow{\text{因 } U_b \text{ 不变}} U_{be}\uparrow \ -> I_b\downarrow \xrightarrow{\text{使 VT 集一射极间的等效电阻增加}} U_{ce}\uparrow \xrightarrow{\text{因 } U_o = U_i - U_{ce}} U_o\downarrow$

使输出电压稳定不变。

因某种原因使输出电压下降的稳压过程与此相反。调整管像一个自动的可变电阻，当输出电压上升时，它的“阻值”就增大，分担增大的电压；当输出电压下降时，它的“阻值”就减小，补足下降的电压。无论遇到哪种情况，它都会使电路保持一个稳定的输出电压。

3.输出电压的调节

按分压关系可以得出，只要改变 R_P 上、下两部分的阻值大小，就可以调整输出电压 U_o 的大小。当 R_P 向上滑动时，输出电压降低；当 R_P 向下滑动时，输出电压升高。

※检测与反思

A 类试题

一、填空题

1.从三极管的外部结构看，引出的 3 个电极分别称为________极、________极、________极，分别用字母 b、c、e 表示。

2.三极管按结构可分为________型和________型两种。

3.稳压二极管在电路中工作在________击穿区。

4.三极管根据材料不同可分为硅管和________管。

二、选择题

1.稳压二极管两端电压变化量与通过电流变化量之比称为稳压二极管的动态电阻。稳压性能好的稳压二极管的动态电阻(　　)。

A.较大　　B.较小　　C.不定　　D.不大不小

2.具有放大环节的串联型稳压电源在正常工作时，调整管的工作状态为(　　)。

A.开关状态　　B.放大状态　　C.饱和状态　　D.截止状态

3.电容滤波电路是利用电容器的(　　)进行滤波的。

A.充电原理　　B.放电原理

C.充、放电原理　　D.端电压不变

4.用万用表测 LM7912 的输出电压为(　　)。

A.12 V　　B.-2 V　　C.2 V　　D.-12 V

三、判断题

1.若单相桥式整流电路中的某只二极管接反，则变压器被烧坏的可能性更大。(　　)

2.如图 2-12 所示，银白色环表示稳压二极管的负极。(　　)

3.三极管的结构特点为基区掺杂浓度大，发射区很薄。(　　)

4.在串联型稳压电路中，要得到稳定的输出电压可以通过改变调节电阻的阻值来实现，所以输出电压可以任意调节。(　　)

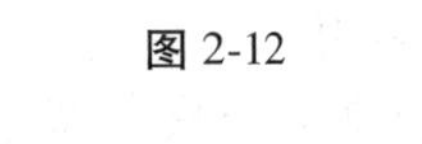

图 2-12

B 类试题

一、填空题

1.晶体三极管是________控制型元件。

2.具有放大环节的串联型稳压电源由________、________、________、________4 部分组成。

3.工作在放大区的某个三极管,如果 I_b 从 12 μA 增加到 22 μA 时,I_c 从 1 mA 变为 2 mA,那么它的 β 约为________。

4.直流稳压电源是一种当交流电网电压变化时,或________变动时,能保持________电压基本稳定的直流电源。

二、判断题

1.串联型稳压电源电路中的调整管一般采用大功率管,因为输出电流全部都要流过调整管。（　　）

2.稳压电源中的稳压电路有并联型和串联型两种,这是按电压调整元件与负载连接方式的不同来区分的。（　　）

3.直流稳压电源只能稳压不能稳流,流过负载的电流大小由负载的大小决定。（　　）

4.可调式三端集成稳压器有 3 个接线端,即输入端、输出端和公共端。（　　）

三、选择题

1.串联型稳压电路用复合管作为调整管,是因为单管的(　　)。

A.电流 I_{cm} 不够小　　B.击穿电压不够高

C.功耗 P_{cm} 不够大　　D.电流放大系数不够大

2.为了适应电网电压和负载电流变化较大的情况,还要求输出电压可以调节,可采用(　　)稳压电路或可调式集成稳压电路。

A.电容型　　B.电感型　　C.稳压管　　D.串联型

3.三端集成稳压器 CW7812 的输出电压是(　　)。

A.12 V　　B.5 V　　C.9 V　　D.78 V

4.用一只直流电压表测量一只接在电路中的稳压二极管(2CW13)的电压,读数只有 0.7 V,这种情况表明该稳压二极管(　　)。

A.正常工作　　B.接反　　C.已经击穿　　D.无法确定

C 类试题

一、填空题

1.串联型稳压电源为了提高稳压效果,在要求较高或输出功率较大的稳压电源中,调整管多用________。

2.有两只 2CW 型稳压二极管,一个的稳压值是 8 V,另一个的稳压值是 7.5 V,若把两只管的正极并接,再将负极并接,组成一个稳压管接入电路,这时组合管的稳压值是________。

二、选择题

1.如图 2-13 所示,若电阻 R 短路则可能(　　)。

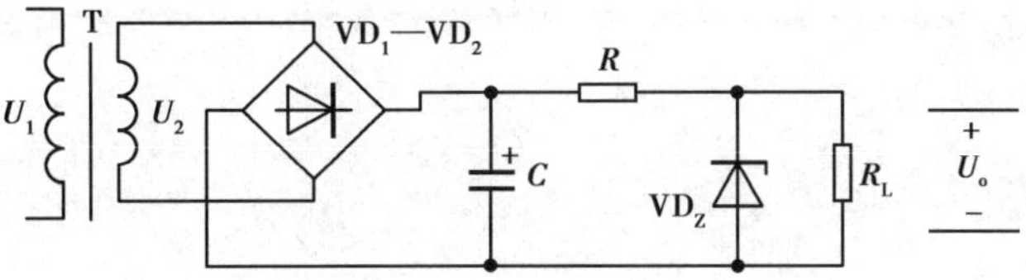

图 2-13

A.U_o 不变　　B.变为半波整流　　C.电容 C 被击穿　　D.稳压管将损坏

2.在串联型稳压电路中引起输出电压升高的原因是(　　)。

A.电网电压升高或负载电流增大　　B.电网电压升高或负载阻值增大

C.电网电压和负载电流同时增大　　D.电网电压和负载电流同时减小

三、判断题

1.带有放大环节的串联型稳压电源,其比较放大管 e 极的基准电压越低,该稳压电路输出电压越大。(　　)

2.带有放大环节的串联型稳压电源,其输出电压 U_o 的调节范围由取样电阻的分压值确定。(　　)

项目二

制作模拟信号电路

模拟信号是指连续变化的电信号。模拟信号电路是指用来对模拟信号进行传输、变换、处理、放大、测量和显示等操作的电路，主要包括放大电路、信号运算和处理电路、振荡电路、调制和解调电路及电源等。

【项目目标】

- 能理解基本交流放大电路的构成；能理解分压式偏置放大电路、阻容耦合放大电路、共集电极放大电路、功率放大电路的结构特点及工作原理；能了解放大器的三种组态及射极跟随器的特点；能应用正确的方法分析放大电路，并具备简单的放大电路静态工作点的估算能力及 A_u、A_i 的计算能力。
- 能了解结型场效应管、绝缘栅场效应管的结构及工作原理。
- 能理解反馈的基本概念；能了解反馈的种类；能判别反馈的类型；能了解负反馈的 4 种类型及对放大器性能的影响。
- 能理解调谐放大器的构成及工作原理；能理解振荡的基本概念、电路构成、工作原理及振荡类型的判别；能了解常用振荡器的工作特点。
- 能理解直流放大器存在的两个特殊问题和差动放大器的工作原理。
- 能了解功率放大器电路的基本类型和工作原理；能了解集成运算放大器的基本参数，并能进行简单运算。
- 能了解无线电基础知识；能理解调幅与检波、调频与鉴频的工作过程；能理解超外差电路的组成、单元电路的功能。
- 会制作基本的调谐放大器电路、常见的振荡电路；会判别振荡器是否工作；会制作基本的功率放大器（分离元件、集成电路）；会应用集成运算放大器。
- 树立企业“6S”管理理念。

任务三　制作助听器

助听器(见图 3-1)是一个小型扩音器,把原本耳朵听不到的声音加以放大,再利用听障者的残余听力,使声音能送到大脑的听觉中枢,从而感知声音。助听器主要由传声器、放大器、扬声器、电源和音量调控 5 部分组成。

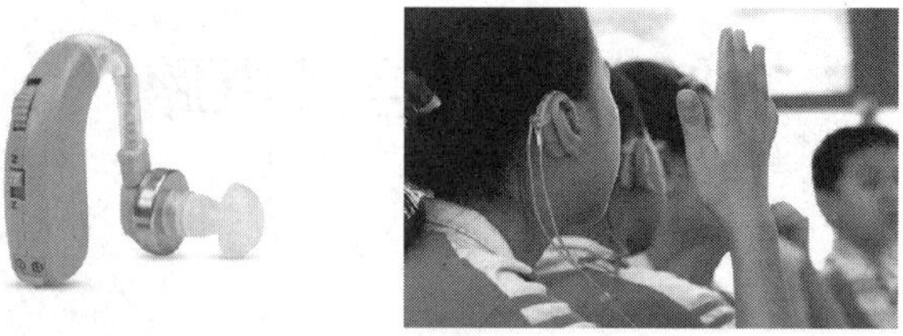

图 3-1　助听器

※工作任务说明

现场提供了制作助听器所需的工具、仪表、元器件。按电路原理图(图 3-2)、电路装配图(图3-3)和制作流程图(图 3-4)完成助听器的制作,同时将相关数据填入表 3-1 中。

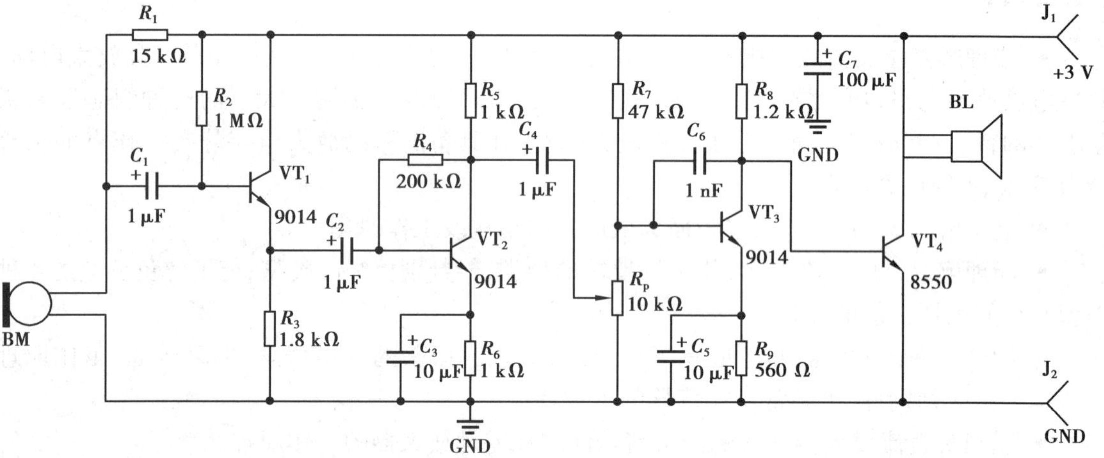

图 3-2　助听器电路原理图

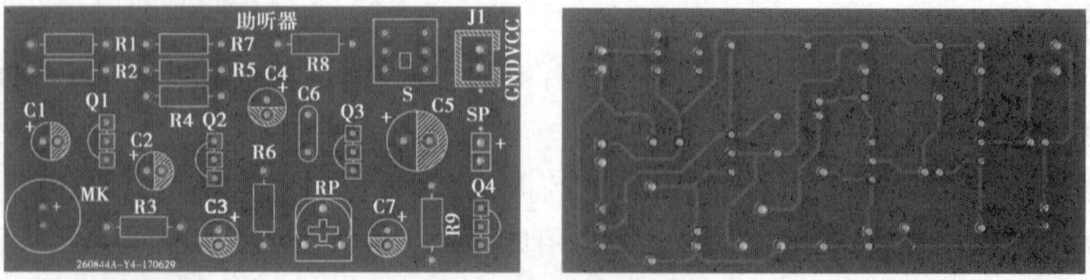

图 3-3　助听器电路装配图

图 3-4　制作流程图

表 3-1　助听器制作各项任务完成时间

序号	任务内容	开始时间	结束时间	完成时间
1	清点并归类工具、仪表、元器件			
2	元器件检测			
3	元器件插装			
4	元器件焊接、剪脚			
5	电路检测			
6	电路维修			

※任务实施

活动一　清点并归类工具、仪表、元器件

一、清点并归类工具和仪表

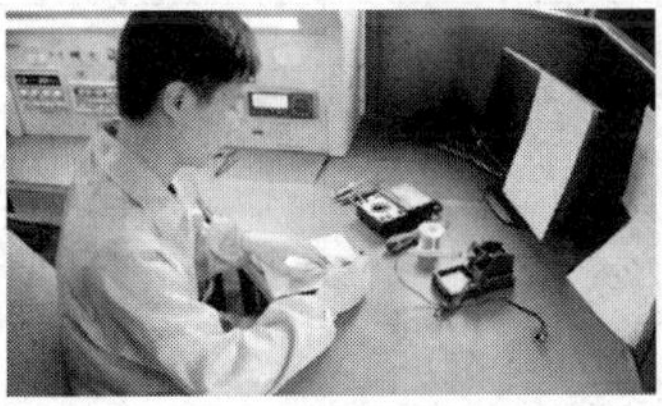

清理本任务所需的工具和仪表，并归类摆放整齐，同时按安全提示要求检查工作现场安全情况，将清理情况写在表 3-2 中。

表 3-2　工具及仪表清单

名　称	实物图片	规格/型号	状　况
电烙铁			
焊锡丝			
万用表			
斜口钳			
镊子			
螺丝刀			
稳压电源			
数字示波器			
防静电服			

示波器

(1)示波器的作用

示波器是一种用途十分广泛的电子测量仪器。在实际测量中，大多数被测量的电信号都是随时间变化的函数，可以用时间的函数来描述，而示波器就是一种能把随时间变化的、抽象的电信号用图像来显示的综合性电信号测量仪器，主要测量内容包括电信号的电压幅度、频率、周期、相位等电量，与传感器配合还能完成对温度、速度、压力、振动等非电量的检测。所以，示波器已成为一种直观、通用、精密的测量工具，广泛应用于科学研究、工程实验、电工电子、仪器仪表等领域，对电量及非电量进行测试、分析、监视。

(2)示波器的分类

按用途可分为简易示波器、双踪(多踪)示波器、取样示波器、存储示波器、专用示波器等。

按对信号的处理方式分为模拟示波器、数字示波器。

(3)数字示波器的使用步骤

示波器的种类较多，使用方法基本相同。数字示波器的使用方法大致如下：

①开机；

②校准；

③连接测量电信号；

④读数(AUTO)。

二、清点并归类元器件

清理本任务所需的元器件，并归类摆放整齐，将元器件的符号、型号/规格、数量填写在表3-3中。

表3-3　元器件清单

名称	位号	实物图片	符号	型号/规格	数量	名称	位号	实物图片	符号	型号/规格	数量
电阻	R_1—R_9					电位器	R_P				
电容	C_6					电解电容	C_1—C_5、C_7				
三极管	VT_1—VT_4					自锁开关	S				
驻极体话筒	BM					扬声器	BL				
接线端子	J_1、J_2					导线0.8	—	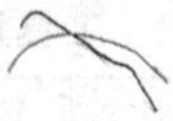	—	—	
连接线	—	—	—	—		电路板	—	—	—	—	

按键开关

按键开关由两组独立的单刀双掷开关组成，第1、2、3脚为第一组开关，第4、5、6脚为第二组开关。

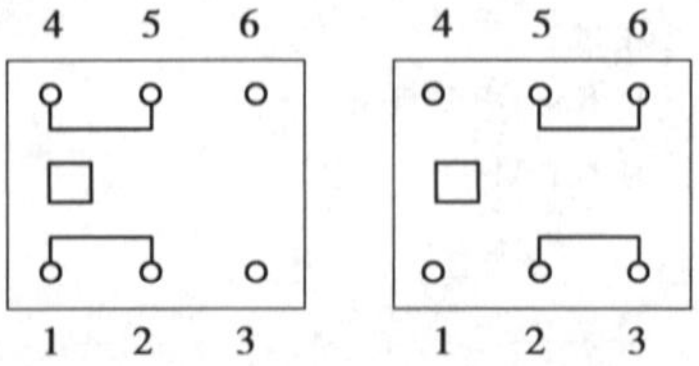

开关处于按下状态时，第一组开关1、2脚连通，2、3脚断开，第二组开关4、5脚连通，5、6脚断开；开关处于未按下状态时，第一组开关1、2脚断开，2、3脚连通，第二组开关4、5脚断开，5、6脚连通。

活动二　判断元器件质量

一、判断按键开关、驻极体话筒、扬声器、电位器、三极管、二极管、电阻、电容等元器件的质量

判断元器件质量的方法如下：

①检测按键开关

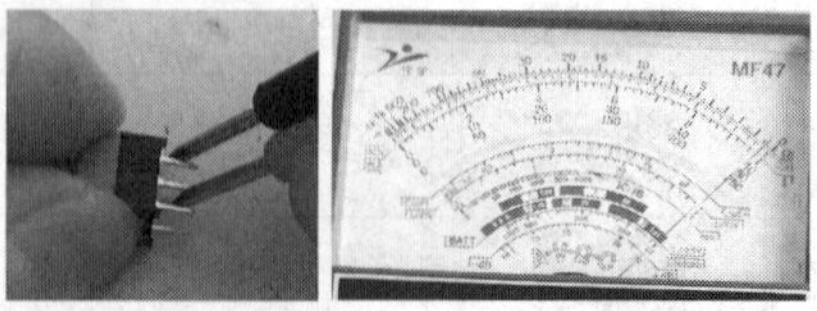

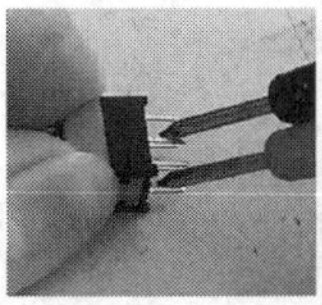

此按键开关由两组独立的单刀双掷开关组成，需分别检测。以检测第一组为例，万用表置于 $R\times1\ \Omega$ 挡，当开关按下时，测得开关第 1、2 脚之间的阻值几乎为 0，第 2、3 脚之间的阻值为∞。

当开关未按下时，测得第一组开关第 1、2 脚之间的阻值为∞，第 2、3 脚之间的阻值为 0。

第一组开关检查完成后，再检测第二组开关，检测方法相同。

将检测结果填入表 3-4 中。

表 3-4　按键开关检测记录

万用表选挡	开关状态	R_{12}	R_{23}	R_{31}	质量判断
	开关未按				
	开关按下				

②检测驻极体话筒

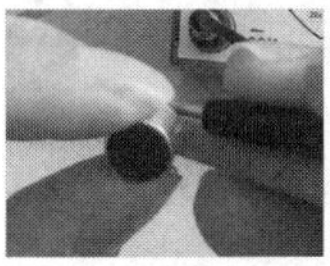

两端式驻极体话筒灵敏度的检测方法：将指针式万用表置于 $R\times100\ \Omega$ 或 $R\times1\ \text{k}\Omega$ 挡，将万用表的黑表笔接话筒输出端的电极，红表笔接与话筒铝外壳相连的电极，此时万用表应有 500 Ω~3 kΩ的阻值。对着话筒吹气，可见万用表指针摆动，摆动越大说明灵敏度越高，质量越好。

③检测扬声器

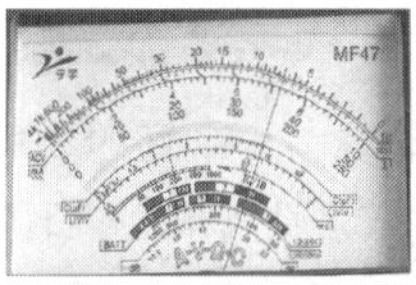

检测扬声器是否可用：将指针式万用表置于 $R\times1\ \Omega$ 挡，用红、黑两支表笔轻触扬声器正、负引脚，如果扬声器发出“沙沙”的响声，则扬声器可用。

驻极体话筒

(1)认识驻极体话筒

驻极体话筒是一种声电转换器件，具有体积小、结构简单、电声性能好、价格低的特点，广泛用于无线话筒及声控等电路中。

(2)驻极体话筒的外形

驻极体话筒的外形如下图所示。

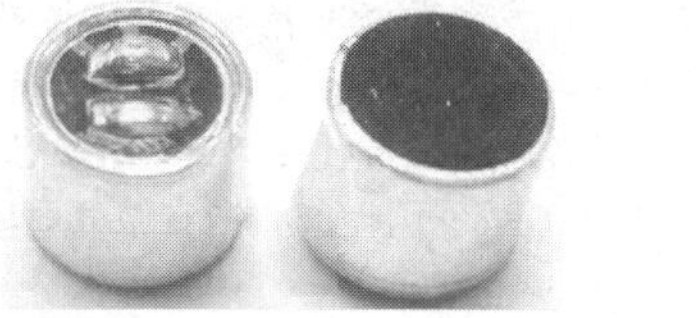

(3)驻极体话筒的内部结构

驻极体话筒的内部结构如下图所示。

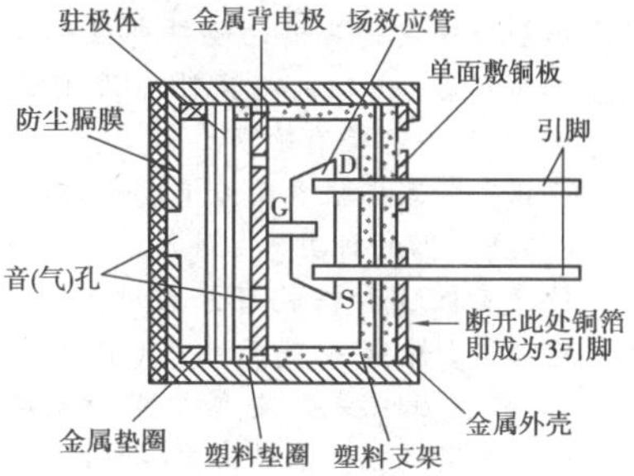

(4)驻极体话筒的工作原理

驻极体话筒的内部电路如下图所示。两脚驻极体话筒由 S 极与接地相连构成。

当驻极体膜片遇到声波振动时，驻极体振动膜片与金属极板之间的电容随着声波变化产生交变电压，送入结型场效应管进行放大，就得到了和声波相对应的输出电压信号。

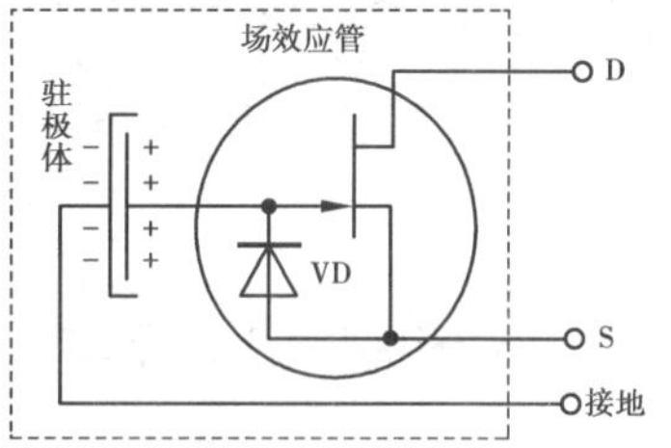

扬声器

扬声器又称“喇叭”，是一种十分常用的电声换能器件，在发声的电子电气设备中都能见到它。

（1）扬声器的结构

扬声器的结构如下图所示。

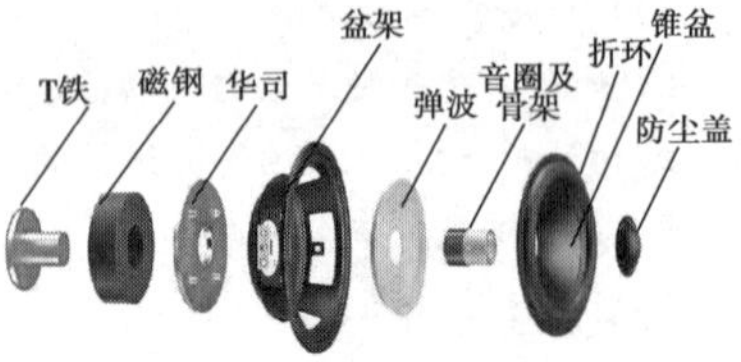

（2）扬声器的基本特征

①扬声器有两个接线柱（两根引线），当单只扬声器使用时两只引脚不分正负极性，多只扬声器同时使用时两只引脚有极性之分。

②扬声器有一个纸盆，它的颜色通常为黑色，有时也为白色。

③扬声器的外形有圆形、方形和椭圆形等。

④扬声器纸盆的背面为磁铁，用金属螺丝刀去接触外磁式扬声器的磁铁部位时会感觉到磁性的存在；内磁式扬声器中没有这种感觉，但是外壳内部确有磁铁。

⑤扬声器装在机器面板上或音箱内。

（3）扬声器的种类

按换能机理和结构可分为动圈式（电动式）、电容式（静电式）、压电式（晶体或陶瓷式）、电磁式（压簧式）、电离子式和气动式扬声器等。电动式扬声器具有电声性能好、结构牢固、成本低等优点，应用广泛。

按频率范围可分为低频扬声器、中频扬声器、高频扬声器，它们常在音箱中作为组合扬声器使用。

按声辐射材料可分为纸盆式、号筒式、膜片式扬声器。

按纸盆形状可分为圆形、椭圆形、双纸盆和橡皮折环扬声器。

按音圈阻抗可分为低阻抗扬声器和高阻抗扬声器。

按效果可分为直辐扬声器和环境声扬声器等。

④判断电位器、电阻、电容、二极管、三极管等其余元器件的质量

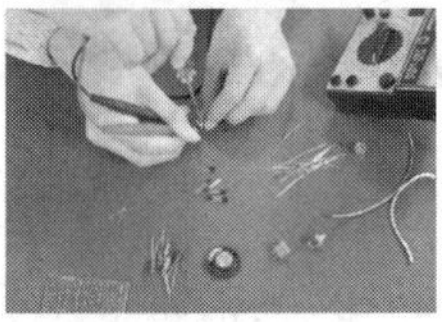

检测方法与前面任务介绍的方法相同，正确检测每个元器件的质量，如可用，保留安装；如不可用，根据要求，更换元器件。

将三极管的检测结果填入表3-5中。

表3-5 三极管测试记录

序号	万用表及挡位	外 形	管 脚	质量判断
VT_1			1:____;2:____;3:____	
VT_2		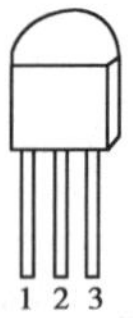	1:____;2:____;3:____	
VT_3			1:____;2:____;3:____	
VT_4			1:____;2:____;3:____	

二、检查印制线路板及其他物料的质量

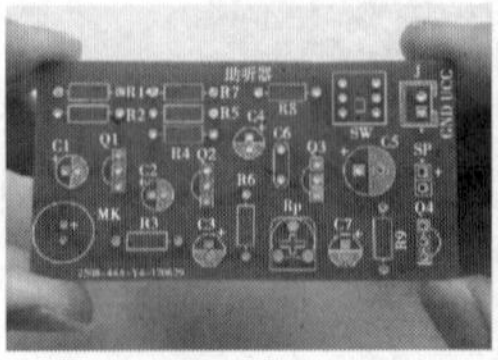

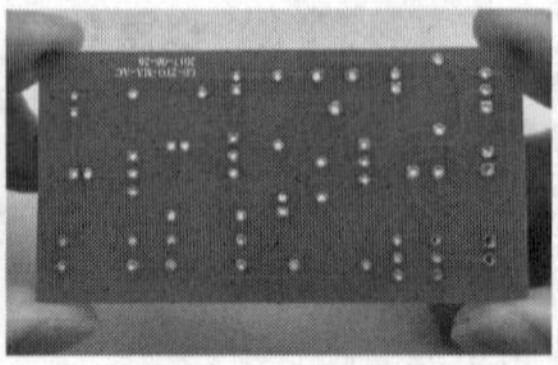

检查印制线路板的字符是否清晰，铜箔是否有断裂、脱落，导线芯是否有裸露、破损等情况出现，如有上述现象，请及时更换。

活动三　安装助听器电路

一、观察助听器电路原理图、印制线路板

助听器电路原理图和印制线路板如图 3-2 和图 3-3 所示。

二、安装助听器印制线路板（PCB 板）的电路

助听器印制线路板的安装按照先轻后重、先小后大、先铆后装、先装后焊、先里后外、先平后高的原则进行，上道工序不得影响下道工序。

1.元器件安装工序

①去氧化膜撸直元件

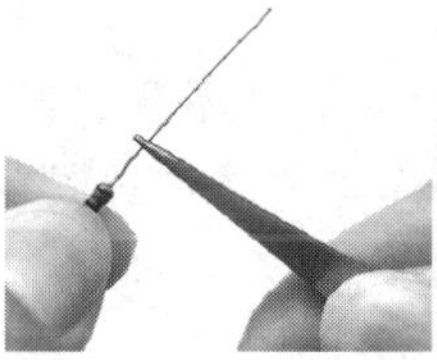

②比位号

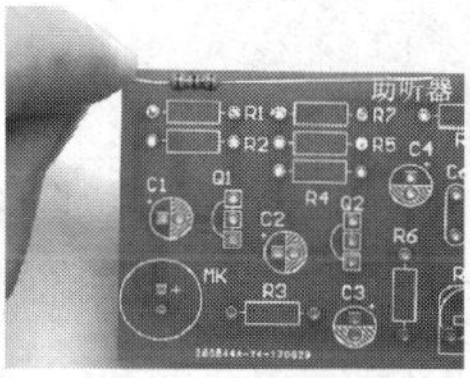

③上板

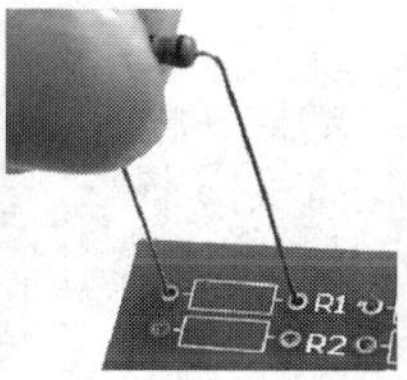

④成型

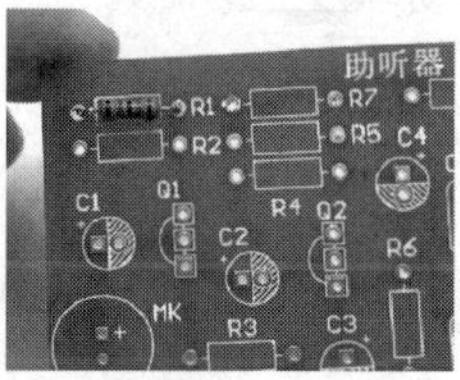

用前面任务中所学方法，将各元器件安装到印制线路板上。安装顺序如下所示。

电阻、二极管 → 话筒、电位器 → 三极管 → 电容 → 按键开关 → 扬声器

2.焊接印制线路板电路

印制线路板电路焊接与前面任务基本相同。

3.处理助听器印制线路板管脚

操作步骤如下：

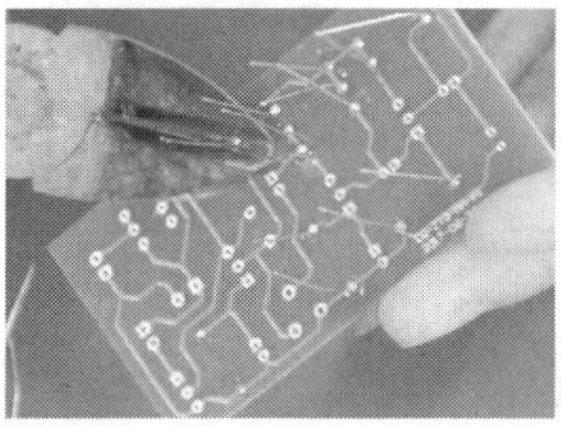

元器件焊接完成后，剪去元器件的多余引脚（剪头留脚 1 mm），并检查焊点，修补缺陷，同时清理电路板上多余的锡渣。

4.装接助听器印制线路板驻极体话筒、扬声器及导线

操作步骤如下：

①装接驻极体话筒

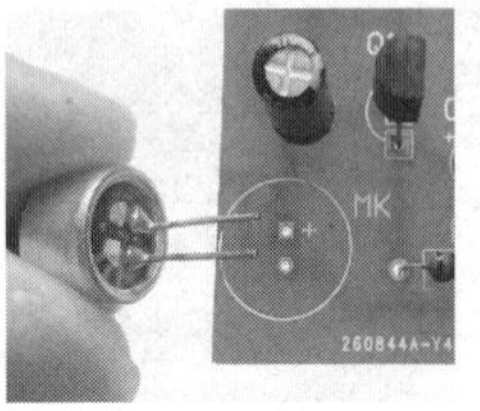
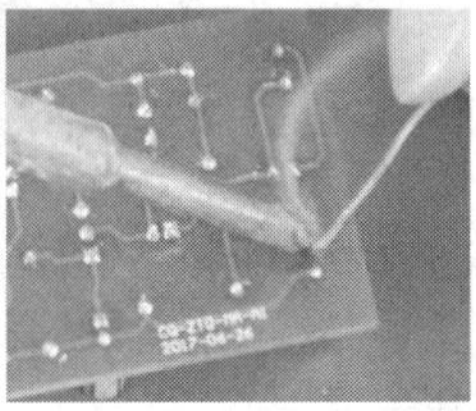

驻极体话筒负极接地，正极接到“+”与 C_1 正极相连。

②装接扬声器

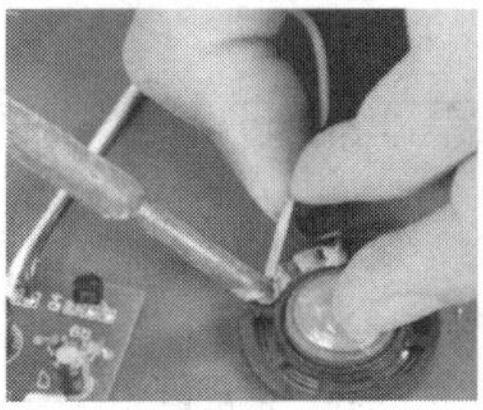
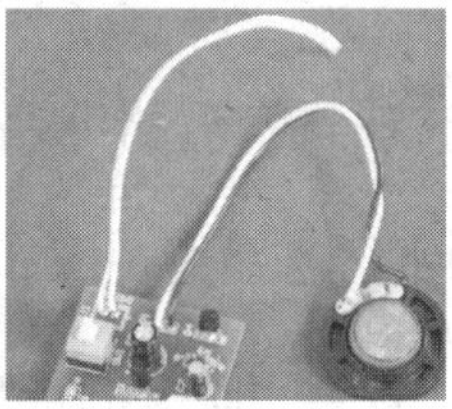

用导线将扬声器连接到印制线路板的 SP 处，单个扬声器不区分正负极。

导师说

(1)装接驻极体话筒时，一定要注意管脚的正负极是否接对，焊接温度不宜过高。

(2)装接扬声器时，焊接时间不要过长，否则温度过高，容易将焊点与音圈连接线烫掉。

(3)手拿扬声器时，要拿金属部分，不要接触纸盆，否则会损坏纸盆。

活动四　检查助听器并调试电路

一、通电前测试

1.直观检查

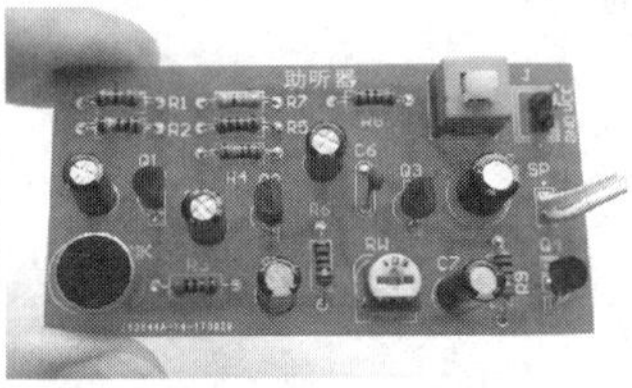
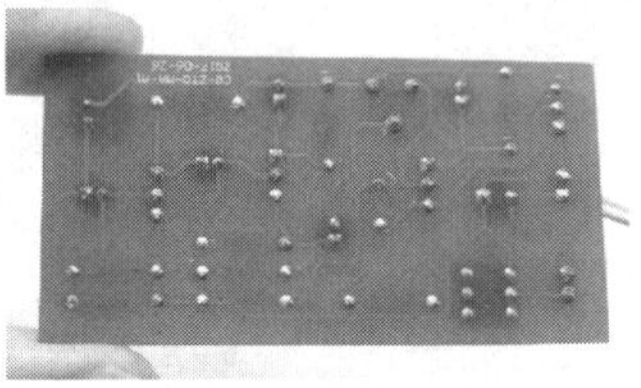

检查印制线路板电路有无漏装、错装的元件，焊点有无明显虚焊、漏焊、毛刺等情况出现。

2.在路电阻检测

操作步骤如下：

①检测输入端在路电阻

为了检测电路有无短路、断路故障，应进行在路电阻检测。将指针式万用表置于 $R\times1$ kΩ挡，两表笔接到电源板上 V_{CC} 和 GND，测得正向电阻值约为9 kΩ，反向电阻值约为 10 kΩ。

②检测输出端在路电阻

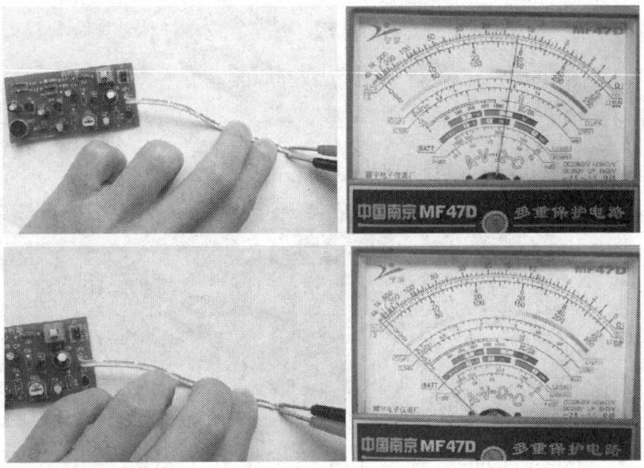

将指针式万用表置于 $R\times1\ \mathrm{k}\Omega$ 挡，取下扬声器，两表笔接到电路板上 SP，分别测正、反向电阻，一次为 12 kΩ，一次为∞。

二、通电测试

操作步骤如下：

①接通电源检测

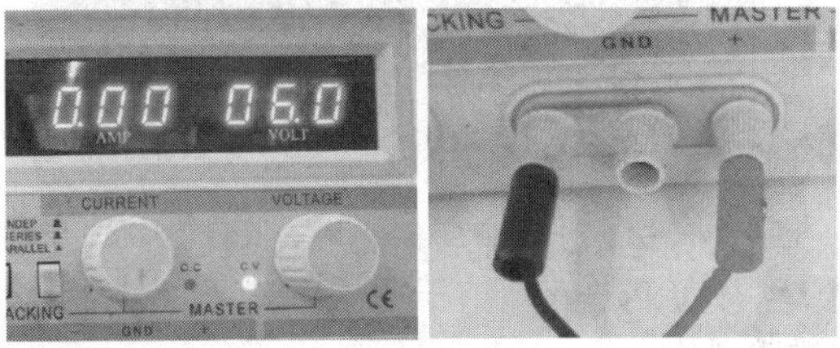

调整电源电压至 6 V，将自锁开关置于未按下状态，红色导线接正极 V_{CC}，黑色导线接负极 GND，按下开关接通电源。

②检测静态工作点

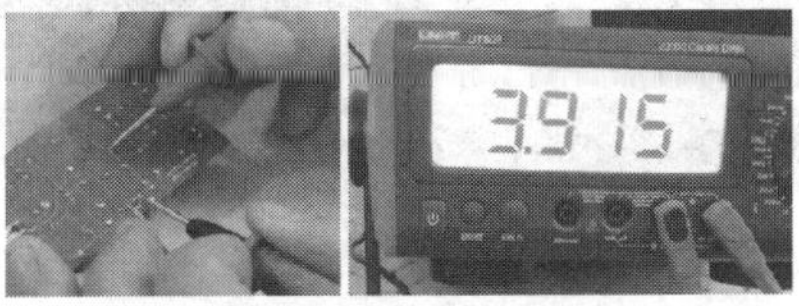

测得集电极电位为3.915 V

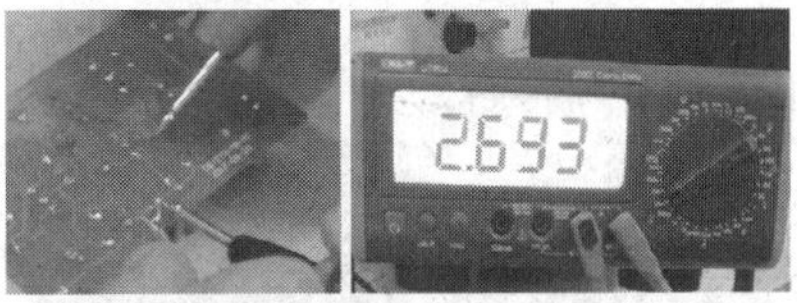

测得基极电位为2.693 V

测得发射极电位为2.059 V

静态工作点

没有输入信号时，三极管的直流工作状态称为静态。放大器的三极管在静态时有几个重要直流量参数，它们对应着放大器输入输出特性曲线上的某一个点，称为静态工作点。

放大电路的静态工作点包括 U_{BEQ}、U_{CEQ}、I_{BQ}、I_{CQ} 4 个参数。

设置静态工作点的目的是要保证在被放大的交流信号加入电路时，不论是正半周还是负半周都能满足发射结正向偏置，集电结反向偏置的三极管放大状态，保证放大电路能对信号进行不失真的放大。如果静态工作点设置过低，则信号容易进入非线性区域或截止区，从而产生非线性失真或截止失真。如果静态工作点设置过高，则信号容易进入非线性区域或饱和区，从而产生非线性失真或饱和失真。共射极放大电路信号失真如下图所示。

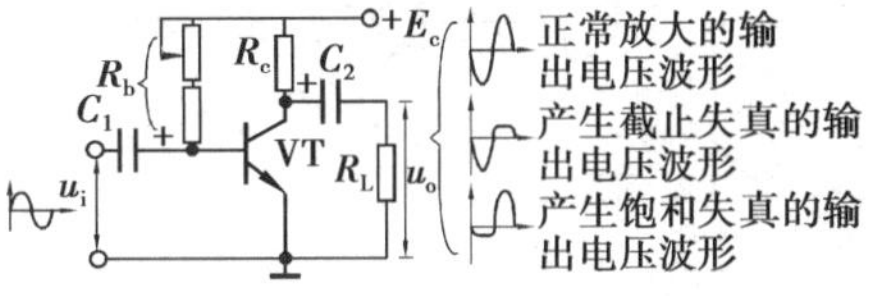

直流通路

放大电路的直流通路是指直流成分流过的路径，是为满足三极管放大条件而向3个电极供电的电路。直流通路的画法为将电路中的电容视为断路，电感视为短路，其余元件保留，如下图所示。

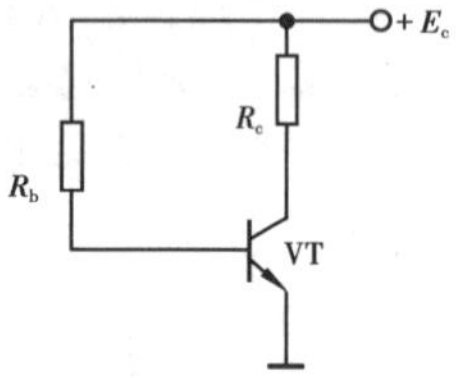

交流通路

放大电路的交流通路是指交流成分流过的路径。交流通路的画法为将电路中的电容和电源视为短路，电感视为断路，其余元件（包括振荡电路中的选频元件）保留，如下图所示。

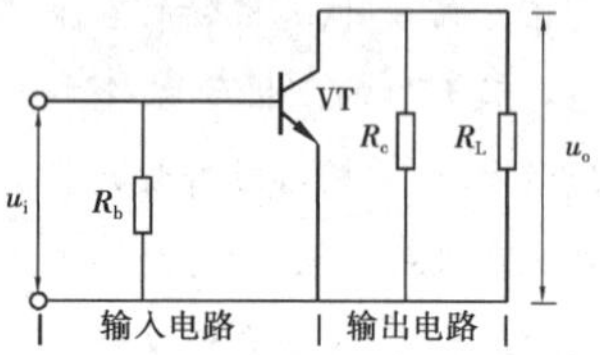

放大电路的3种组态

在三极管放大电路的交流通路中，根据输入和输出对三极管共用端的不同，可将放大电路分为3种组态，如下图所示。

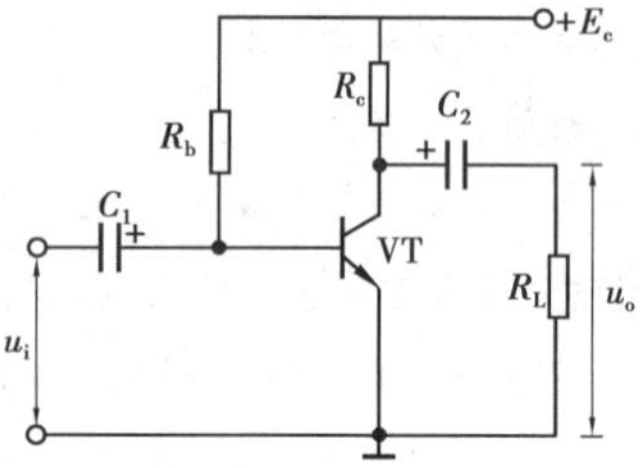

共发射极放大电路

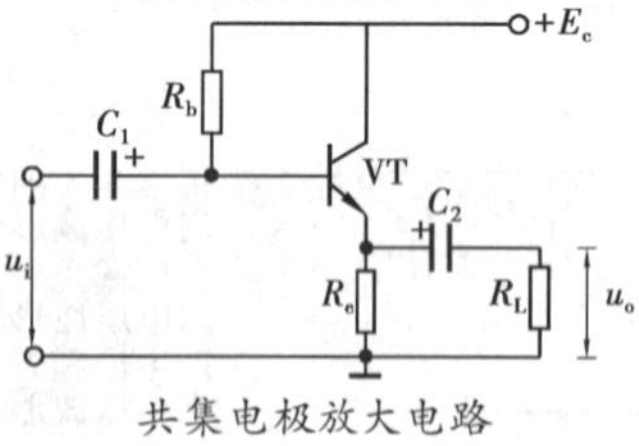

共集电极放大电路

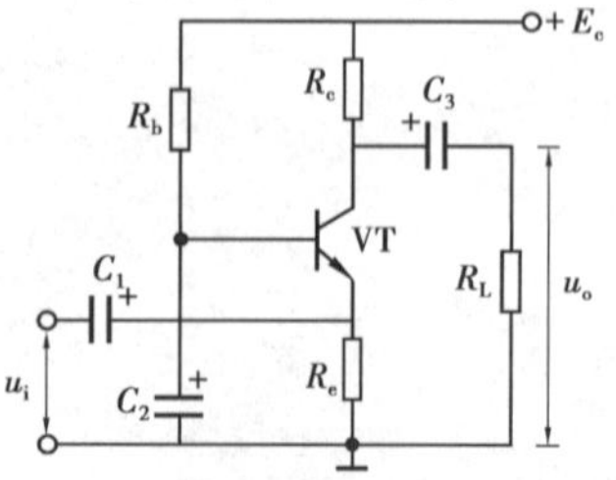

共基极放大电路

万用表置于直流电压挡，黑表笔接地，红表笔分别接三极管 VT_2 的集电极、基极、发射极，测得 $U_{CQ}>U_{BQ}>U_{EQ}$，NPN 三极管处于放大状态。

③外加 1 kHz 音频信号检测

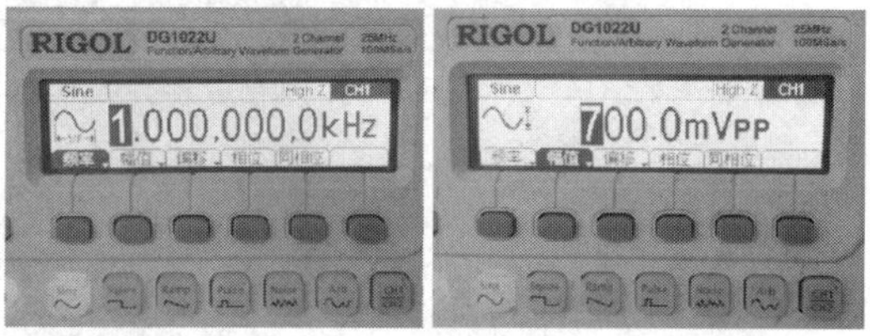

将外加输入信号调到频率为 1 kHz，峰值为 700 mV，并接到驻极体话筒两端，按下开关，接通电源。

④检测第一级的输入波形

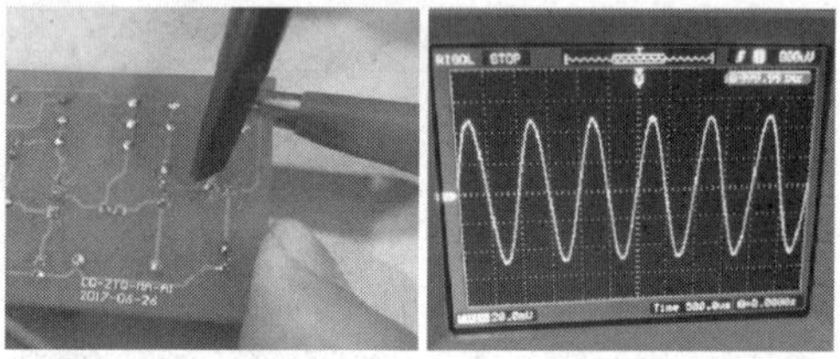

检测第一级（射级输出器），将示波器探头负极（鳄鱼夹）接地，正极接 VT_1 的基极，测得波形与外加输入信号的幅度基本一致。

⑤检测第一级的输出波形

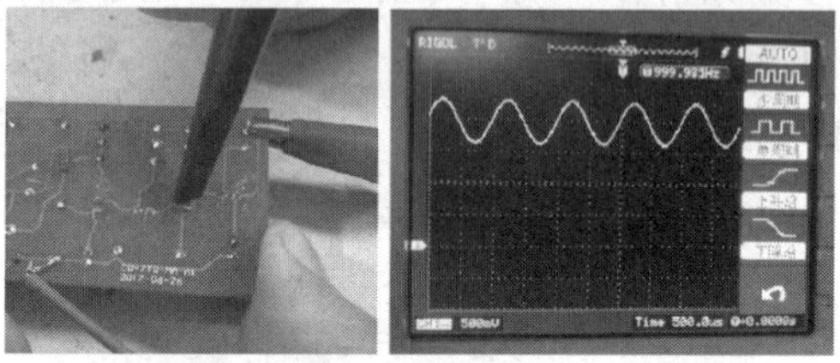

将示波器探头负极接地，正极接 VT_1 的发射极，测得波形与输入端波形基本一致。

⑥检测第二级的输入波形

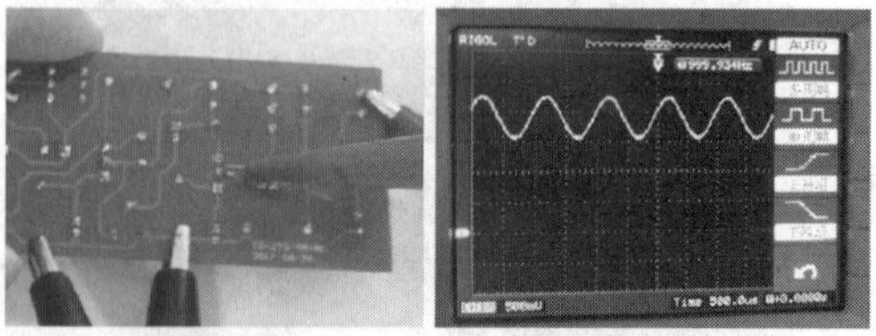

第二级为共射基本放大电路，将示波器探头负极接地，正极接 VT_2 的基极，测得波形与第一级的输出一致。

⑦检测第二级的输出波形

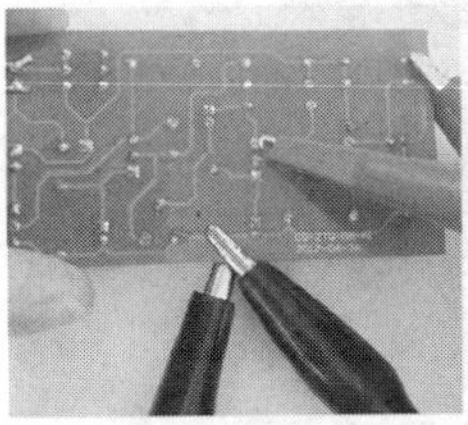

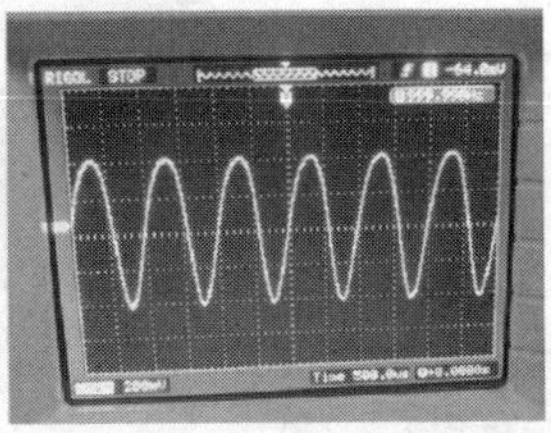

将示波器探头负极接地，正极接 VT_2 的集电极，测得波形幅度比第二级输入端要大，可能会有轻度失真。

⑧检测第三级的输出波形

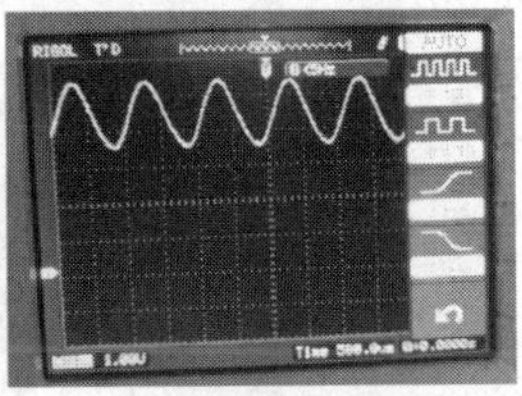

第三级为分压式偏置放大电路，将示波器探头负极接地，正极接 VT_3 的集电极，测得波形幅度比第二级输出端要大。调节 R_p 可实现输出音量调整。

⑨检测第四级的输出波形

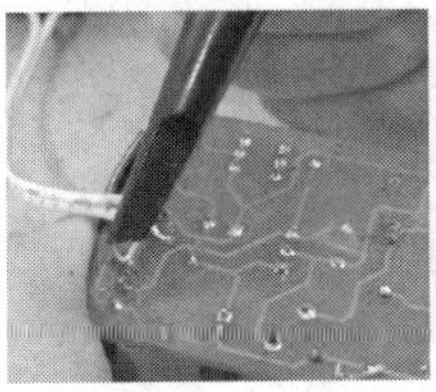

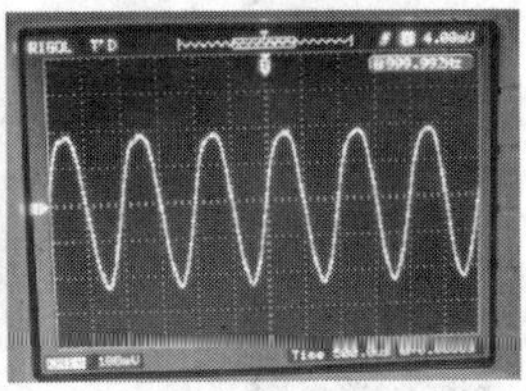

第四级为功率放大级，将示波器探头负极接地，正极接 VT_4 的发射极，测得的输出波形略有失真，调节 R_p 可改变输出波形的失真度。

多级放大电路

多级放大电路有四级放大电路，第一级为共集电极放大电路，第二级为共射基本放大电路，第三级为分压式偏置放大电路，第四级为功率放大电路。

单级放大电路的放大能力有限，针对微弱的信号，已经不能满足放大要求，这时就需要将信号进行多次放大，即采用多级放大电路。

级间耦合：级间连接。常见有 3 种耦合方式：阻容耦合、变压器耦合、直接耦合。

多级放大电路的主要性能指标：

电压放大倍数：各级电压放大倍数的乘积，电压增益为各级相加。

输入电阻：多级放大电路的输入电阻等于第一级放大电路的输入电阻。

输出电阻：多级放大电路的输出电阻等于最后一级放大电路的输出电阻。

幅频特性：多级放大电路的总通频带受各级放大电路通频带的限制，放大电路的级数越多，总通频带就越窄。

非线性失真：多级放大电路级数越多，失真会越大。

分压式偏置电路如下图所示。

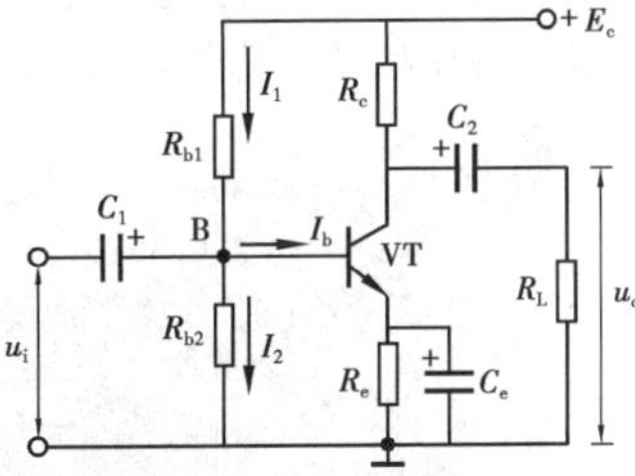

与基本放大电路相比，本电路多了 3 个元器件，接入 R_{b2} 后，B 点电流关系变为 $I_1=I_2+I_b$，由于 $I_2 \gg I_b$，所以，$I_1 \approx I_2$，由分压公式可得 B 点电位为

$$V_b = \frac{R_{b2}}{R_{b1}+R_{b2}} E_c$$

由于 B 点电位在基本放大电路的基础上被提高，为满足三极管的发射结偏压，所以在发射极引入了电阻 R_e，从而提高了发射极电位。

为了不影响放大电路的交流信号放大能力，在发射极引入了旁路电容 C_e。

引入分压式偏置电路的一个主要原因是可以稳定放大电路的静态工作点，其稳定过程可表示为

温度(β)$\uparrow \rightarrow I_{CQ}\uparrow \rightarrow I_{EQ}\uparrow \rightarrow V_e = I_{EQ}R_e\uparrow \rightarrow U_{BEQ}\downarrow = V_b$(不变)$-V_e\uparrow \rightarrow I_{BQ}\downarrow \rightarrow I_{CQ}\downarrow$。

活动五　助听器电路的简单故障维修

故障现象:输出无声音。

维修步骤如下:

①检查开关、调节电阻

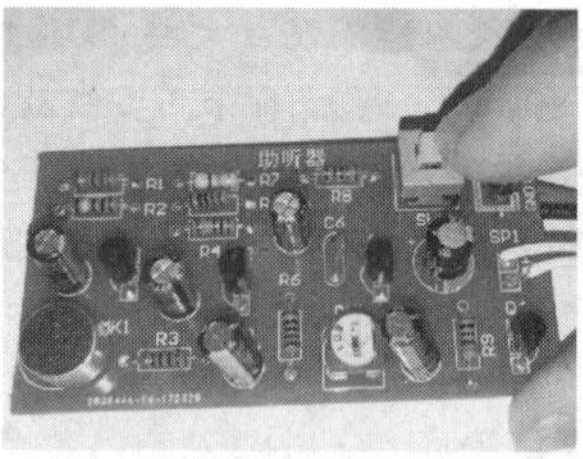

按钮开关已确定按下,顺时针调节 R_p 仍然没有声音。

②检测 R_5 的右端电位

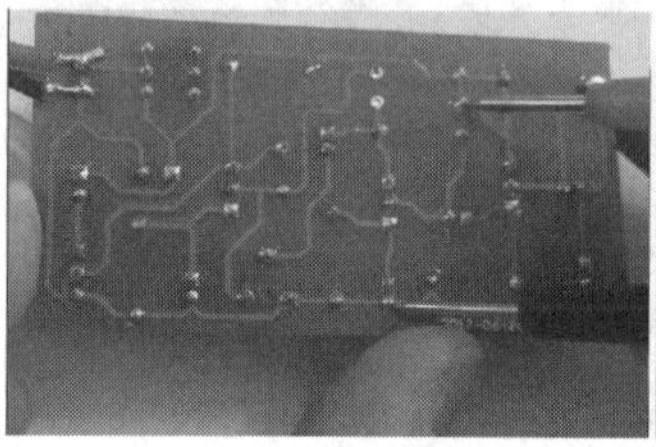

通电检测第二级放大电路集电极电阻 R_5,其右端电位等于电源电压。

③检测 R_5 的左端电位

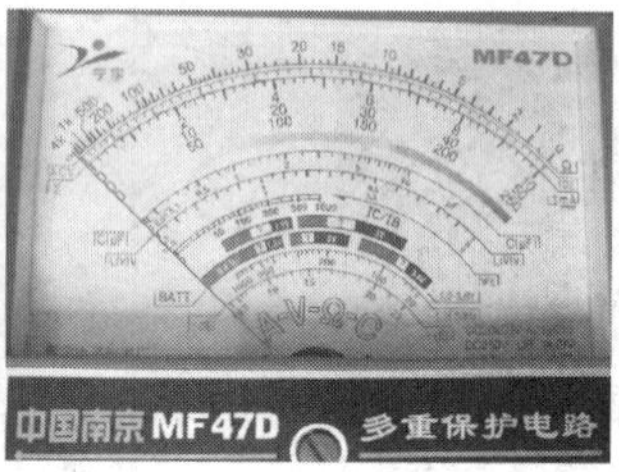

通电检测第二级放大电路集电极电阻 R_5,其左端电位为 0。

④更换电阻

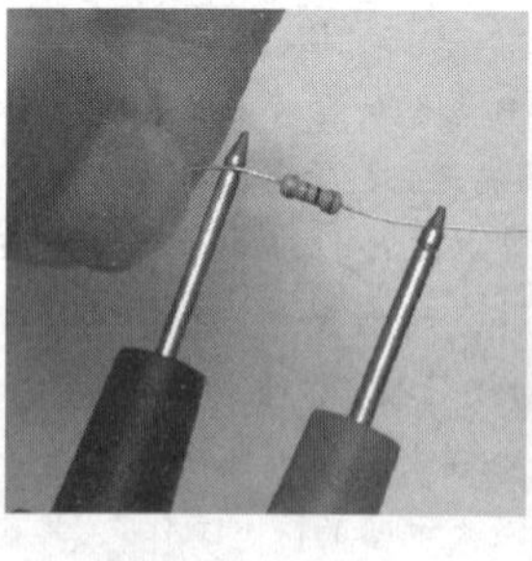

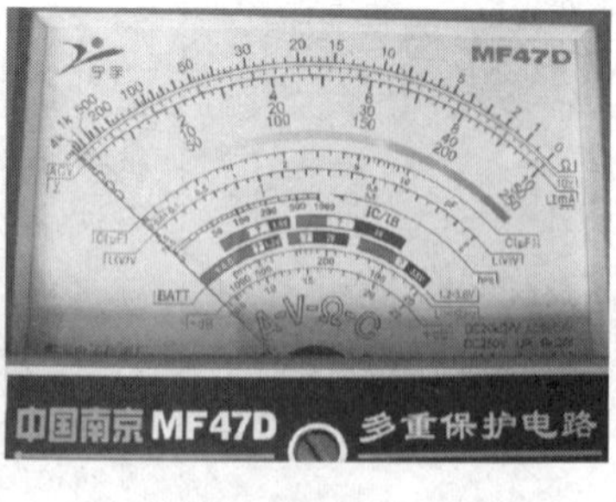

经检查,焊点完好,可判断 R_5 有开路,将 R_5 拆下并检测,R_5 的阻值为∞,更换 1 kΩ电阻,故障排除完毕。

【任务评价】

任务评价表

评价内容		自　评	小组评价	教师评价
		优☆良△中√差×		
职业素养	①安全用电			
	②设备及器材的安全			
	③记录整理完整准确			
	④符合“6S”管理理念			
知识与技能	①准备制作助听器所需的工具、仪表、元器件			
	②评估助听器元器件的质量			
	③安装助听器电路			
	④检查与调试助听器电路			
	⑤简单维修助听器电路			
汇报展示	①作品展示(可以为实物作品展示、PPT 汇报、简报、作业等形式)			
	②语言流畅,思路清晰			
评价等级				

※拓展与提高

一、三极管的特性曲线

三极管上所加电压与电流的关系曲线称为三极管的伏安特性曲线,其分为输入特性曲线和输出特性曲线。它反映了三极管的性能与特点,是分析和设计三极管电路的重要依据,可用来定量地估算三极管的某些参数。

不同组态的三极管电路有着不同的特性曲线,本书主要讨论 NPN 硅管共发射极电路的伏安特性曲线。测试电路如图 3-5 所示。

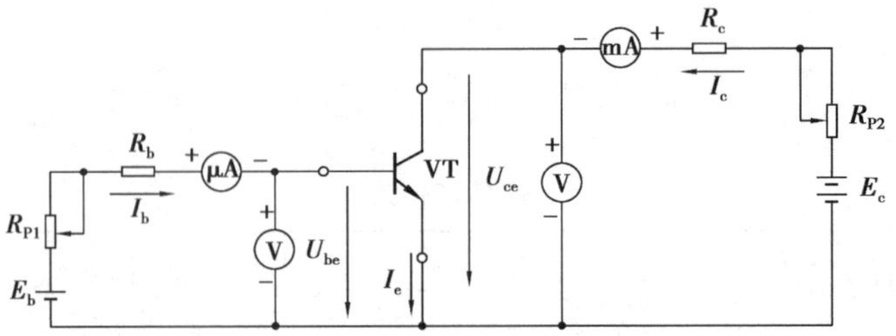

图 3-5　三极管特性曲线测试电路

1.三极管的输入特性曲线

输入特性曲线是指当三极管管压降 U_{ce}一定时，基极电流 I_b与发射结电压 U_{be}之间的关系曲线。

在图 3-5 中，调节 R_{P1}的值，U_{be}、I_b会相应变化，根据测试数据，用描点法可画出三极管的输入特性曲线，如图 3-6 所示。

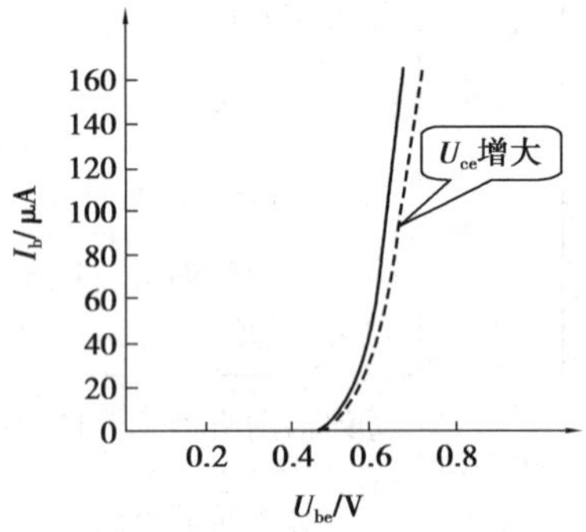

图 3-6　三极管的输入特性曲线

输入特性如下：

①发射结作为一个 PN 结，与二极管有相似的特性，即锗管的死区电压为 0.2 V，正向导通电压为 0.2~0.3 V，一般取 0.3 V；硅管的死区电压为 0.5 V，正向导通电压为 0.5~0.7 V，一般取 0.7 V。用万用表在路检测放大电路三极管的 U_{be}，若偏离参考值太大，说明电路工作不正常，这也是判断放大电路三极管是否正常工作的重要依据。

②随着管压降 U_{ce}的增加，曲线会向右略有偏移。

2.三极管的输出特性曲线

输出特性曲线是指三极管基极电流 I_b、管压降 U_{ce}和集电极电流 I_c三者之间的关系曲线，在平面坐标系中，为了表达这 3 种关系，往往是将基极电流 I_b固定，画出管压降 U_{ce}和集电极电流 I_c之间的关系曲线，如图 3-7 所示。改变 I_b，又可画出另一条管压降 U_{ce}和集电极电流 I_c之间的关系曲线，从而构成一个曲线族，如图 3-8 所示。

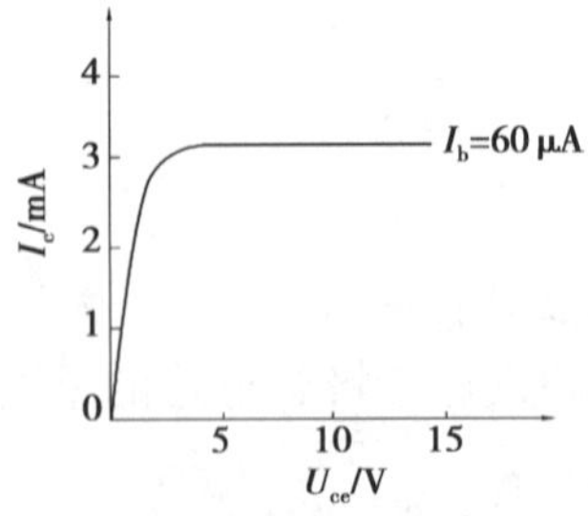

图 3-7　I_b固定时的输出特性曲线

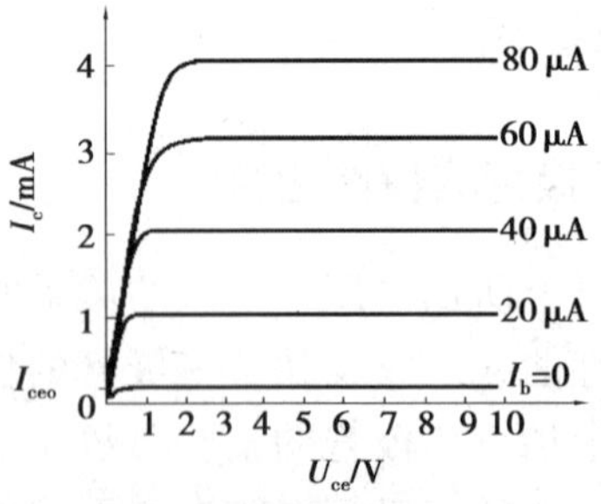

图 3-8　输出特性曲线族

输出特性如下：

①当 $U_{ce}=0$ 时，$I_c=0$，I_c随 U_{ce}的上升而增加，但当 U_{ce}上升到一定值（1 V 左右）后，I_c基本维持不变。

②当 I_b增加时，在平行区域，I_c的增加量是 I_b的 β 倍，即三极管电流放大倍数可由曲线中

$\Delta I_c/\Delta I_b$进行计算，若 I_b 等值增加，则曲线近似等距平行。

3.三极管工作的 4 个区域（图 3-9）

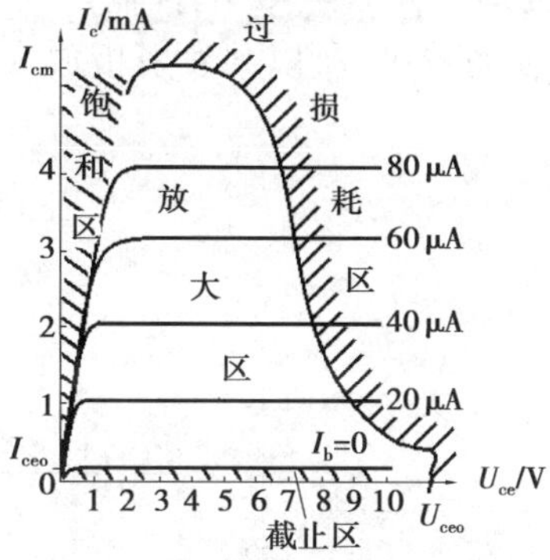

图 3-9　三极管工作的 4 个区域

①截止区：$I_b=0$ 那条特性曲线以下的区域。当三极管发射结偏压小于死区电压时，三极管的工作状态处于截止状态，放大电路不能放大信号。此时对应的 I_{ceo} 称为三极管的穿透电流，因 I_c 很小，三极管集电极电位近似等于电源电压，三极管相当于断开的开关。

②放大区：输出特性曲线平坦且近似平行的区域。当三极管满足发射结正偏（正偏电压大于死区电压）、集电结反偏（反偏电压小于反向击穿电压）时，三极管的工作状态处于放大状态。

③饱和区：曲线左侧陡直部分到纵轴之间的区域。三极管的工作状态处于饱和状态，放大电路不能放大信号。此时三极管的管压降 U_{ce} 小于发射结正偏电压（即发射结正偏，集电结正偏），因 U_{ce} 很小，c、e 间近似于短路，三极管相当于闭合的开关。

④过损耗区：曲线族右侧及右上侧区域。此区域主要指三极管管压降 $U_{ce}>U_{ceo}$、集电极电流 $I_c>I_{cm}$ 与功率 $P>P_{cm}$ 时所对应的区域，三极管进入此区域会因过热而损坏。

二、静态工作点的调试

没有输入信号时，三极管的直流工作状态称为静态。三极管的发射结偏压 U_{be}、管压降 U_{ce}、基极电流 I_b、集电极电流 I_c 在三极管特性曲线上对应的点 Q 称为静态工作点，分别用 U_{BEQ}、U_{CEQ}、I_{BQ}、I_{CQ} 表示，如图 3-10 所示。

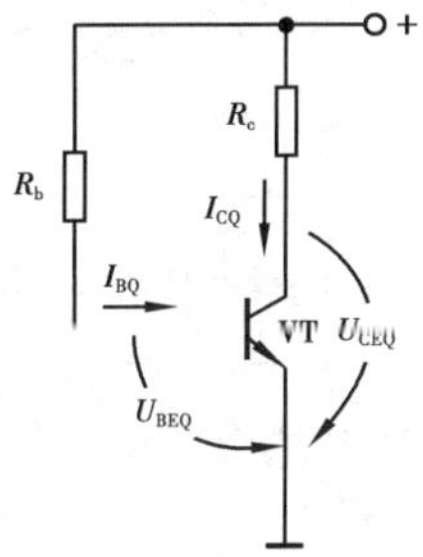

直流通路

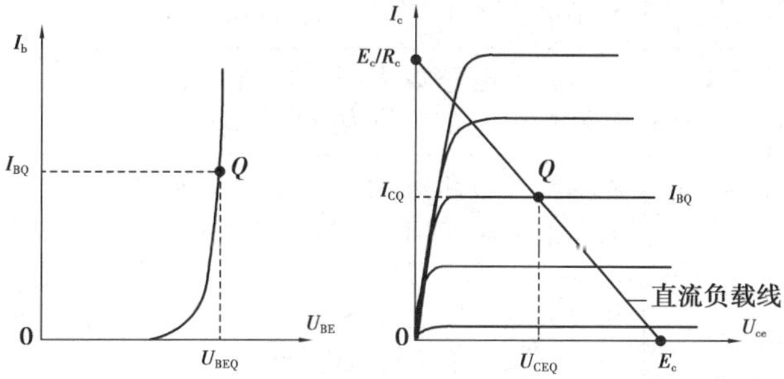

静态工作点

图 3-10　放大电路静态工作点

为避免放大电路产生失真，必须设置合适的静态工作点，使放大电路在整个信号周期内均工作于特性曲线的线性区域。静态工作点的调整方法：通过改变基极偏置电阻 R_b 的大小，从而改变 Q 点的位置来实现。作为全周期放大电路，一般将 Q 点调整至直流负载线的中点最合适。若出现截止失真，说明 Q 点位置低了，可调小 R_b，增大 I_{BQ}，从而提高 Q 点进行消除；若出现饱和失真，说明 Q 点位置高了，可调大 R_b，减小 I_{BQ}，从而降低 Q 点进行消除。

三、放大电路的波形变换

放大电路的波形变换如图 3-11 所示。交流信号经 C_1 送入三极管放大电路，与直流量进

行叠加放大后经 C_2 耦合输出交流信号。由 $U_{ce}=E_c-I_cR_c$（放大电路估算公式）可知，I_c 增大，U_{ce} 反而减小，所以共发射极放大电路的输出信号与输入信号反相。

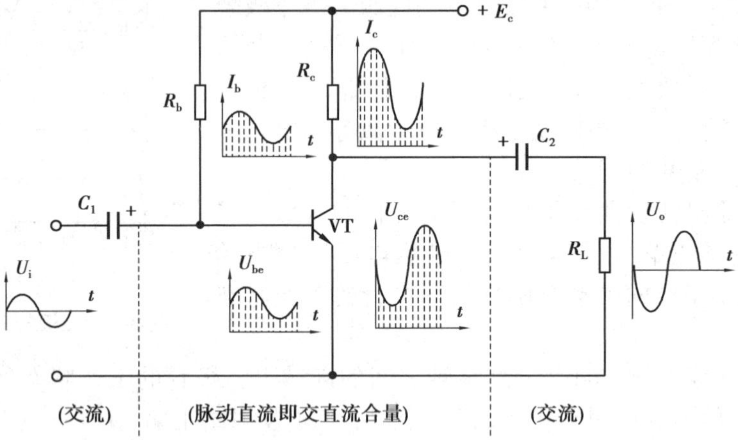

图 3-11 放大电路的波形变换

四、放大电路的性能指标

放大电路的性能指标是设计和选用放大电路的重要参考因素，是反映放大电路性能优劣的重要指标。其主要的性能指标见表 3-6。

表 3-6 放大电路的主要性能指标

性能指标	含义	定义式
电压放大倍数 A_u 与电压增益 G_u	表示放大电路放大信号电压的能力。A_u 无单位，G_u 的单位为分贝（dB）	$A_u=\frac{U_o}{U_i}$；$G_u=20\ \lg A_u$（dB）
电流放大倍数 A_i 与电流增益 G_i	表示放大电路放大信号电流的能力。A_i 无单位，G_i 的单位为分贝（dB）	$A_i=\frac{I_o}{I_i}$；$G_i=20\ \lg A_i$（dB）
功率放大倍数 A_p 与功率增益 G_p	表示放大电路放大信号功率的能力。A_p 无单位，G_p 的单位为分贝（dB）	$A_i=\frac{P_o}{P_i}=\frac{U_oI_o}{U_iI_i}=A_uA_i$；$G_i=10\ \lg A_i$（dB）
输入电阻 r_i	从放大电路交流通路输入端看进去的等效电阻。单位为欧姆（Ω）	$r_i=\frac{U_i}{I_i}$；输入电阻越大，对信号源的冲击越小
输出电阻 r_o	从放大电路交流通路输出端看进去的等效电阻（不包含负载）。单位为欧姆（Ω）	$r_o=\frac{U_o}{I_o}$；输出电阻越小，拖动负载的能力越强
通频带 f_{bw}	放大电路对不同频率信号的放大能力不相同，当频率升高或降低时，放大倍数都会下降（如右图所示），当放大倍数下降到最大值的 0.707 倍时，所对应的频率范围称为通频带。单位为赫兹（Hz）	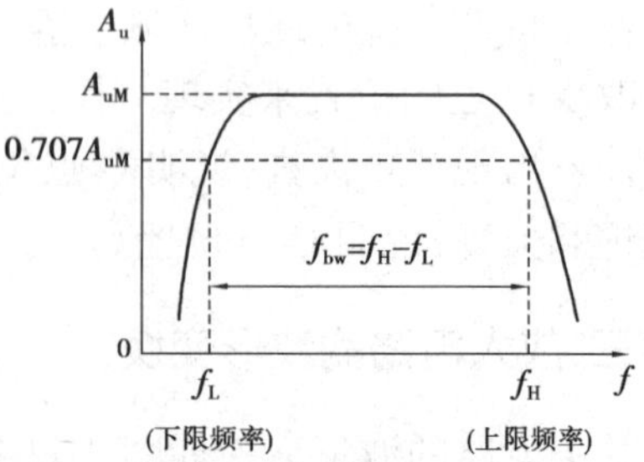

五、放大电路的参数估算

放大电路的参数估算包括静态工作点、输入电阻、输出电阻、电压放大倍数等的估算。

1.基本放大电路(固定偏置式放大电路)的估算。

(1)静态工作点的估算

放大电路的静态工作点包括 U_{BEQ}、U_{CEQ}、I_{BQ}、I_{CQ}4 个参数(其中 U_{BEQ}是三极管的发射结正偏电压,由材料决定,硅管为 0.7 V,锗管为 0.3 V,不需要计算,在没有告诉材料的情况下,可忽略不计)。

在直流通路中,根据基尔霍夫电压定律可知

$$E_c = U_{Rb} + U_{BEQ} = I_{BQ}R_b + U_{BEQ}$$

$$E_c = U_{Rc} + U_{CEQ} = I_{CQ}R_c + U_{CEQ}$$

整理可得基本放大电路静态工作点计算公式为

$$I_{BQ} = \frac{E_c - U_{BEQ}}{R_b} \approx \frac{E_c}{R_b}$$

$$I_{CQ} = \beta I_{BQ}$$

$$U_{CEQ} = E_c - I_{CQ}R_c$$

(2)输入电阻的估算

放大电路的输入电阻是指从放大电路的交流通路输入端看进去的交流等效电阻,用符号 r_i表示。在交流通路中

$$r_i = R_b \mathbin{/\!/} r_{be}$$

因为 $R_b \gg r_{be}$,所以

$$r_i \approx r_{be}$$

(3)输出电阻的估算

放大电路的输出电阻是指从放大电路的交流通路输出端看进去的交流等效电阻,用符号 r_o表示。在交流通路中

$$r_o = R_c \mathbin{/\!/} r_{ce}$$

r_{ce}是三极管集射极等效电阻,由于集射极之间始终有一个 PN 结反偏,所以在理想状态下,r_{ce}趋于无穷大。所以

$$r_o \approx r_c$$

(4)电压放大倍数的估算

公式为

$$A_u = -\frac{U_o}{U_i} = -\beta\frac{R'_L}{r_{be}} \quad \left(其中, R'_L = R_c \mathbin{/\!/} R_L = \frac{R_cR_L}{R_c + R_L}\right)$$

负号表示共射放大电路输出信号与输入信号相位相反。

[例 1]　已知三极管为硅管,$E_c = 12$ V,$R_b = 300$ kΩ,$R_c = 4$ kΩ,$R_L = 4$ kΩ,$\beta = 50$。试求放大电路的静态工作点和电压放大倍数。(其中 r_{be}为 1 kΩ)

解:(1)电路的静态工作点

因为是硅管,所以

$$U_{BEQ}=0.7\ V$$

$$I_{BQ}=\frac{E_c-U_{BEQ}}{R_b}=\frac{12\ V-0.7\ V}{300\ k\Omega}\approx 38\ \mu A$$

$$I_{CQ}=\beta I_{BQ}=50\times 38\ \mu A=1.9\ mA$$

$$U_{CEQ}=E_c-I_{CQ}R_c=12V-1.9\ mA\times 4\ k\Omega=4.4\ V$$

(2)电压放大倍数

$$R'_L=\frac{R_cR_L}{R_c+R_L}=\frac{4\ k\Omega\times 4\ k\Omega}{4\ k\Omega+4\ k\Omega}=2\ k\Omega$$

$A_u=-\beta\frac{R'_L}{r_{be}}=-50\frac{2\ k\Omega}{1\ k\Omega}=-100$(负号不表示大小,只表示输出信号与输入信号相位相反)

2.分压式偏置电路的估算

(1)静态工作点的估算

由三极管电极电流关系可知

$$I_{CQ}=\beta I_{BQ},I_{EQ}=I_{BQ}+I_{CQ}=I_{BQ}+\beta I_{BQ}=(1+\beta)I_{BQ}$$

所以

$$I_{CQ}\approx I_{EQ}$$

$$V_B=\frac{R_{b2}}{R_{b1}+R_{b2}}E_c$$

$$\begin{cases}I_{CQ}\approx I_{EQ}=\dfrac{V_e}{R_e}=\dfrac{V_B-U_{BEQ}}{R_e}\\ I_{BQ}=\dfrac{I_{CQ}}{\beta}\end{cases}$$

$$U_{CEQ}=E_c-I_{CQ}R_c-I_{EQ}R_e\approx E_c-I_{CQ}(R_c+R_e)$$

(2)输入电阻的估算

在交流通路中

$$r_i=R_{b1}\ /\!/\ R_{b2}\ /\!/\ r_{be}$$

因为 $R_{b1}\gg r_{be}$,所以

$$r_i\approx r_{be}$$

r_{be}的计算与基本放大电路的估算相同。

(3)输出电阻的估算

在交流通路里,r_o的估算与基本放大电路的估算相同。

(4)电压放大倍数的估算

A_u的估算与基本放大电路的估算相同。

[例2] 已知三极管为硅管,$E_c=12\ V$,$R_{b1}=30\ k\Omega$,$R_{b2}=15\ k\Omega$,$R_c=2\ k\Omega$,$R_e=2\ k\Omega$,$R_L=3\ k\Omega$,$\beta=50$。试求放大电路的静态工作点和电压放大倍数。(其中r_{be}为1 kΩ)

解:(1)电路的静态工作点

因为是硅管,所以$U_{BEQ}=0.7\ V$

$$V_B=\frac{R_{b2}}{R_{b1}+R_{b2}}E_c=\frac{15\ k\Omega}{30\ k\Omega+15\ k\Omega}\times 12\ V=4\ V$$

$$I_{CQ}\approx I_{EQ}=\frac{V_E}{R_e}=\frac{V_B-U_{BEQ}}{R_e}=\frac{4\ V-0.7\ V}{2\ k\Omega}=1.65\ mA$$

$$I_{BQ}=\frac{I_{CQ}}{\beta}=\frac{1.65\ mA}{50}=0.033\ mA$$

$$U_{CEQ}\approx E_c-I_{CQ}(R_c+R_e)=12\ V-1.65\ mA\times(2\ k\Omega+2\ k\Omega)=5.4\ V$$

(2)电压放大倍数

$$R'_L=\frac{R_cR_L}{R_c+R_L}=\frac{2\ k\Omega\times 3\ k\Omega}{2\ k\Omega+3\ k\Omega}=1.2\ k\Omega$$

$$A_u=-\beta\frac{R'_L}{r_{be}}=-50\times\frac{1.2\ k\Omega}{1\ k\Omega}=-60$$

六、放大电路的3种组态

在三极管放大电路的交流通路中,根据输入和输出对三极管共用端的不同,可将放大电路分为3种组态:共发射极放大电路、共集电极放大电路、共基极放大电路。其构成和特点见表3-7。

表3-7 放大电路的3种组态的构成及其特点

电路种类	电 路	交流通路	特 点
共发射极放大电路(倒相器)	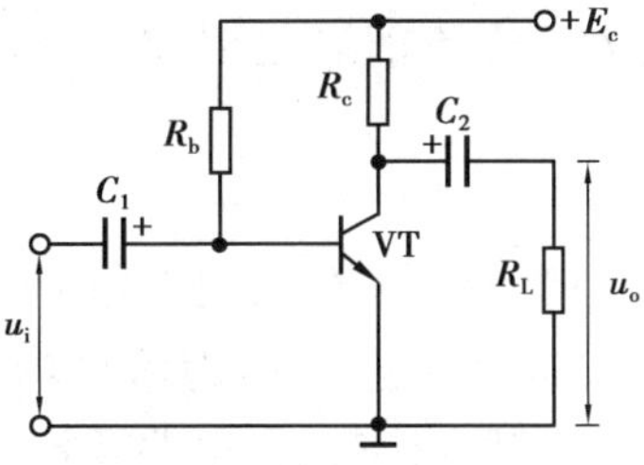	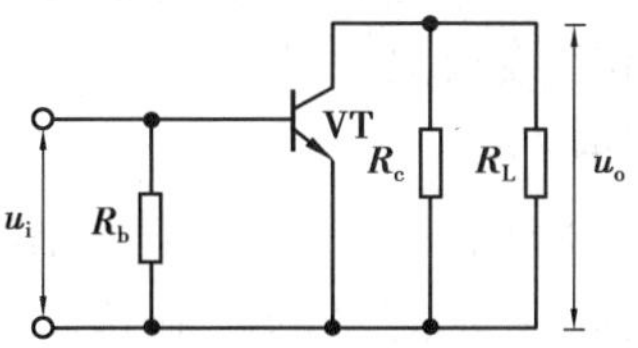	①信号从基极输入,从集电极输出,发射极为公共端,输出与输入信号反相。 ②输入电阻适中,输出电阻较大,电压放大倍数高。 ③高频特性差,稳定性较差。 ④常用于多级放大电路的输入级和中间级

续表

电路种类	电　路	交流通路	特　点
共集电极放大电路（射极输出器）	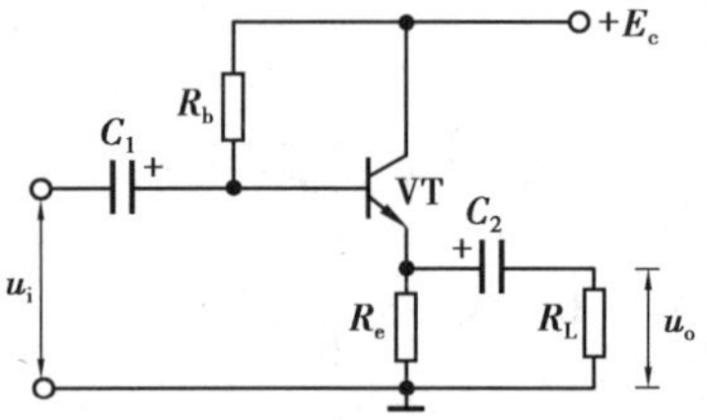	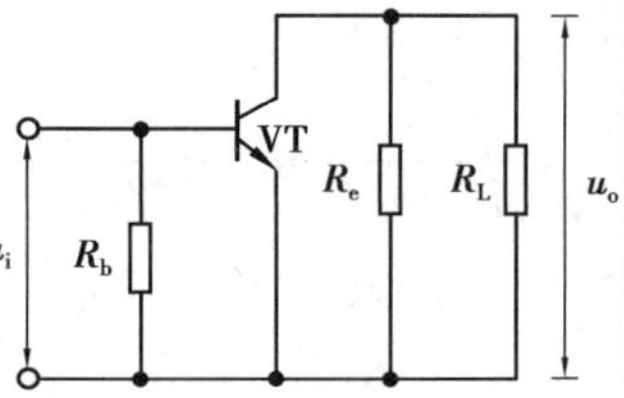	①信号从基极输入，发射极输出，集电极为公共端，输出与输入信号同相。②输入电阻大，输出电阻小，电压放大倍数小于1。③高频特性较好，稳定性较好。④常用于多级放大器的输入级、缓冲级、输出级以及功放末级
共基极放大电路	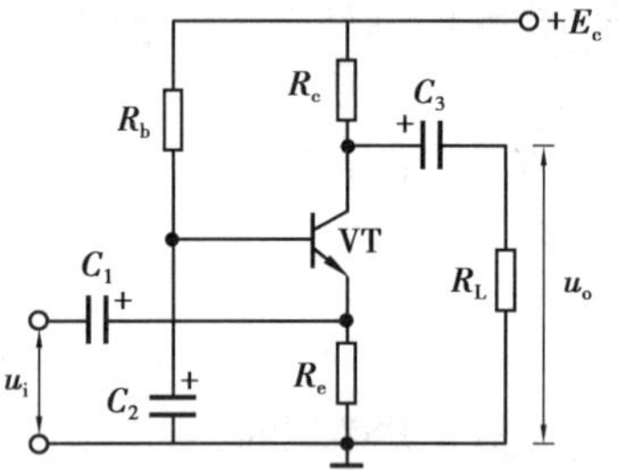	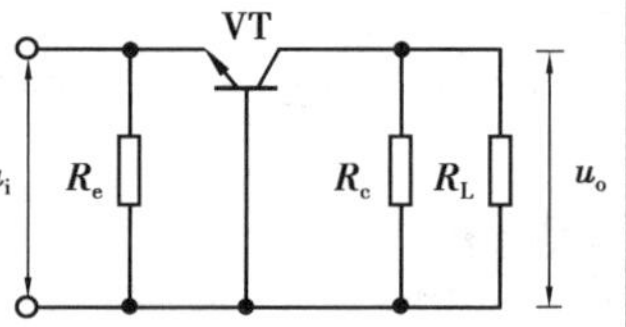	①信号从发射极输入，集电极输出，基极为公共端，输出与输入信号同相。②输入电阻小，输出电阻较大，电压放大倍数高。③高频特性好，稳定性较好。④常用于高频放大电路、宽带放大电路、恒流源电路

七、多级放大电路

单级放大电路的放大能力有限，对微弱信号的放大已经不能满足要求，这时就需要将信号进行多次放大，即采用多级放大电路。

1.多级放大电路级间耦合

多级放大电路往往是将前一级的输出信号作为后一级的输入信号，因此前后两级之间就需要进行合适的连接从而保证信号的顺利传输。我们将这种连接称为信号耦合，简称“耦合”。信号耦合主要有 3 种：阻容耦合、变压器耦合和直接耦合，其耦合电路及特点见表 3-8。

表 3-8　多级放大电路的级间耦合及其特点

耦合方式	电　路	说　明	特　点
阻容耦合	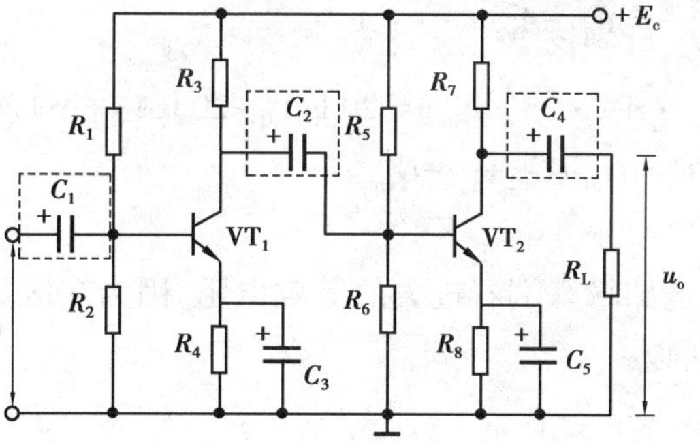	利用电容器的隔直通交耦合信号，图中 C_1、C_2、C_4 为耦合电容	优点： ①电路简单，应用广泛。 ②各级放大电路的直流工作点相互独立，使电路的设计、调试和维护方便。 不足： ①只能耦合交流信号。 ②信号频率越低，耦合电容容量越大。 ③不利于集成，主要用于分离电路的交流信号放大
变压器耦合	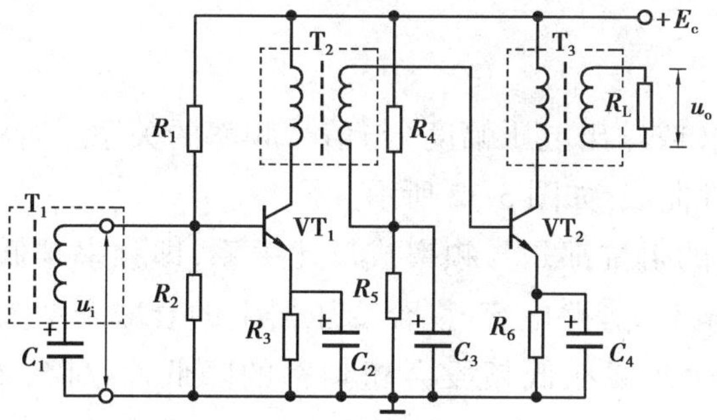	利用变压器的隔直通交耦合信号，图中 T_1、T_2、T_3 为耦合变压器	优点： ①各级放大电路的直流工作点相互独立，使电路的设计、调试和维护方便。 ②利用变压器的阻抗变换作用，可方便实现级间阻抗匹配。 不足： 笨重、成本高，不利于集成，只能放大交流信号，应用很少
直接耦合	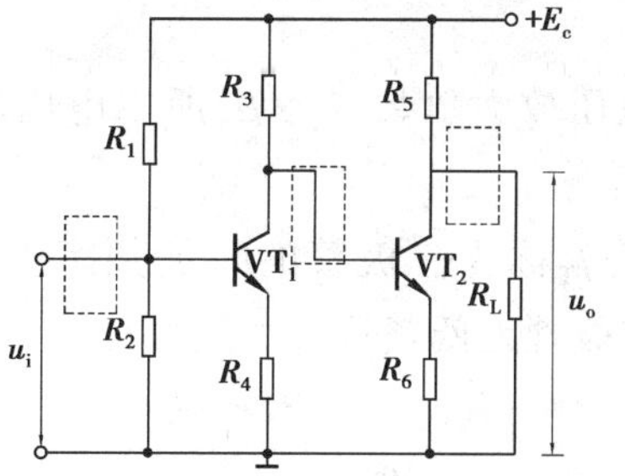	直接用导线将前级输出信号耦合到后级	优点： ①电路简单，信号传输过程无能量损耗。 ②交、直流信号均可放大。 ③利于集成。 不足： 级间直流量相互影响，给设计、调试和维护带来困难

2.多级放大电路的主要性能指标

(1)电压放大倍数

由单级放大电路电压放大倍数的计算公式可得

$$U_{o1}=A_{u1}U_{i1}$$

$$U_{o2}=A_{u2}U_{o1}$$

$$\cdots\cdots$$

$$U_{on}=A_{un}U_{o(n-)}=(A_{u1}\cdot A_{u2}\cdot\cdots\cdot A_{un})U_{i1}$$

所以
$$A_u=\frac{U_{on}}{U_{i1}}=A_{u1}\cdot A_{u2}\cdot\cdots\cdot A_{un}$$

电压增益 $G_u=20\lg A_u=20\lg(A_{u1}\cdot A_{u2}\cdot\cdots\cdot A_{un})=20\lg A_{u1}+20\lg A_{u2}+\cdots+20\lg A_{un}$

所以
$$G_u=G_{u1}+G_{u2}+\cdots+G_{un}$$

(2)输入、输出电阻

放大电路的输入电阻定义为从交流通路输入端看进去的等效电阻,因为多级放大电路的输入端即为第一级放大电路的输入端,所以

$$r_i=r_{i1}$$

放大电路的输出电阻定义为从交流通路输出端看进去的等效电阻,因为多级放大电路的输出端即为最末级放大电路的输入端,所以

$$r_o=r_{on}$$

(3)幅频特性

放大电路的幅频特性是指放大倍数(或输出电压幅度)与信号频率的关系。若将二者的关系用坐标曲线表示出来,即为幅频特性曲线,如图 3-12 所示。

在信号低频区中,由于电容与电感的阻抗都是与频率成反比关系,即频率越低,阻抗越大,所以,随着频率的降低,信号在耦合电容、旁路电容、耦合变压器上的衰减会增大,故阻容耦合或变压器耦合放大电路的幅频特性曲线在低频段会随频率的降低而下降,如图 3-12 所示。

在信号中频区中,由于电压放大倍数最大且为常数,所以此区域的幅频特性曲线为一条水平直线,如图 3-12 所示。

在信号高频区中,如图 3-12 所示。由于电压放大倍数 $A_u\propto\beta$,所以电压放大倍数也会随信号频率的升高而下降。

在图 3-13 中,f_β称为三极管的截止频率,f_T称为三极管的特征频率。国家标准规定:$f_\beta\geqslant3$ MHz 的三极管为高频管;$f_\beta<3$ MHz 的三极管为低频管。

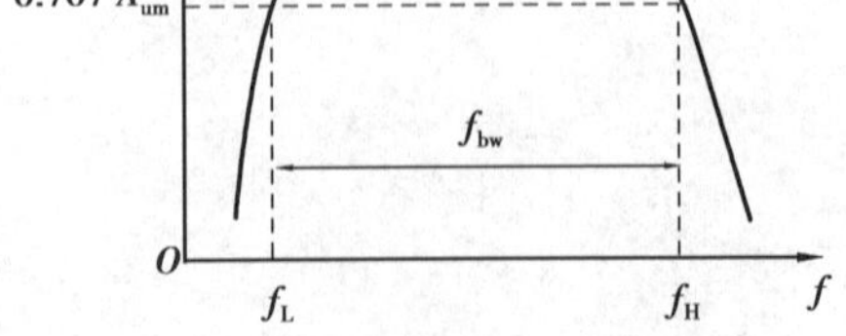

图 3-12 三极管放大电路的幅频特性曲线

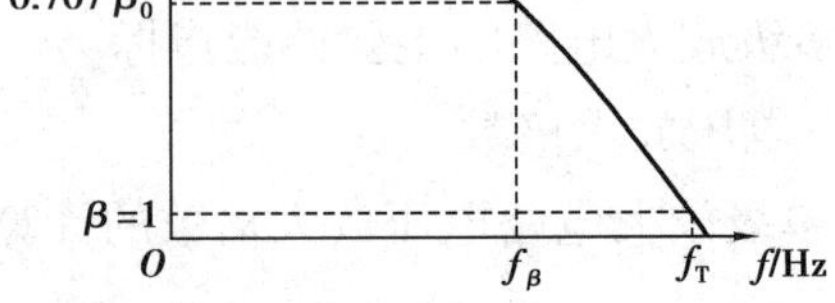

图 3-13 三极管β随频率变化的关系曲线

多级放大电路的幅频特性如图 3-14 所示(以两级参数相同的放大电路为例)。由于每级放大电路都具有一定的通频带,多级放大电路要求被放大的信号要在每一级放大电路的通频带以内,所以多级放大电路的总通频带受每级放大电路通频带的限制,放大电路的级数越多,总通频带就会越窄。

(4)非线性失真

因每一级放大电路均会产生一定的失真,同时前级的失真又会被后级逐级放大,所以多级放大电路的级数越多,失真会越大。

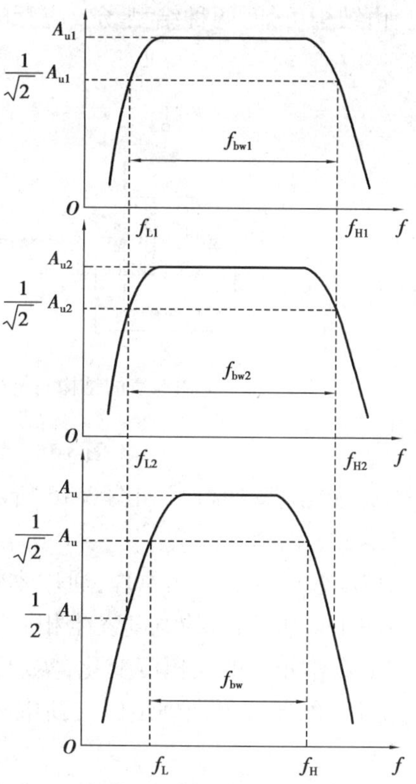

图 3-14 两级放大电路的幅频特性

八、场效应管及其放大电路

1.场效应管的分类、结构、符号与工作原理

晶体三极管的信号放大是利用基极电流的微小变化去控制集电极电流的较大变化,属于电流控制型器件。场效应管(FET)的信号放大是利用栅源电场效应(电压)控制漏极电流的大幅度变化,属于电压控制型器件。两者都能放大信号,场效应管突出的优点是输入电阻非常大(可达 $10^8\ \Omega$ 以上)、制造简单、应用灵活、易于集成等,故其应用越来越广泛。

(1)场效应管的分类

场效应管也由 PN 结构成,按结构可分为结型(JFET)和绝缘栅型(MOSFET)两类,如图 3-15 所示。

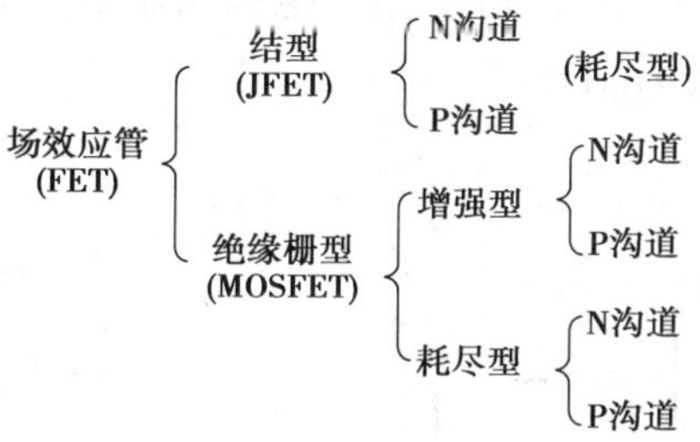

图 3-15 场效应管的分类

(2)场效应管的结构、符号与工作原理

①结型场效应管的结构、符号与工作原理

结型场效应管的结构(以 N 沟道为例)如图 3-16(a)所示,在一块 N 型硅片的两侧分别制作出掺杂浓度较高的 P 型半导体,用 P^+ 表示,形成两个对称的 PN 结,将两个 P 区用导线连在一起并引出电极,称为栅极 G,在 N 型硅片两端各引出一个电极,分别称为漏极 D 和源极 S。N 区成为导电沟道,故称为 N 沟道结型场效应管。反之,P 沟道结型场效应管的结构如图3-16(b)

所示。由结构可知,两种结型场效应管的漏极 D 和源极 S 完全对称,故在实际应用中可互换使用。

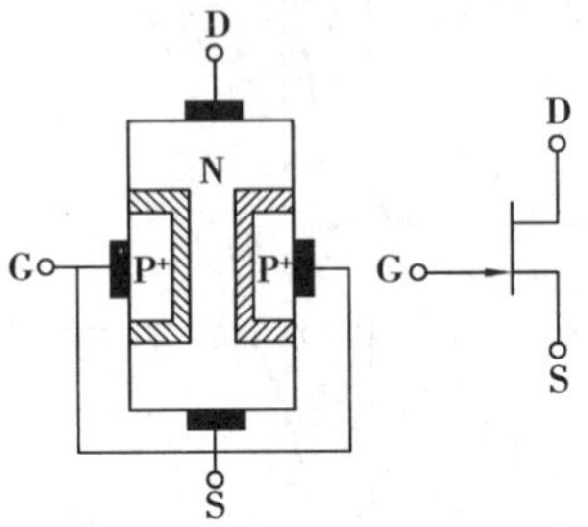

(a) N沟道的结构与符号

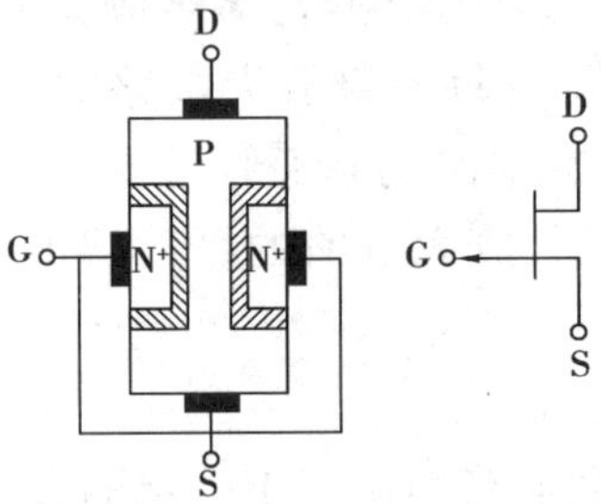

(b) P沟道的结构与符号

图 3-16 结型场效应管的结构与符号

结型场效应管的符号如图 3-16 所示,箭头的指向与二极管类似,由 P 区指向 N 区,中间的竖直线表示沟道。

结型场效应管的工作原理:通过改变所加的栅源电压 U_{GS} 的大小,使 PN 结的厚度发生变化,导致中间导电沟道的宽度发生相应变化,从而改变漏极电流 I_D 的大小。即用微小的 U_{GS} 变化去控制 I_D 作相应的大幅度变化,实现信号放大。当 U_{GS}(即 PN 结的反偏电压)达到一定值时,会使 PN 的厚度增加到足以夹断中间的导电通道,从而使 I_D 等于零,所以结型场效应管属于耗尽型。

②绝缘栅型场效应管的结构、符号与工作原理

a.增强型绝缘栅场效应管

增强型绝缘栅场效应管的结构(以 N 沟道为例)如图 3-17(a)所示,在一块掺杂浓度较低的 P 型硅衬底上,扩散两个高浓度掺杂的 N^+ 区,并用金属铝引出两个电极,分别为漏极 D 和源极 S,然后在 P 型衬底表面覆盖一层很薄的二氧化硅(SiO_2)绝缘层,在这个高浓度 N^+ 区之间的绝缘层上覆盖一层金属铝并引出电极作为栅极 G,由于栅极 G 与其他电极之间完全绝缘,所以称为绝缘栅型场效应管。P 沟道增强型绝缘栅场效应管的结构与 N 沟道类似,只是将两种半导体互换,如图 3-17(b)所示。

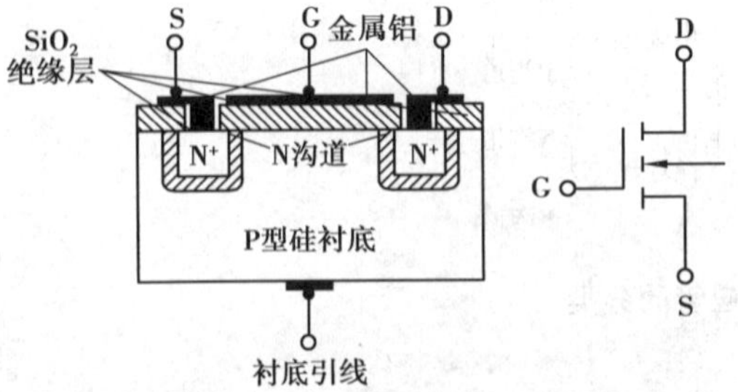

(a) N沟道增强型绝缘栅场效应管的结构与符号

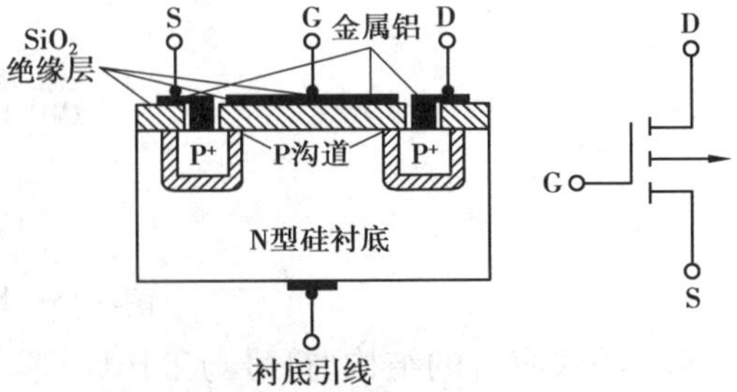

(b) P沟道增强型绝缘栅场效应管的结构与符号

图 3-17 增强型绝缘栅场效应管的结构与符号

增强型绝缘栅场效应管的符号如图 3-17 所示,中间的虚线为沟道,根据 PN 结箭头总是由 P 区指向 N 区就可方便地区分出 N 沟道和 P 沟道。在实际应用时,往往是将衬底与源极 S

相连，相连之前，由结构可知，漏极 D 与源极 S 是对称的，可互换使用。相连之后，与衬底相连的就只能是源极 S，此时漏极 D 与源极 S 就不可互换使用了。

增强型绝缘栅场效应管的工作原理：由结构可知，在加栅源电压 U_{GS}前，电路没有形成导电沟道，此时漏、源极之间相当于断路，如符号沟道为虚线。以 N 沟道为例，当加上+U_{GS}后，由于栅级金属板与衬底之间等效为一个电容，因此会在栅极金属板处堆积正电荷，在正对栅极金属板的衬底位置会堆积负电荷，当负电荷达到一定数量时，会使此处衬底与高浓度 N^+区之间的 PN 结消失从而在漏极 D 到源极 S 之间形成导电沟道，此沟道因多数载流子是自由电子（负电荷），所以称为 N 沟道。+U_{GS}越高，形成的导电沟道越宽，漏、源极之间电流就会越大，从而起到放大信号的作用。因沟道导电能力是随+U_{GS}的增大而从无到有逐渐增强的，故称为增强型场效应管。

b.耗尽型绝缘栅场效应管

耗尽型绝缘栅场效应管的结构（以 N 沟道为例）如图 3-18（a）所示，与增强型绝缘栅场效应管的不同之处在于导电沟道。在制作时，首先在与栅极金属板相邻的绝缘层（SiO_2）里加入正电荷，从而在两个高浓度 N^+区之间形成导电沟道，即不加栅源电压时，就可形成漏极电流，其他结构与增强型绝缘栅场效应管相同。P 沟道耗尽型绝缘栅场效应管的结构与 N 沟道类似，只是将两种半导体互换以及在绝缘层中加入了负电荷，如图 3-18（b）所示。

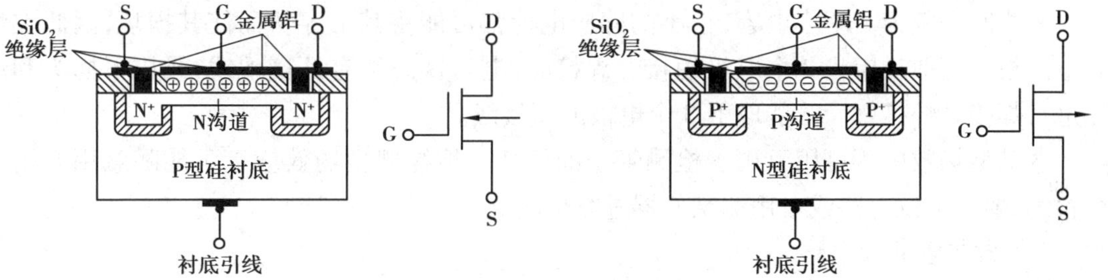

（a）N沟道耗尽型绝缘栅场效应管的结构与符号　（b）P沟道耗尽型绝缘栅场效应管的结构与符号

图 3-18　耗尽型绝缘栅场效应管的结构与符号

耗尽型绝缘栅场效应管的符号如图 3-18 所示，中间的实线为沟道，根据 PN 结箭头总是由 P 区指向 N 区就可方便地区分出 N 沟道和 P 沟道。在实际应用时，电极与衬底的处理与增强型绝缘场效应管相同。耗尽型绝缘栅场效应管的工作原理：由结构可知，在加栅源电压 U_{GS}前，电路已经形成导电沟道，此时可以形成漏极电流，如符号沟道为实线。以 N 沟道为例，当加上-U_{GS}后，栅极金属板处堆积负电荷，从而削弱绝缘层中正电荷对衬底上负电荷的吸引力，即使导电沟道变窄，导电能力减弱，所加的-U_{GS}达到一定值时，会使导电沟道消失，从而使漏极电流为零，即由栅源电压去控制漏极电流，从而起到放大信号的作用。因沟道导电能力是随-U_{GS}的增大而从有到无逐渐减小的，故称为耗尽型场效应管。

2.场效应管的主要参数与使用注意事项

（1）主要参数

- 饱和漏源电流 I_{DSS}：结型或耗尽型绝缘栅场效应管的栅极电压 $U_{GS}=0$ 时的漏源电流。

• 跨导 g_m：场效应管的放大能力，定义为

$$g_m = \left.\frac{I_D}{U_{GS}}\right|_{U_{DS}=\text{常数}}$$

• 夹断电压 U_P：当漏源电压 U_{DS} 为定值时，结型或耗尽型绝缘栅场效应管的栅源电压 U_{GS} 达到一定值时，漏源电流 I_{DS} 会小到近似为零，此时的 U_{GS} 称为夹断电压 U_P。

• 开启电压 U_T：当漏源电压 U_{DS} 为定值时，对于增强型场效应管，漏源间开始导通所需要的栅源电压 U_{GS}，此时的 U_{GS} 称为开启电压 U_T。

• 最大漏源电流 I_{DSM}：在场效应管正常工作时，允许通过漏源间的最大漏极电流。

• 最大耗散功率 P_{DSM}：在场效应管性能不变差时，所允许的最大漏源耗散功率。这是一项极限参数。

• 漏源击穿电压 U_{DSS}：当栅源电压一定时，场效应管正常工作所能承受的最大漏源电压。

（2）使用注意事项

①在未接衬底前，场效应管的漏极 D 与源极 S 可互换使用。对于绝缘栅场效应管，在使用时，往往是将衬底与源极相连，即与衬底相连的只能是 S 极，此时漏极 D 与源极 S 不能互换使用。

②结型场效应管的栅源电压不能接反，但可在开路状态下保存。绝缘栅场效应管的栅极与衬底之间等效为一个小电容，很小的感应电荷都可能将其击穿从而使其损坏，因此在焊接到电路板上之前均应将 3 个电极短接。焊接时，电烙铁必须有外接地线，或拔下插头利用余热进行焊接。焊接好后才能取下 3 个电极的短接线。

③结型场效应管可用万用表检测管子的好坏。绝缘栅型场效应管不能随意用万用表进行检测，要用测试电路或专用测试仪器进行检测。

3.场效应管放大电路

由于场效应管具有高输入阻抗的特点，所以特别适用于高内阻信号源的信号放大。与三极管放大电路的组态类似，场效应管放大电路也有共源、共栅和共漏 3 种组态，也需要对其设置合适的静态工作点。常用的直流偏置电路有两种形式，下面以 N 沟道场效应管为例进行说明。

（1）自偏压电路

自偏压电路如图 3-19 所示。

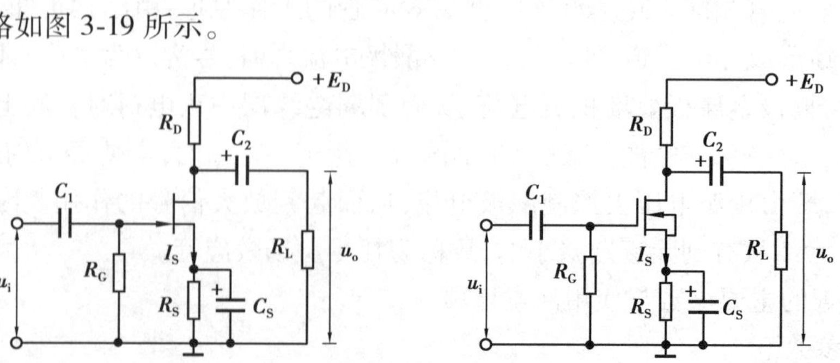

图 3-19 场效应管自偏压电路

由电路可知，当没有输入信号时，$V_G=0$，$V_S=I_SR_S$，$U_{GS}=V_G-V_S=-I_SR_S$为反向偏置电压，同时对增强型场效应管如果选用自偏压电路，没有外加 U_{GS}，此时没有形成导电通道，会导致 $I_S=0$，从而相当于未加直流偏置，电路不能放大信号，所以自偏压电路只适用于耗尽型场效应管放大电路。

(2)分压式偏压电路

分压式偏压电路如图 3-20 所示。

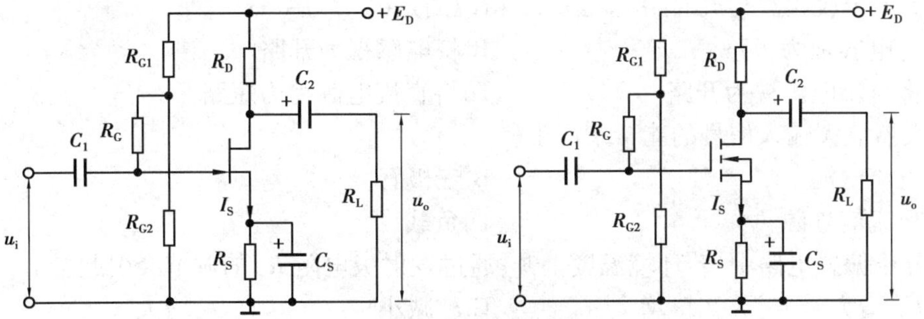

图 3-20　场效应管分压式偏压电路

由电路可知，当没有输入信号时

$$V_G=\frac{R_{G2}}{R_{G1}+R_{G2}}\times E_D$$

$$V_S=I_SR_S$$

$$U_{GS}=V_G-V_S=\frac{R_{G2}}{R_{G1}+R_{G2}}\times E_D-I_SR_S$$

只要电阻选择合适，既可得到 U_{GS} 正偏压，也可得到 U_{GS} 反偏压，所以分压式偏压电路适用于所有类型的场效应管。

※检测与反思

A 类试题

一、填空题

1.三极管的特性曲线包括__________特性曲线和__________特性曲线。

2.三极管处于放大状态的外部电路特点：发射结加__________电压，集电结加__________电压。对于 NPN 型管，3 个电极上的电位分布必须符合__________；对于 PNP 型管，其电源极性与 NPN 型管相反，要满足__________。(注：基极与发射极之间的正向电压 U_{BE}应大于发射结的死区电压)

3.从输出特性曲线可看出，其分为 4 个区域，分别是__________、__________、__________、__________。前 3 个区域对应三极管的 3 个工作状态。

4.放大电路根据输入、输出公共端不同，有 3 种组态，分别为__________、__________和__________。

5.常见多级放大器的耦合方式有__________、__________和__________。

6.放大元件是放大电路的__________,可以是__________,也可以是__________或者集成电路。

7.放大电路的直流通路画法:将电路中的电容__________,电感__________,其余元件__________;交流通路画法:将电路中的__________和__________视为短路,__________视为开路,其余元件__________。

二、选择题

1.以下关于放大器交流通路的说法中,错误的是(　　)。

A.将电容视为短路　　B.将电感视为开路

C.将直流电源视为开路　　D.将直流电源视为短路

2.放大器放大输入信号的能量来源于(　　)。

A.直流电源　　B.三极管

C.交流信号源　　D.负载

3.在分压偏置电路中,若环境温度上升,通过发射极电阻 R_e 的调节会引起(　　)。

A.U_{be} 增大　　B.I_b 增大　　C.I_b 减小　　D.U_{ce} 增大

三、判断题

1.放大器的输入电阻越大越好,输出电阻越小越好。(　　)

2.在基本放大电路中,若出现饱和失真,可以通过减小 R_b 来解决。(　　)

3.阻容耦合放大器和变压器耦合放大器不能用来放大直流信号。(　　)

4.放大电路常采用分压式偏置电路,这是因为它的输入阻抗大。(　　)

四、综合题

电路图如图 3-21 所示,画出电路的直流通路和交流通路。

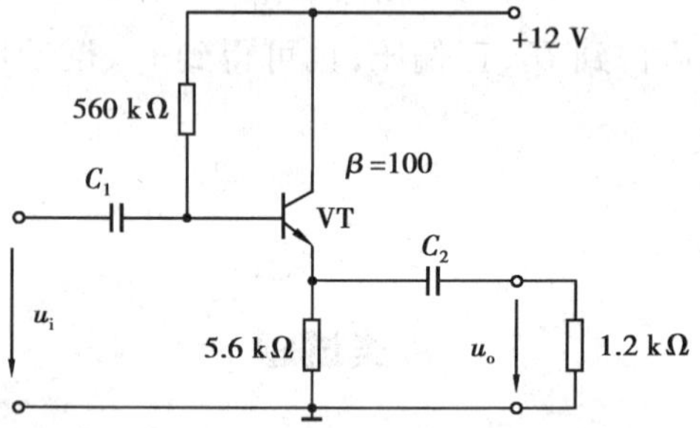

图 3-21

B 类测试题

一、填空题

1.用指针式万用表检测两端式驻极体话筒的灵敏度,对着话筒吹气,万用表指针摆动,摆动越__________,说明灵敏度越高,质量越好。

2.在检测扬声器是否可用时,指针式万用表应置于__________挡。

二、选择题

1.用万用表分别检测硅材料 NPN 型三极管的集电极、基极、发射极,测得 $U_{CQ}>U_{BQ}>U_{EQ}$,

且 U_{BQ} 与 U_{EQ} 相差约 0.7 V，三极管处于（　　）状态。

A.截止　　B.饱和

C.放大　　D.不定

2.在分压式偏置放大电路中，输出波形如图 3-22 所示，引起波形失真的原因是（　　）。

A.Q 点过低

B.Q 点过高

C.输入信号过大

D.电源电压过高

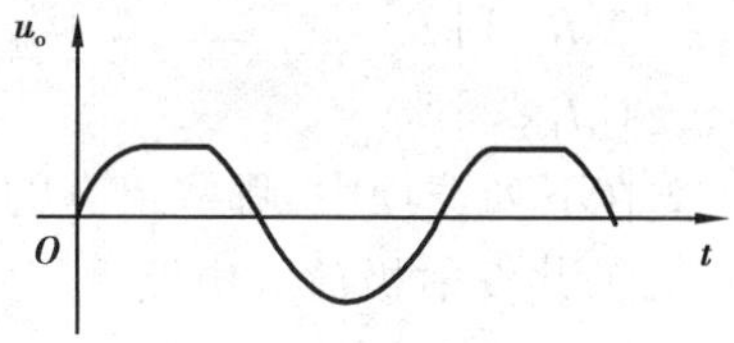

图 3-22

3.放大器的静态工作点设置不恰当，其输出波形就会产生失真，有如图 3-23 所示的输出波形，（　　）。

A.(a)为产生饱和失真的电压波形，(b)为产生截止失真的电压波形

B.(a)为产生谐波失真的电压波形，(b)为产生放大失真的电压波形

C.(a)为产生截止失真的电压波形，(b)为产生饱和失真的电压波形

D.(a)为产生放大失真的电压波形，(b)为产生谐波失真的电压波形

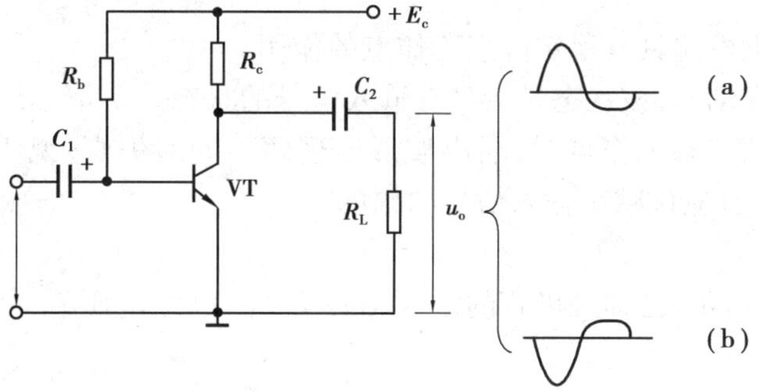

图 3-23

三、判断题

1.按键开关的 1、2、3 脚与 4、5、6 脚是两组独立的开关。（　　）

2.三极管放大电路的静态工作点设置过低会出现截止失真。（　　）

四、综合题

简述检测两端式驻极体话筒灵敏度的方法。

C 类测试题

一、填空题

1.三极管工作在开关状态是指__________和__________两个状态。

2.静态工作点的调整一般通过调节三极管的__________，从而改变三极管的基极电流来实现。当 I_{BQ} 改变时，I_{CQ}、U_{CEQ} 也随之改变，则放大器的静态工作点改变。

3.分压式偏置放大电路的发射极旁路电容的作用是____________________。

4.晶体三极管属于__________控制型器件，场效应管属于__________控制型器件。

5.场效应管分为__________和__________两大类。

二、选择题

1.在下列因素中,不会影响放大电路电压放大倍数的是(　　)。

A.R_L 和 R_c　　B. β

C.I_{EQ}　　D.输入信号 u_i 的大小

2.在下列选项中,哪些组态的放大电路的输入与输出反相?(　　)

A.共发射极放大电路　　B.共基极放大电路

C.共集电极放大电路　　D.都不是

3.在放大电路的 3 种基本组态中,输入电阻最大且输出电阻又最小的是(　　)。

A.共发射极放大电路　　B.共基极放大电路

C.共集电极放大电路　　D.无法确定

4.采用阻容耦合方式的多级放大器(　　)。

A.只能传递直流信号

B.只能传递交流信号

C.直流、交流信号均能传递

D.直流、交流信号均不能传递

三、判断题

1.固定式偏置放大电路具有稳定静态工作点的作用。　　(　　)

2.放大电路工作在动态,该状态是指没有输入信号的状态。　　(　　)

3.在调整放大器的静态工作点时,输出波形出现两边同时失真,说明静态工作点已经调整合适,要消除这种失真应该减小输入信号的幅度。　　(　　)

四、综合题

电路图如图 3-24 所示,已知三极管的放大倍数为 50,电源电压 E_c 为 10 V,$R_b = 200\ \text{k}\Omega$,$R_c = 2\ \text{k}\Omega$,$R_L = 2\ \text{k}\Omega$。

求:(1)电路的静态工作点;

(2)电路的输入电阻;

(3)电路的输出电阻;

(4)电路的电压放大倍数。

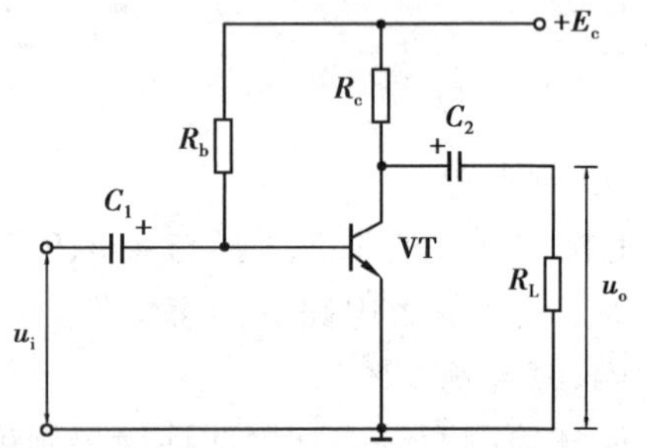

图 3-24

任务四　制作梦幻音响

制作梦幻音响(图 4-1)即制作一种典型的 OTL 功率放大器。功率放大器简称“功放”,俗称“扩音机”,是音响系统中最基本的设备,分别连接音频源(如 DVD 机、手机、电脑等设备)与音箱。本任务通过制作梦幻音响,掌握组装功率放大器的相关知识与技能。

图 4-1　梦幻音响

※工作任务说明

现场提供了制作梦幻音响所需的工具、仪表、元器件。按电路原理图(图 4-2)、电路装配图(图 4-3)和制作流程图(图 4-4)完成梦幻音响的制作,同时将相关数据填入表 4-1 中。

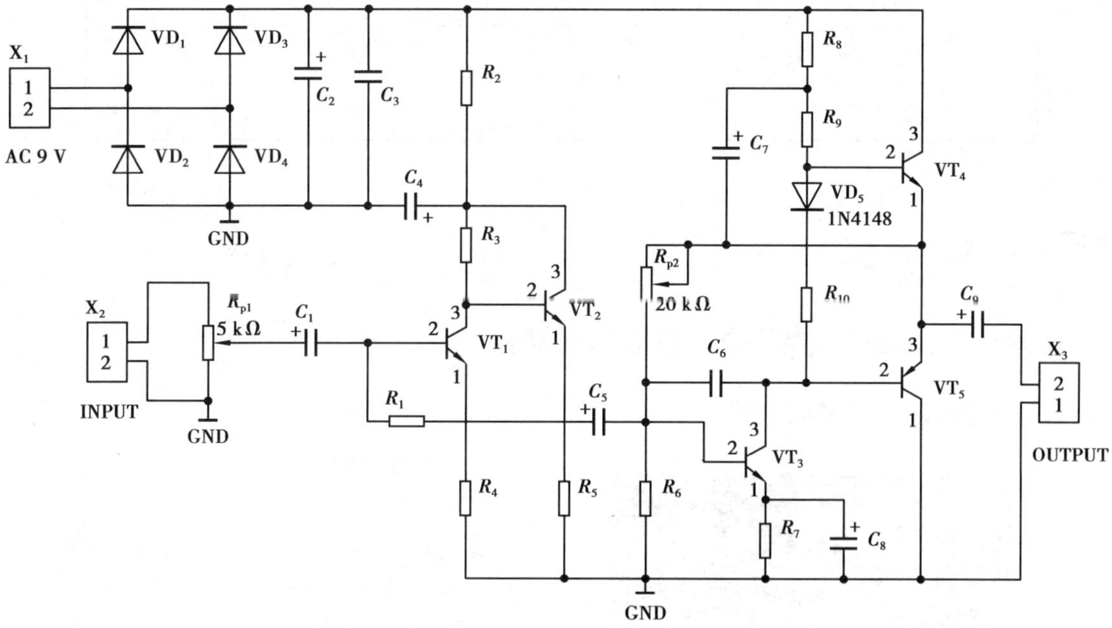

图 4-2　梦幻音响电路原理图

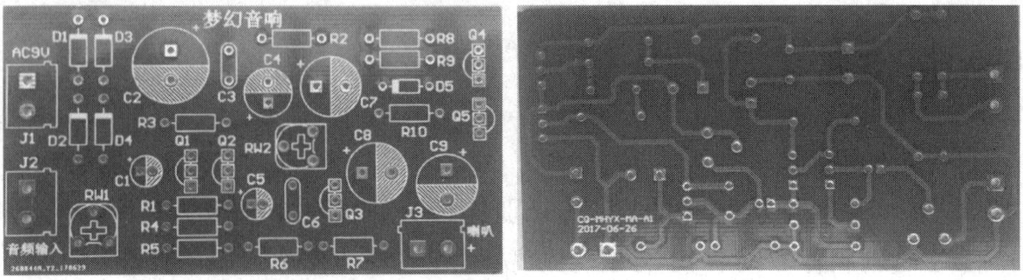

图 4-3　梦幻音响电路装配图

元器件归类 → 元器件检测 → 元器件插装 → 元器件焊接 → 元器件剪脚 → 电路检测 → 电路维修

图 4-4　制作流程图

表 4-1　梦幻音响制作各项任务完成时间

序号	任务内容	开始时间	结束时间	完成时间
1	清点并归类工具、仪表、元器件			
2	元器件检测			
3	元器件插装			
4	元器件焊接、剪脚			
5	电路检测			
6	电路维修			

※任务实施

活动一　清点并归类工具、仪表和元器件

一、清点并归类工具和仪表

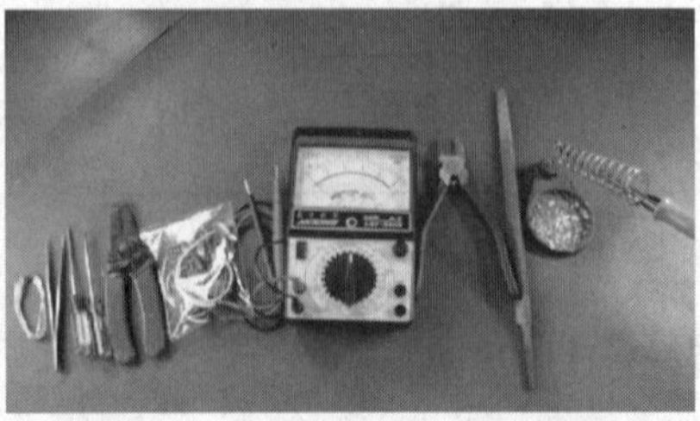

清理本任务所需的工具和仪表，并归类摆放整齐，同时按安全提示要求检查工作现场安全情况，将清理情况写在表 4-2 中。

表 4-2　工具及仪表清单

名　称	实物图片	规格/型号	状　况	名　称	实物图片	规格/型号	状　况
电烙铁				螺丝刀			
万用表				焊锡丝			
稳压电源				防静电服			
斜口钳				示波器			
镊子							

二、清点并归类元器件

清理本任务所需的元器件，并归类摆放整齐，将元器件的符号、型号/规格、数量填写在表 4-3 中。

表 4-3　元器件清单

名称	位　号	实物图片	符号	型号/规格	数量
电阻	R_1—R_{10}				
电容	C_3、C_6				
二极管	VD_1—VD_4				
NPN	VT_1—VT_4				
PNP	VT_5				
电位器	R_{P1}、R_{P2}				

功放管

功放管指的是能放大电流的三极管、场效应管等，是一种电器器材，主要用于传导电流，适用于功率放大器。在图 4-1 中，VT_4 和 VT_5 就是功放管。

(1)功放管的符号

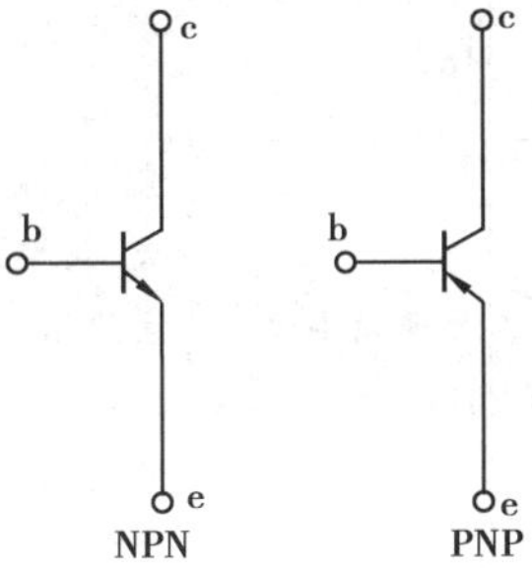

(2)功放管的外形

功放管的外形如下图所示。

(a)小功率三极管

(b)大功率三极管

功率放大器

(1)功率放大器的作用

在给定失真率的条件下，能产生最大功率输出以驱动某一负载的放大器，简称“功放”。功率放大器在整个音响系统中起到了“组织、协调”的枢纽作用，在某种程度上决定了整个系统能否提供良好的音质输出。

(2)功放的分类

分类	类型	导通状态	特点
按工作点位置分	甲类(A类)	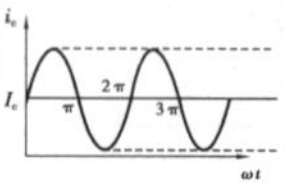一个周期内均导通	失真最小,效率很低,主要用于失真度低的小功率放大器
	乙类(B类)	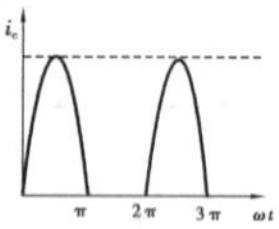导通角等于180°	效率高,产生交越失真,主要用于大功率放大器
	甲乙类(AB类)	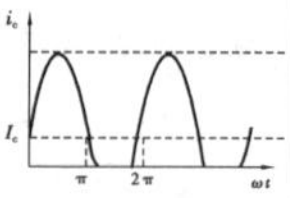导通角大于180°	解决了交越失真问题,效率又比甲类放大器高,应用广泛
	丙类(C类)	导通角小于180°	失真度最大,效率高,主要用于射频电路与倍频器高频放大电路
按输出级元素分	单管功放	一个功放管,工作在甲类,输入、输出都采用变压器耦合电路	失真小,效率低
	互补对称功放	两个配对功放管,工作在甲类或乙类,无输出电容形式(OCL电路)	改善了低频特性
		两个配对功放管,工作在甲类或乙类,无输出变压器形式(OTL电路)	提高了效率,减小交越失真,低频特性差

续表

名称	位号	实物图片	符号	型号/规格	数量
电解电容	C_1、C_2、C_4、C_5、C_7—C_9				
二极管	VD_5				
扬声器	BL				
连接线	—	—	—	—	
电路板	—	—	—	—	

活动二 判断元器件质量

一、判断电阻、电容、二极管、三极管、扬声器的质量

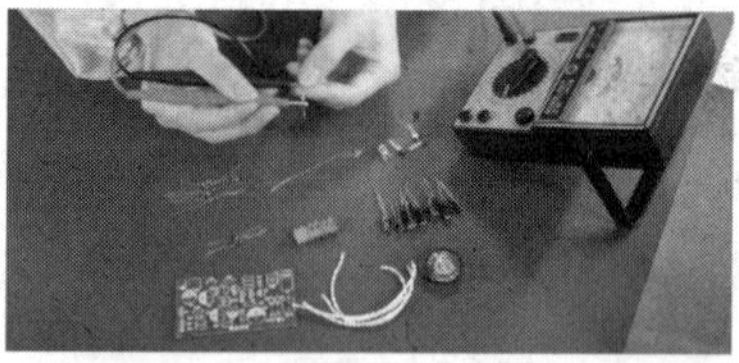

根据前面所学方法检测判断电阻、电容、二极管、三极管、扬声器等元器件的质量,配齐所有元器件。

二、检查印制线路板及其他物料质量

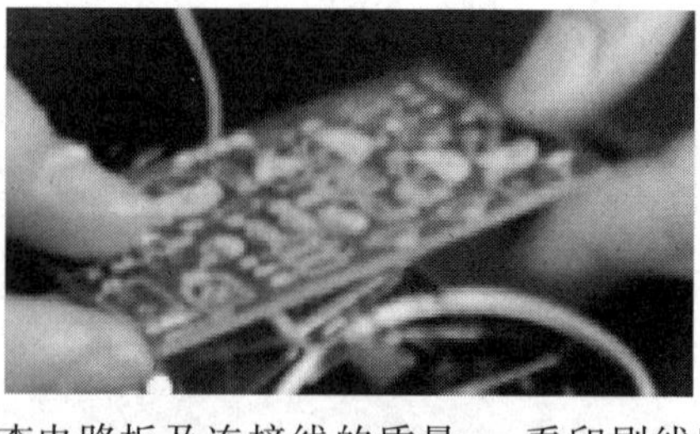

检查电路板及连接线的质量,一看印刷线路板的字符是否清晰和铜皮是否有断裂、脱落,二看导线芯是否有裸露、破损等,如有上述情况,请及时更换。

活动三　安装梦幻音响电路

一、观察梦幻音响电路原理图和印制线路板

梦幻音响电路原理图和印制线路板如图 4-2 和图 4-3 所示。

二、安装梦幻音响印制线路板电路

1.元器件安装顺序

①去氧化膜撸直元件　②比位号　③成形　④上板

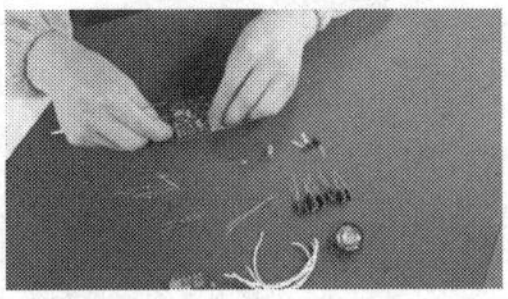

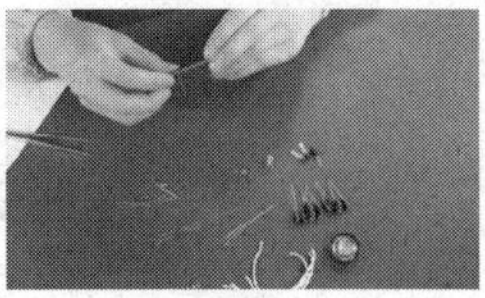

手持元器件，用小刀刮去氧化膜并撸直元件，然后在印制板上找到该元器件的位号，确定元器件的安装尺寸，用镊子按照尺寸要求将引脚弯曲成形，最后上板。

2.元件安装焊接顺序及流程

①安装电阻、二极管、无极性电容　②安装三极管、电解电容等　③安装插针、导线等

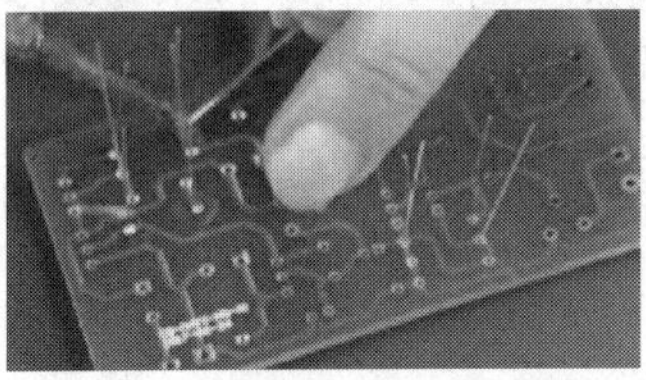

依次安装电阻、二极管、无极性电容、三极管、电位器、电解电容、插针、导线、扬声器等。印制线路板电路的焊接流程基本相同：元器件上锡，加热焊盘送锡，去焊锡丝，去电烙铁。

3.处理梦幻音响印制线路板管脚

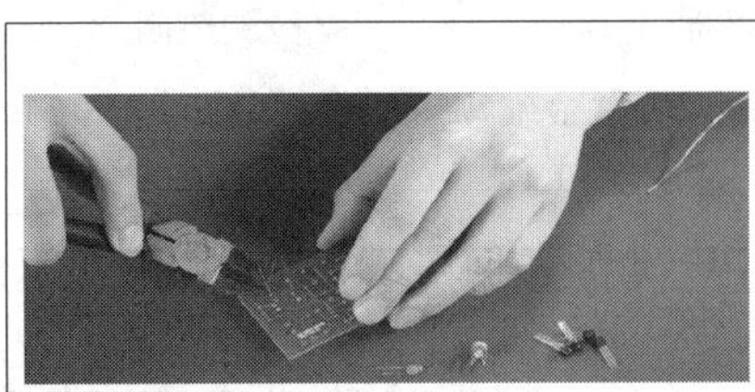

元器件焊接完成后，剪去元器件的多余引脚（剪头留脚 1 mm），并检查焊点、修补缺陷，同时清理电路板上多余的锡渣。

4.装配梦幻音响印制线路板的扬声器及导线

操作步骤如下：

①安装扬声器	②安装导线
	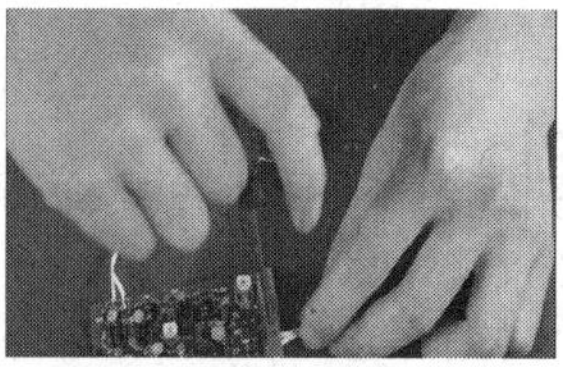
扬声器焊点上锡、加热，焊接扬声器。	用螺丝刀松开接线柱的螺丝，插入导线，然后紧固螺丝。

活动四　检查并调试梦幻音响电路

一、通电前测试

1.直观检查

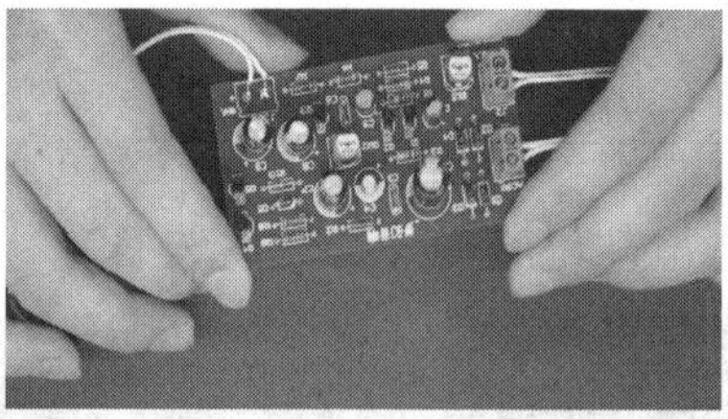

检查印制线路板和照明印制线路板电路有无漏装、错装的元器件，焊点有无明显的虚焊、漏焊、毛刺等情况出现。

2.在路电阻检测

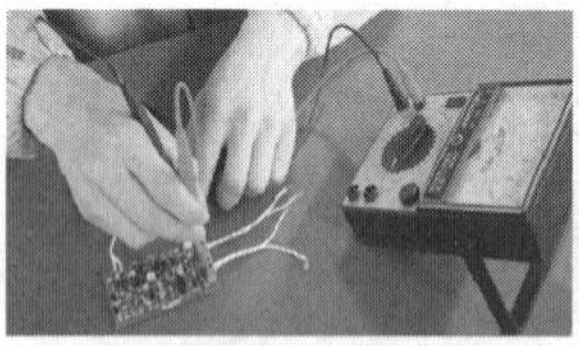	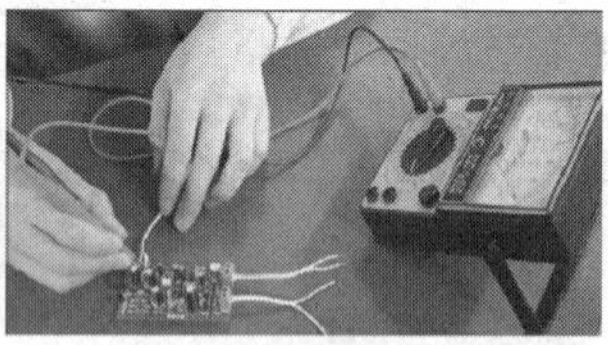	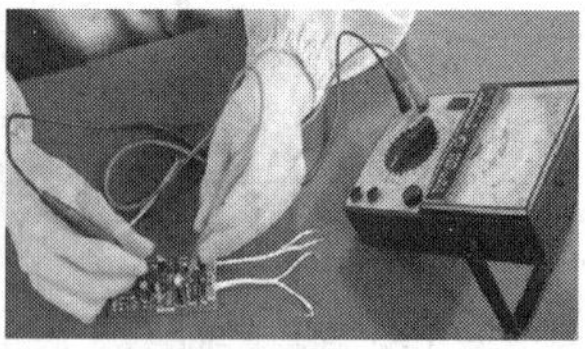
检测输入端	检测扬声器	检测电阻

将万用表置于 $R\times100\ \Omega$ 挡，测量信号源输入端、扬声器端、电阻，检测电路有无短路、断路故障。

进行在路电阻检测，用万用表测量电源板上 B+和 B-之间的正、反向电阻。电阻值为 0（短路），电阻值为∞（开路）。

二、通电测试

1.检测电源及二极管电压

操作步骤如下：

①检测电源

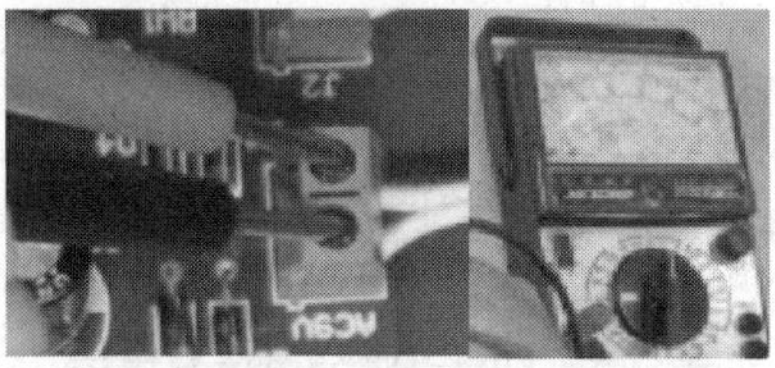

接通 7.5~9 V 的电源，将万用表置于交流电压 10 V 挡，红、黑表笔分别放在电源的接线端，记录万用表的读数，填入表 4-4 中。

②检测 VD_3、VD_4 间的电压

将万用表置于直流电压 10 V 挡，红、黑表笔分别放在 VD_3、VD_4 端，检测 VD_3、VD_4 间的电压，将检测结果填入表4-4 中。

2.检测三极管各脚的电位和电流

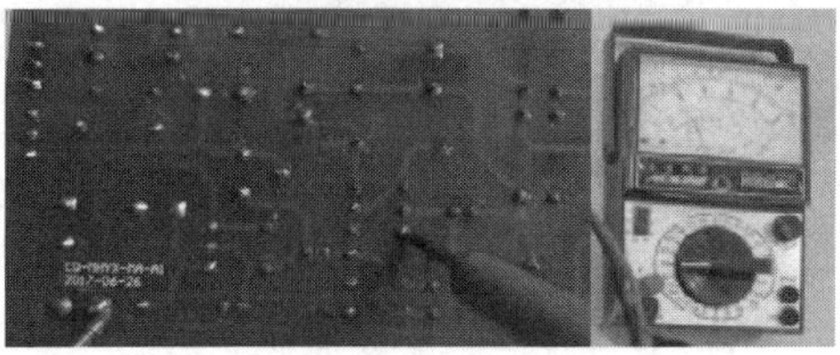

用万用表分别检测 VT_1—VT_5 各极的电位以及通过基极和集电极的电流，并记录数据，填入表 4-5 至表 4-9 中。

表 4-4　检测电源及 VD_3、VD_4 间电压

类　别	电源电压	VD_3、VD_4 间电压
电压/V		

梦幻音响电路的结构

在进行电路检测之前掌握所测电路的结构，梦幻音响电路的结构如下：

①整流电路：由 VD_1—VD_4 组成桥式整流。

②电压放大器：将输入的微小音乐信号加以放大。以 VT_1、VT_2 为核心组成的放大电路完成电压放大功能。

③功放电路：用来提高电路的工作效率，通过功放部分来推动喇叭工作。以 VT_3、VT_4、VT_5 为核心组成的电路完成功率放大功能。

④偏压装置：为功率三极管提供正向偏压，使功率放大级电路工作于甲乙类放大状态，防止产生交越失真。VD_5 和 R_{10} 为功放提供偏压。

⑤负反馈电路：提高电路稳定性。R_1 为放大器提供负反馈，R_5、C_5 对反馈的交流信号起分流作用，改变 R_{P2} 可以改变放大器的增益。

复合管

图 4-2 中的 VT_1 和 VT_2 就是复合管。

(1)复合管的概念

把两个或两个以上晶体管适当的电极连接起来形成一个管子，即为复合管，也称达林顿管。

(2)复合管的构成原则和特点(前 ce 与后 cb 相连且后管基极电流连续)

在串联点，必须保证电流的连续性，即第一管的输出电流成为第二管的基极电流。

在并联点，必须保证总电流为两个管子电流的代数和。

复合管的电流放大倍数 $\beta \approx \beta_1\beta_2$。

(3)复合管的连接方式

连接方式	举　例
同类型的管子	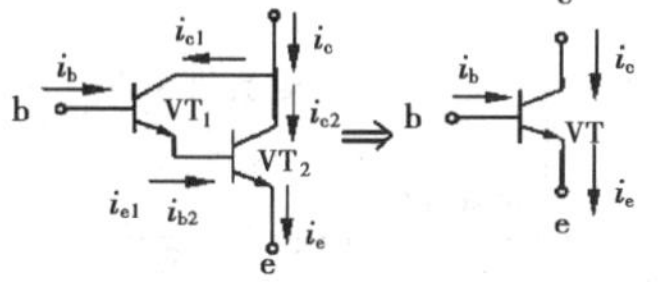 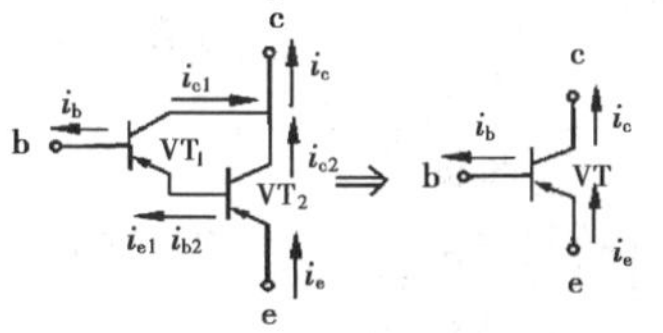

连接方式	举例
不同类型的管子	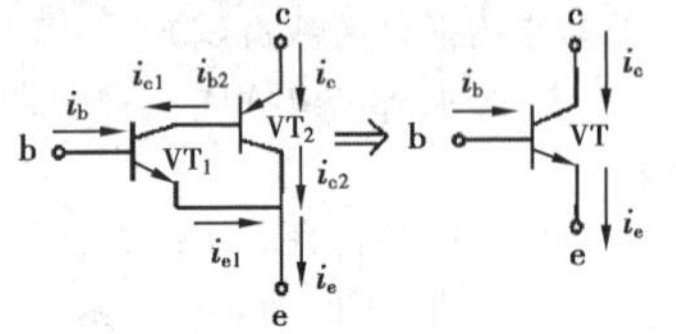 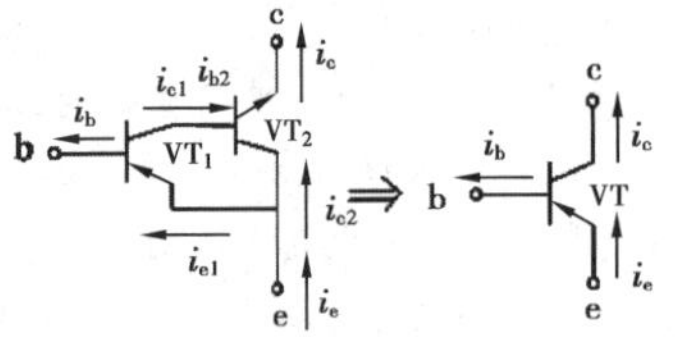

(4)复合管减小穿透电流的方法

复合管在提高放大系数的同时，也会增大穿透电流。在实际应用中，为了减小穿透电流，可以在后一只三极管 VT_2 的基极接分流电阻 R，但是 R 会造成复合管的值下降，故 R 的取值要合适。

单电源互补对称功率放大电路

(Output Transfomer Less, OTL)

(1)电路结构

OCT 电路的实质是无输出变压器的互补对称功放电路。电路如下图所示。主要元件的作用如下表所示。

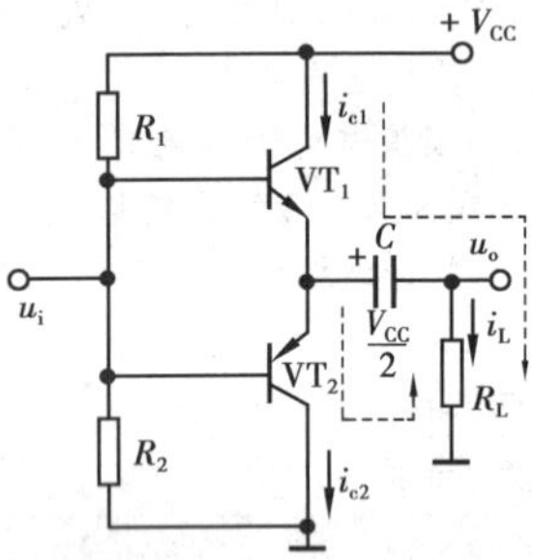

元件编号	元件名称	作用
VT_1、VT_2	互补对称功放管	主要放大元件，接成射极输出的形式
R_1、R_2	偏置电阻	功放管等的供电电阻
C	输出耦合电容	充当功放管工作时的电源

表 4-5　VT_1 引脚的电位及电流

引脚	V_b/V	V_e/V	V_c/V	I_b/uA	I_c/mA
数值					

表 4-6　VT_2 引脚的电位及电流

引脚	V_b/V	V_e/V	V_c/V	I_b/uA	I_c/mA
数值					

表 4-7　VT_3 引脚的电位及电流

引脚	V_b/V	V_e/V	V_c/V	I_b/uA	I_c/mA
数值					

表 4-8　VT_4 引脚的电位及电流

引脚	V_b/V	V_e/V	V_c/V	I_b/uA	I_c/mA
数值					

表 4-9　VT_5 引脚的电位及电流

引脚	V_b/V	V_e/V	V_c/V	I_b/uA	I_c/mA
数值					

3.检测中点电压

将万用表置于直流电压挡，红表笔放在 VT_5 的发射极，黑表笔接地，记录万用表的读数：________。

注意：电压应为电源电压的一半，即$\frac{1}{2}V_{CC}$。

4.加音频信号测试

电路输入 1 kHz 的正弦信号，缓慢增大输入信号的幅度，用示波器监测输出波形的交越失真。

操作步骤如下：

①接入音频信号

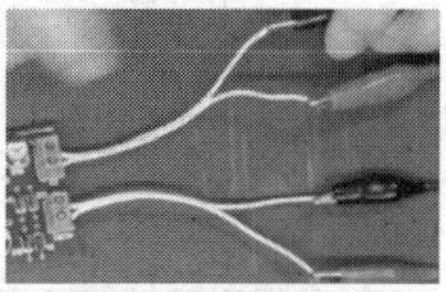

在音频输入端通入 1 kHz 的正弦信号。

②测量音频信号

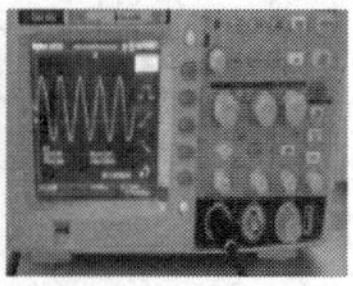

把示波器的探针接在音频输入端。

③测量扬声器输出信号

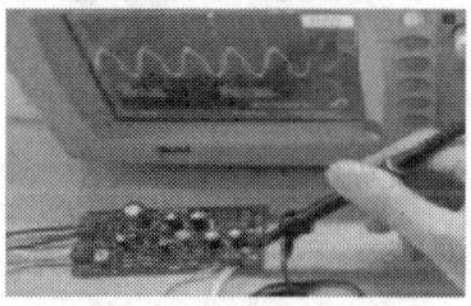

把示波器探针接在扬声器输出端，记录输出波形并填入表 4-10 中。

④测量输入输出波形

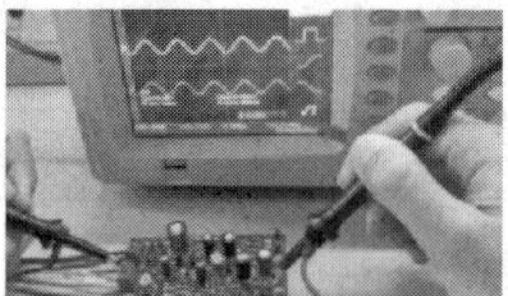

调节音频信号的大小，用示波器的双通道分别测量输入、输出波形，并记录。

⑤用示波器测量输出波形

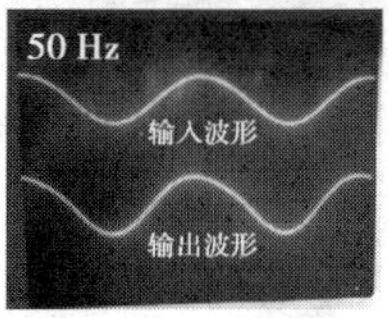

用示波器测量输出波形，显示正常。

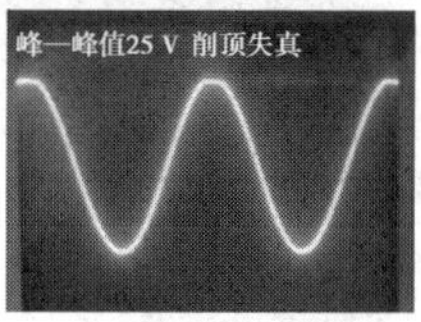

用示波器测量输出波形，显示不正常，有削顶失真。

⑥加音乐测量输入、输出波形

示波器探针接在扬声器输出端，记录输出波形。

(2) 工作原理

静态时，C+电位应为 $V_{CC}/2$，称为中点电压。

在输入信号为正半周时，VT_1 导通，VT_2 截止，VT_1 以射极输出器形式将正向信号传送给负载，同时对电容 C 充电；在输入信号为负半周时，VT_1 截止，VT_2 导通，电容 C 放电，充当 VT_2 管的直流工作电源，使 VT_4 也以射极输出器形式将负向信号传送给负载。这样，负载 R_L 上得到一个完整的信号波形。

如果没有加偏置，功放管工作在乙类状态，存在交越失真，故加偏置时，功放管处于微导通状态，克服了交越失真。

(3) 电路特点

电路特点如下表所示。

项　目	特点或参数
供电方式	采用单电源供电
耦合方式	电容耦合
功放管导通状态	微导通
交越失真	无
最大输出功率	$P_{OM}=V_{CC}^2/8R_L$
最大管耗	$P_{TM}=0.2P_{OM}$
效率	50%～78.5%

调试 OTL 电路的关键点是使中点电压（即输出端耦合电容正极）为电源电压的一半。

(4) 功放电路的失真

失真是输入信号与输出信号幅度、相位及波形形状产生变化的现象，如下图所示。

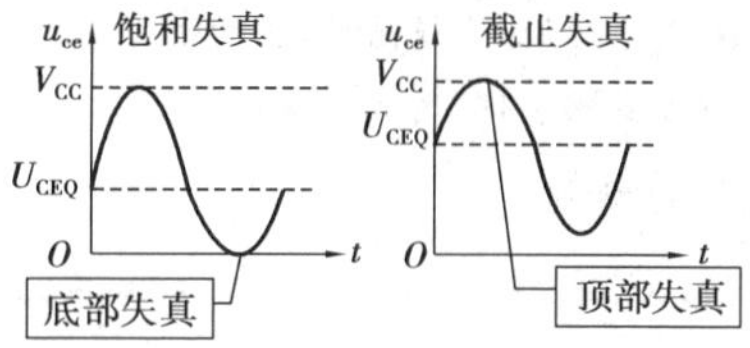

饱和失真：静态工作点过大，在信号正半周进入了输出特性曲线的饱和区。解决方法是提高工作电压，适当调小静态工作点，提高输入信号的幅度。

截止失真：静态工作点过低，在信号负半周进入了输出特性曲线的截止区。解决方法是提高静态工作点，适当减小输入信号的幅度。

交越失真：由于三极管存在死区电压，当输入信号小于死区电压时，三极管不导通，输出电压为零，这样在输入信号正、负半周的交界处，无输出信号，使输出波形失真。这种失真称为交越失真，如下图所示。

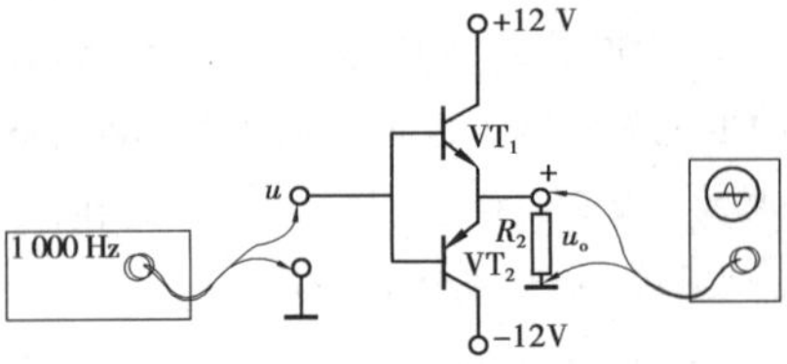

(a)

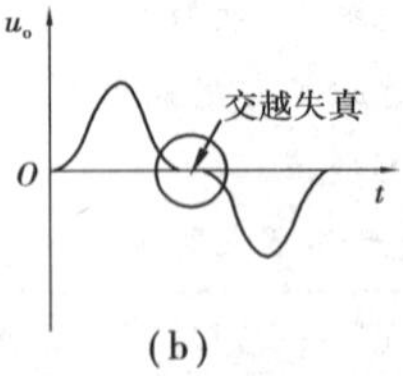

(b)

为了解决交越失真，可给三极管加适当的基极偏置电压，提高静态电流，使之工作在甲乙类工作状态，克服交越失真的措施是避开死区电压区，使每一个晶体管处于微导通状态，一旦加入输入信号，使其马上进入线性工作区可以给互补管一个静态偏置。

短路故障

电路中不同点位的两点被导体短接起来或者期间的绝缘被击穿，造成电路不能正常工作的故障，称为短路故障。

绝缘击穿：电路中不同电位的导体是相互绝缘的，如果这种绝缘被损坏，就会发生短路故障。

导线连接：两条不等电位的导线短接，这种短接可能是外力作用，也可能是人为的误操作所造成。例如，导线摆动，使两条导线相碰；临时的短接线未拆，造成严重短路等。

短路故障检测

把指针式万用表调到峰鸣挡进行检测，如果短路会有鸣声，同时指针偏向最右边，调到电阻挡进行检测，如果短路只有指针会偏向最右边。

把数字万用表调到电阻挡（小量程），显示数字为零表示短路，不为零表示没短路。

注意：①线路短路时需要检测出短路点，必须要在断开电源的情况下才可以检测。

②因电阻器故障进行在路检测时，使用万用表的红、黑表笔时要确保电阻旁边的二极管、三极管截止。

表 4-10 电路的输出波形、周期及幅值

波形	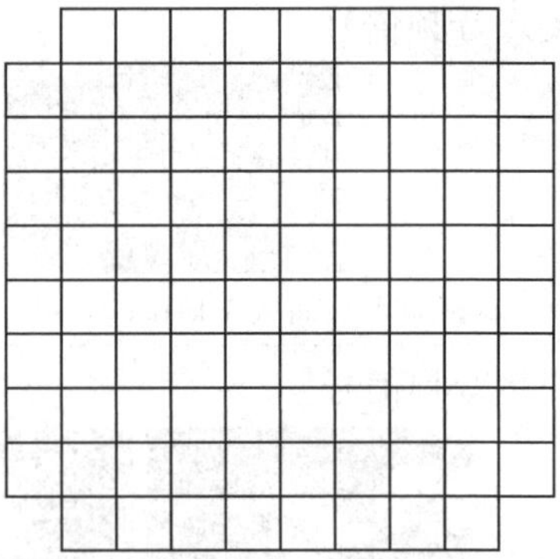
示波器	使用挡位：μs/div，v/div T=____ ms； V_{P-P} =____ V
频率计	T=____ ms；f=____ kHz
毫伏表	有效值：____；电压增益：____ dB

活动五 梦幻音响电路的简单故障检修

故障现象：接通电源后，扬声器无声，实验台指示灯熄灭，保险管烧坏。

维修步骤如下：

①在路电阻短路检测

用万用表测在路电阻，电阻为零或者接近零，电源端短路。

②故障排除

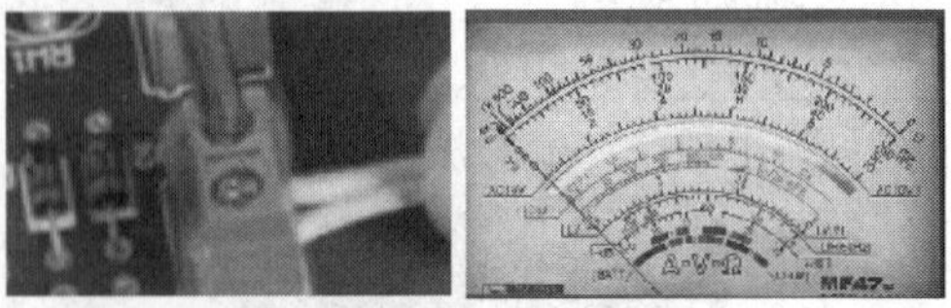

一是更换实验台保险，二是检查电源接线有无短路现象，三是检查电源插针有无问题，四是检查电源插针焊接点有无短路现象，如果出现上述任意现象，立即处理短路问题，更换或者重新安装该器件。

【任务评价】

任务评价表

评价内容		自　评	小组评价	教师评价
		优☆良△中√差×		
职业素养	①安全用电			
	②设备及器材的安全			
	③记录整理完整准确			
	④符合“6S”管理理念			
知识与技能	①准备制作梦幻音响所需的工具、仪表、元器件			
	②评估梦幻音响元器件的质量			
	③安装梦幻音响电路			
	④检查与调试梦幻音响电路			
	⑤简单维修梦幻音响电路			
汇报展示	①作品展示(可以为实物作品展示、PPT 汇报、简报、作业等形式)			
	②语言流畅,思路清晰			
评价等级				

※拓展与提高

一、功率放大器

前面已经讲了功率放大器的分类、OTL 电路,这里将介绍功率放大器的其他知识。

1.功率放大器的特点

功率放大器一般处于放大器的最后一级,它将经过前级放大的电压信号进行功率放大,输出足够的功率去推动负载工作,如图 4-5 所示。

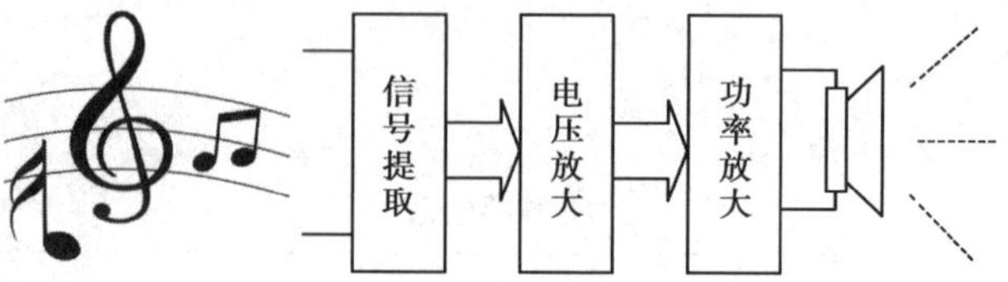

图 4-5 扩音系统

2.功率放大电路存在的特殊问题

①输出电压、电流幅度要大,三极管工作在极限状态。

②管子接近饱和或截止,输出有一定非线性失真。

③需加散热器,以提高管子承受管耗的能力。

④要求输出效率($\eta=P_{O(max)}/P_E$)要高。

3.对功率放大器的要求

①要求输出功率、输出电流和电压大,运行在极限状态。

②电路效率高。效率是指负载得到的有用信号功率与电源供给的直流功率之比,比值越大,效率越高。

③非线性失真尽可能小。功率与失真是一对矛盾,一般输出功率越大,失真越严重。

④散热良好。在功放电路中,一部分功率被集电结消耗掉,使结温上升,为充分利用允许的管耗输出足够大的功率,散热非常重要。要采取散热措施,降低功放管的温度,保证功率放大器的正常工作。

4.双电源互补对称电路(Output Capacitor Less,OCL)

(1)电路组成及工作原理

在图 4-6 中,设两管的门限电压均等于零。当输入信号 $u_i=0$,则 $I_{CQ}=0$,两管均处于截止状态,故输出 $u_o=0$。当输入端加一个正弦信号,在正半周时,由于 $u_i>0$,因此 VT_1 导通、VT_2 截止,i_{c1} 流过负载电阻 R_L;在负半周时,由于 $u_i<0$,因此 VT_1 截止、VT_2 导通,电流 i_{c2} 通过负载电阻 R_L,但方向与正半周相反。即 VT_1、VT_2 管交替工作,流过 R_L 的电流为一完整的正弦波信号。由于该电路中两个管子的导电特性互为补充,电路对称,因此该电路称为互补对称功率放大电路。

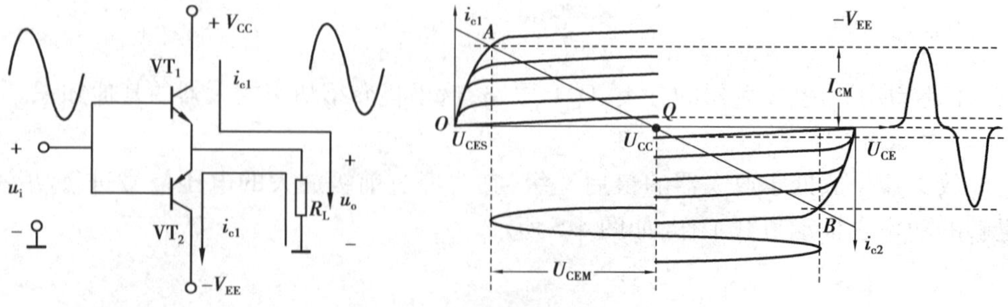

图 4-6 双电源互补对称电路

(2)功率和效率

输出功率

$$P_{O} = \frac{1}{2}U_{OM}^{2}/R_{L}$$

最大输出功率

$$P_{OM} \approx \frac{V_{CC}^{2}}{2R_{L}}$$

电源功率

$$P_{E} = 2V_{CC}^{2}/R_{L}$$

效率 $\eta = \frac{P_{O}}{P_{E}}, \eta_{max} \approx \frac{\pi}{4} = 78.5\%$,实际约为60%。

管耗:每只管子最大管耗为 $0.2P_{OM}$。

选管原则:

$$\begin{cases} P_{CM} > 0.2P_{OM} \\ U_{(BR)CEO} > 2V_{CC} \\ I_{CM} > V_{CC}/R_{L} \end{cases}$$

(3)典型的 OCL 电路

电路结构:图4-7为典型的OCL电路,电路中各元件的名称和作用见表4-11。

表4-11　元件名称和作用

元件编号	元件名称	作　用
VT_1、VT_2	互补对称功放管	主要放大元件,接成射极输出的形式
VT_3	推动管	构成推动电路,对信号进行放大,为功放管提供足够强的输入信号
R_1	偏置电阻	功放管等的供电电阻
VD_1、VD_2	钳位二极管	保证功放管静态时工作在微导通状态
R_2	反馈电阻	推动放大器的工作更稳定

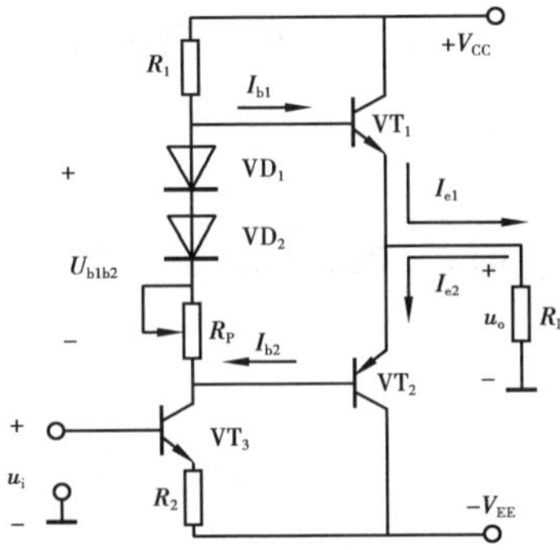

图4-7　典型的OCL电路

工作原理：

利用二极管和电位器产生偏置电压：U_{b1b2}给 VT_1、VT_2 提供静态电压。

当 $u_i=0$ 时，VT_1、VT_2 微导通，$I_{b1}=-I_{b2}$，$I_{e1}=-I_{e2}$，$I_L=0$。

当 $u_i<0$(↓至↑)，VT_1 微导通→充分导通→微导通，VT_2 微导通→截止→微导通。

当 $u_i>0$(↑至↓)，VT_2 微导通→充分导通→微导通，VT_1 微导通→截止→微导通。

电路特点见表 4-12。

表 4-12　电路特点

项　目	特点或参数	项　目	特点或参数
供电方式	采用双电源供电	最大输出功率	$P_{OM}=V_{CC}{}^2/2R_L$
耦合方式	直接耦合	最大管耗	$P_{TM}=0.2P_{OM}$
功放管导通状态	微导通	效率	50%～78.5%
交越失真	无		

【例 1】　已知：$V_{CC}=V_{EE}=24$ V，$R_L=8$ Ω，忽略 $U_{CE}(sat)$。求 P_{OM} 以及此时的 P_{DC}、P_{C1}，并选管。

解：

$$P_{OM}=\frac{V_{CC}^2}{2R_L}=\frac{(24\ \text{V})^2}{2\times 8}=36\ \text{W}$$

$$P_{DC}=2V_{CC}^2/8\pi=2\times 24^2/(\pi\times 8)=45.9\ \text{W}$$

$$P_{C1}=\frac{1}{2}(P_{DC}-P_O)=0.5(45.9-36)=4.9\ \text{W}$$

$$P_{CM}=0.2P_{OM}=0.2\times 36=7.2\ \text{W}$$

$$U_{(BR)CEO}>2V_{CC}=48\ \text{V}$$

$$I_{CM}>\frac{V_{CC}}{R_L}=\frac{24}{8}=3\ \text{A}$$

可选

$$\begin{cases}P_{CM}=10\sim 15\ \text{W}\\ U_{(BR)CEO}=60\sim 100\ \text{V}\\ I_{CM}=5\ \text{A}\end{cases}$$

5.交越失真的问题

当输入电压小于阈值电压 U_{ON}时，三极管截止，引起交越失真。

克服交越失真的电路如图 4-8 所示。

VT_1、VT_2 有一段共同导通的时间，流过负载的电流不失真。

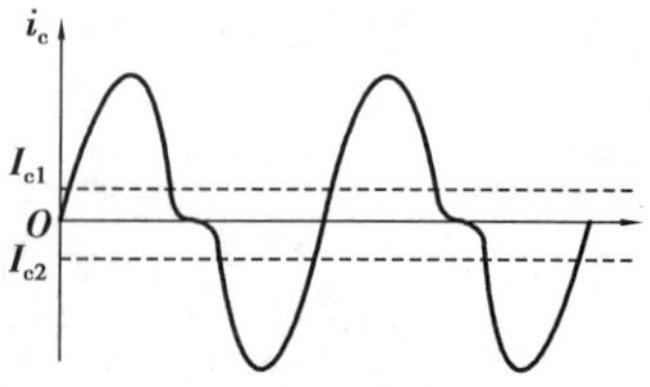

图 4-8　克服交越失真的电路

6.OTL 和 OCL 的比较

OTL 和 OCL 的比较见表 4-13。

表 4-13 OTL 和 OCL 的比较

电　路	OCL	OTL
电源	双电源	单电源
信号	交、直流	交流
频率响应	好	f_L 取决于输出耦合电容 C
电路结构	较简单	较复杂
P_{OM}	$\frac{1}{2}\frac{U_{OM(max)}^2}{R_L}\approx\frac{1}{2}\frac{V_{CC}^2}{R_L}$	$\frac{1}{2}\frac{U_{OM(max)}^2}{R_L}\approx\frac{1}{8}\frac{V_{CC}^2}{R_L}$

二、反馈的基本知识

负反馈是放大器普遍使用的一种稳定电路工作状态的方法。

1.反馈的基本概念

反馈是将电路的输出量(电压或电流)的部分或全部,通过一定的元件,以一定的方式回送到输入回路并影响输入量(电压或电流)和输出量的过程。

引入反馈后,整个系统构成了一个闭环系统。反馈放大电路的方框图如图 4-9 所示。图中,X_i、X_o、X_f 分别表示放大器的输入、输出和反馈信号。引入反馈后,放大器的输入端同时受输入信号和反馈信号的作用。引入反馈后,电路中增加了反馈网络。为了区别,把未接反馈网络的放大器称为基本放大器,而把包括反馈网络在内的整个系统称为反馈放大器。

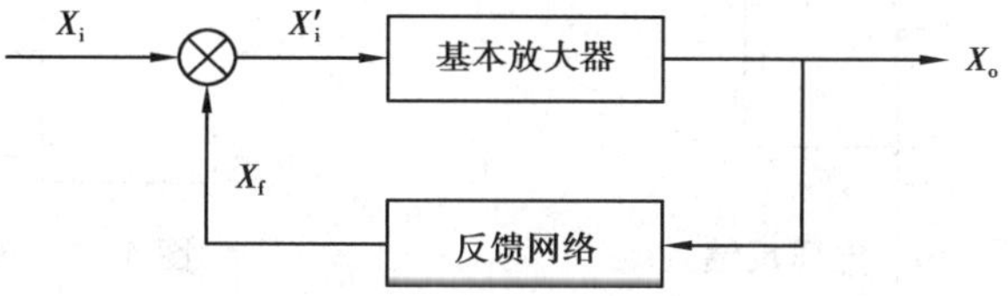

图 4-9 反馈放大电路框图

在没有接反馈网络之前,正向传输的放大器的放大倍数

$$A=\frac{X_o}{X_i'}$$

为闭环放大倍数,反馈系数

$$F=\frac{X_f}{X_o}$$

负反馈的净输入量

$$X_i'=X_i-X_f$$

即闭环放大倍数

$$A_f=\frac{X_o}{X_i}=\frac{A}{(1+AF)}$$

从上式中可以看出，引入负反馈后，闭环放大倍数比开环放大倍数小 $1+AF$ 倍。如果 $1+AF$ 越大，A_f 比 A 越小，负反馈的程度就越深，所以 $1+AF$ 是衡量反馈程度的重要指标，称为反馈深度。

为什么要引入反馈？因为，没有反馈的放大器的性能往往不理想，在许多情况下不能满足需要。引入反馈后，电路可根据输出信号的变化控制基本放大器净输入信号的大小，从而自动调节放大器的放大过程，以改善放大器的性能。

2.反馈的类型与判断

(1)常用反馈的类型

从输出端看，反馈的信号有电压和电流，可分为电压反馈和电流反馈；

从输入端看，从信号反馈回输入端的叠加方式有串联和并联两种，可分为串联反馈和并联反馈；

按反馈信号使净输入量增加或减少，可分为正反馈和负反馈；

按反馈的信号是交流还是直流，可分为直流反馈和交流反馈。

(2)反馈类型的判断方法

①电压反馈与电流反馈的判断

在输出端，若反馈信号与输出电压成正比，即反馈信号取自输出端的电压量，这种反馈称为电压反馈(图 4-10)，用于稳定输出电压；若反馈信号与输出电流成正比，即反馈信号取自输出端的电流量，这种反馈称为电流反馈(图 4-11)，用于稳定输出电流。

电压反馈与电流反馈的判断方法：若反馈网络的一端直接与放大器输出端相连，它所引入的反馈为电压反馈，否则为电流反馈。

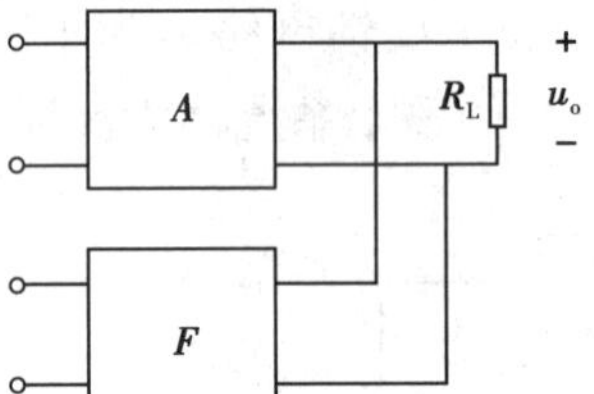

图 4-10 电压反馈

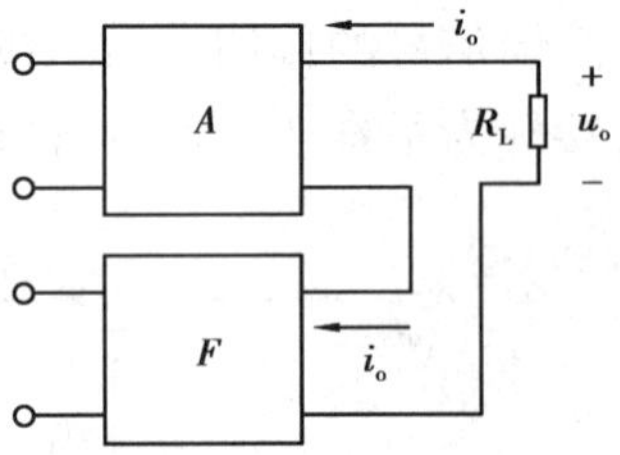

图 4-11 电流反馈

②串联反馈与并联反馈的判断

在放大器输入端，当反馈量、输入量和净输出量三者呈串联关系，这种反馈称为串联反馈(图 4-12)；如果这三个量呈并联关系，则称为并联反馈(图 4-13)。

串联反馈与并联反馈的判断方法：若反馈网络有一端直接与放大器的输入端相连，所引入的反馈为并联反馈，否则为串联反馈。

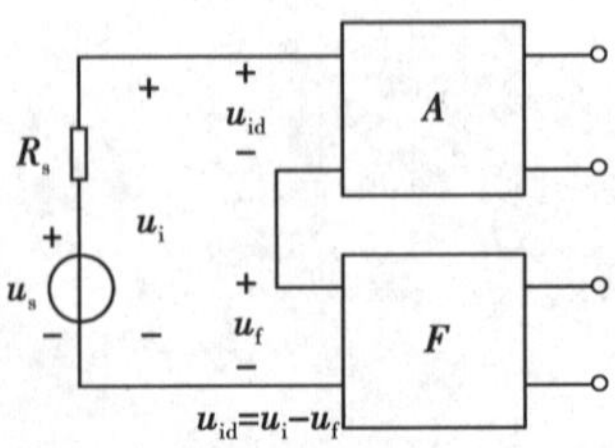

图 4-12 串联反馈

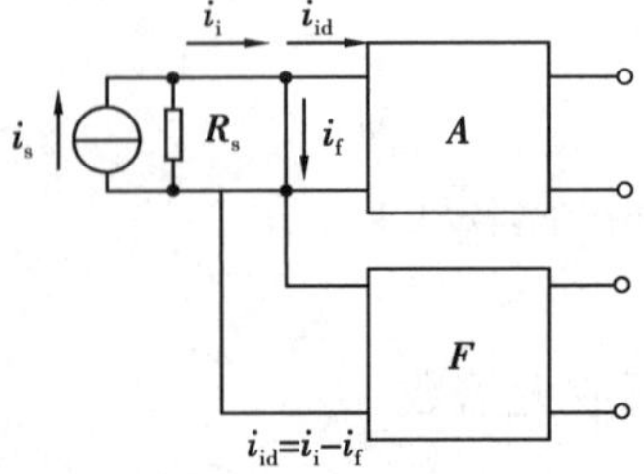

图 4-13 并联反馈

(3)正反馈和负反馈的判断

判断正反馈和负反馈的方法有瞬时极性法和净输入量法两种。

● 瞬时极性法：假定反馈环路中的某一点(一般选放大器输入端)对地电位瞬时上升或下降，然后沿着闭环逐点分析电位的变化。返回起点时，若反馈信号加强了起始信号，则为正反馈(图 4-14)，否则为负反馈(图 4-15)。如果是多级放大器，级与级之间的反馈称为越级反馈，只在一级放大器内部的反馈称为本级反馈。

故：当输入信号和反馈信号在不同节点引入时，两者极性相同为负反馈，极性相反为正反馈；当输入信号和反馈信号在同一节点引入时，两者极性相同为正反馈，极性相反为负反馈。

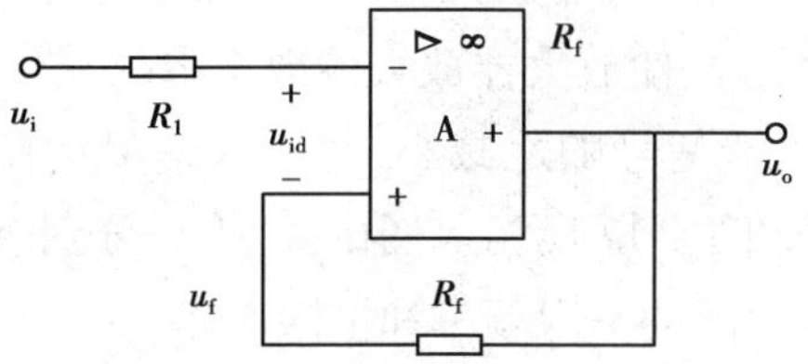

图 4-14　正反馈

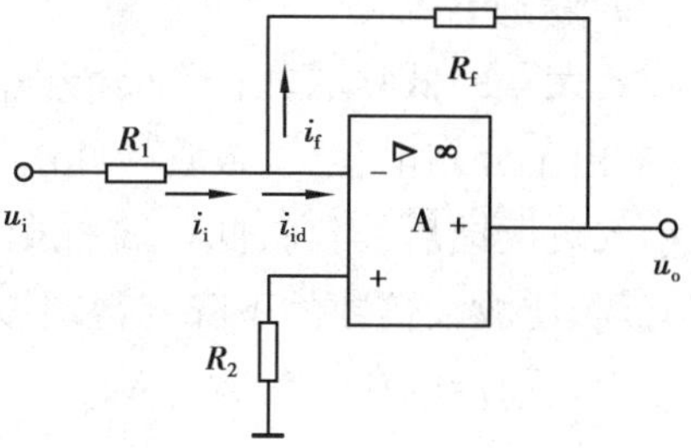

图 4-15　负反馈

● 净输入量法：在放大器引入反馈后，可根据输入量的增加或减小来判断反馈极性。净输入电量增加，使输出量增大的称为正反馈；净输入电量减小，使输出量减小的称为负反馈。

(4)负反馈放大器的基本类型

负反馈放大器的基本类型如图 4-16 所示。

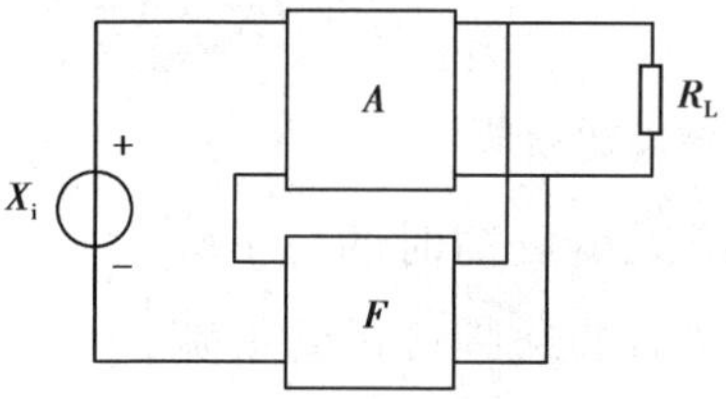

(a)电压串联负反馈

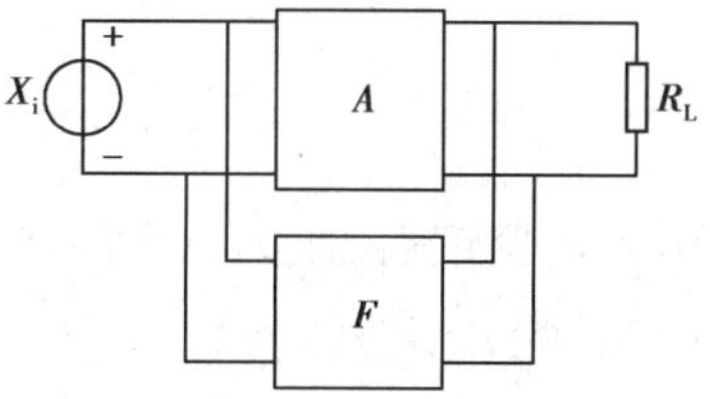

(b)电压并联负反馈

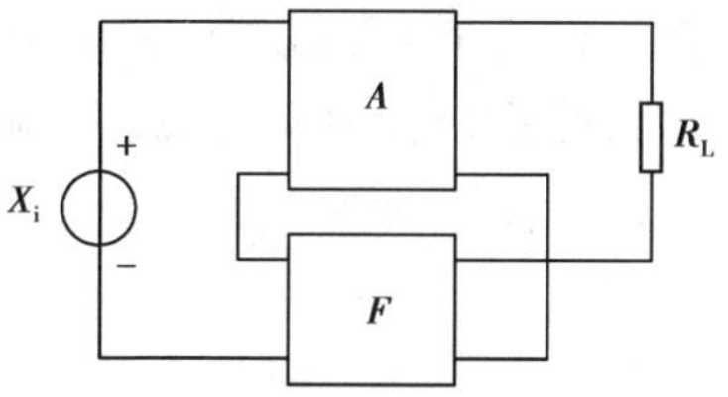

(c)电流串联负反馈

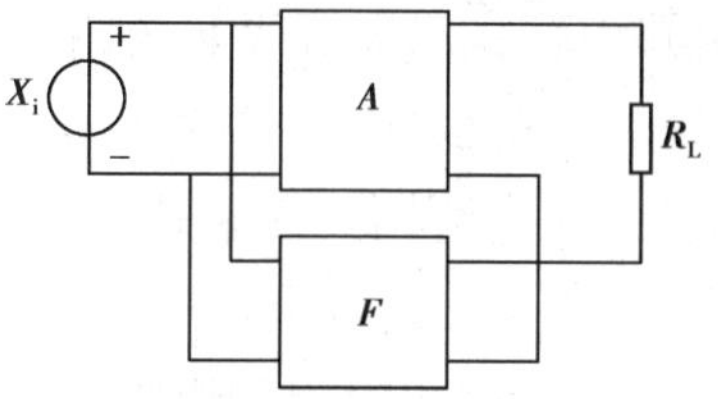

(d)电流并联负反馈

图 4-16　负反馈的 4 种基本类型

(5)直流反馈和交流反馈的判断

直流反馈是直流信号的反馈，交流反馈是交流信号的反馈，通过信号可以直接区分出来。直流负反馈的作用是稳定静态工作点，交流负反馈能改善放大电路的动态性能。

3.负反馈对放大器性能的影响

(1)降低了放大倍数

引入负反馈后,放大倍数降低了 $1+AF$ 倍。放大倍数 $A_f=\frac{A}{(1+AF)}$。

(2)提高了放大倍数的稳定性

引入负反馈后,由于某种原因造成放大器放大倍数变化时,负反馈放大器的放大倍数变化量只有基本放大器放大倍数变化量的 $1/(1+AF)^2$,使放大器放大倍数的稳定性大大提高。

(3)展宽频带

在放大器的低频端,由于耦合电容阻抗增大等原因,使放大器放大倍数下降;在放大器的高频端,由于分布电容、三极管极间电容的容抗减小等原因,使放大器放大倍数下降。

引入负反馈后,当高、低频端的放大倍数下降时,反馈信号随之减小,对输入信号的削弱作用减弱,使放大倍数的下降变得缓慢,因而展宽频带如图 4-17 所示。图中 A 和 A_f 分别表示负反馈引入前后的放大倍数,f_L 和 f_H 分别表示负反馈引入前的下限频率和上限频率。

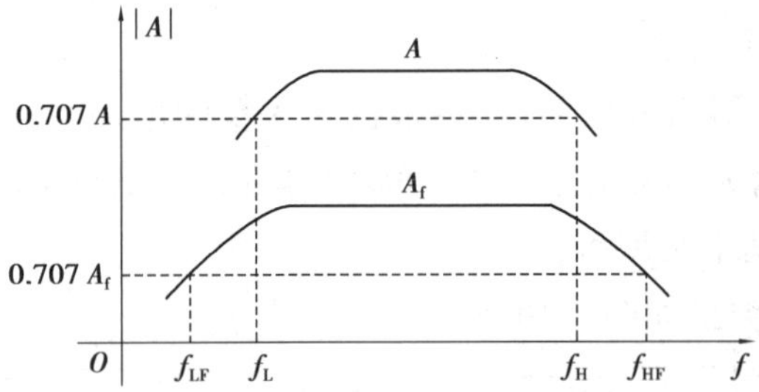

图 4-17　负反馈展宽频带

根据分析,引入负反馈后,放大器下限频率由无负反馈时的 f_L 下降为 $f_L/(1+AF)$,而上限频率由没有负反馈时的 f_H 上升到 $(1+AF)f_H$,放大器的通频带得到展宽,展宽后的频带约是未引入负反馈时的 $1+AF$ 倍。

(4)减小非线性失真

由于放大电路中存在三极管等非线性器件,即使输入的是正弦波,输出的也不是正弦波,因为产生了波形失真。引入负反馈后,输出端的失真波形反馈到输入端,与输入信号相减,使净输入信号的幅度为正半周小、负半周大的波形。这个波形被放大输出后,正、负半周幅度的不对称程度减小,非线性失真减小。

(5)对放大器输入、输出电阻的影响

串联负反馈使输入电阻增大,并联负反馈使输入电阻减小,电压负反馈使输出电阻减小,电流负反馈使输出电阻增大。

4.深度负反馈电路电压放大倍数的估算

对于 $1+AF\gg1$ 的深度负反馈放大器来说,由于 $1+AF\approx AF$,所以有 $A_f=\frac{A}{(1+AF)}\approx\frac{A}{AF}\approx\frac{1}{F}$。

根据 A_f 和 F 的上述关系，可以先找出反馈系数 F，再算出 A_f。在实际应用中，需要计算的往往是电压的放大倍数。而用上述关系计算出来的 A_f，除电压串联负反馈电路的 A_f 表示电压放大倍数之外，其他组态电路的 A_f 都不是电压放大倍数。要得到电压放大倍数，还要经过换算。

下面从另一角度出发，介绍一种粗略估算深度负反馈电路的电压放大倍数的方法。由于 $A_f \approx \frac{1}{F} = \frac{X_o}{X_i}$，所以 $X_i = FX_o = \left(\frac{X_f}{X_o}\right) X_o = X_f$。这样，在串联负反馈电路里，$u_f \approx u_i$，$u_i' \approx 0$。

而在并联负反馈电路里，$I_f \approx I_i$，$I_i' \approx 0$。同时，深度并联负反馈电路的输入电阻近似为 0，故 $u_i \approx u_i' \approx 0$。在这种假设情况下，用近似方法无法计算放大器本身的电压放大倍数。但是，由于整个电路的输入电流 $I_i \approx I_i' = \frac{(u_s - u_i)}{R_s} \approx \frac{u_s}{R_s}$。$u_s$ 和 R_s 为信号源电压和内阻。利用这个关系，可以粗略计算出输出电压 u_o 相对于信号源电压 u_s 的放大倍数 $A_u f_s$，$A_u f_s = \frac{u_o}{u_s}$。

【例 1】 计算图 4-18 所示电压串联负反馈电路的电压放大倍数。

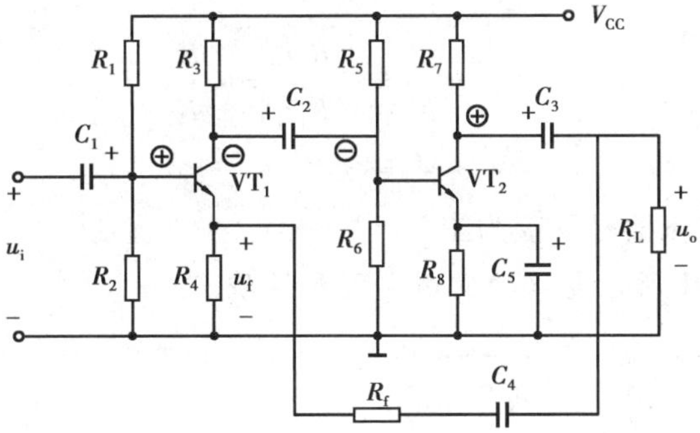

图 4-18　例 1 图

解：$u_f = \frac{R_4}{R_f + R_4} u_o$，$u_i \approx u_f$，所以

$$A_{uf} = \frac{u_o}{u_i} \approx \frac{u_o}{u_f} = \frac{R_4}{R_f + R_4}$$

【例 2】 计算图 4-19 所示电流串联负反馈电路的电压放大倍数。

解：设输出电流 i_o 为三极管集电极电流，且输出为正，则有

$$u_o = i_o R_L', R_L' = R_c // R_L$$

而 $u_i \approx u_f = -i_o R_{e1}$，所以

$$A_{uf} = \frac{u_o}{u_i} \approx \frac{u_o}{u_f} = -\frac{R_L'}{R_{e1}}$$

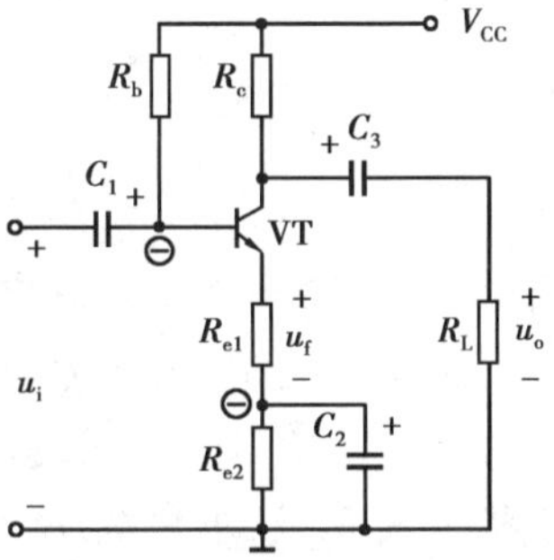

图 4-19　例 2 图

【例 3】 计算图 4-20 所示电压并联负反馈电路的电压放大倍数。

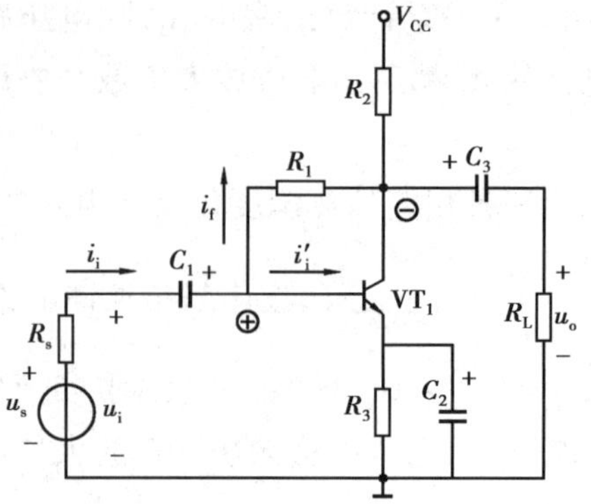

图 4-20 例 3 图

解：由于 $u_i \approx 0$，所以

$$i_f = -\frac{u_o}{R_1}, i_i = \frac{u_s}{R_s},$$

而 $i_i \approx i_f$，故可得到

$$A_{ufs} = \frac{u_o}{u_s} = -\frac{R_1 i_f}{R_s i_i} = -\frac{R_1}{R_s}$$

5.常见负反馈举例

下述分析，以分析交流信号反馈为主。

【例 4】 判断图 4-21 所示电路的反馈类型和性质。

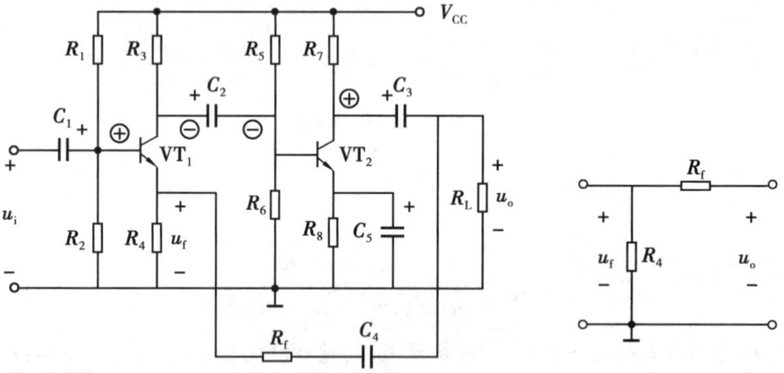

(a)电路图　　(b)反馈网络

图 4-21 例 4 图

解：要确定一个放大器中有没有反馈，就要观察有没有能把输出端和输入端连接起来的网络。在本电路中，电阻 R_4 和 R_f 能把输出端交流信号返回到输入端，故本电路中存在交流信号的反馈。C_4 是隔直电容，对交流可看作短路。

将负载 R_L 假想短路，R_f 右端接地，就不能把输出信号反馈到输入端去，所以反馈作用消失，故本电路是电压反馈。若去掉 C_5，将 C_4 右端改接到 VT_2 发射极，则成为电流串联正反馈。

将放大器输入端假想短路（$u_i = 0$），R_4 从 u_o 分到的电压仍能对放大器输入端产生作用，即反馈不消失，所以是串联反馈。R_4 上的电压是反馈电压 u_f，三极管 VT_1 的 be 结上的电压是基本放大器输入电压 u_i'。

下面用瞬时极性法判断反馈性质。假定放大器输入端电位瞬时上升，在电路中形成下述反馈过程：

$$u_i(u_{b1})\uparrow \rightarrow u_i'\uparrow \rightarrow u_{c1}\downarrow \rightarrow u_o\uparrow \rightarrow u_{e1}(u_f)\uparrow \rightarrow u_i'\downarrow$$

可见是负反馈。整个电路的反馈是电压串联负反馈。

电路的反馈网络如图 4-21(b)所示。虽然输入信号也对 R_4、R_f 产生作用，但这里考虑的是“反馈”，所以只考虑输出端对输入端的作用。本电路的反馈系数

$$F=\frac{反馈信号}{输出信号}=\frac{u_i}{u_o}$$

由于是电压反馈，所以输出信号取 u_o，而不取 i_o；由于是串联反馈，反馈信号是 u_f，而不是 i_f。

$$u_f=\frac{R_4}{R_4+R_f}u_o$$

$$F=\frac{R_4}{R_4+R_f}$$

【例 5】 判断图 4-22 所示电路的反馈类型和性质。

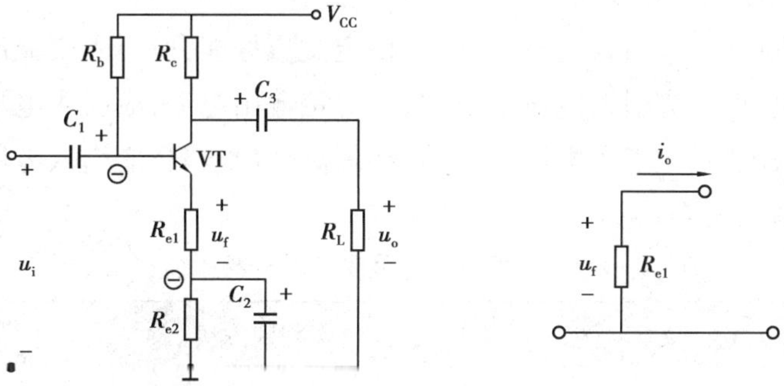

(a)电路图　　(b)反馈网络

图 4-22　例 5 图

解：在图中，输出电流 i_o 的变化，必然造成 R_{e1} 端电压的变化。而 R_{e1} 端电压的变化，又肯定对 VT 的 be 结上的压降产生作用，即输出信号对输入端产生作用，所以存在反馈。

将负载假想短路，i_o 仍旧流动，反馈依然存在，故是电流反馈。将放大器输入端对地假想短路，由于 i_o 在 R_{e1} 上产生的电压仍能作用到三极管 be 结上，反馈不消失，故是串联反馈，三极管 be 结上电压是 u_i'。假定 u_i' 下降，则反馈过程如下：

$$u_i\downarrow \rightarrow i_f\downarrow \rightarrow u_e\downarrow \rightarrow u_i'\uparrow$$

所以，这个电路中的反馈是负反馈。整个电路是电流串联负反馈。

【例 6】 判断图 4-23 所示电路的反馈类型和性质。

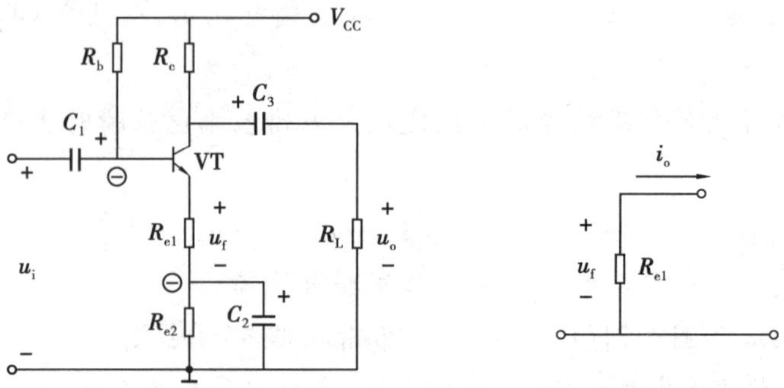

(a)电路图 (b)反馈网络

图 4-23 例 6 图

解：输出端假想短路，传输反馈信号的 R_1 右端接地，反馈作用消失，故是电压反馈；将输入端对地假想短路，经 R_1 传输过来的反馈信号被短路，反馈作用消失，故是并联反馈。

反馈极性的判定：$u_b\uparrow\to i_i'\uparrow\to u_c\downarrow\to i_f\uparrow\to i_i'\downarrow$，故为负反馈。

由于 $i_f=-u_o/R_1$，所以反馈系数

$$F=\frac{i_f}{u_o}=\frac{-u_o}{R_1}\cdot\frac{1}{u_o}=-\frac{I}{R_1}$$

6.引入负反馈的一般原则

①要稳定直流性能，应引入直流反馈；要稳定交流性能，应引入交流反馈。

②要稳定输出电压，应引入电压负反馈；要稳定输出电流，应引入电流负反馈。

③要提高输入电阻，应引入电流负反馈；要提高输出电阻，应引入电压负反馈。

反馈知识总结见表 4-14。

表 4-14 反馈知识总表

类 型	定 义	判别方法	对性能的影响
电压负反馈	反馈信号从输出电压取样，即与 u_o 成正比	反馈信号通过元器件连线从输出端取出。或负载短路，反馈消失	稳定输出电压，减小输出电阻
电流负反馈	反馈信号从输出电流取样，即与 i_o 成正比	反馈信号与输出端无联系。或负载短路，反馈依然存在	稳定输出电流，增大输出电阻
串联负反馈	反馈信号与输入信号在输入回路中以电压相加减的形式出现	输入信号和反馈信号在不同节点引入(如三极管 b、e 极，运放的同相输入端)	增大输入电阻
并联负反馈	反馈信号与输入信号在输入回路中以电流相加减的形式出现	输入信号和反馈信号在同一节点引入(如三极管 b、e 极，运放的反相输入端)	减小输入电阻
直流负反馈	反馈信号为直流信号	直流通路存在反馈	稳定静态工作点

续表

类　型	定　义	判别方法	对性能的影响
交流负反馈	反馈信号为交流信号	交流通路存在反馈	改善放大电路性能
正反馈	反馈信号使净输入信号加强	反馈回的信号极性和原假定输入的信号极性相同	放大倍数增加，电路工作可能不稳定
负反馈	反馈信号使净输入信号减弱	反馈回的信号极性和原假定输入的信号极性相反	放大倍数减小，改善电路性能
本级反馈	反馈返送本级	反馈信号仅限本级	改善本级性能
级间反馈	反馈信号返送到输入级输入回路	反馈信号与后级输出回路有联系	改善总电路的各项性能

※检测与反思

A 类试题

一、选择题

1.电阻、整流二极管采用卧式安装，离电路板的距离不大于(　　)，电阻器的色环标向要一致。

A.1 mm　　B.2 mm　　C.3 mm　　D.4 mm

2.功放中的电解电容、插针宜贴板安装，可调电位器按离板(　　)的距离安装。

A.1~2 mm　　B.2~3 mm　　C.3~5 mm　　D.4~6 mm

二、判断题

1.用数字万用表检测三极管的方法与用指针式万用表检测三极管的方法完全一样。(　　)

2.9012 具有稳定性好、应用范围广、电路简单等优点，是使用极为广泛的 NPN 型小功率三极管。(　　)

3.焊接操作时，电烙铁架应放置在操作者的左前方。(　　)

4.插装电子元件的焊接要求：焊点光亮、圆润、干净，无毛刺，焊点基本一致，大小适中，无漏、假、虚、连焊现象。(　　)

三、填空题

1.在技能考试时，一同学按任务书完成了电路安装、焊接、调试、测试，该同学将产品交给老师，关掉电源后，立即离开了实训室。该同学忽略了____________________。

2.在图 4-24 所示电路中，通电后，用万用表测量 C_7 的正端电压，应为__________。

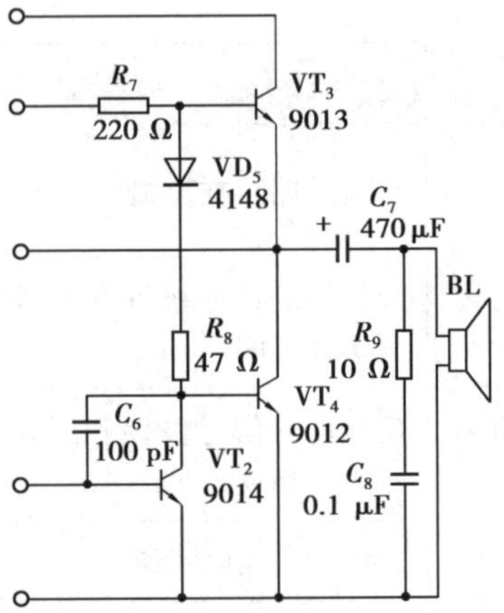

图 4-24

3.在图 4-25 所示电路中，VD_1—VD_4 组成电路，C_1、C_2 组成__________电路。

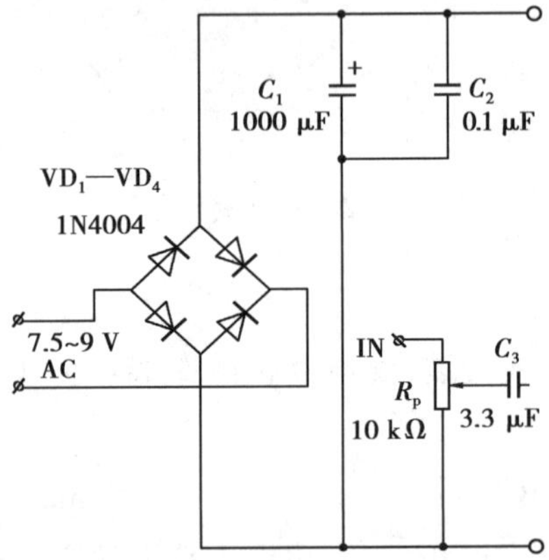

图 4-25

4.如图 4-26 所示的元件为__________型三极管。

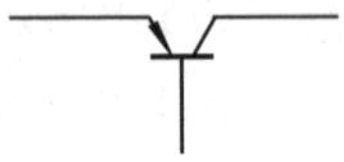

图 4-26

B 类试题

一、选择题

1.对功率放大器最基本的要求是(　　)。

A.输出信号电压大　　B.输出信号电流大

C.输出信号电压和电流均大　　D.输出信号电压大、电流小

2.推挽功率放大电路在正常工作过程中，晶体管工作在(　　)状态。

A.放大　　B.饱和

C.截止　　D.放大或截止

3.推挽功率放大电路比单管甲类功率放大电路(　　)。

A.输出电压高　　B.输出电流大

C.效率高　　D.效率低

4.推挽功率放大电路若不设置偏置电路,输出信号将会出现(　　)。

A.饱和失真　　B.截止失真

C.交越失真　　D.线性失真

5.乙类推挽功率放大器易产生的失真是(　　)。

A.饱和失真　　B.截止失真

C.交越失真　　D.线性失真

6.在 OTL 功率放大器中,与负载串联的电容具有(　　)和(　　)的功能。

A.传送输出信号

B.对电源滤波

C.提高输出信号电压

D.充当一个电源,保证晶体管能正常工作

7.乙类功放的理想效率为(　　)。

A.75%　　B.50%　　C.78.5%　　D.58.5%

8.单管甲类功率放大电路结构简单,但最大的缺点是(　　)。

A.效率低　　B.有交越失真

C.易产生自激　　D.输出功率小

二、判断题

1.负反馈用来改善放大器的性能,正反馈常用于振荡电路。(　　)

2.引入负反馈后,放大器的放大倍数将减小,但放大器的稳定性提高。(　　)

3.引入负反馈后,放大器的放大倍数将减小,但中频端的放大倍数与高、低频端的放大倍数减小的程度是不同的。(　　)

4.只要在放大电路中引入反馈,其闭环放大倍数就降低。(　　)

5.只要在放大电路中引入负反馈,就可以提高放大器带负载的能力。(　　)

三、填空题

1.OTL 功放电路因输出与负载之间无__________耦合而得名,它采用__________电源供电,输出端与负载间必须连接__________。

2.单电源互补对称功率放大电路正常工作时,其输出端中点电压应为电源电压的__________。

C 类试题

一、选择题

1.放大器引入负反馈后,其频带 f_{bw}、A_u、信号失真情况分别为(　　)。

A. f_{bw}变窄、A_u 增大、信号失真减小

B. f_{bw}展宽、A_u 下降、信号失真减小

C. f_{bw}展宽、A_u 下降、信号失真增大

D. f_{bw}展宽、A_u 下降、信号失真程度不变

2.在负反馈放大器中，要求电路既能稳定输出电压，减小输出电阻，又具有较高的输入电阻，应采用的反馈是(　　)。

A.电流串联　　B.电流并联　　C.电压串联　　D.电压并联

3.电路如图 4-27 所示，R_f构成(　　)。

A.电流串联负反馈　　B.电流并联负反馈

C.电压串联负反馈　　D.电压并联负反馈

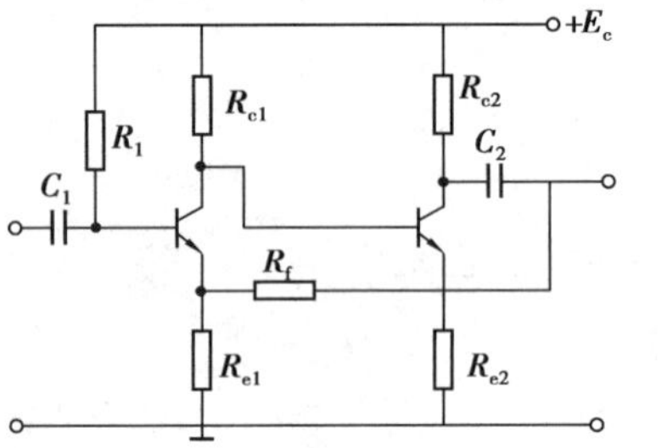

图 4-27

4.在下列复合管中，正确的是(　　)。

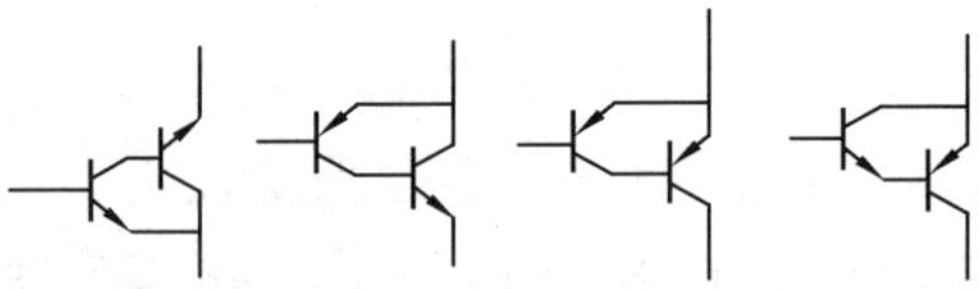

A.　　B.　　C.　　D.

5.在如图 4-28 所示电路中，从输出端经过 R_3 引至运放反相端的反馈是(　　)。

A.电压串联负反馈　　B.电压并联负反馈

C.电流并联负反馈　　D.电流串联负反馈

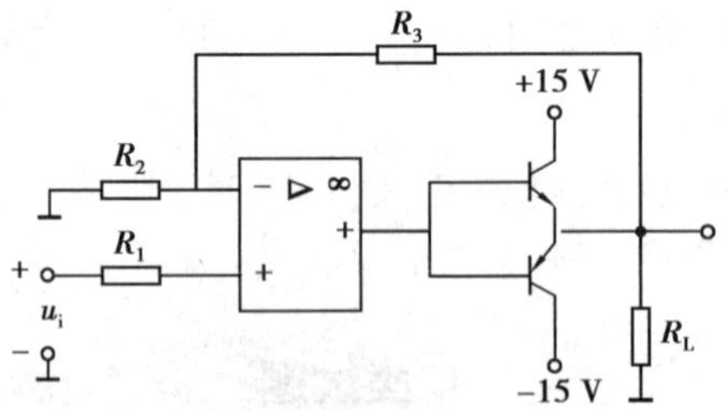

图 4-28

6.反馈放大电路的含义是(　　)。

A.输出与输入之间有信号通路

B.电路中存在使输入信号削弱的反向传输通路

C.除放大电路以外还有信号通路

D.电路中存在反向传输的信号通路

7.在负反馈电路中,为了使放大器的输出电压稳定,且具有较高的输入电阻,应采用的反馈是(　　)。

A.电流串联反馈　　B.电压串联反馈

C.电流并联反馈　　D.电压并联反馈

8.要稳定放大电路的输出电压,使输出电阻减小以提高带负载的能力,应引入的反馈是(　　)。

A.电压负反馈　　B.电流负反馈

C.串联负反馈　　D.并联负反馈

9.功率放大器首先考虑的问题是(　　)。

A.管子的工作效率　　B.不失真问题　　C.管子的极限参数　　D.性价比

10.按反馈的极性分类,可以分为(　　)。

A.直流反馈和交流反馈　　B.正反馈和负反馈

C.电流反馈和电压反馈　　D.串联反馈和并联反馈

二、判断题

1.引入负反馈后,能减小非线性失真。(　　)

2.负反馈能增加放大器的交流放大倍数,展宽电路的通频带。(　　)

3.引入负反馈后,放大器产生的非线性失真就一定会被消除,所以在任何放大器中,我们都会引入负反馈。(　　)

4.负反馈使放大器的电压放大倍数减小,以换取放大器性能的改善。(　　)

5.负反馈能改善放大电路的性能指标。(　　)

6.射极输出器多用于功放输出级,因为它有较大的电流、电压和功率放大倍数。(　　)

7.电路引入负反馈后,输出电压就稳定了。(　　)

8.为了增大输入电阻,减小输出电阻,稳定输出电压,应该引入串联电压负反馈。(　　)

9.负反馈能使放大器的净输入信号减小,放大倍数保持不变。(　　)

10.反馈是把输出信号的一部分或全部,通过一定的方式反方向送回到放大器输入端的过程。(　　)

三、填空题

1.OCL 功放电路由__________电源供电,静态时,输出端直流电位为__________,可以直接连接对地的负载,不需要__________的耦合。

2.为了提高功率放大器的输出功率和效率,三极管应工作在__________类状态,而要避免交越失真,则应工作在__________类状态。

任务五　制作有源音箱

有源音箱(Active Speaker)又称为“主动式音箱”,通常是指带有功率放大器的音箱,在日常生活及工作中应用非常广泛,如计算机有源音箱、教室和会议室多媒体有源音箱、广场有源音箱等。本任务是制作如图 5-1 所示的有源音箱。

图 5-1　有源音箱

※工作任务说明

现场提供了制作有源音箱所需的工具、仪表、元器件。按电路原理图(图 5-2)、电路装配图(图 5-3)和制作流程图(图 5-4)完成有源音箱的制作,同时将相关数据填入表 5-1 中。

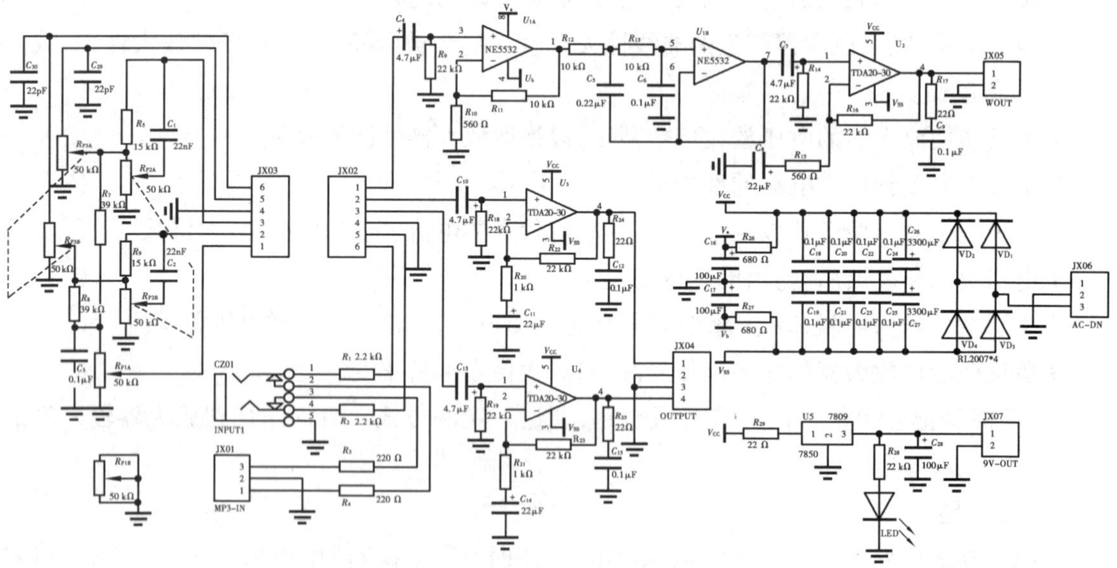

图 5-2　有源音箱电路原理图

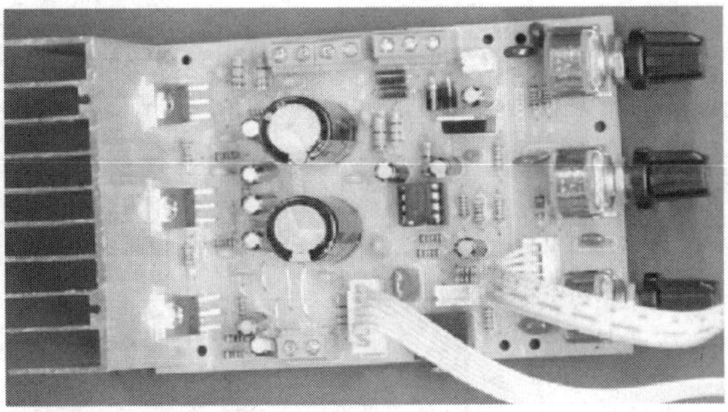

图 5-3　有源音箱电路装配图

图 5-4　制作流程图

表 5-1　有源音箱制作各项任务完成时间

序号	任务内容	开始时间	结束时间	完成时间
1	清点并归类工具、仪表、元器件			
2	元器件检测			
3	元器件插装			
4	元器件焊接、剪脚			
5	电路检测			
6	电路维修			

※任务实施

活动一　清点并归类工具、仪表、元器件

一、清点并归类工具和仪表

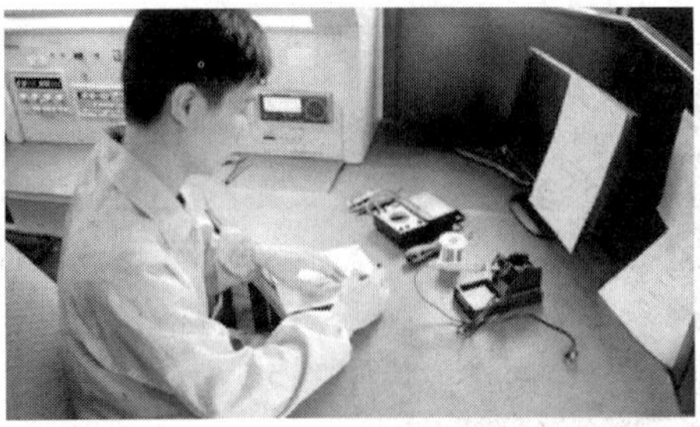

清理本任务所需的工具和仪表，并归类摆放整齐，同时按安全提示要求检查工作现场安全情况，将清理情况填写在表 5-2 中。

热熔胶枪

在本任务中，要将热熔胶条固定在音箱箱体上，需要用热熔胶粘接。热熔胶枪和热熔胶条的外形如下图所示。

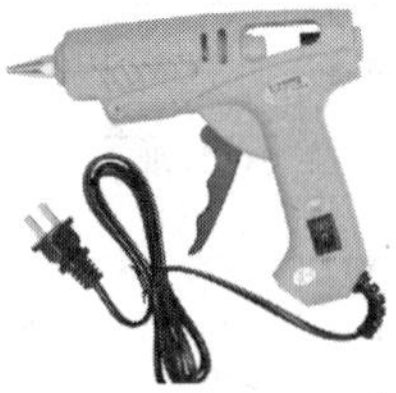

热熔胶枪的使用方法和注意事项：

①保持热熔胶条表面干净，防止杂质堵住枪嘴。

②热熔胶枪在使用前应先预热 3～5 分钟。

③热熔胶枪在不使用时应直立于桌面上，不要倒放；否则会引起倒胶现象，从而造成胶枪烧坏，以及胶条变粗卡住胶枪入口，无法打胶。

④热熔胶枪中的胶条没有用完时，请尽量不要把胶条从胶枪中拔出。

⑤热熔胶枪中的胶条若发生倒流现象，请立即停止使用，待清洁完毕后方可使用。

⑥热熔胶枪没有使用，但已连续加热超过 15 分钟，请切断电源。

集成运放 NE5532

集成运放是集成运算放大电路的简称，其实质是具有高放大倍数的直接耦合放大电路。

(1) 集成运放的外形

集成运放的外形如下图所示。

(2) 集成运放的原理图符号

集成运放有两个输入端和一个输出端，原理图符号如下图所示。集成电路的文字符号用 IC 表示。

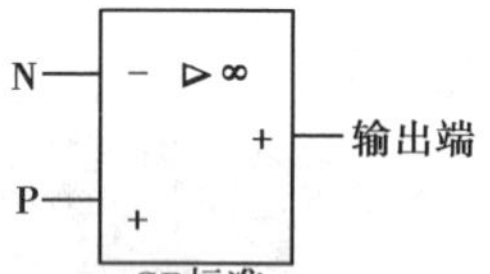

GB标准

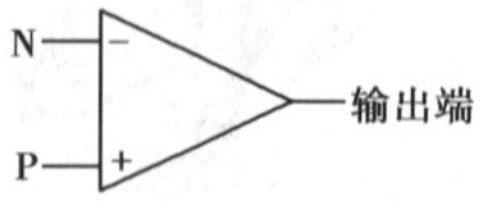

IEC标准

(3) NE5532 引脚顺序

集成电路引脚排列顺序的标志包括色点、凹槽及封装时压出的圆形图案，引脚沿逆时针方向依次为 1、2、3……

表 5-2 工具及仪表清单

序号	名称	实物图片	规格/型号	状况
1	电烙铁			
2	万用表			
3	稳压电源			
4	斜口钳			
5	镊子			
6	螺丝刀			
7	焊锡丝			
8	热熔胶枪			
9	防静电服			

二、清点并归类元器件

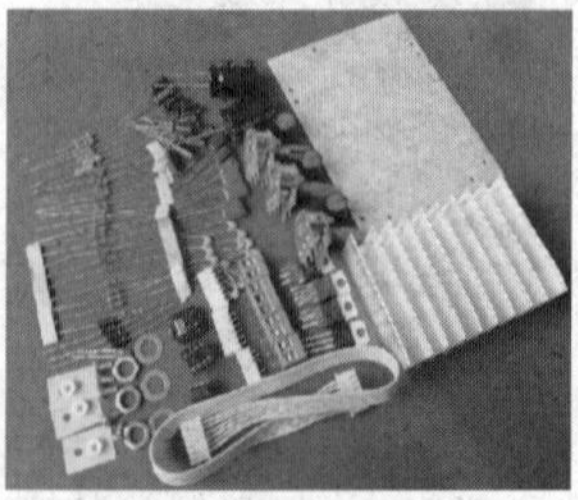

清理本任务所需的元器件，并归类摆放整齐，将元器件的符号、型号/规格、数量填写在表 5-3 中。

表 5-3　元器件清单

名称	位号	实物图片	符号	型号/规格	数量
电阻	R_{17}、R_{24}、R_{25}、R_{29}				
	R_{26}、R_{27}				
	R_3、R_4				
	R_{10}、R_{15}				
	R_{20}、R_{21}				
	R_1、R_2、R_{28}				
	R_{11}、R_{12}、R_{13}				
	R_5、R_6				
	R_9、R_{14}、R_{16}、R_{18}、R_{19}、R_{22}、R_{23}				
	R_7、R_8				
固定电容	C_5				
	C_9、C_{12}、C_{15}、C_{18}、C_{19}、C_{20}、C_{21}、C_{22}、C_{23}、C_{24}、C_{25}				
	C_1、C_2				
	C_3、C_6				
	C_{29}、C_{30}				
电解电容	C_4、C_7、C_{10}、C_{13}				
	C_8、C_{11}、C_{14}				
	C_{16}、C_{17}、C_{28}				
	C_{26}、C_{27}				

(4) NE5532 引脚功能

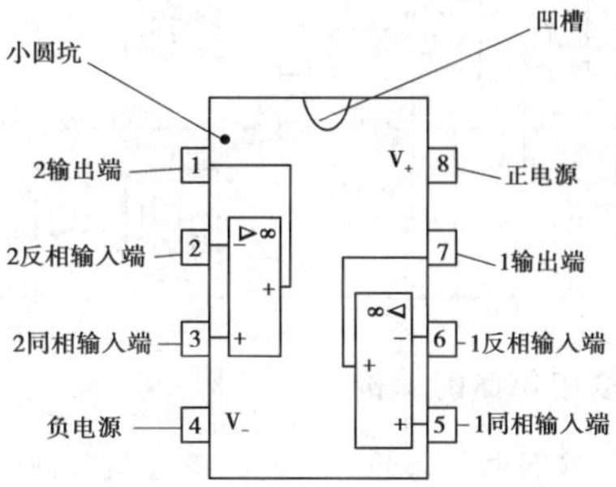

集成功放 TDA2030A

(1) 认识 TDA2030A

TDA2030A 是德律风根生产的集成音频功放电路，采用 V 型 5 脚单列直插式塑料封装结构，按引脚的形状可分为 H 型和 V 型。该集成电路广泛应用于汽车立体声收录音机、中功率音响设备，具有体积小、输出功率大、失真小等特点，并带有内部保护电路。意大利 SGS 公司、美国 RCA 公司、日本日立公司、NEC 公司等均生产同类产品，虽然其内部电路略有差异，但引出脚的位置及功能均相同，可以互换使用。

(2) 外形结构

TDA2030A 的实物如下图所示，引脚分布：最左端为 1 脚，最右端为 5 脚。1 脚是同相输入端，2 脚是反相输入端，3 脚是负电源输入端，4 脚是功率输出端，5 脚是正电源输入端。

(3) 内部框图

TDA2030A 集成块内部电路的结构框图如下图所示。其主要由集成运放、启动偏置电路、中间级、短路过热保护、输出级电路模块组成。

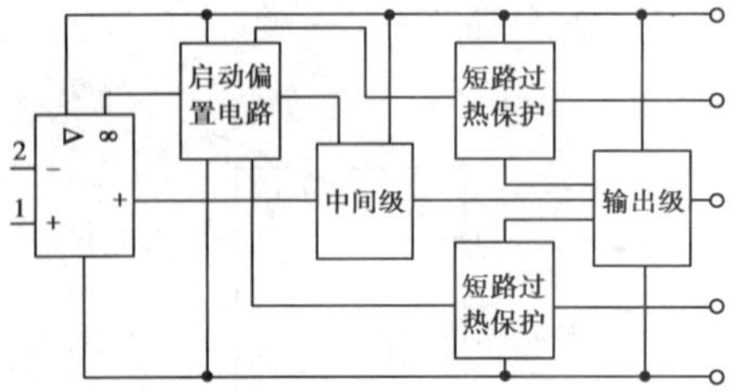

双联电位器的结构

双联电位器的外观结构及管脚排列如下图所示。

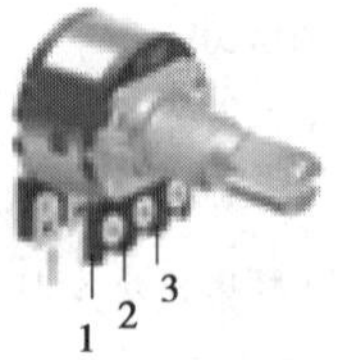

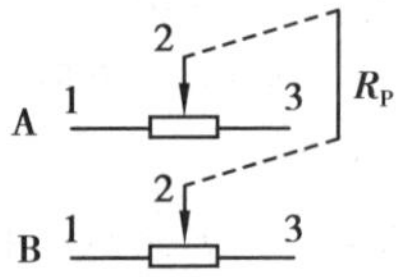

直观检测双联电位器

转动轴柄，检查转动是否灵活、平滑，听到电位器内部触点与电阻体有摩擦声，说明电位器质量有问题。对于带开关的电位器，在转动或推拉电位器轴柄时，应能听到开关通、断时清脆的“嗒嗒”声。

双联电位器的质量检测

测量时，先测同轴双联电位器每一连的标称电阻值，即 R_{A13} 与 R_{B13} 的阻值，质量好的电位器的 R_{A13} 应等于 R_{B13}。然后测量同轴双联电位器的同步性能，把 A 面与 B 面的 1 脚用导线连起来，用万用表测 R_{A12} 和 R_{B12} 的阻值，转动电位器的旋轴，当转动旋轴在各个位置时的阻值始终相等，说明这个双联电位器的质量是好的，否则说明该电位器的同步性能不好。

续表

名称	位号	实物图片	符号	型号/规格	数量
集成电路 IC	IC				

		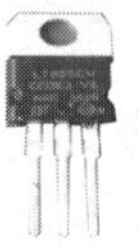			
整流二极管	VD_1—VD_4				
发光二极管	LED				
双联电位器	R_{P1}、R_{P2}、R_{P3}				
SP 接插件	JX02、JX03				
双声道音频座	CZ01				
2P3P 接线端子	JX04、JX05、JX06				
2P 针座	JX07				
3P 针座	JX01				
散热器	—		—	—	
电路板	—		—	—	

活动二 判断元器件质量

一、判断双联电位器的质量

操作步骤如下：

①测 R_{A12} 的阻值

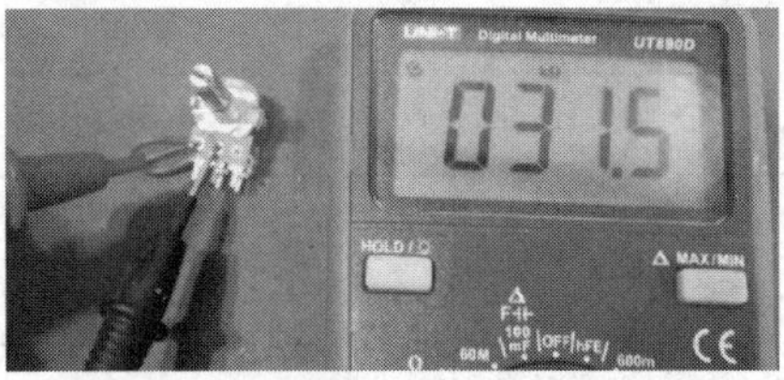

把双联电位器 A 面与 B 面的 1 脚用导线连起来，用万用表测 R_{A12} 的阻值，如图所示为 31.5 kΩ。将测量结果填入表 5-4 中。

②测 R_{B12} 的阻值

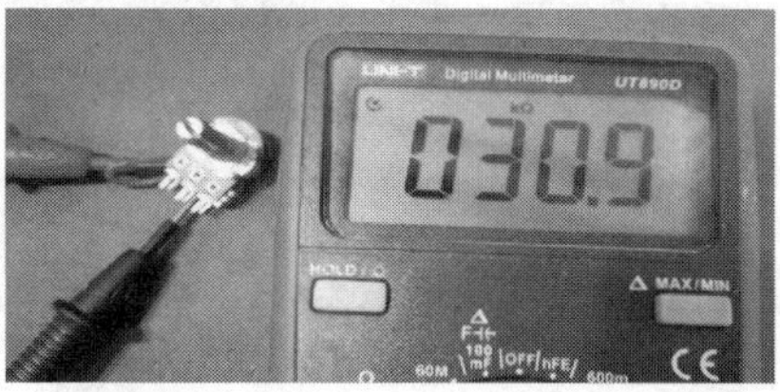

把双联电位器 A 面与 B 面的 1 脚用导线连起来，用万用表测 R_{B12} 的阻值，如图所示为 30.9 kΩ。将测量结果填入表 5-4 中。

③测 R_{A23} 的阻值

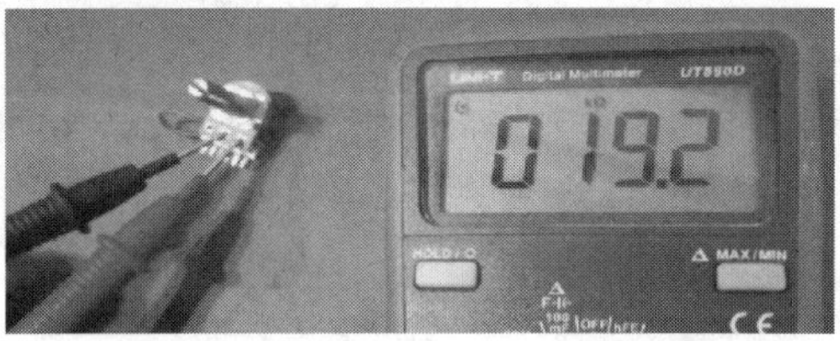

把双联电位器 A 面与 B 面的 1 脚用导线连起来，用万用表测 R_{A23} 的阻值，如图所示为 19.2 kΩ。将测量结果填入表 5-4 中。

④测 R_{B23} 的阻值

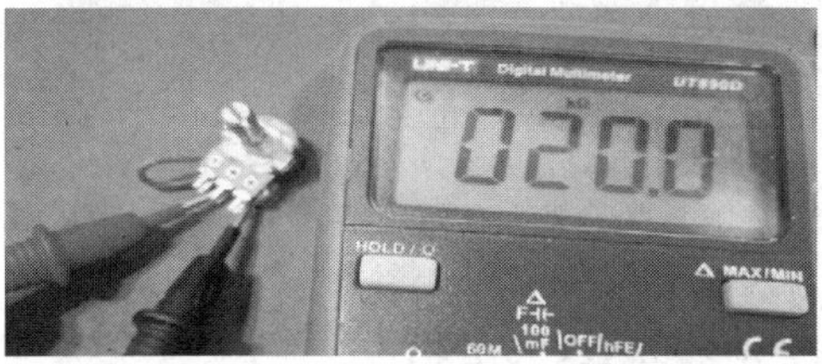

把双联电位器 A 面与 B 面的 1 脚用导线连起来，用万用表测 R_{B23} 的阻值，如图所示为20.0 kΩ。将测量结果填入表 5-4 中。

双联电位器同轴度检测

（以 50 kΩ 双联电位器为例）

①测量 R_{A12}、R_{B12} 的阻值，应该满足两阻值相等或近似相等，即 $R_{A12}=R_{B12}$；

②测量 R_{A13}、R_{B13} 的阻值，应为 50 kΩ，即 $R_{A13}=R_{B13}=50$ kΩ；

③测量 A 面 R_{A12}、R_{A23} 的阻值，则两个电阻值的和应为 50 kΩ（或基本相等），即 $R_{A12}+R_{A23}=50$ kΩ（B 面应该有 $R_{B12}+R_{B23}=50$ kΩ）；

④旋转调节过程任意位置，均应满足前面 3 条。

双联电位器使用常识

根据习惯来说，双联电位器 3 个点的引脚 3 应对应电路信号的“0”电位，引脚 1 对应“最大”（信号输入），引脚 2 为信号调节输出。引脚 1、3 可对调，但调节习惯相反。实际上，就是根据 $R_{A13}=R_{A12}+R_{A23}$ 的关系来确定引脚 2 这个点。

⑤测 R_{A13}的阻值

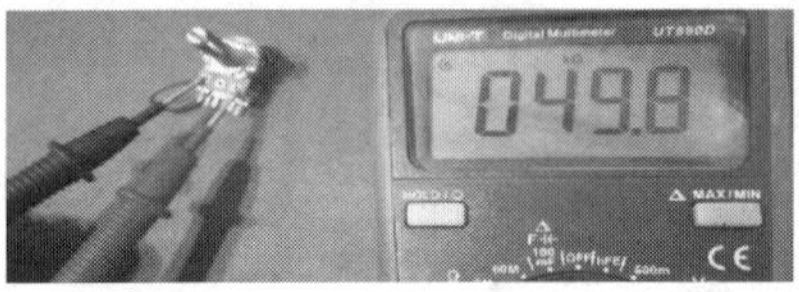

把双联电位器 A 面与 B 面的 1 脚用导线连起来，用万用表测 R_{A13} 的阻值，如图所示为 49.8 kΩ。将测量结果填入表 5-4 中。

⑥测 R_{B13}的阻值

把双联电位器 A 面与 B 面的 1 脚用导线连起来，用万用表测 R_{B13}的阻值，如图所示为 49.5 kΩ。将测量结果填入表 5-4 中。

表 5-4 测量结果

	R_{A12}	R_{B12}	R_{A23}	R_{B23}	R_{A13}	R_{B13}	质量判断
R_{P1}							
R_{P2}							
R_{P3}							
挡位							

导师说

收录机、组合音响中的音量音调双联电位器在长期使用后容易出现接触不良、转动时有旋转噪声等现象，可将润滑机油滴入电位器内部，润滑触点及碳膜，使相关现象消失，也可小心打开双联电位器，取出 A、B 面电位器片，进行清洗、加机油后，将 A、B 面双联电位器片对调安装，使原旋转磨损端面变更，效果更好。

三端稳压器

三端稳压器是三端稳压集成电路的简称，其只有 3 条引脚，分别是输入端、接地端和输出端。三端稳压器主要有两种：一种的输出电压是固定的，称为固定输出三端稳压管；另一种的输出电压是可调的，称为可调输出三端稳压管。

固定三端稳压器 LM78××

固定三端集成稳压电源是能输出固定电压的稳压集成电路。

固定三端稳压器的实物及管脚排列如下图所示。

二、判断三端稳压器的质量

操作步骤如下：

①测 1、2 脚正、反向电阻

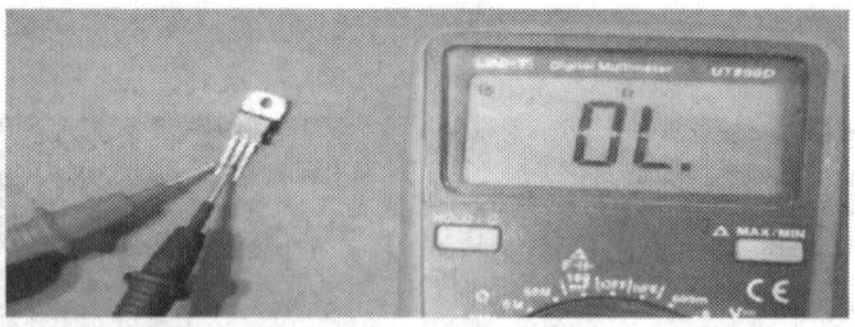

将万用表的表笔接到 LM7805 的 1、2 引脚，交替测阻值，将检测结果填入表 5-5 中。

②测 2、3 脚正、反向电阻

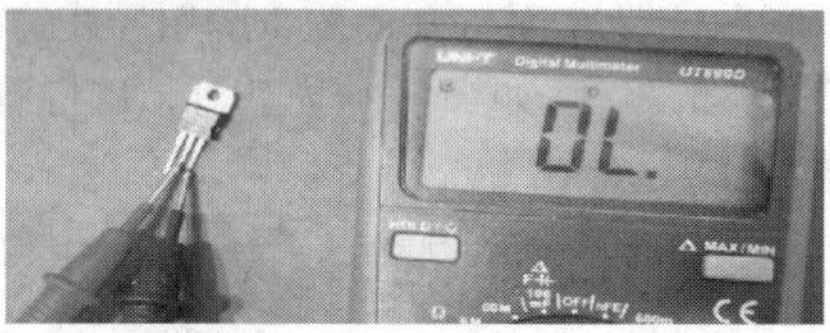

将万用表的表笔接到 LM7805 的 2、3 引脚，交替测阻值，将检测结果填入表 5-5 中。

③测 1、3 脚正、反向电阻

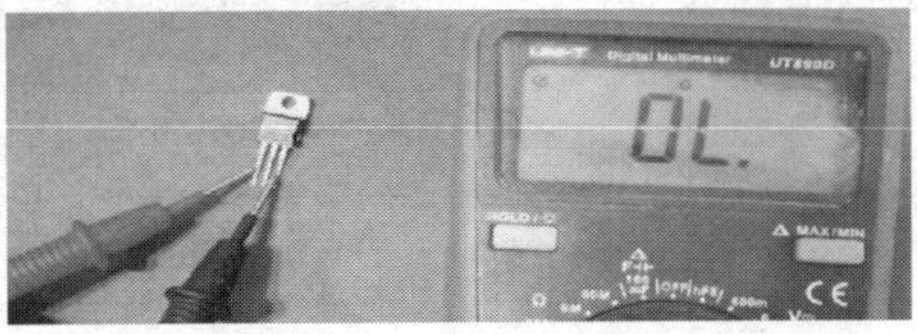

将万用表的表笔接到 LM7805 的 1、3 引脚，交替测阻值，将检测结果填入表 5-5 中。

固定三端稳压器的符号及管脚功能如下图所示。

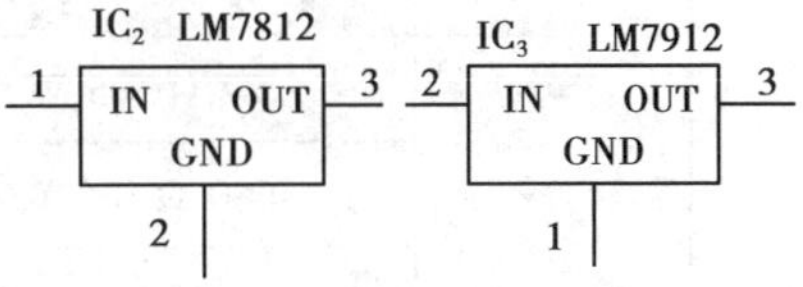

IN 表示输入端，OUT 表示输出端，GND 为公共端。当 LM7812 的 1 脚和 2 脚之间的输入电压为+14.5～+35 V 时，输出电压为 12 V；当 LM7912 的 1 脚和 2 脚之间的输入电压为−35～+14.5 V 时，输出电压为−12 V。

表 5-5　测量结果

	1、2 脚之间	2、3 脚之间	1、3 脚之间
正向电阻			
反向电阻			
质量判断			
万用表挡位			

三、判断电阻及其他元器件的质量

操作步骤如下：

①电阻、电容、二极管等元器件质量检测

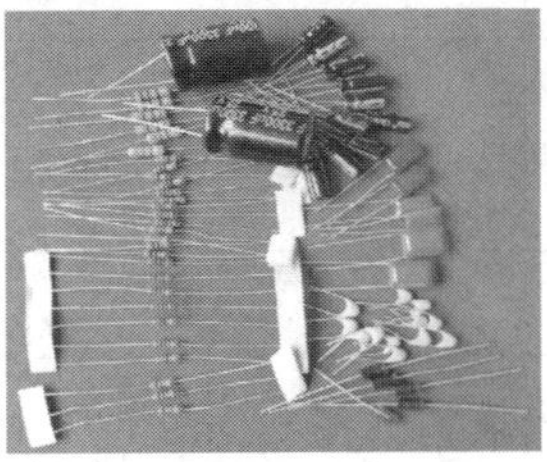

根据前面所学知识完成电阻、电容、二极管等元器件的质量检测，将检测结果填入表 5-6 中。

②其他配件质量检测

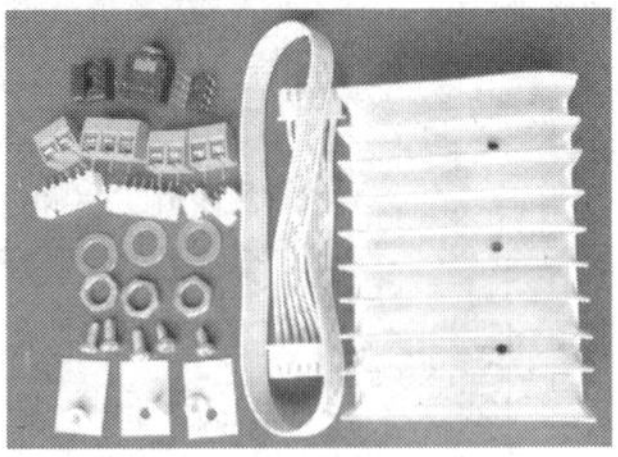

根据学过的知识完成双声道音频座、23p 接线端子、23p 针座、散热器（螺丝、垫片）等配件的质量检测，将检测结果填入表 5-6 中。

表 5-6 测量结果

名 称	规 格	位 号	质量判断
电阻	22 Ω 0.5 W		
	680 Ω 0.5 W		
	220 Ω		
	560 Ω		
	1 kΩ		
	2.2 kΩ		
	10 kΩ		
	15 kΩ		
	22 kΩ		
	39 kΩ		
电解电容	4 μF		
	22 μF		
	100 μF		
	3300 μF		
涤纶	涤纶 221		
	涤纶 223		
	涤纶 104		
独石	独石 104		
	独石 224		
二极管	发光 LED		
	1N5399		
其他配件	双声道音频座		
	2p 接线端子		
	3p 接线端子		
	2p 针座		
	3p 针座		
	散热器		

活动三　安装有源音箱电路

一、观察有源音箱电路原理图和印制线路板

有源音箱电路原理图和印制线路板如图 5-2 和图 5-3 所示。元器件在印制板上的插接位置如图 5-5 所示。

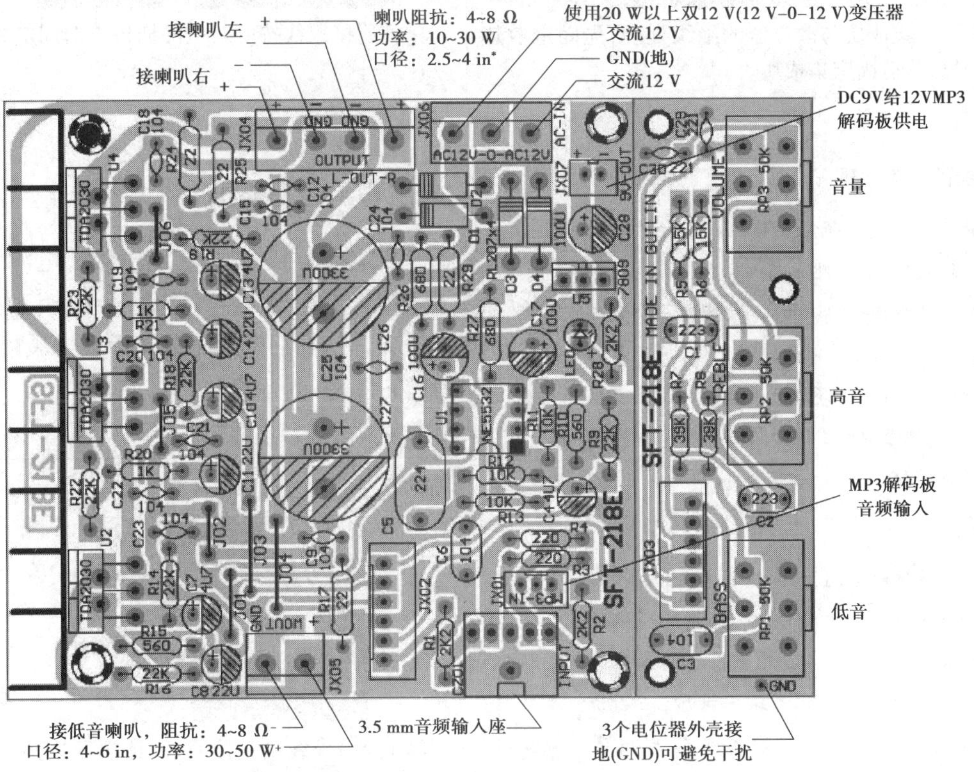

图 5-5　元器件在 PCB 板的插接位置说明图

二、安装有源音箱印制线路板电路

操作步骤如下：

①安装常规元器件

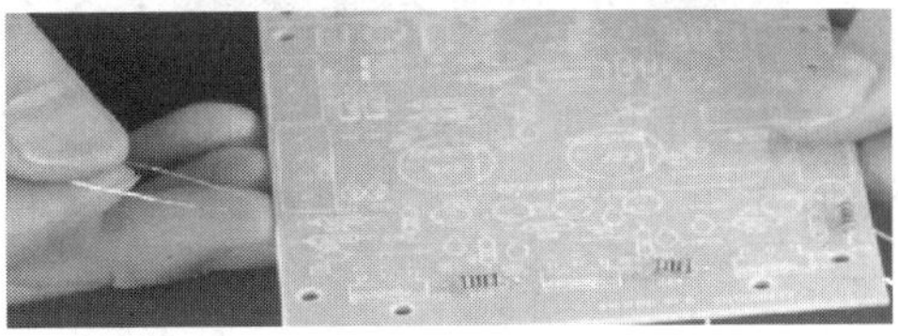

安装过程遵守电子设备整机装配的基本顺序，完成各元器件的安装。

装接工艺提示

①J_{01}—J_{06}这 6 处要使用跳线，可以直接用电容剪下来的引脚线。

②注意插接件的插座、集成电路插座缺口的朝向。如果 JX02、JX03 插座中的一个插反，扬声器将无声。

③注意低音前置运放 NE5532 的引脚标记。

④在安装 TDA2030 集成电路时，注意在集成块和散热器之间垫上绝缘片，螺钉与 TDA2030 之间用塑料垫圈绝缘，然后涂上散热硅脂，再安装牢固。

---

* 1 in = 2.54 cm

②安装大功率集成电路

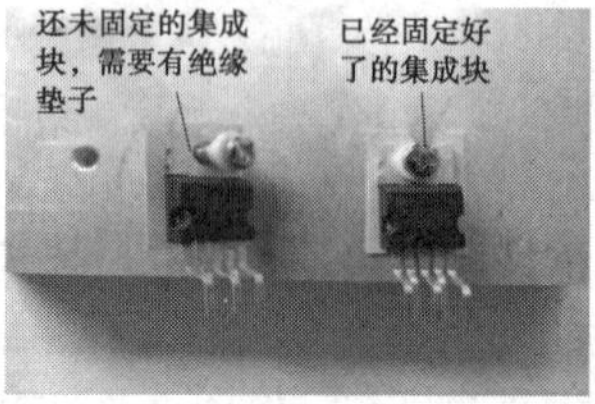

集成块与散热器的绝缘处理，先固定散热器，然后固定集成块。

③安装排线

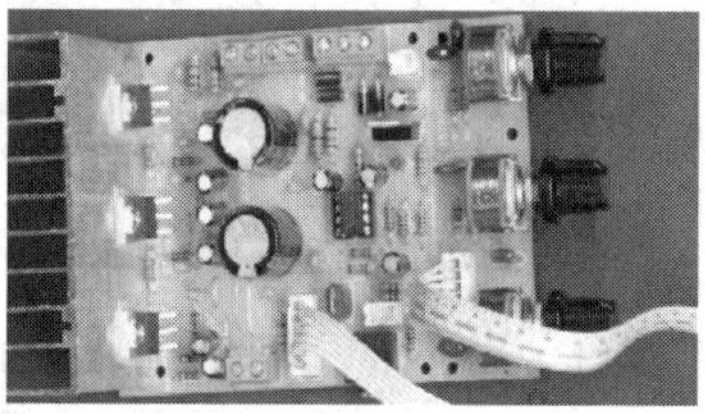

将连接排线按照对应的插口方向固定好。

扬声器的发声原理

扬声器是一种将电能转换成声音的转换设备，当不同的电子能量传至线圈时，线圈产生一种能量与磁铁的磁场互动，这种互动造成纸盘振动。因为电子能量随时变化，扬声器的线圈会往前或往后运动，扬声器的纸盘就会跟着运动，这种运动使空气的疏密程度产生变化从而产生声音。

音箱箱体

音箱箱体的空间设计、选材、制作流程都会影响到声音的共振和音质。音箱的箱体常用木材和塑料两种材质。中低价位的木质音箱大多是采用中密板作为箱体材质，而高价位的木质音箱大多采用实木板作为箱体材质。

三、装配有源音箱整机

在整机装配前，可将有源音箱电路（电源线、电源变压器、扬声器、电源指示灯 LED）全部接上，进行电路调试和测试，待电路正常后再进行整机装配。

1.装配左、右声道音箱

操作步骤如下：

①扬声器连线

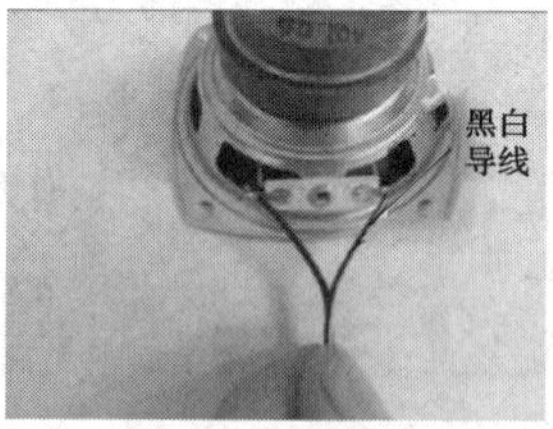

黑白（红）导线接正接线柱，纯黑导线接负接线柱。

②固定左、右声道扬声器

将左声道、右声道扬声器分别固定在左、右箱体的面板上。

导师说

在制作音箱时，箱体、扬声器、变压器等可在网上或实体店购买电路套件时一起购买，也可以自己单独购买。注意：音箱要用 20 W 以上的双 12 V 电源变压器。

2.装配超重低音音箱

操作步骤如下：

①安装音箱背板	②安装音箱面板

将电源开关、变压器、主板用螺丝固定在背板上，用热熔胶固定倒相管。	将扬声器、音量、音调电路板及旋钮固定在面板上。在安装旋钮时，将电位器调到最左端，将旋钮刻度与面板最左点对齐。

活动四　有源音箱检查并调试电路

一、通电前检测

1.直观观察

①检查焊点	
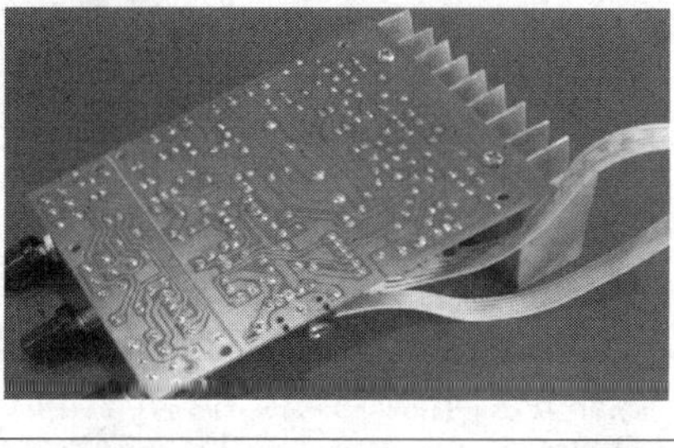	通电前，用肉眼检查电路板焊点的焊接情况，优化、修复焊点，确认所有元器件焊点光滑，无毛刺、漏焊、虚焊、假焊、桥接等情况。
②检查元器件	③检查部分元器件的机械特性
	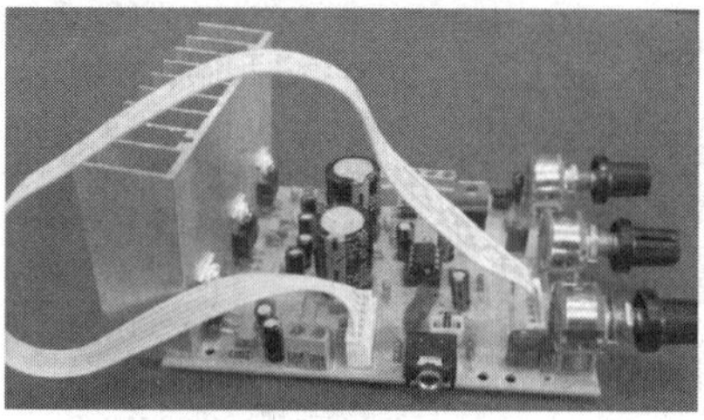
依据元器件清单核对元器件，确保所有元器件的焊接位置正确，无漏装、错装。	用手旋动双联电位器，检查是否能正常旋动；检查功放管的固定情况和散热器的绝缘情况。

2.检测在路电阻

①测量左 AC12 V 和右 AC12 V 之间的电阻

利用万用表测量左 AC12 V 和右 AC12 V 之间的正、反向电阻。在交换表笔后，需要对左 AC12 V 触点和右 AC12 V 触点短接放电；交换表笔后测得的两触点间电阻值应该与之前的电阻值相等或相近。测得的电阻值为几十兆欧，电阻值如为 0(短路)、∞(开路)。

②测量右 AC12 V 和左 AC12 V 之间的电阻

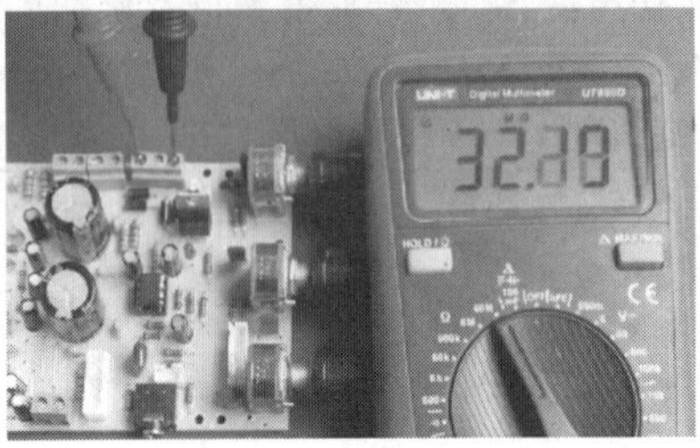

操作方法同前面一样，右 AC12 V 和左 AC12 V 之间的电阻值为几十兆欧。

③测量左 AC12 V 和 GND 之间的电阻

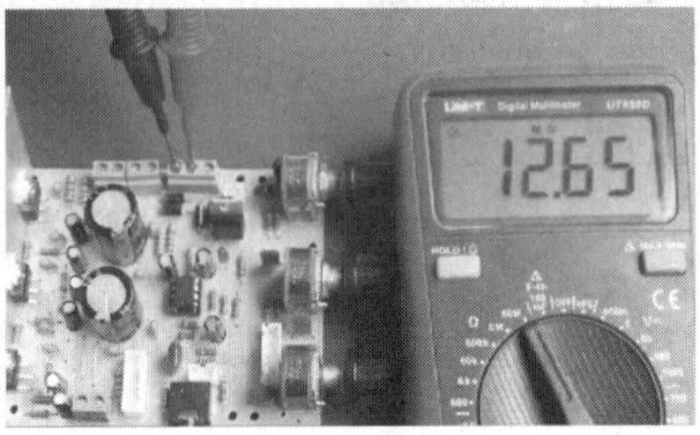

操作方法同前面一样，左 AC12 V 和 GND 之间的电阻值为几兆欧到十几兆欧。

④测量右 AC12 V 和 GND 之间的电阻

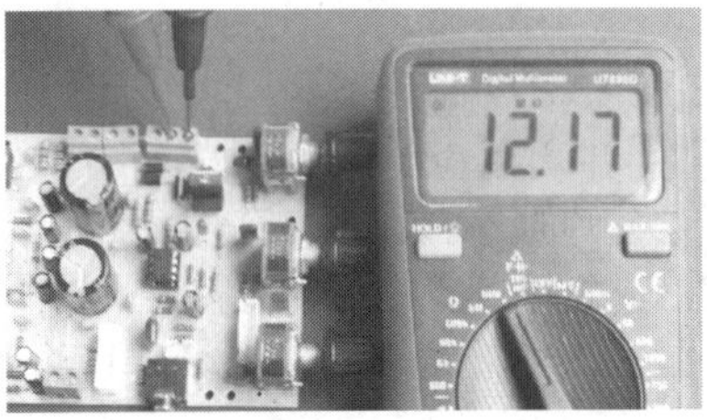

操作方法同前面一样，右 AC12 V 和 GND 之间的电阻值为几兆欧到十几兆欧。

⑤测量右扬声器和 GND 之间的电阻

操作方法同前面一样，右扬声器和 GND 之间的电阻值为几兆欧。

⑥测量左扬声器和 GND 之间的电阻

操作方法同前面一样，左扬声器和 GND 之间的电阻值为几兆欧。

⑦测量 GND 和 GND 之间的电阻

操作方法同前面一样，GND 和 GND 之间的电阻值应该为 0 Ω 或接近 0 Ω。

<table>
<tr>
<td>⑧测量整流电路的输出端电阻
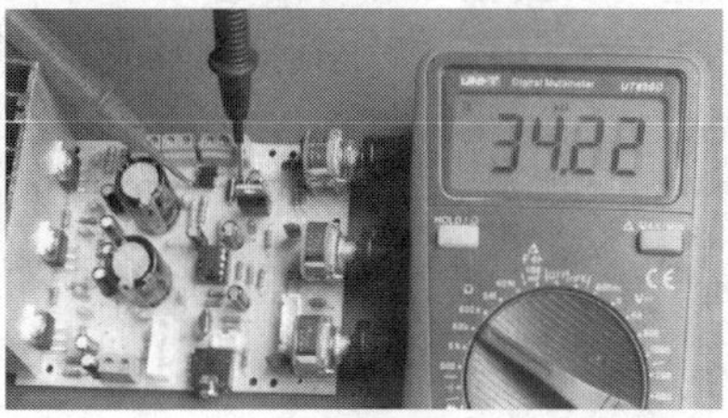

测量 VD_1、VD_2 连接点之间和 VD_3、VD_4 连接点之间的电阻。输出端电阻值为几十兆欧。</td>
<td>⑨测量 MP3 解码板供电输出针脚之间的电阻

操作方法同前面一样，MP3 解码板供电输出针脚之间的电阻值为几兆欧。</td>
</tr>
<tr>
<td>⑩测量低音扬声器触点之间的电阻
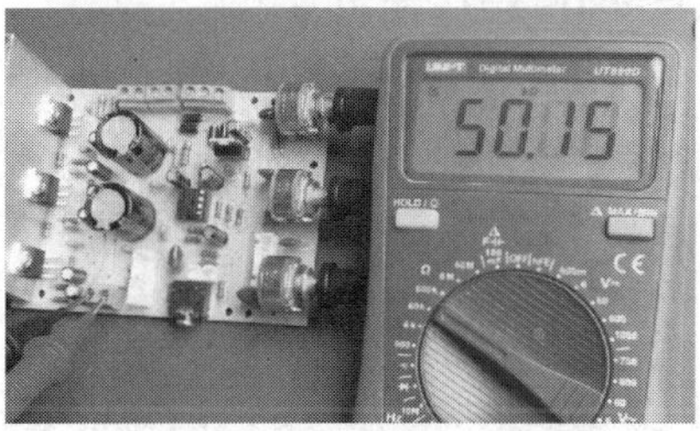

操作方法同前面一样，低音扬声器触点之间的电阻值为几十兆欧。</td>
<td>⑪测量 NE5532 的供电端电阻
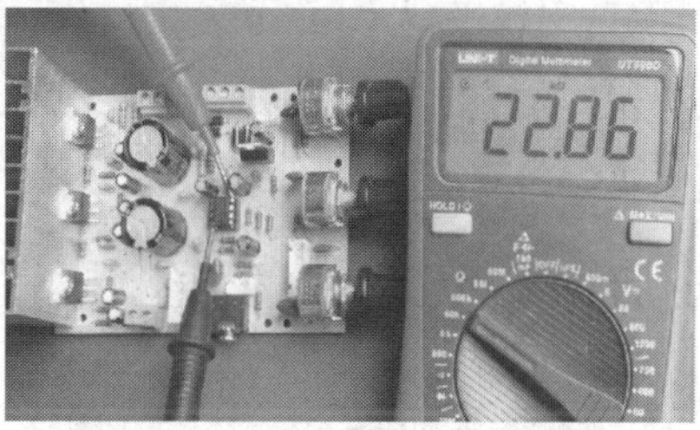

操作方法同前面一样，NE5532 的供电端电阻值为几十兆欧。</td>
</tr>
</table>

二、通电测试

此套件必须使用 20 W 以上双电源 12 V 变压器供电（AC12 V-0-AC12 V），N 为双电源的零线端，利用电压法对各点的电压供电情况进行测量。

1.调试电源供电电路

电源电路暂时不和功放、前置放大电路连接，供电检测电源电路关键点，看电源指示灯是否工作正常，检测 V_{CC} 和 V_{SS}、整流电路 V_a 和 V_b 的直流电压，U_5 的输出端电压，确保电源电压正常。

操作步骤如下：

<table>
<tr>
<td>①连接双电源供电端
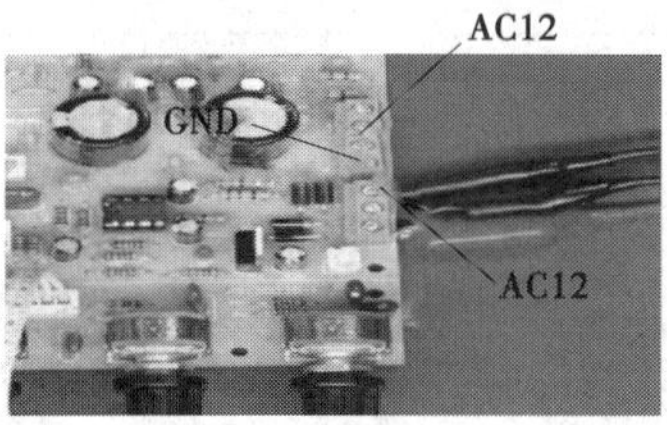

把供电的双电源连接到电路板上。注意做好各接线触点间的绝缘。为了便于测量，接线端子可以用导线引出，然后用鳄鱼嘴夹住引出的导线进行供电。</td>
<td>②测量 V_{SS} 端供电电压

将万用表调到交流测量挡位，测量电路板上 V_{SS} 端的供电电压，电压为 AC12 V 左右。</td>
</tr>
</table>

<table>
<tr>
<td>③测量 V_{CC} 端供电电压

测量电路板上 V_{CC} 端的供电电压，电压为AC12 V 左右。</td>
<td>④测量整流电路的输出端电压

一支表笔接 VD_1 的负极，另一支表笔接 VD_3 的正极，电压为 DC30 V 左右。</td>
</tr>
<tr>
<td>⑤测量 NE5532 的 V_a 和 V_b 端的电压

一支表笔接 NE5532 的 V_a 端 4 脚，另一支表笔接 V_b 端 8 脚，电压为 DC27 V 左右。</td>
<td>⑥测量 7805 稳压输出端电压
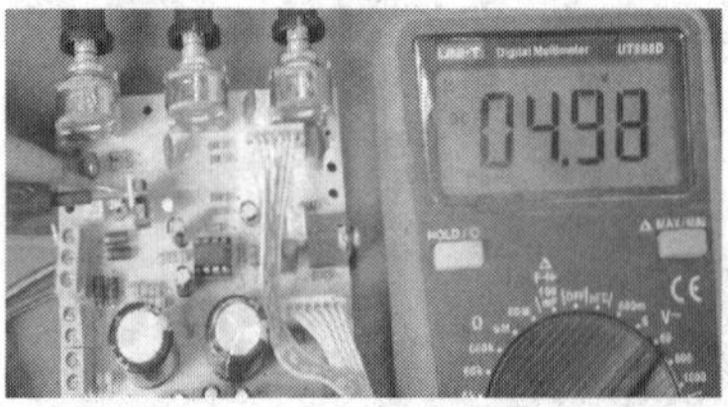
一支表笔接 7805 的 3 脚，另一支表笔接 7805 的 2 脚，电压为 5 V 左右。</td>
</tr>
</table>

2.调试扬声器接线端子的电路

确保供电电路正常后，不能直接接扬声器，还需对扬声器的接线端子进行调试。操作步骤如下：

<table>
<tr>
<td colspan="2">①测量右扬声器接线端子的中点电压
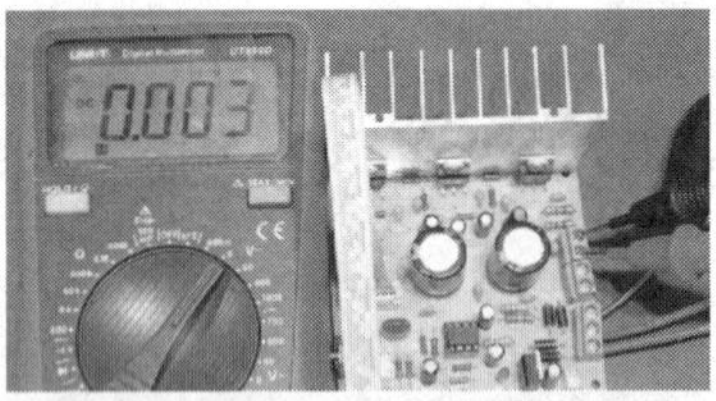
将万用表调到直流电压测量挡位，电压为0 V或接近 0 V，表示正常。如果电压高于1 V，则必须查找原因排除故障后才能接扬声器试音。</td>
</tr>
<tr>
<td>②测量左扬声器接线端子的中点电压

电压为 0 V 或接近 0 V，表示正常。</td>
<td>③测量低音扬声器接线端子的中点电压

电压为 0 V 或接近 0 V，表示正常。</td>
</tr>
</table>

3.测试运放参数

通电测量运放 NE5532 集成电路引脚的对地电压，并上网查资料，对比数据，判断其工作是否正常，将测量数据填入表 5-7 中。

表 5-7　通电测量 U_1 的记录

序号	测试项目	测量数据	正常与否
1	8(+12 V 供电端)		
2	4(-12 V 供电端)		
3	2(反相端)		
4	3(同相端)		
5	5(同相端)		
6	6(反相端)		
7	1(输出端)		
8	7(输出端)		

4.调测功率放大电路

用万用表检测 3 只 TDA2030A 各引脚的直流电压，并上网查资料，对比数据，判断工作是否正常。同时，观察扬声器是否有异常响声，集成电路是否异常发热，将测量数据分别填入表 5-8 至表 5-10 中。

表 5-8　通电测量 U_2 的记录

序号	测试项目	测试数据	正常与否
1	同向输入端		
2	反向输入端		
3	负电源输入端		
4	功率输出端		
5	正电源输入端		

表 5-9　通电测量 U_3 的记录

序号	测试项目	测试数据	正常与否
1	同向输入端		
2	反向输入端		
3	负电源输入端		
4	功率输出端		
5	正电源输入端		

表 5-10　通电测量 U_4 的记录

序号	测试项目	测试数据	正常与否
1	同向输入端		
2	反向输入端		
3	负电源输入端		
4	功率输出端		
5	正电源输入端		

三、整机调试

整机调试时,将音量电位器置于音量较小的位置,将手机等播放的音乐信号接入有源音箱,调节音量电位器,看是否能顺利调节音量大小以及左右声道的声音是否平衡。调节高音、低音电位器,看能否正常调节高音、低音。将高音、低音置于合适位置,音量电位器置于较大位置,经过长时间的工作后,再听声音播放是否正常,观察集成电路是否过热。

活动五　有源音箱的故障维修

故障现象:通电后,指示灯不亮。

维修步骤如下:

①查看电源指示灯 LED 焊接情况

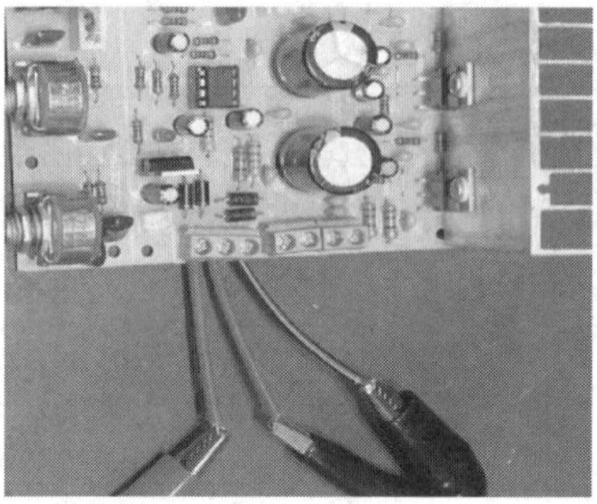

检查指示灯 LED 支路元器件焊接情况,发现焊接良好。

②检测供电电路

检测交流供电输入端 V_{CC} 与 V_{SS} 之间的电压,结果显示正常。

③检测整流电路

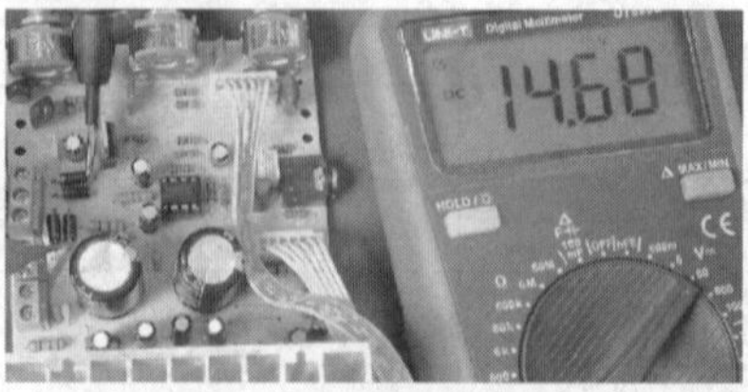

检测整流电路输出的电压,结果显示正常。

④检测 7805 稳压电路

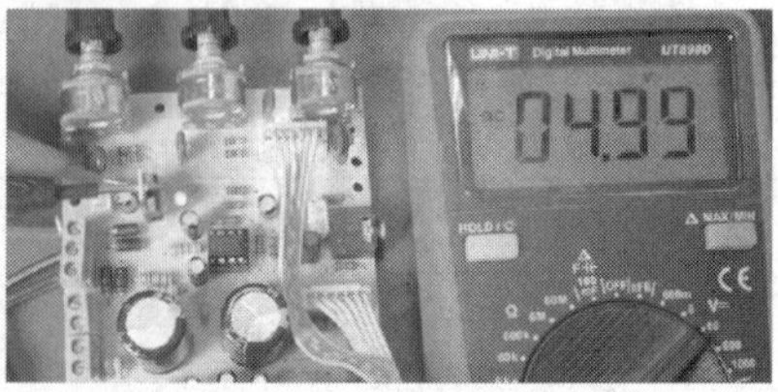

检测三端稳压集成 LM7805 的输出电压,结果显示正常。

结论：电源指示灯不亮，如果双电源供电、整流电路、7805稳压电路都正常，则故障发生在LED支路。断电，用万用表测量R_2，电阻值为∞（开路），更换电阻，故障排除。

故障现象：电源指示灯亮，无声音。

检修时先检查后级电路，逐级向前检查，直到查到故障点。

利用万用表检测扬声器的电阻，电阻值应该和标称阻抗相等或相近。标称阻抗是指扬声器的输入信号电压和输入信号电流的数值比，是音频信号加在音箱输入端后，音箱所呈现出的一个纯阻性状态。常见的标称阻抗为4 Ω、8 Ω，也有3 Ω、6 Ω、16 Ω。

维修步骤如下：

①检查扬声器

断电，用万用表电阻挡检测扬声器的在路电阻，结果显示正常。

②检测扬声器接线端子的电压

通电，检测扬声器接线端子的电压，结果显示正常。

导师说

1.故障现象：功率放大器输出噪声大

功率放大器的噪声有交流声、爆裂声、感应噪声和白噪声等，先判断噪声来自前置放大电路还是功放电路，逐一排除故障。

2.故障现象：功率放大器啸叫

啸叫故障是电路中存在自激所致，啸叫分为低频啸叫和高频啸叫。低频啸叫是指频率较低的"噗噗"或"嘟嘟"声，通常是由于电源滤波或退耦不良所致（在啸叫的同时往往还伴有交流声）。高频啸叫是一种尖锐刺耳的高音，通常由电路高频自激振荡引起。

【任务评价】

任务评价表

评价内容		自　评	小组评价	教师评价
		优☆ 良△ 中√ 差×		
职业素养	①安全用电			
	②设备及器材的安全			
	③记录整理完整准确			
	④符合"6S"管理理念			

续表

评价内容		自　评	小组评价	教师评价
		优☆ 良△ 中√ 差×		
知识与技能	①准备制作有源音箱所需的工具仪表、元器件			
	②评估有源音箱元器件的质量			
	③安装有源音箱电路			
	④检查与调试有源音箱电路			
	⑤简单维修有源音箱电路			
汇报展示	①作品展示(可以为实物作品展示、PPT 汇报、简报、作业等形式)			
	②语言流畅,思路清晰			
评价等级				

※拓展与提高

一、认识稳压器基本应用电路

典型集成稳压电路如图 5-6 所示。市电 220 V 经变压器 T 降压后,变成双 12 V 交流电,经桥式整流 VD_1—VD_4 输出脉动直流电,C_8、C_9 电容滤波后得到平滑的直流电±16 V,由 LM7812、LM7912 集成稳压后得到±12 V 稳压电源,供给集成运放。

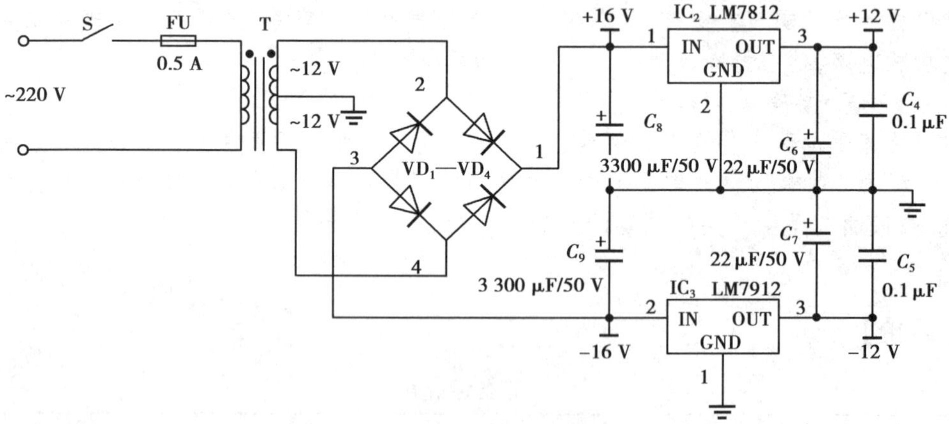

图 5-6　典型集成稳压电路

1.三端固定稳压器

三端固定稳压器的基本应用电路如图 5-7 和图 5-8 所示。三端固定稳压器常见型号的输出电流见表 5-11。

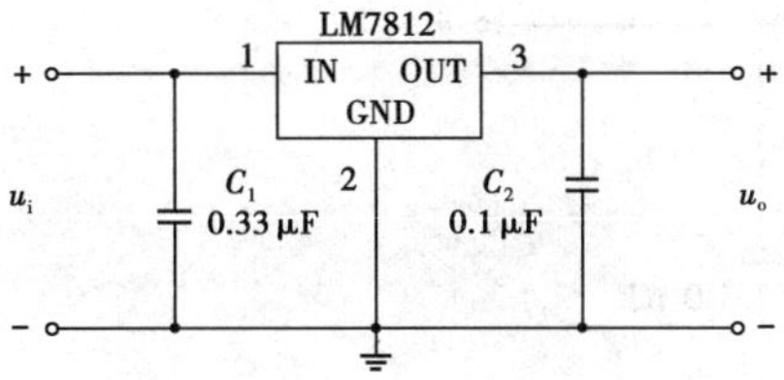

图 5-7　LM7812 基本应用电路

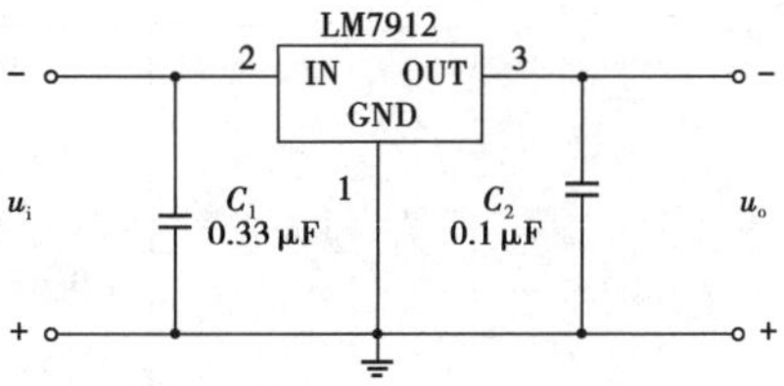

图 5-8　LM7912 基本应用电路

表 5-11　输出电流

型　号	输出电流/A
LM78L05	0.1
LM78M05	0.5
LM7805	1.5

图 5-9　三端可调稳压器

2.三端可调稳压器

三端可调稳压器性能指标优良,其电压调整率、电流调整率和纹波抑制比都比 78 系列和 79 系列的三端固定稳压器高几倍,外形如图 5-9 所示。

(1)317、337 两大系列

LM117、LM217、LM317:可调的正电压输出,输出范围为 1.25~37 V;1 脚为调整端,2 脚为输出端,3 脚为输入端。

LM137、LM237、LM337:可调的负电压输出,输出范围为-1.25~-37 V;1 脚为调整端,2 脚为输出端,3 脚为输入端。

三端可调稳压器常见型号的输出电流见表 5-12。

表 5-12　输出电流

型号	输出电流/A
LM317L	0.1
LM317M	0.5
LM317	1.5

(2)三端可调稳压器的基本应用电路

三端可调稳压器的基本应用电路如图 5-10 和图 5-11 所示。

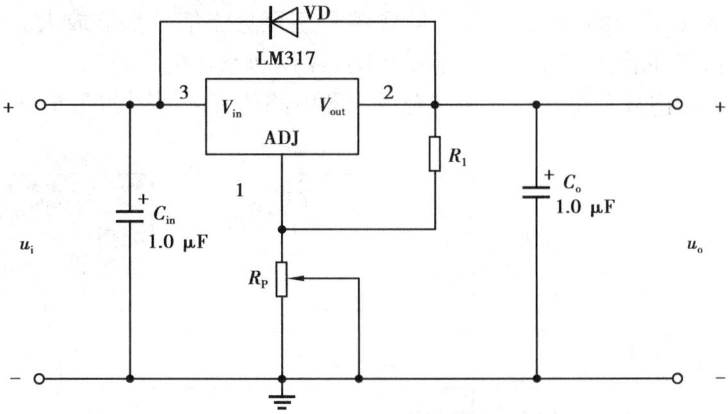

图 5-10　LM317 基本应用电路

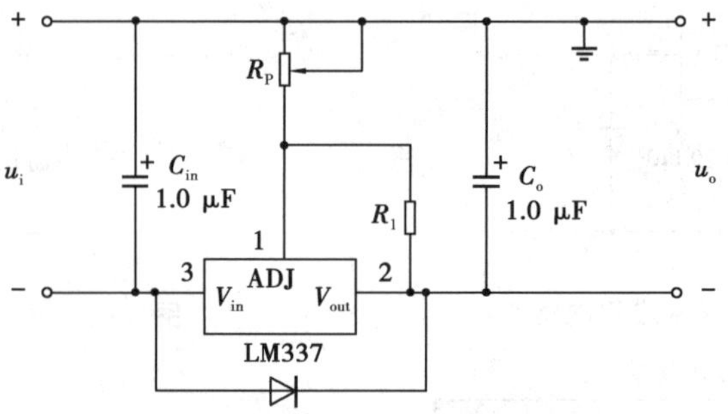

图 5-11　LM337 基本应用电路

输出电压估算公式：$u_o \approx 1.25\times\left(1+\dfrac{R_2}{R_1}\right)$，当稳压器离电源滤波器有一定距离时接上电容器 C_{in}，C_o 能改进瞬态响应。

二、认识直接耦合放大器

1.直接耦合放大器的电路原理

直接耦合放大器的电路图如图 5-12 所示。

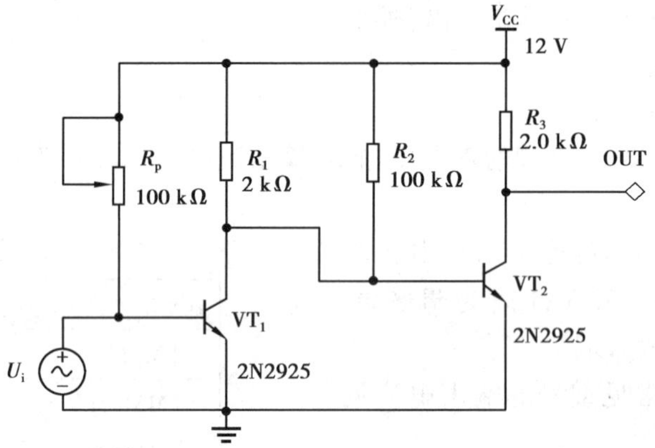

图 5-12　直接耦合放大器的电路图

2.直接耦合放大器的电路特点

①电路中只有晶体管和电阻，没有大电容，级与级之间是直接连接，便于集成化。

②由于级间采用直接耦合，电路对于低频信号甚至直流信号都能放大。

③前后级的静态工作点互不独立，相互影响，存在静态匹配问题。

直接耦合放大器仿真电路图和直接耦合放大器电路仿真波形图如图 5-13 和图 5-14 所示。

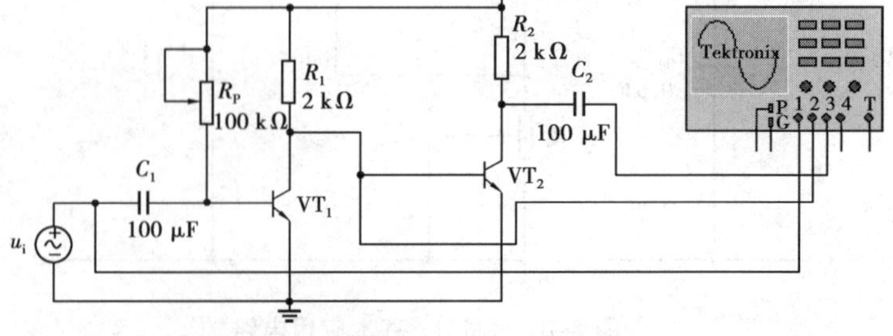

图 5-13　直接耦合放大器仿真电路图

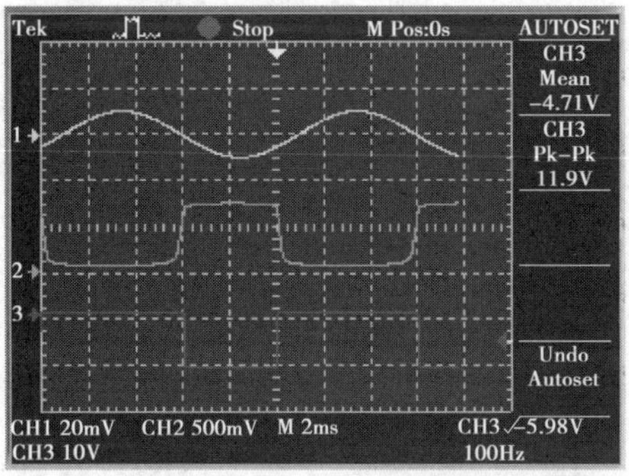

图 5-14　直接耦合放大器电路仿真波形图

④存在零点漂移现象。零点漂移是直接耦合放大器电路存在的一个特殊问题。输入电压为零($u_i=0$)而输出电压(u_o)不为零,且缓慢地、无规则地变化的现象,被称为零点漂移现象。

3.直接耦合放大器常见问题的解决方法

(1)静态匹配问题

直接耦合放大器为使前后级静态工作点合适,在设计时就必须瞻前顾后、通盘考虑。为了使每一级电路都有合适的静态工作点,常用的方法是在后级发射极接入适当的电阻 R_e 或稳压管 VD_Z,原理图如图 5-15 所示。仿真结果如图 5-16 所示。

(2)零点漂移问题

在放大电路中,任何参数的变化,如电源电压的波动、元件的老化、元件参数随温度的变化等都将产生零点漂移。而在多级直接耦合放大电路中,又以第一级的漂移影响最大,因为第一级的漂移会被后面各级逐级放大。因此,抑制零点漂移要着重于第一级。在产生零点漂移的诸多原因中,以温度的影响最为明显。解决零点漂移最有效的措施是采用差分放大电路。

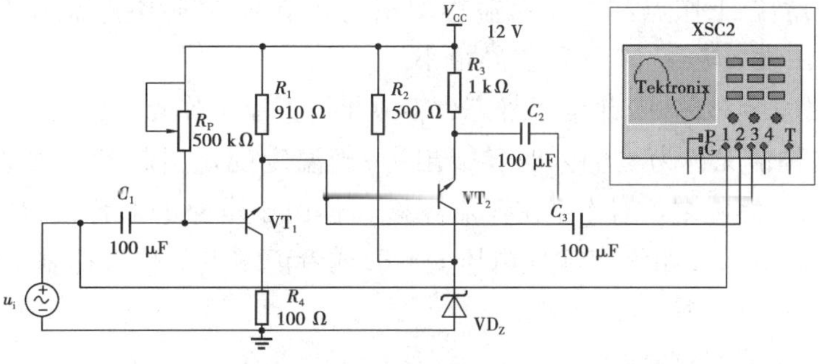

图 5-15　后级发射极接入稳压管 VD_Z 的电路图

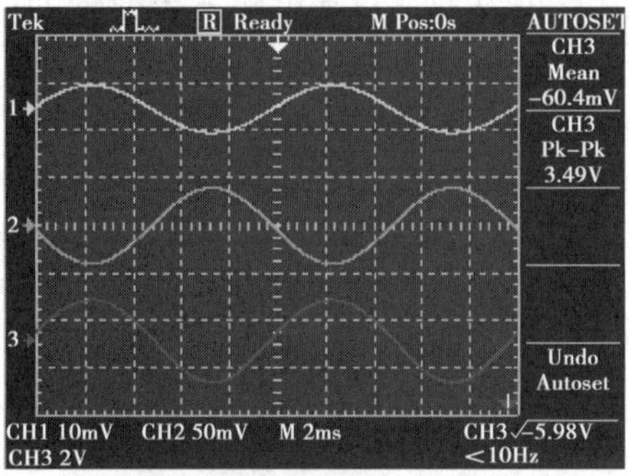

图 5-16　接入稳压管 VD_Z 仿真图

三、认识差动放大器

1.差动放大器的电路结构

典型的差动放大器如图 5-17 所示。

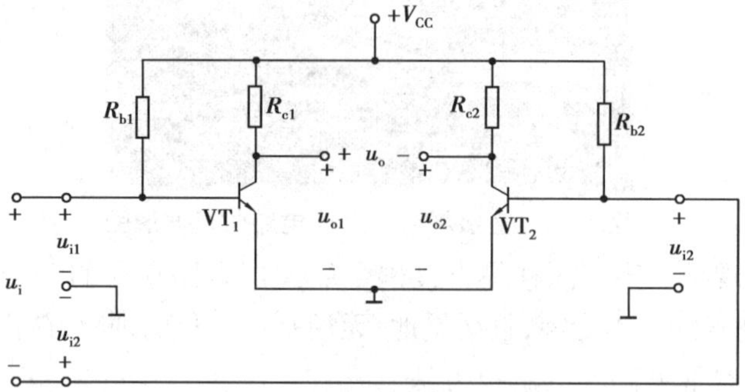

图 5-17 差动放大器电路图

2.差动放大器的电路工作原理

差动放大器又称为差分放大器。差动放大器的基本形式对电路的要求:两个电路的参数完全对称,两个管子的温度特性也完全对称。这种电路能有效减少三极管的参数随温度变化所引起的漂移,较好地解决在直流放大器中放大倍数和零点漂移的矛盾,因而在分立元件和集成电路中获得十分广泛的应用。

差动放大器由两个完全对称的单管放大电路构成,有两个输入端和两个输出端。其中三极管 VT_1、VT_2的参数和特性完全相同(如 $\beta_1=\beta_2=\beta$ 等),$R_{b1}=R_{b2}=R_b$,$R_{c1}=R_{c2}=R_c$。显然,两个单管放大电路的静态工作点和电压增益等均相同。当然,实际电路总存在一定的差异,不可能完全对称,但在集成电路中,这种差异很小。

由于两管电路完全对称,因此处于静态($u_i=0$)时,直流工作点 $U_{c1}=U_{c2}$,此时电路的输出 $u_o=U_{c1}-U_{c2}=0$(这种情况称为零输入时零输出)。当温度变化引起管子参数变化时,每一单管放大器的工作点必然随之改变(存在零点漂移),但由于电路的对称性,U_{c1}和 U_{c2}同时增大或减小,并保持 $U_{c1}=U_{c2}$,即始终有输出电压 $u_o=0$,或者说零点漂移被抑制了。这就是差动放大电路抑制零点漂移的原理。

3.差动放大器的电路特性

设每个单管放大电路的放大倍数为 A_{u1},在电路完全对称的情况下,有

$$A_{u1}=\frac{u_{o1}}{u_{i1}}=\frac{u_{o2}}{u_{i2}}\approx-\frac{\beta R_c}{r_{be}}$$

(1)差模信号

差模信号是在差动放大管 VT_1和 VT_2的基极分别加入幅度相等而极性相反的信号。

通常把输入差模信号时的放大器增益称为差模增益,用 A_{ud}表示,即

$$A_{ud}=\frac{u_{od}}{u_{id}}$$

显然,差模增益就是通常的放大器的电压增益,对于简单差动放大电路,有

$$A_{ud}=A_u=A_{u1}\approx-\frac{\beta R_c}{r_{be}}$$

差模增益 A_{ud} 表示电路放大有用信号的能力。一般情况下,要求 $|A_{ud}|$ 尽可能大。以上讨论的是差动放大电路如何放大有用信号。

(2)共模信号

共模信号是在差动放大管 VT_1 和 VT_2 的基极接入幅度相等、极性相同的信号。

通常把输入共模信号时的放大器增益称为共模增益,用 A_{uc} 表示,则

$$A_{uc}=\frac{u_{oc}}{u_{ic}}$$

在电路完全对称情况下,差动放大电路双端输出时的 $u_{oc}=0$,则 $A_{uc}=0$。

当然,实际差动放大电路的两个单管放大器不可能做到完全对称,因此 A_{uc} 不可能完全等于0。

(3)共模抑制比

需要指出的是,差动放大电路在实际工作时,总是既存在差模信号,也存在共模信号,在差模信号和共模信号同时存在的情况下,若电路基本对称,则对输出起主要作用的是差模信号,而共模信号对输出的作用要尽可能被抑制。为定量反映放大器放大有用的差模信号和抑制有害的共模信号的能力,通常引入参数共模抑制比,用 K_{CMR} 表示。它定义为

$$K_{CMR}=\left|\frac{A_{ud}}{A_{uc}}\right|$$

共模抑制比用分贝表示,则

$$K_{CMR}=20\lg\left|\frac{A_{ud}}{A_{uc}}\right|\text{dB}$$

显然,K_{CMR} 越大,输出信号中的共模成分相对越少,电路对共模信号的抑制能力就越强。

集成运放应用十分广泛,电路的接法不同,集成运放电路所处的工作状态也不同,电路也就呈现出不同的特点。因此可以把集成运放的应用分为两类:线性应用和非线性应用。

四、集成运算放大器的线性应用

在实际的电路设计或分析过程中,常常把集成运算放大器理想化。理想运放具有以下理想参数。

①开环电压增益 $A_{od}\to\infty$。

②差模输入电阻 $r_{id}\to\infty$。

③输出电阻 $r_{od}=0$。

④共模抑制比 $K_{CMR}\to\infty$,即没有温度漂移。

由于集成运算放大器的开环增益很高,因此当集成运算放大器工作在线性放大状态时,引入深度负反馈。由前面关于深度负反馈放大器计算的讨论可知,集成运算放大器两个输入端之间的实际输入(净输入)电压可以近似看成0,相当于短路,即

$$u_P\approx u_N$$

但由于两输入端之间不是真正的短路，故称为“虚短”。

另外，由于集成运算放大器的输入电阻很高，而净输入电压又近似为0，因此，流经运放两输入端的电流可以看成近似为0，即

$$i_N \approx i_P \approx 0$$

相当于开路。但由于两输入端间不是真正的开路，故称为“虚断”。

利用“虚短”和“虚断”的概念，可以十分方便地对集成运算放大器的线性应用电路进行快速简捷地分析。

1.比例运算电路

比例运算电路是运算电路中最简单的电路，其输出电压与输入电压成比例关系。比例运算电路有反相输入和同相输入两种。

(1)反相输入比例运算电路

如图5-18所示为反相输入比例运算电路，该电路输入信号加在反相输入端上，输出电压与输入电压的相位相反，故得名。在实际电路中，为减小温漂提高运算精度，同相端必须加接平衡电阻 R_P 接地。R_P 的作用是保持运放输入级差分放大电路具有良好的对称性，减小温漂，提高运算精度。其阻值应为 $R_P = R_1 // R_f$。后面的电路同理。

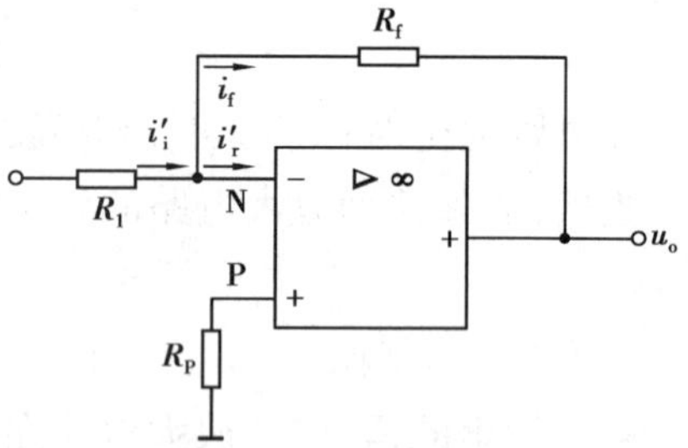

图5-18 反相输入比例运算电路

由于运放工作在线性区，净输入电压和净输入电流都为零。

由“虚短”的概念可知，在P端接地时，$u_P = u_N = 0$，称N端为“虚地”。

由“虚断”的概念可知，$i_i = i_f$，有

$$\frac{u_i}{R_1} = \frac{-u_o}{R_f}$$

该电路的电压增益为

$$A_{uf} = \frac{u_o}{u_i} = -\frac{R_f}{R_1}$$

即

$$u_o = -\frac{R_f}{R_1} u_i$$

输出电压 u_o 与输入电压 u_i 之间成比例(负值)关系。

(2)同相输入比例运算电路

如图5-19所示为同相输入比例运算电路，由于输入信号加在同相输入端，输出电压和输入电压的相位相同，故得名。

由“虚断”的概念可知，$i_P = i_N = 0$；由“虚短”的概念可知 $u_i = u_p = u_N$。

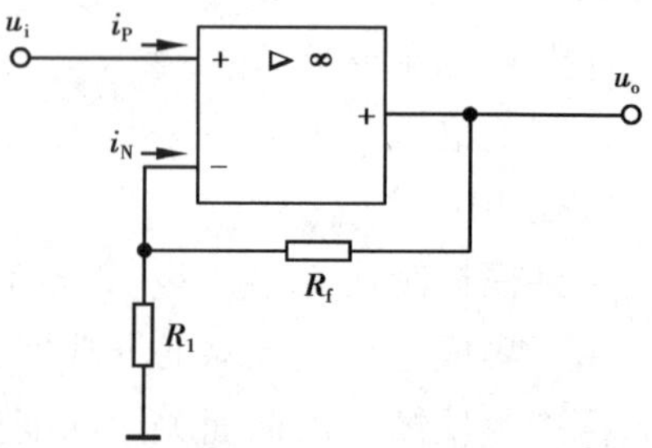

图5-19 同相输入比例运算电路

其电压增益为

$$A_{uf}=\frac{u_o}{u_i}=\frac{u_o}{u_f}=1+\frac{R_f}{R_1}$$

即

$$u_o=\left(1+\frac{R_f}{R_1}\right)u_i$$

同相输入电路为电压串联负反馈电路,其输入阻抗极高,但由于两个输入端均不能接地,放大电路中存在共模信号,不允许输入信号中包含有较大的共模电压,且对运放的共模抑制比要求较高,否则很难保证运算精度。

若 R_1 不接,或 R_f 短路,组成如图 5-20 所示的电路。此电路是同相比例运算的特殊情况,此时的同相比例运算电路称为电压跟随器。电路的输出完全跟随输入变化。$u_i=u_P=u_N=u_o$,$A_u=1$,输入阻抗大,输出阻抗小。在电路中的作用与分立元件的射极输出器相同,但是电压跟随性能好,常用于多级放大器的输入级和输出级。

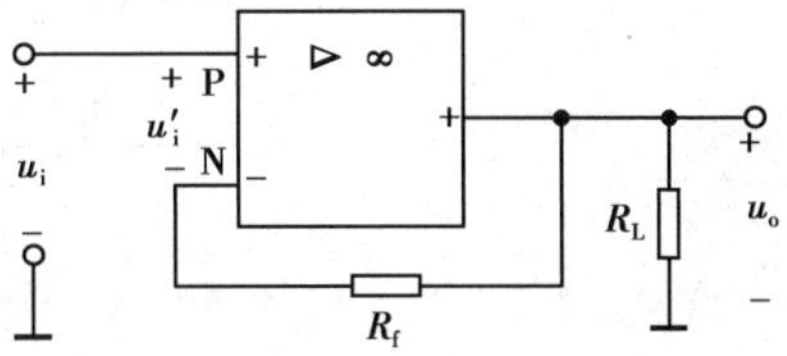

图 5-20　电压跟随器

2.加法电路

若多个输入电压同时作用于运放的反相输入端或同相输入端,则实现加法运算;若多个输入电压有的作用于反相输入端,有的作用于同相输入端,则实现减法运算。

如图 5-21 所示为加法电路,该电路可实现两个电压 u_{S1} 与 u_{S2} 相加。输入信号从反相端输入,同相端接地,则有 $u_P=u_N=0$,又由“虚断”的概念可知 $i_N=0$。

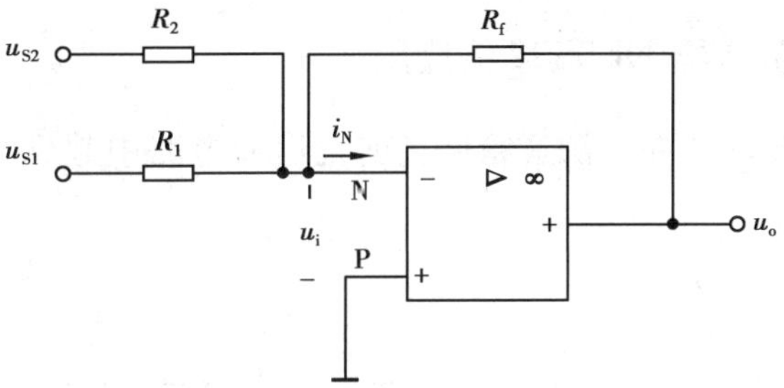

图 5-21　加法电路

因此,在反相输入节点 N 可得节点电流方程

$$\frac{u_{S1}-u_N}{R_1}+\frac{u_{S2}-u_N}{R_2}=\frac{u_N-u_o}{R_f}$$

即

$$\frac{u_{S1}}{R_1}+\frac{u_{S2}}{R_2}=\frac{-u_o}{R_f}$$

整理可得

$$u_o = -\left(\frac{R_f}{R_1}u_{S1} + \frac{R_f}{R_2}u_{S2}\right)$$

若 $R_1 = R_2 = R_f$，则上式变为

$$u_o = -(u_{S1} + u_{S2})$$

实现了真正意义的反相求和。

3.减法电路

电路组成如图 5-22 所示。

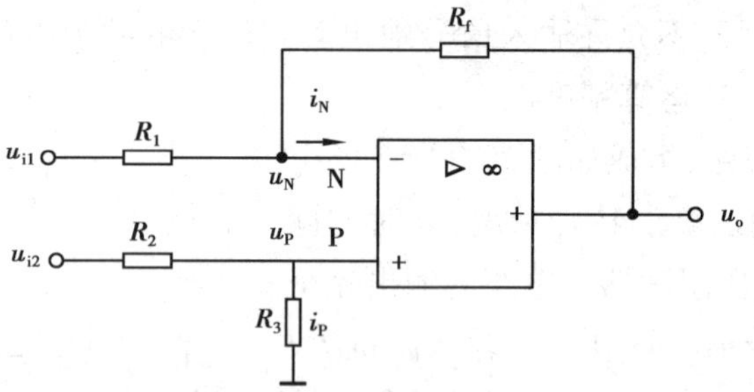

图 5-22 减法电路

由
$$u_N \approx u_P, i_N \approx i_P \approx 0$$

得
$$u_N = \frac{R_f + u_{i1} + R_1 u_o}{R_1 + R_f}, u_P = \frac{R_3 u_{i2}}{R_2 + R_3}$$

所以
$$\frac{R_f u_{i1} + R_1 u_o}{R_1 + R_f} = \frac{R_3 u_{i2}}{R_2 + R_3}$$

假若
$$R_1 = R_2 = R_3 = R_f$$

则
$$u_o = u_{i2} - u_{i1}$$

五、了解集成运算放大器 NE5532 的应用

集成运算放大器 NE5532 在有源音箱低音前置运放电路中起到了放大低音、衰减高音的作用，电路如图 5-23 所示。

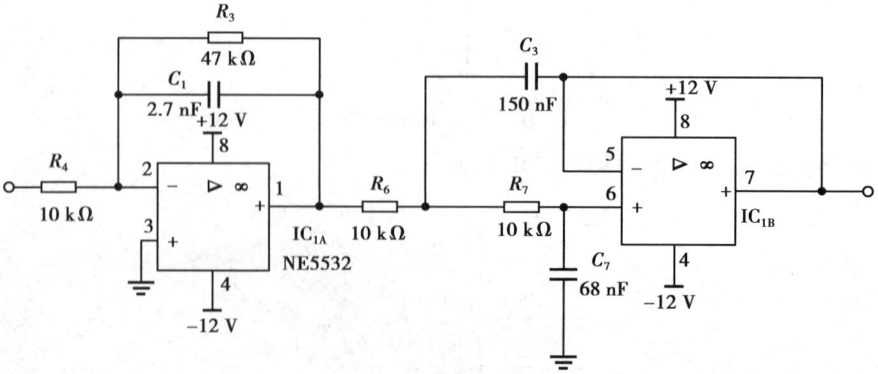

图 5-23 低音前置运放电路

从音调电路传送来的信号，经过 R_4 进入 IC_{1A} 反相输入端，同时 C_1 对高音频信号引入负反馈，经过放大后，实现低音频部分得到足够放大，高音频部分得到足够衰减。信号从 1 脚输出，进入低通滤波器，再次使中高频信号得到衰减，低频信号无损通过，从 7 脚输出送到功放进行功率放大。

六、认识集成功放 TDA2030A

TDA2030A 的外形、引脚分布、内部结构框图在前面已经讲过，这里不再赘述。

1.使用极限参数

TDA2030A 极限参数（T=25 ℃）见表 5-13。

表 5-13　极限参数表

参数名称	符　号	参数值	单　位
电源电压	V_{CC}	±18（典型电压±14）	V
输入电压	U_t	±18	V
差分输入电压	U_i	±15	V
输出峰值电流	I_o	3.5	A
功耗	P_D	20	W
结温	T_i	-40～+150	℃
工作环境温度	T_{opt}	-30～+75	℃
储存温度	T_{stg}	-40～+150	℃

2.典型应用电路

（1）OTL 形式功放（单电源）

OTL 功放的形式：采用单电源，有输出耦合电容。如图 5-24 所示电路中的 R_1（150 kΩ）与 R_2（4.7 kΩ）电阻决定放大器闭环增益，R_2 越小增益越大，但增益太大也容易导致信号失真。两个二极管接在电源与输出端之间，是防止扬声器感性负载反冲而影响音质。C_7（220 μF）电容与 R_4（1 Ω）电阻通过对感性负载（扬声器）进行相位补偿来消除自激。

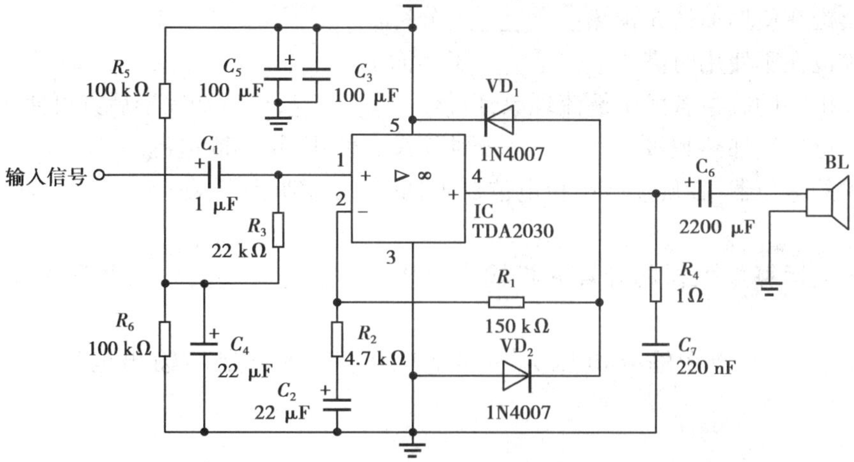

图 5-24　单电源典型应用电路

(2)OTL 形式功放(双电源)

OCL 功放的形式:采用双电源,无输出耦合电容。如图 5-25 所示,由于无输出耦合电容,低频响应得到改善,属于高保真电路。双电源采用初级线圈中间点接地、上下电压对称相等的变压器,经过整流滤波后构成双电源。

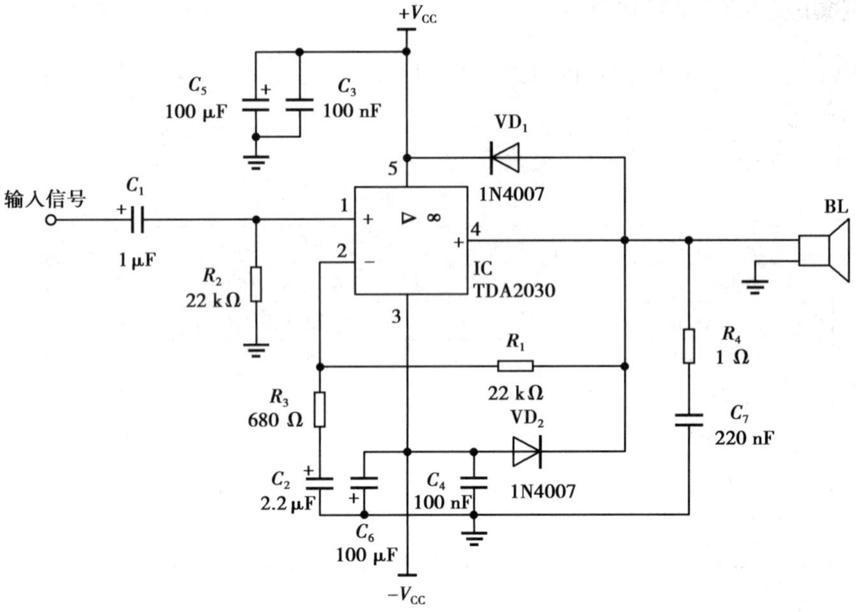

图 5-25 双电源典型应用电路

※检测与反思

A 组测试题

一、填空题

1.热熔胶枪在使用前请先预热__________分钟。

2.热熔胶枪在不使用时需要__________于桌面上。

3.热熔胶枪中的胶条若发生倒流现象,应该__________,待清洁完毕后方可使用。

4.热熔胶枪连续加热超过__________分钟而没有使用,请切断电源。

5.带开关的电位器,在旋动或推拉电位器轴柄时,应能听到开关__________时清脆的“喀嗒”声。

6.理想集成运算放大器的开环差模输入电阻 r_i =______________,开环差模输出电阻 r_o =___________。

7.集成运算放大器在输入电压为零的情况下,存在一定的输出电压,这种现象称为__________。

二、选择题

1.在使用热熔胶枪时(　　)。

A.不需要预热　　B.需要预热

C.预不预热都可以　　D.需要降温

2.热熔胶枪中的胶条若发生倒流现象时(　　)。

A.继续使用　　B.必须清理干净

C.都可以　　D.更换

3.NE5532 集成电路引脚排列顺序是从有色点凹槽或封装时压出的圆形标志开始,沿(　　)方向依次为 1、2、3……

A.逆时针　　B.顺时针　　C.都可以　　D.交替

4.TDA2030A 集成块的 1 脚是(　　)。

A.同相输入端　　B.反相输入端

C.负电源输入端　　D.功率输出端

三、判断题

1.在使用热熔胶枪时不需要预热,可以直接使用。(　　)

2.TDA2030A 集成块引脚分布最左端为 1 脚,最右端为 5 脚。(　　)

3.TDA2030A 集成块的 1 脚是同相输入端,2 脚是反相输入端,3 脚是负电源输入端,4 脚是功率输出端,5 脚是正电源输入端。(　　)

四、计算题

集成运算放大器电路如图 5-26 所示,已知 $R_F=2R_1$,$u_i=-2$ V,求 u_o。

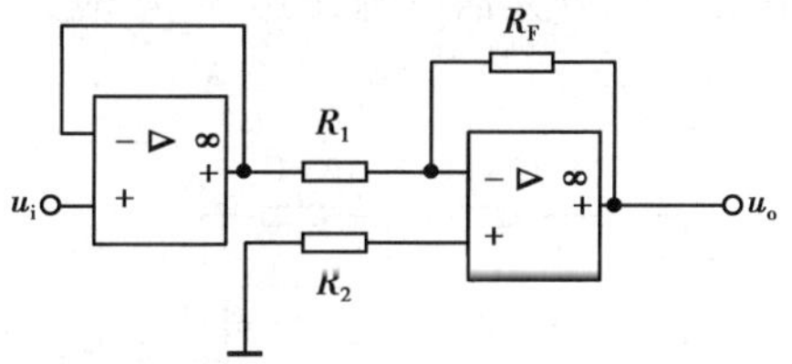

图 5-26

B 组测试题

一、填空题

1.正常的双联电位器如果 $R_{A13}=50$ kΩ,那么 $R_{B13}=$__________ kΩ。

2.100 kΩ 的双联电位器如果 $R_{A12}=19.2$ kΩ,那么 $R_{A23}=$__________ kΩ。

3.LM7805 表示输出电压为__________ V,LM7905 表示输出电压为__________ V。

4.在有源音箱的套件中,双电源“AC12V-GND-AC12”V 供电,整流电路输出端的电压应该是__________ V。

5.扬声器接线端子间的电压应该是__________ V。

6.MP3 供电接线柱输出的电压应该是__________ V。

7.写出如图 5-27 所示双联电位器的部件名称和 NE5399 的引脚顺序号。

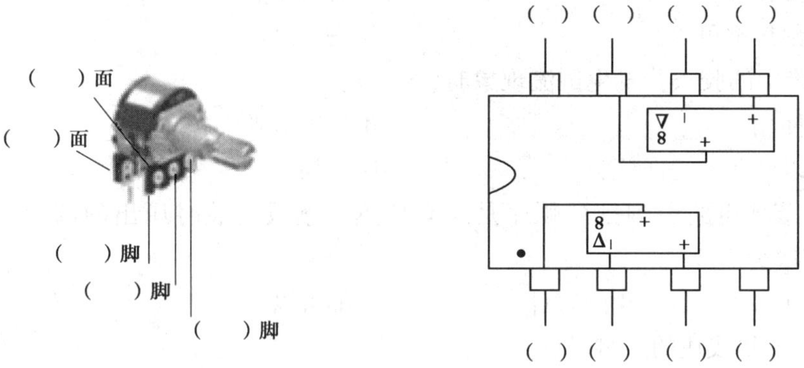

图 5-27

二、选择题

1.输出量与若干个输入量之和成比例关系的电路称为(　　)。

A.加法电路　　B.减法电路　　C.积分电路　　D.微分电路

2.欲实现 $A_u=-100$ 的放大电路,应选用(　　)。

A.反相比例运算电路　　B.同相比例运算电路

C.积分运算电路　　D.微分运算电路

3.差模输入信号是两个输入信号的(　　)。

A.和　　B.差　　C.比值　　D.平均值

4.如图 5-28 所示的理想集成运算放大器的输出电压 u_o 应为(　　)。

A.-6 V　　B.-4 V　　C.-2 V　　D.-1 V

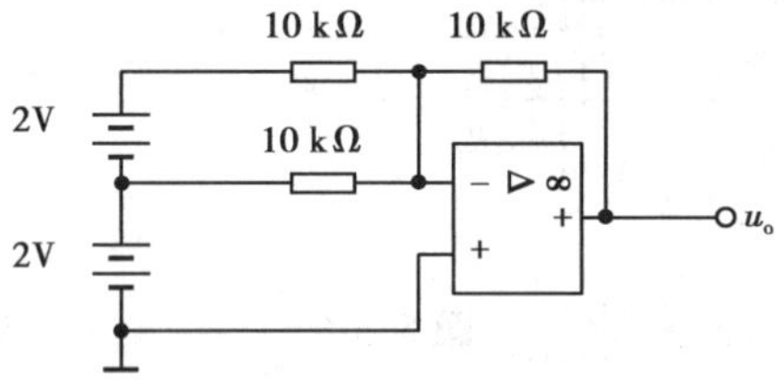

图 5-28

5.LM7808 表示输出电压为(　　)。

A.7 V　　B.8 V　　C.5 V　　D.-5 V

三、判断题

1.LM7805 和 LM7905 表示输出电压为 5 V。(　　)

2.差模输入信号是两个输入信号的差,所以输入信号一直都是零。(　　)

3.积分运算电路是可以实现 $A_u=-100$ 的放大电路。(　　)

4.当不同的电子能量传至线圈时,线圈产生一种能量与磁铁的磁场互动。(　　)

C 组测试题

一、填空题

1.CW137、CW237、CW337 可调的__________电压输出，输出范围为负的__________ V，引脚的 1 脚为__________端，2 脚为__________端，3 脚为__________端。

2.在如图 5-29 所示的电路图中，输出电压估算公式：$u_o \approx$__________，当稳压器离电源滤波器有一定距离时需要接上__________，__________能改进瞬态响应。

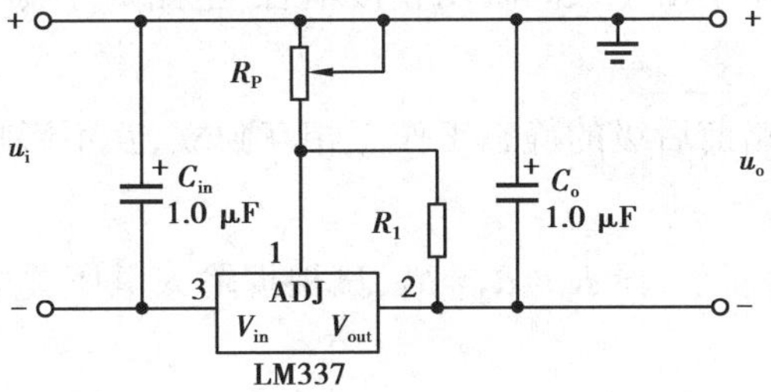

图 5-29

3.共模抑制比是指__________，用 K_{CMR} 表示，即 K_{CMR} =__________。差模信号电压放大倍数 A_{ud} 越大，共模信号电压放大倍数 A_{uc} 越小，则 K_{CMR} 越__________。

4.扬声器其实是一种将__________能转换成声音的转换设备，当不同的电子能量传至线圈时，线圈产生一种能量与磁铁的__________互动。

5.在通电前测左 AC12V 和右 AC12V 之间的电阻，如果为无穷大，说明两触点间__________路；如果为零，说明两触点间__________路。

二、选择题

1.利用万用表测量左扬声器和 GND 之间的电阻值，其结果可能是(　　)。

A.10 MΩ　　B.1 MΩ　　C.1 kΩ　　D.100 Ω

2.利用万用表测量左 AC12V 和 GND 之间的电阻值，其结果可能是(　　)。

A.10 MΩ　　B.1 MΩ　　C.1 kΩ　　D.100 Ω

3.在通电前，对右 AC12 V 触点和左 AC12 V 触点进行在路电阻检测的过程中，交换表笔后两触点的电阻值(　　)。

A.一定相等　　B.不相等　　C.相近或相等　　D.不能确定

4.用万用表测量 NE5532 的第 4 脚和第 8 脚的电阻，交换表笔后两触点的电阻值(　　)。

A.一定相等　　B.不相等　　C.相近或相等　　D.不能确定

5.下列不属于直接耦合放大器的电路特点的是(　　)。

A.便于集成化　　B.静态工作点互不独立

C.工作点相互影响　　D.不存在零点漂移现象

三、判断题

1.在通电前,用在路电阻法测量右 AC12 V 触点和左 AC12 V 触点之间的电阻,交换表笔后两触点的电阻值不相等属于正常现象。 (　　)

2.在用万用表测量 NE5532 的第 4 脚和第 8 脚的电阻时,交换表笔后需要对 NE5532 的第 4 脚和第 8 脚短接放电。 (　　)

3.直接耦合放大器电路中只有晶体管和电阻,没有大电容,级与级之间是直接连接,便于集成化。 (　　)

4.直接耦合放大器电路中由于级间采用直接耦合,电路对于低频信号甚至直流信号都能放大。 (　　)

5.直接耦合放大器电路前后级的静态工作点相互独立,互不影响。 (　　)

四、绘图题

加法器电路如图 5-30 所示,设 $R_1=R_2=R_F$,试根据输入电压波形画出输出电压的波形。

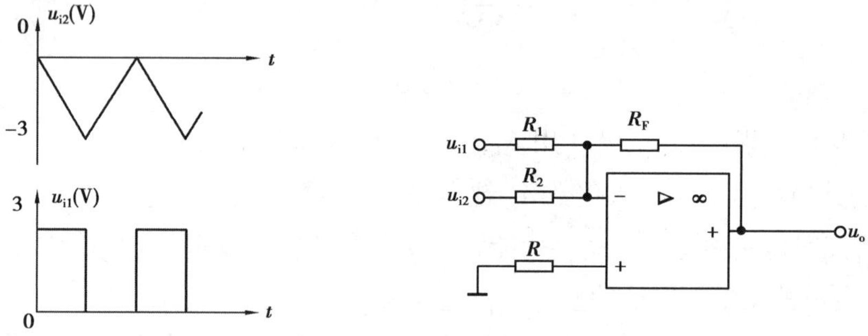

图 5-30

五、计算题

1.在如图 5-31 所示的同相比例运算电路中,已知 $R_1=2\ \text{k}\Omega$,$R_2=2\ \text{k}\Omega$,$R_F=10\ \text{k}\Omega$,$R_3=18\ \text{k}\Omega$,$u_i=1\ \text{V}$,求 u_o。

2.电路如图 5-32 所示,$R_1=10\ \text{k}\Omega$,$R_2=20\ \text{k}\Omega$,$R_F=100\ \text{k}\Omega$,$u_{i1}=0.2\ \text{V}$,$u_{i2}=0.5\ \text{V}$,求输出电压 u_o。

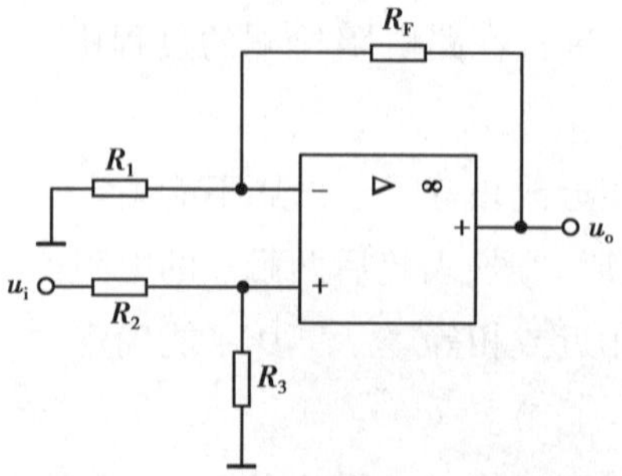

图 5-31

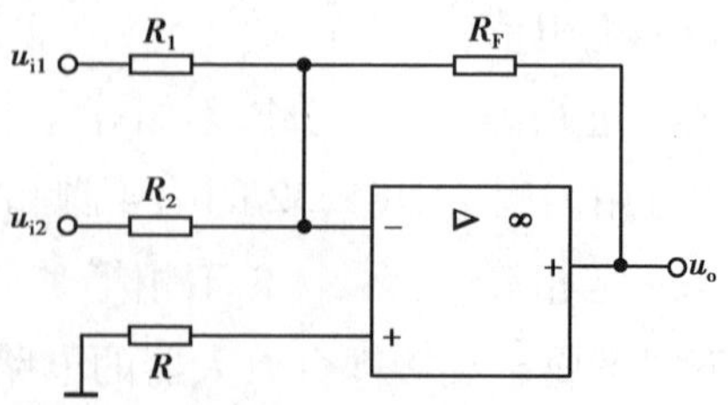

图 5-32

任务六　制作对讲机

对讲机在智能楼宇、工程施工、交通、消防、公安等领域中应用广泛。对讲机可以分为专业对讲机和业余对讲机。本任务通过组装一个业余对讲机,了解对讲机的工作原理,熟悉对讲机组装、调试的操作技能。对讲机的外形如图 6-1 所示。

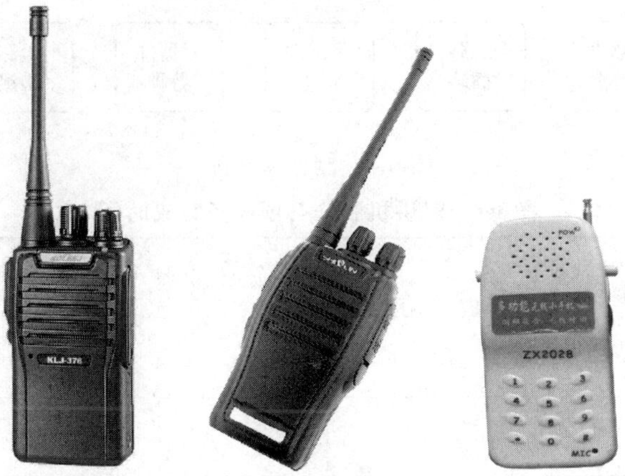

图 6-1　对讲机

※工作任务说明

现场提供了制作对讲机所需的工具、仪表和元器件。按电路原理图(图 6-2)、电路装配图(图 6-3)和制作流程图(图 6-4)完成对讲机的制作,同时将相关数据填入表 6-1 中。

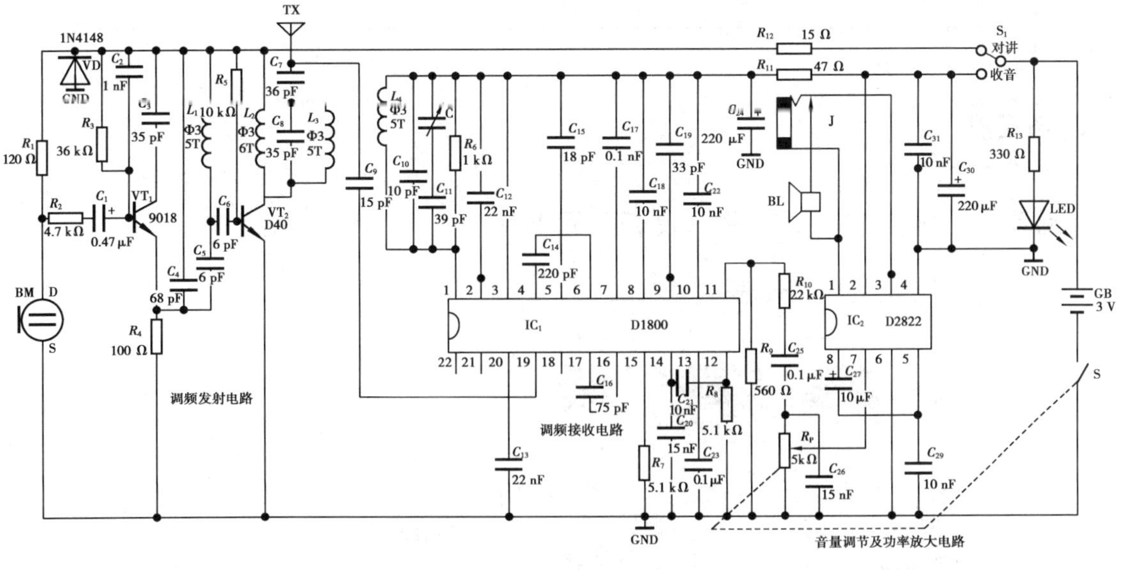

图 6-2　对讲机电路原理图

图 6-3 对讲机电路装配图

元器件归类 ➡ 元器件检测 ➡ 元器件插装 ➡ 元器件焊接 ➡ 元器件剪脚 ➡ 电路检测 ➡ 电路维修

图 6-4 制作流程图

表 6-1 对讲机制作各项任务完成时间

序号	任务内容	开始时间	结束时间	完成时间
1	清点并归类工具、仪表、元器件			
2	元器件检测			
3	元器件插装			
4	元器件焊接、剪脚			
5	电路检测			
6	电路维修			

※任务实施

活动一 清点并归类工具、仪表和元器件

一、清点并归类工具和仪表

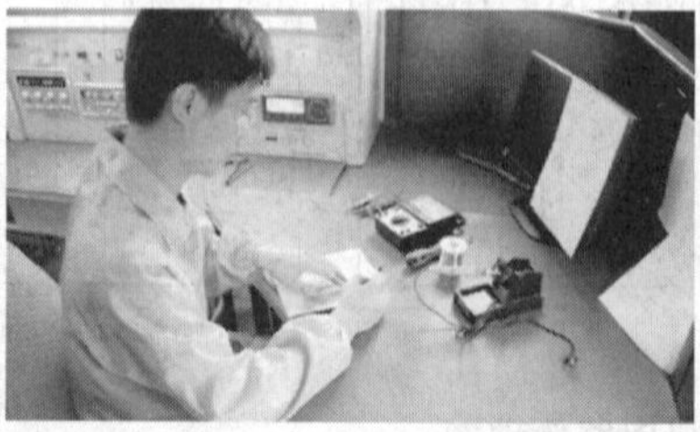

清理本任务所需的工具和仪表，并归类摆放整齐，同时按安全提示要求检查工作现场安全情况，将清理情况填写在表6-2中。

表 6-2　工具及仪表清单

名称	实物图片	规格/型号	状况	名称	实物图片	规格/型号	状况
电烙铁				螺丝刀			
万用表				焊锡丝			
稳压电源				防静电服			
斜口钳				示波器	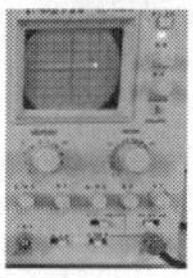		
镊子							

二、清点并归类元器件

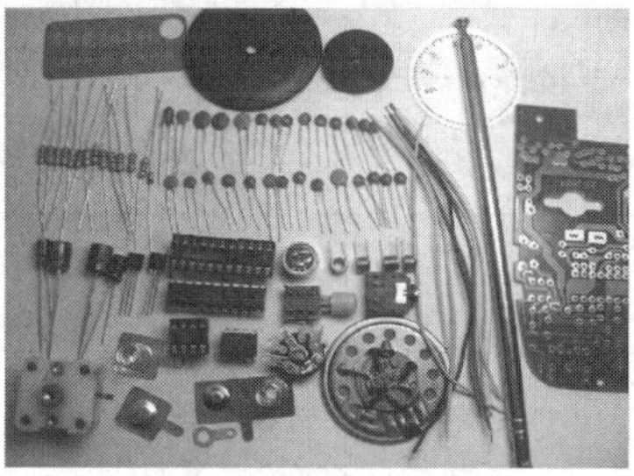

清理本任务所需的元器件，并归类摆放整齐，将元器件的符号、型号/规格、数量填写在表 6-3 中。

表 6-3　元器件清单

名称	位号	实物图片	符号	型号/规格	数量
电阻	R_{12}、R_{11}、R_4				
	R_1、R_{13}、R_9				
	R_{10}、R_2				
	R_6、R_5、R_3				
	R_7、R_8				
陶瓷电容	C_{10}、C_9、C_5				
	C_{19}、C_3、C_7、C_8				
	C_{11}、C_4、C_{16}				
	C_{17}、C_{14}、C_2				
	C_5、C_6、C_{20}、C_{26}				
	C_{12}、C_{13}、C_{23}、C_{25}				
	C_{18}、C_{21}、C_{22}、C_{28}、C_{29}、C_{31}				

双联可变电容器

(1)定义

可在一定范围内调节电容量的电容器称为可变电容器。可变电容器容量的改变是通过改变极片间相对的有效面积或片间距离来实现的。可变电容器一般由相互绝缘的两组极片组成：固定不动的一组极片称为定片，可以移动的一组极片称为动片。两只可变电容器的动片合装在同一转轴上，组成同轴可变的电容器，俗称双联可变电容器。

(2)外形特点

双联可变电容器的外形如下图所示。

轴心可固定拨盘便于调节电容量。

(3)电路符号

电路符号如下图所示。

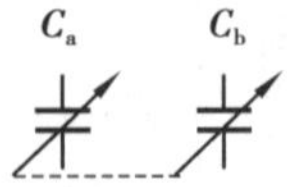

开关电位器

(1)功能

开关电位器具有开关和电位器的双重功能。其工作原理是往顺时针方向旋转转轴，开关闭合，继续旋转转轴可调节电阻值。

(2)外形结构

开关电位器具有5个引出端，中间3个引出端是电位器的3只引脚，两边的引出端是开关的2只引脚，如下图所示。

续表

名称	位号	实物图片	符号	型号/规格	数量
电解电容	C_1、C_{27}				
	C_{24}、C_{30}				
检波二极管	VD				
发光二极管	LED				
电感	L_1、L_3、L_4				
	L_2				
按钮开关	S_1				
导线0.8	—		—		
驻极体话筒	BM				
双联电容器	C				
耳机插座	J				
开关电位器	R_P				
扬声器	BL				
集成电路	IC_2				
集成电路	IC_1				
天线	TX				
印制电路板	—		—	—	
塑料大小拨盘	—		—	—	
外壳	—		—	—	

活动二　判断元器件质量

一、判断驻极体话筒的质量

操作步骤如下：

①判断驻极体话筒的极性
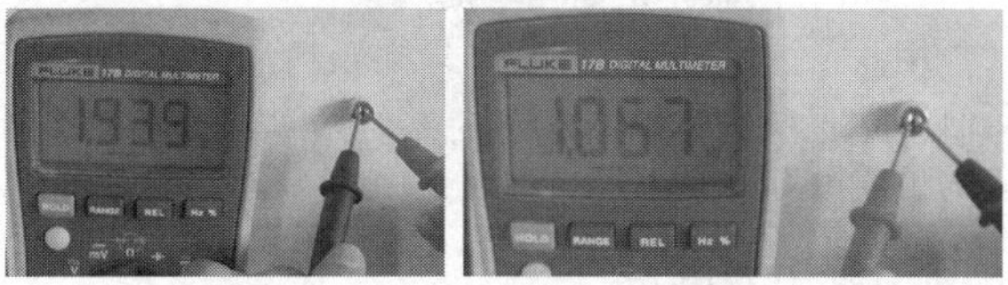 将数字万用表置于欧姆挡，红、黑表笔分别交替接驻极体话筒的两极，测量的阻值一大一小，阻值大时，红表笔所接为漏极 D，黑表笔所接为源极 S。
②判断驻极体话筒好坏
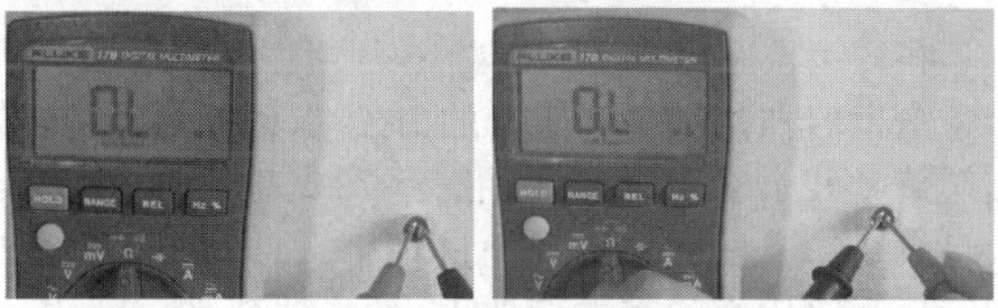 将数字万用表置于欧姆挡，红、黑表笔分别交替接驻极体话筒的 S、D 极，如果正、反向电阻值均为∞，则内部开路；如果正、反向电阻值均接近或等于 0 Ω，则内部击穿或短路。将检测结果填入表 6-4 中。
③判断驻极体话筒的灵敏度
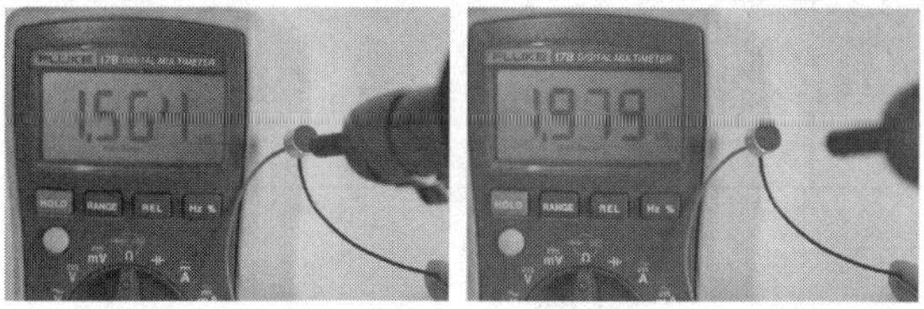 将数字万用表置于欧姆挡，红表笔接驻极体话筒的 D 极，黑表笔接 S 极，数字万用表显示一定的阻值，再用风枪（或用嘴）正对话筒吹气，正向电阻的指针会随着气流大小而摆动，面对相同的气流，阻值变化越大，话筒灵敏度越高，质量越好。

表 6-4　驻极体话筒检测

正向电阻	反向电阻	质量判断

（3）电路符号

电路符号如下图所示。

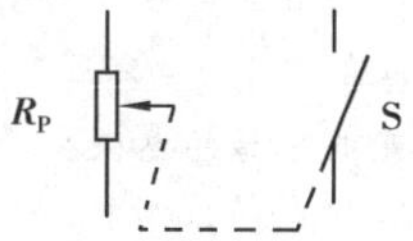

驻极体话筒使用常识

①驻极体话筒的工作电压一般为 3～10 V，其中典型的工作电压为 1.5 V、3 V 和 4.5 V，特殊情况下可使用≥12 V 的工作电压。使用时应正确选择，确保获得最佳性能。

②驻极体话筒虽然品种多、型号不一，但其主要特性一般相差都不太大，互换性较好，主要差别在于灵敏度的高低。在电子制作或维修时，如果找不到所需的型号，可用相似尺寸和灵敏度接近的型号替换。

③驻极体话筒与电子设备连接时，要特别注意两者阻抗的匹配。

双联电容器使用常识

常见的双联可变电容器有空气介质可变电容器和云母介质可变电容器两种。

双联可变电容器的电极由两组金属片组成。两组电极中固定不变的一组为定片，能转动的一组为动片，动片与定片之间以空气作为介质。

当转动可变电容器的动片使之全部旋进定片间时，电容量最大；反之，将动片全部旋出定片间时，电容量最小。

双联可变电容器一般用在收音机、电子仪器、高频信号发生器、通信设备及有关电子设备中。

二、判断双联可变电容器的质量

操作步骤如下：

①直观检查

用手轻轻旋动转轴，应感觉十分平滑，不应感觉有时松时紧甚至卡滞的情况。将载轴向前、后、左、右各个方向推动时，转轴不应有松动的现象。

用一只手旋动转轴，另一只手轻摸动片组的外缘，不应感觉有任何松脱的情况。转轴与动片之间接触不良的可变电容器是不能再继续使用的。

②利用万用表测量

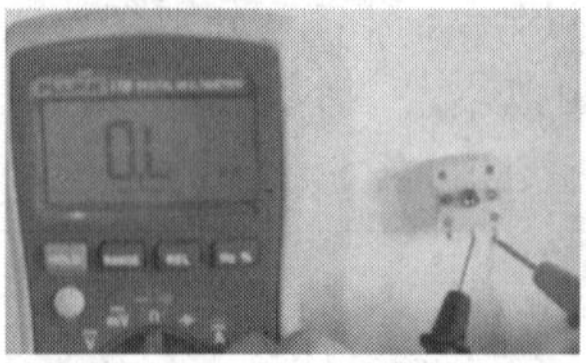

将数字万用表置于欧姆挡，一只手将两支表笔分别接可变电容器的动片和定片的引出端，另一只手将转轴缓缓旋动几个来回，数字万用表测得电阻值都应为无穷大且不变动。在旋动转轴的过程中，如果显示为零，说明动片和定片之间存在短路点；如果转到某一角度，万用表读数不为无穷大而是出现一定阻值，说明可变电容器动片与定片之间存在漏电现象。将检测结果填入表6-5中。

表 6-5　双联电容器检测

R_{12}	R_{21}	R_{13}	R_{31}	R_{23}	R_{32}	质量判断

三、判断开关电位器的质量

操作步骤如下：

①直观检查

正常情况下，旋动电位器柄，随开关的断开和接通，应有良好的手感，同时可听到开关触点弹起发出的响声，多次开、关，效果一致。

开关接通后，继续旋转把柄，转动应灵活、滑顺，无异响或卡阻现象，即为正常。

②检查开关

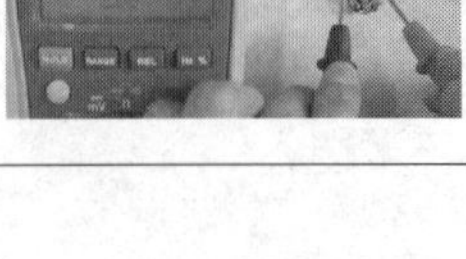
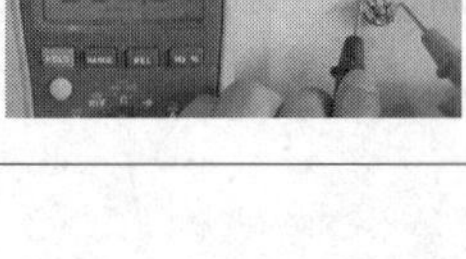

将数字万用表置于欧姆挡，一支表笔接“4”端，另一支表笔接“5”端，再旋转电位器的轴柄，使开关“开”→“关”。“通”时电阻为0，“断”时电阻为∞，否则为开关性能不良。将检测结果填入表6-6中。

③检查电位器

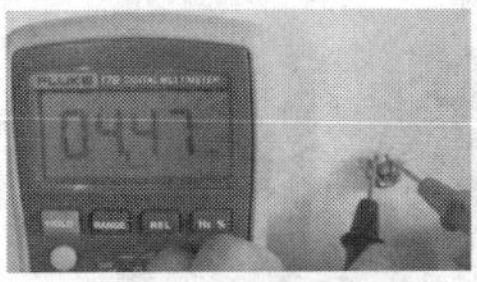

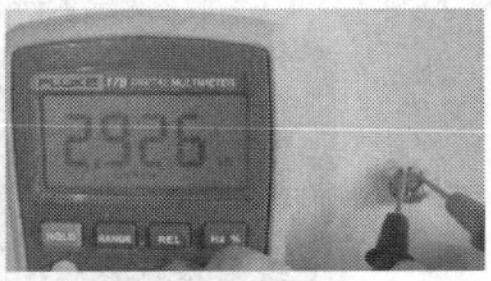

将数字万用表置于欧姆挡，测量 R_{12}、R_{23}、R_{13}，判断电位器好坏。将检测结果填入表6-7 中。

表 6-6　开关质量检测

R_{ON}	R_{OFF}	质量判断

表 6-7　电位器质量检测

R_{12}	R_{23}	R_{13}	质量判断

活动三　安装对讲机电路

一、观察对讲机电路原理图和印制线路板

对讲机电路原理图和印制线路板如图 6-2 和图 6-3 所示。

本电路的电阻除 R_{11}、R_{12}、R_{13} 外，均采用立式安装。因为元器件密度大，所以本电路中元器件的安装焊接顺序：贴板电阻器、二极管、集成电路→瓷介电容→立式电阻器、三极管→电解电容器→电感器→电位器、耳机插口→双联可调电容器→整机装配。

二、安装对讲机印制线路板电路

操作步骤如下：

①装接贴板元件

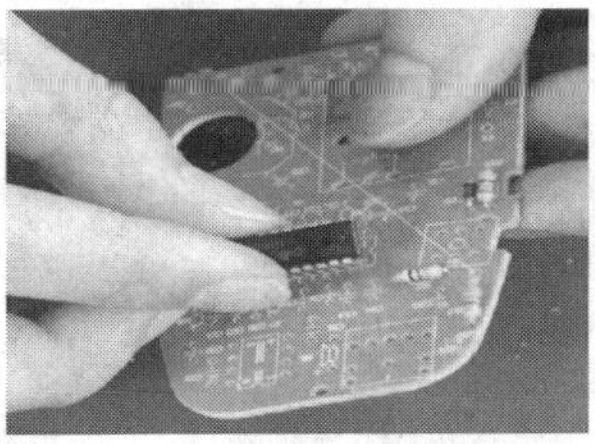

贴板安装 R_{11}、R_{12}、R_{13}、VD 与集成电路。

②安装电阻、电容

立式安装电阻、电容。

装接工艺提示

用红色导线焊接驻极体话筒的 D 极，黄色导线焊接驻极体话筒的 S 极，便于区分极性。

因为发光二极管是安装在电路板的敷铜面上，所以引脚留下的长度要合适，注意驻极体话筒与扬声器的极性，并区分连接线的颜色。

对讲机电路的结构

(1)电源电路

干电池单独供电，由可调开关 S 控制电路电源，LED 为电源指示灯。

(2)调频发射电路

按下 S_1 开关不放即开启对讲功能。由驻极体话筒采集声音信号，通过三极管 VT_1 调制放大，并与 C_2、C_3、C_4、C_5、L_1 以及三极管集电极与发射极之间的结电容 C_{ce} 构成一个 LC 振荡电路，再通过专用发射放大管 VT_2，最后通过天线 TX 发射信号。

(3)调频接收电路

将开关 S_1 松开即开启调频广播接收功能。从天线耦合到 D1800 的 19 脚的调频广播信号，与从 L_4、C_{10}、C_{11}、C、R_6 本振调谐回路输入到 D1800 的 1 脚的本振信号进行混频，产生中频信号，经中频放大、鉴频后获得音频信号，从 14 脚输出，降噪处理后经 12 脚进入 D1800 进行第一次功率放大，从 11 脚输出音频信号供给功放级。

(4)功放电路

由 D2822 及其外围元件构成功放电路推动扬声器。

③安装三极管、电感器 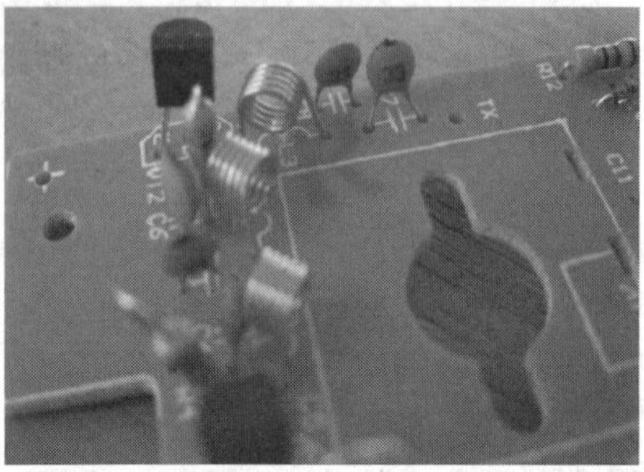 注意区分，L_1、L_3、L_4为 5 匝，L_2为 6 匝。安装时不要改变线圈形状，否则会改变电感量。	④安装带开关电位器 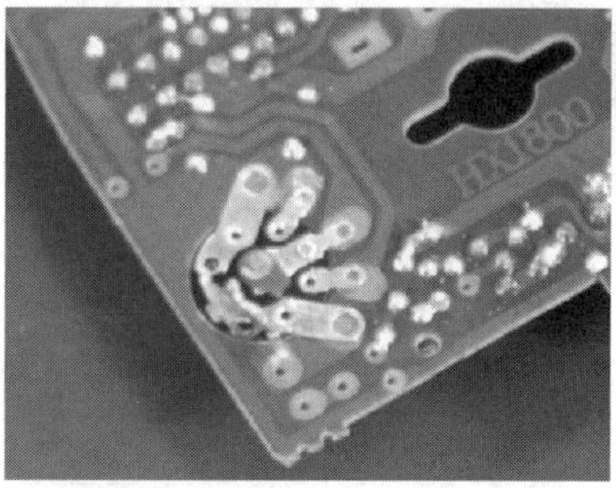 带开关电位器引脚直接贴板焊接在电路板上。
⑤安装双联电容器、耳机插座  双联电容器、耳机插座紧贴电路板安装。	⑥安装发光二极管  二极管安装在电路板背面，用于开关指示。注意：发光二极管的引脚长度应配合外壳指示灯窗口。
⑦安装驻极体话筒  红色导线接话筒漏极 D，黄色导线接话筒源极 S。	⑧扬声器的安装 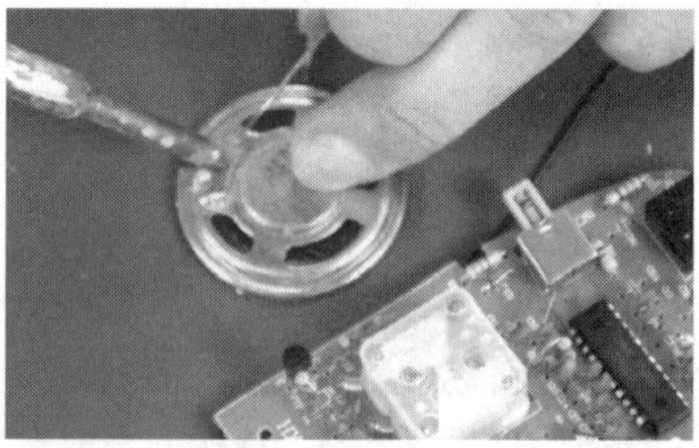 在扬声器上焊接导线，用于扬声器与电路板的连接。

三、装配对讲机整机

操作步骤如下：

①安装调谐调节拨盘及频率指示标牌

将双联电容器沿逆时针方向全部旋进（频率调到最低），将调谐调节拨盘固定在双联电容上，注意带箭头的一边在上面，再将频率标示牌贴装在拨盘上，牌上标有“88 MHz”字样的地方对准拨盘上的箭头贴装。

②安装音量调节拨盘

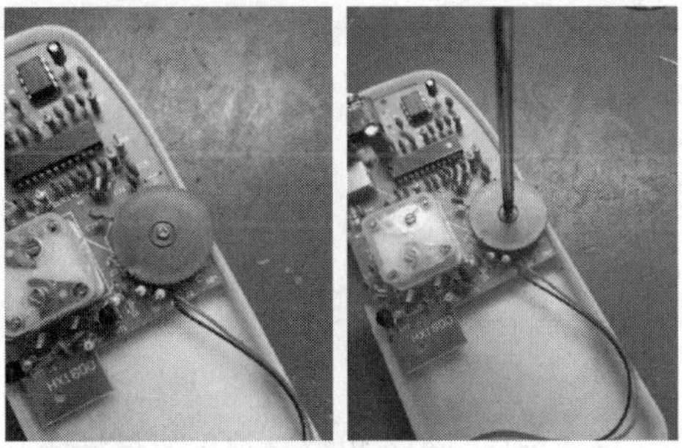

将音量调节拨盘安装在开关电位器 R_P/S 上，并用 Φ1.6×5 螺钉固定。注意：用力适当，安装好后，将开关置于断开的位置。

③安装扬声器

将扬声器装入前盖指定位置，调整好两焊点位置后，用加热的方法将预留的塑料融化，固定扬声器，最后再焊接扬声器导线。

④安装驻极体话筒

将话筒装入前盖指定位置，用加热的方法将预留的塑料融化，固定好话筒。

⑤电路板装入前盖，固定电路板

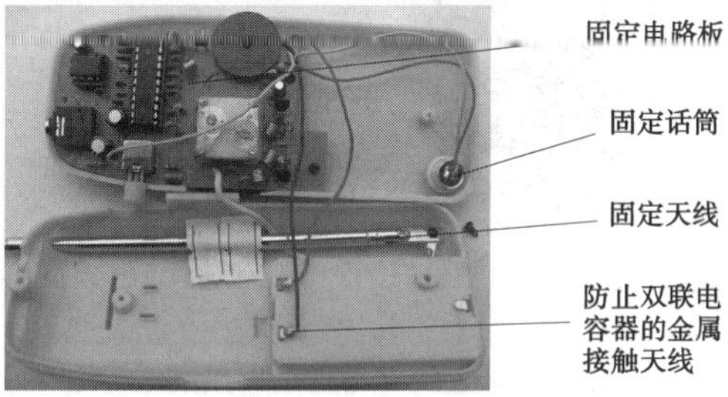

调整好电路板位置，将电路板装入前盖，注意扬声器导线不能遮挡螺钉的位置，发光二极管放入前盖指定孔内，确保耳机插孔、收音/对讲按钮、调谐调节拨盘、音量调节拨盘的安装位置正确，检查无误后再用两颗自攻螺钉固定电路板。

⑥安装后盖及电池盖	⑦在前盖上贴标示牌
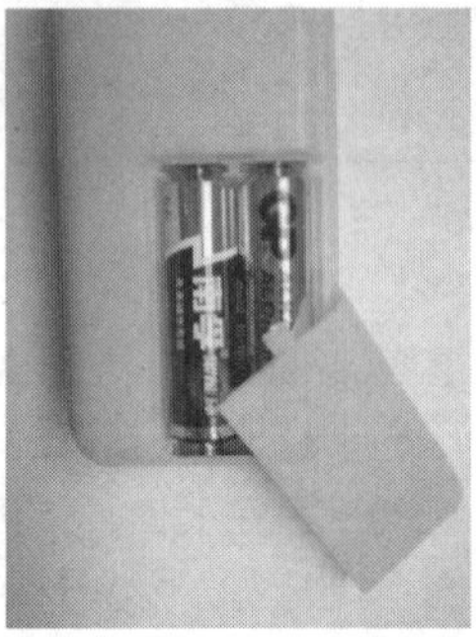 为防止天线影响双联电容器，可用标签（或绝缘胶布）将天线与双联电容器隔开。整理好导线，将后盖安装在前盖上，并用两颗螺钉固定，在后盖的电池盒内装入 2 节 5 号 1.5 V 的电池后，盖上电池盖。	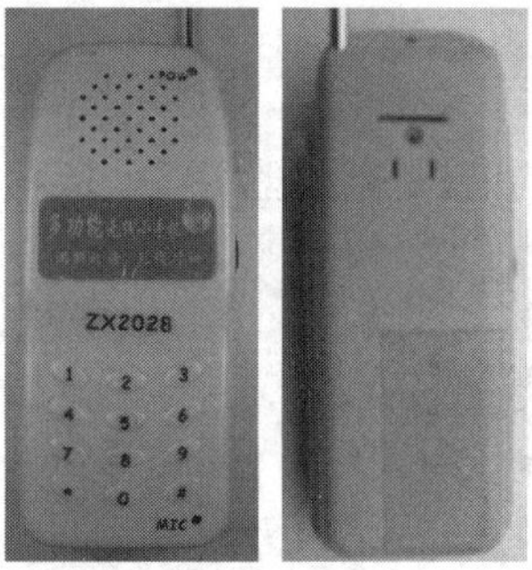 在前盖指定位置贴上产品标示牌。

活动四　检查并调试对讲机电路

一、通电前检测

1.直观检测

①检查焊点 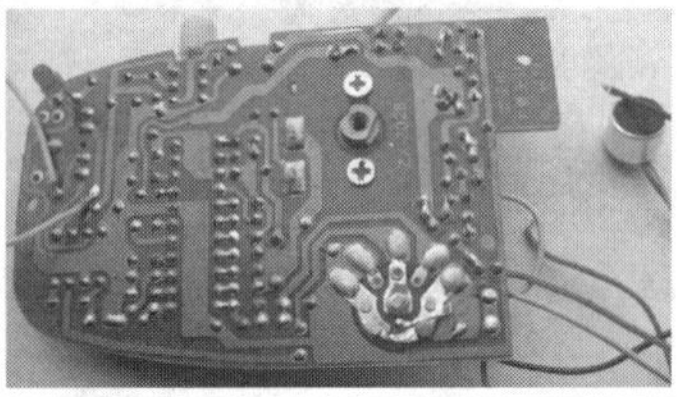	通电前肉眼检查电路板焊点的焊接情况，优化、修复焊点，确认所有元器件的焊点光滑，无毛刺、漏焊、虚焊、假焊、桥接等情况。
②检查元器件 	依据元器件清单核对元器件，确保所有元器件的焊接位置正确，无漏装、错装等情况，确保连接线连接正确。

2.检测在路电阻

检测 GB+和 GB-之间的正、反向电阻

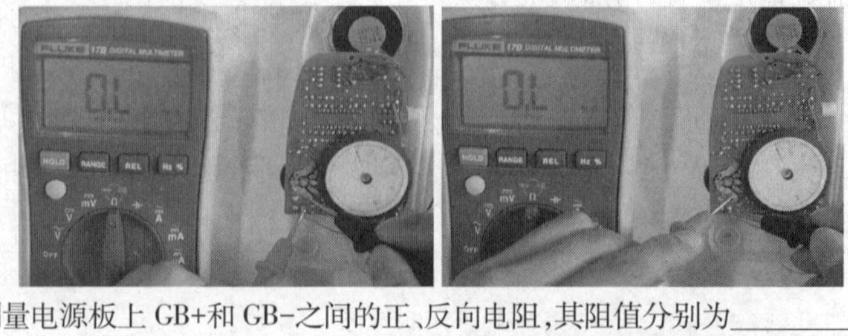

用万用表测量电源板上 GB+和 GB-之间的正、反向电阻，其阻值分别为__________、__________。

二、通电测试

1.调试对讲机发射功能

①判断发射电路是否起振

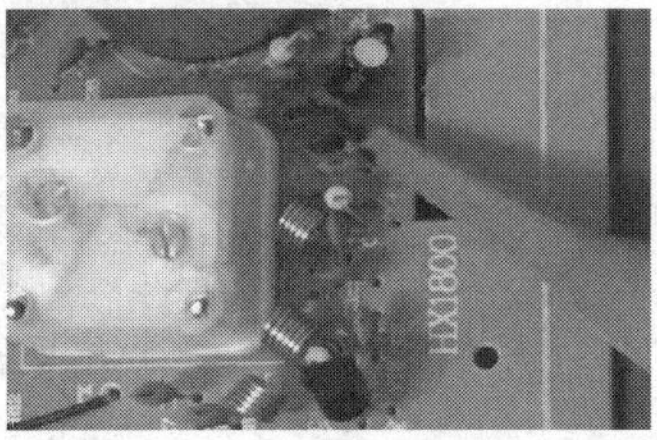

按下按钮开关 S_1，测试 VT_1、VT_2 各引脚的电位，对照表 6-8 进行判断。

②检测 VT_1 的波形

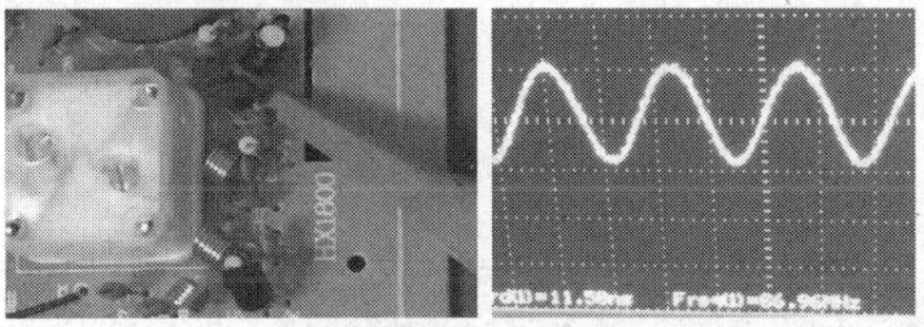

示波器测试图(正常)

对准话筒说话时测试 VT_1 基极波形，判断话筒是否可以采集声音信号。将检测结果填入表 6-9 中。

③检测 VT_2 的波形

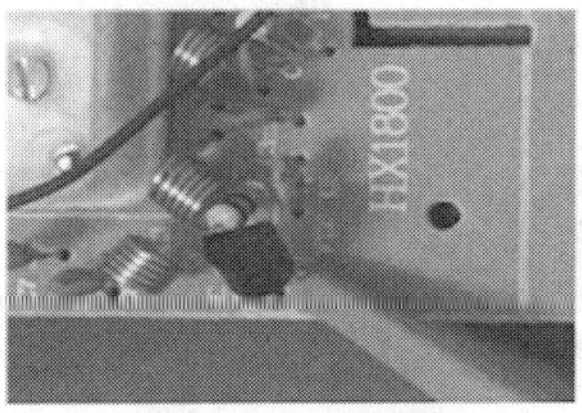

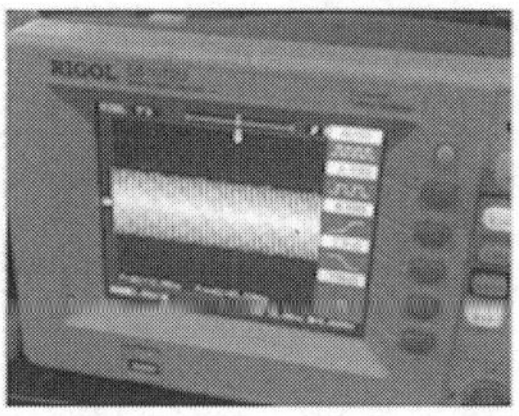

断开话筒测试 VT_2 集电极波形，该波形是通过 VT_2 放大得到的高频载波。将检测结果填入表 6-9 中。

④检测加声音后 VT_2 的波形

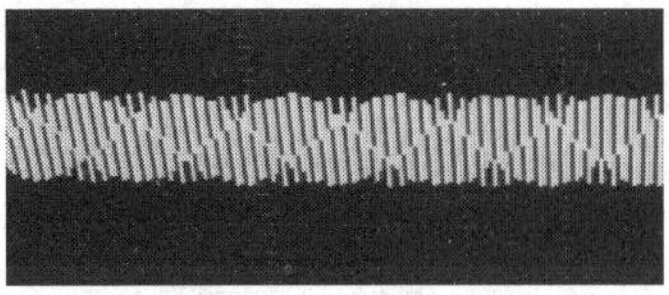

加上声音信号后测 VT_2 集电极的波形，观察该波形的频率是否有变化。该信号是经过 VT_1 调制得到的已调信号。

驻极体话筒属于常用的电容式话筒，输入和输出阻抗很高，要在这种话筒外壳内设置一个场效应管作为阻抗转换器，为此驻极体电容式话筒在工作时需要直流工作电压。

LC 振荡器

LC 振荡器是指用电感 L 和电容 C 组成选频网络的振荡器，用于产生高频正弦波信号。常见的 LC 正弦波振荡器有变压器反馈式 LC 振荡器、电感三点式 LC 振荡器和电容三点式 LC 振荡器。

电容反馈式 LC 振荡器

电容反馈式 LC 振荡器又称为考毕兹振荡器，属于电容三点式 LC 振荡器，是一种应用十分广泛的振荡电路，如下图所示。C_1、C_2 和 L 组成并联谐振回路作为放大器的交流负载，R_{b1}、R_{b2} 和 R_e 为放大器的分压式直流偏置电阻，C_e 是射极旁路电容，C_b 是基极耦合电容。

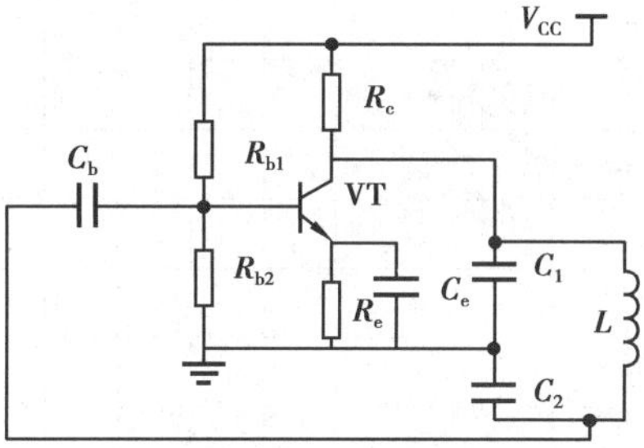

表 6-8　VT_1、VT_2 工作时的各脚参考电位

各脚电位 / 三极管	V_c/V	V_b/V	V_e/V
VT_1	2.37	0.91	0.32
VT_2	2.47	0.45	0

表 6-9　VT_1 基极、VT_2 集电极的波形、频率、幅度

测试 VT_1 基极波形	示波器	电子计数器	毫伏表
	时间挡位： 幅度挡位： 峰峰值：	频率读数： 周期读数：	信号有效值：
测试 VT_2 集电极波形	示波器	电子计数器	毫伏表
	时间挡位： 幅度挡位： 峰峰值：	频率读数： 周期读数：	信号有效值：

调谐回路

调谐就是调整谐振频率，通过改变电感、电容来改变频率。调谐回路的作用就是选出需要的信号，把其他不需要的或者干扰的信号排除掉。

2.调测对讲机的接收（收音机）功能

操作步骤如下：

①直观检测

将电源开关闭合，调节音量至合适，细听扬声器有没有背景噪声，再细调双联可调电容器，如果装配正确应能收到广播电台。若收不到，应检查有没有元件装错，印刷电路板有没有短路或开路，有没有因为焊接质量不高而导致的短路或开路等，还可以试换一下 D1800。可测试一台具有接收功能的对讲机的关键点电流、电压、波形等来对比判定故障点，用数字表测量 D1800 与 TDA2822 分别在无信号与有信号时各引脚的电位。

②测 D1800 的 1 脚波形

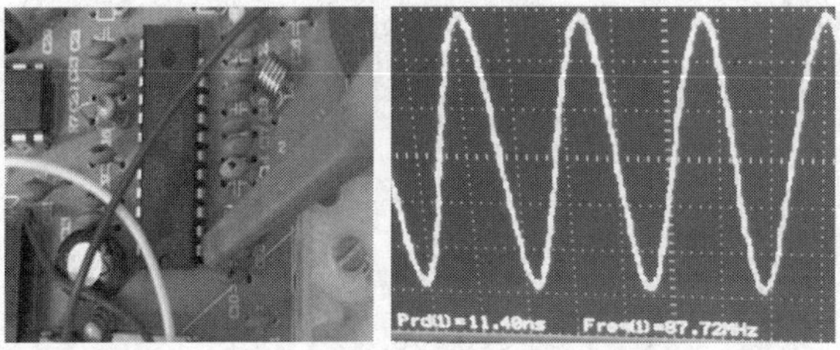

D1800 的 1 脚为本振信号的输入端，由 L_4、C_{10}、C_{11}、C 和 R_6 构成本振调谐回路，测 1 脚是否有正常波形及其频率值。

③测 D1800 的 14 脚与 11 脚波形

测 D1800 的 14 脚经过鉴频放大输出的音频信号，同时观测 D1800 的 11 脚被第一次功率放大的信号，比较两脚的波形变化。

④测 D2822 的 1 脚波形

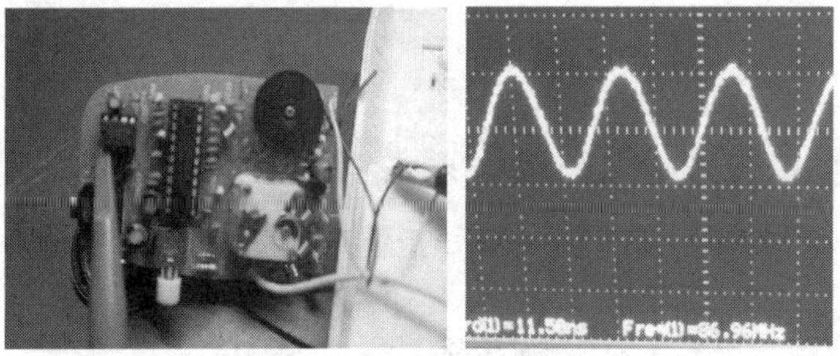

改变电容大小，测试 D2822 的 1 脚，观测波形的变化情况，将 D1800 第 11、14 脚的动态波形、频率、幅度填入表 6-10 中，并进行比较。

调谐放大器

调谐放大器是指以谐振回路作负载的放大器，即以电容器和电感器组成的回路为负载，增益和负载阻抗随频率而变的放大电路。当要求其中心频率能在某个频率范围内任意调节时，可由机械调谐（可变电容器或可变电感器）或电调谐（变容二极管）来实现。

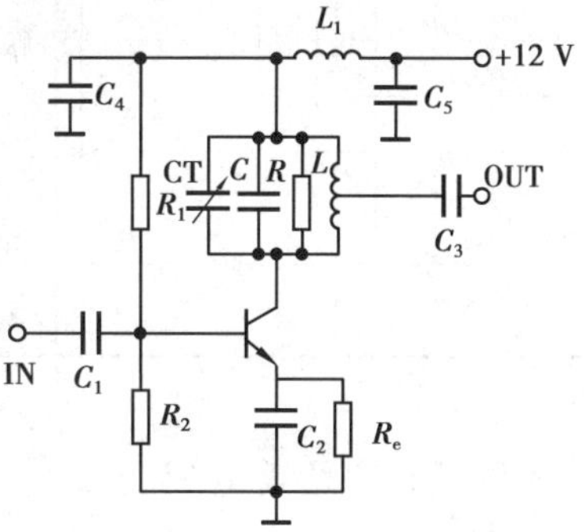

低通滤波器

低通滤波器是允许低于某个频率的信号通过，而高于此频率的信号不能通过的电子滤波装置。

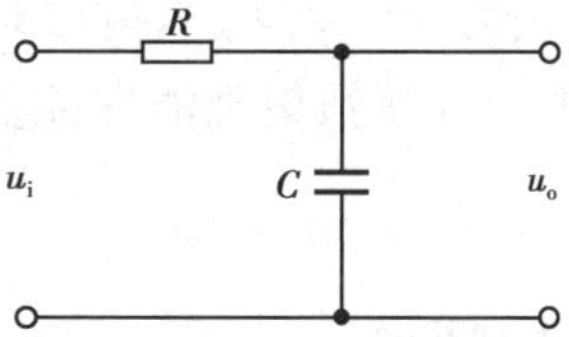

功率放大器

功率放大器简称“功放”，俗称“扩音机”，是音响系统中最基本的设备，它的任务是把来自信号源（专业音响系统中则是来自调音台）的微弱电信号进行放大以驱动扬声器发出声音。在本任务的电路中用了两级功放，D1800 的 11 脚输出的信号为第一级放大输出。

D2822 的 TDA2822 的各引脚功能见下表。

引脚	功能	引脚	功能
1	输出端 1	5	反相输入端 2
2	电源正极	6	同相输入端 2
3	输出端 2	7	同相输入端 1
4	地	8	反相输入端 1

表 6-10　D1800 第 11、14 脚的动态波形、频率、幅度

D1800 第 11 脚波形	示波器	D1800 第 14 脚波形	示波器
	时间挡位： 幅度挡位： 峰峰值：		时间挡位： 幅度挡位： 峰峰值：

3.调试频率覆盖范围

对讲机的接收频率范围应为 87～108 MHz。找一台标准的调频收音机，分别收听一个低频电台和一个高频电台，并调整被调收音机 L_4 的松紧度（使用无感改刀），使被调收音机也能收到这两个电台，那么这台被调收音机的频率覆盖就调好了。如果在低频端收不到低频电台，说明应减少 L_4 的匝数，在高频端收不到高频电台，说明应增加 L_4 的匝数，直至这两个电台都能收到为止。当 L_4 被拔松时频率增高，反之频率降低。注意调整前可将频率指示标牌贴好，使整个圆弧数值都能在前盖的小孔内看得见，使电台频率与标示一致。

导师说

检测电路时对集成块引脚的排列要搞清楚，检测时要避免检测工具与其他元件触碰造成短路烧坏元件。检测到对应波形不对时，应及时对其外围电路进行检测，排除故障。当能接收到电台信号时说明该电路的接收电路正常。

活动五　对讲机电路的简单故障维修

对讲机经常会出现不能发射、接收信号等故障，可采用直观检测法、在路电阻检测法、逐级碰触法和参数测试等进行故障维修。

故障现象：不能发射信号。

维修步骤如下：

整机电阻检测及波形检测

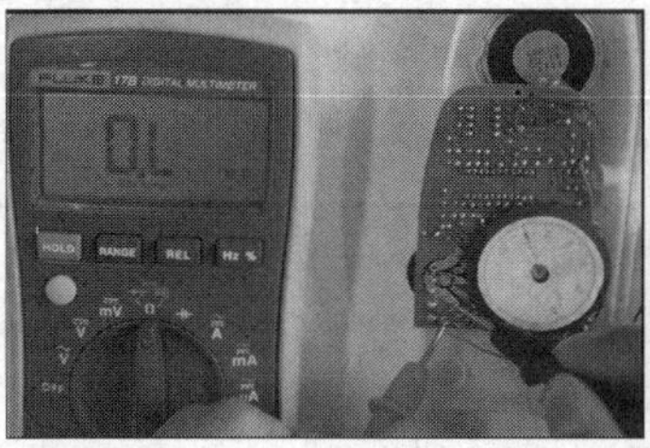

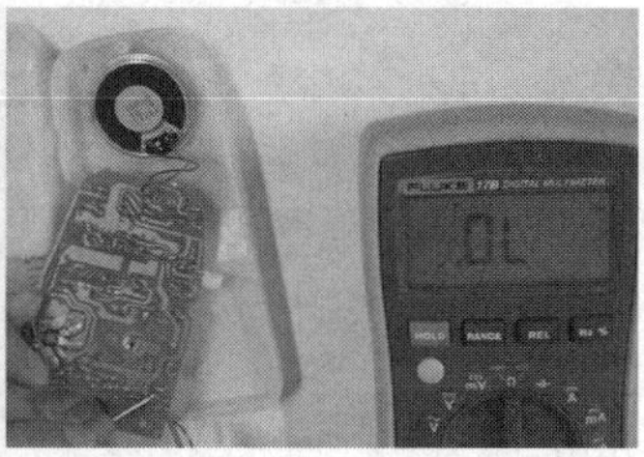

a.首先直观检查连接线有无断裂、破损等情况；其次检查电路板有无虚焊、漏焊、脱焊等情况；再次检查元器件有无明显烧坏，经检查都无问题。

b.用万用表测量电源板上 GB+和 GB-之间的正、反向电阻，结果正常。

c.用示波器测 VT_2 集电极波形，无波形；再测 VT_2 基极，有波形；断电，检测 VT_2 的 b、e 极电阻，发现其开路。更换此元器件，对讲机工作正常。

故障现象：不能接收信号。

维修步骤如下：

逐级碰触检查及在路电阻检测

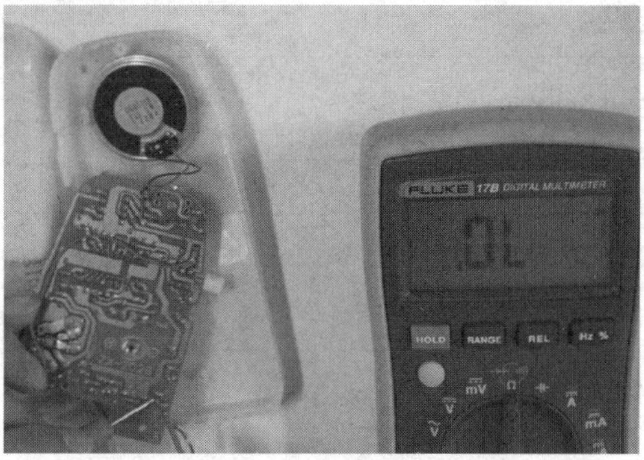

a.首先直观检查连接线有无断裂、破损情况；其次检查电路板有无虚焊、漏焊、脱焊等情况；再次检查元器件有无明显烧坏，经检查都无问题。

b.用万用表测量电源板上 GB+和 GB-之间的正、反向电阻，结果正常。

c.将电源开关 S 闭合，电源指示灯 LED 发光，用万用表测 D2822 各引脚电位，结果正常。

d.用表笔碰触其 1 脚，扬声器能发出噪声；再用表笔碰触其 7 脚，扬声器也能发出噪声；再用表笔碰触 D1800 的 11 脚，扬声器中没有噪声；由于开关可调电位器具有 5 个引出端（中间 3 个引出端是阻值可调的音量电位器，边上两个引出端就是开关 S），用万用表检测中间 3 个引出端，发现其开路。更换此元器件，对讲机工作正常。

【任务评价】

任务评价表

<table>
<tr><th colspan="2" rowspan="2">评价内容</th><th>自 评</th><th>小组评价</th><th>教师评价</th></tr>
<tr><th colspan="3">优☆ 良△ 中√ 差×</th></tr>
<tr><td rowspan="4">职业素养</td><td>①安全用电</td><td></td><td></td><td></td></tr>
<tr><td>②设备及器材的安全</td><td></td><td></td><td></td></tr>
<tr><td>③记录整理完整准确</td><td></td><td></td><td></td></tr>
<tr><td>④符合“6S”管理理念</td><td></td><td></td><td></td></tr>
<tr><td rowspan="5">知识与技能</td><td>①准备制作对讲机所需的工具、仪表、元器件</td><td></td><td></td><td></td></tr>
<tr><td>②评估对讲机元器件的质量</td><td></td><td></td><td></td></tr>
<tr><td>③安装对讲机电路</td><td></td><td></td><td></td></tr>
<tr><td>④检查与调试对讲机电路</td><td></td><td></td><td></td></tr>
<tr><td>⑤简单维修对讲机电路</td><td></td><td></td><td></td></tr>
<tr><td rowspan="2">汇报展示</td><td>①作品展示(可以为实物作品展示、PPT 汇报、简报、作业等形式)</td><td></td><td></td><td></td></tr>
<tr><td>②语言流畅,思路清晰</td><td></td><td></td><td></td></tr>
<tr><td colspan="2">评价等级</td><td></td><td></td><td></td></tr>
</table>

※拓展与提高

一、无线电技术

1.无线电信号的发射

普通的音频信号或图像信号(低频信号)要实现远距离传输,必须要经过调制才能实现。把低频信号放在高频信号上的过程称为调制,这个高频信号称为载波,低频信号称为调制信号。常见的调制方式有调幅(AM)、调频(FM)和调相(PM)。

调幅:使载波的信号幅度随调制信号的强弱而变化,而载波信号的频率不变的调制方式。其波形如图 6-5 所示。

调幅波对阻碍物的穿透能力强，但是传输距离较短且抗干扰能力差，这种技术一般应用于楼宇内的无线安防等领域。

调频：使载波的频率随调制信号的强弱而变化，而载波信号的幅度不变的调制方式。其波形如图 6-6 所示。

调频的优点是能克服幅度噪声的干扰。调频广播和电视伴音都是采用调频的方式来传输信号的。

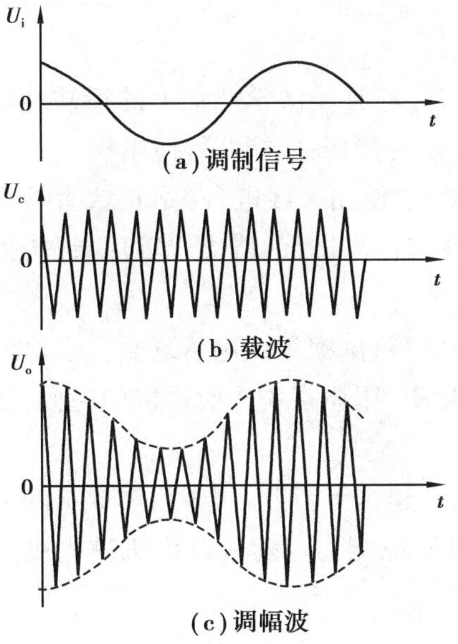

图 6-5 调幅的波形

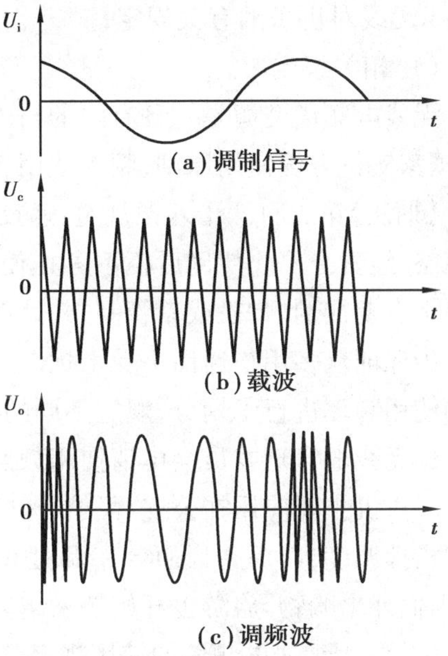

图 6-6 调频的波形

调相：使载波的相位对参考相位的偏离值随调制信号的瞬时值成比例变化的调制方式。

发射电路的组成如图 6-7 所示。

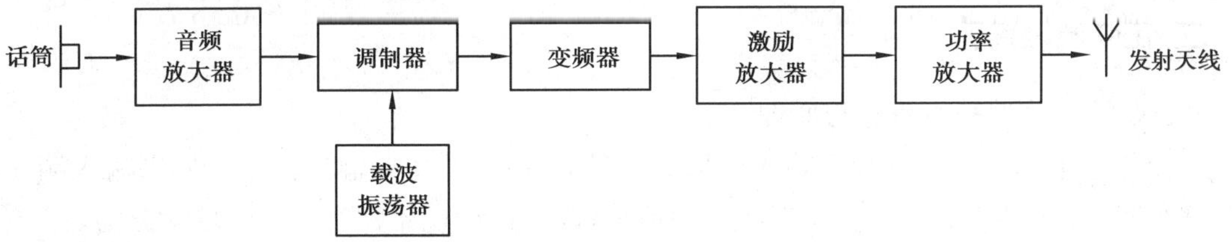

图 6-7 发射电路

2.无线电信号的接收

在天空中传播的无线电波被天线感应接收后，将需要的信号选择出来放大之后去掉载波，只保留音频信号或图像信号，称为解调。解调的方式有检波、鉴频和鉴相等。

接收电路的组成如图 6-8 所示。

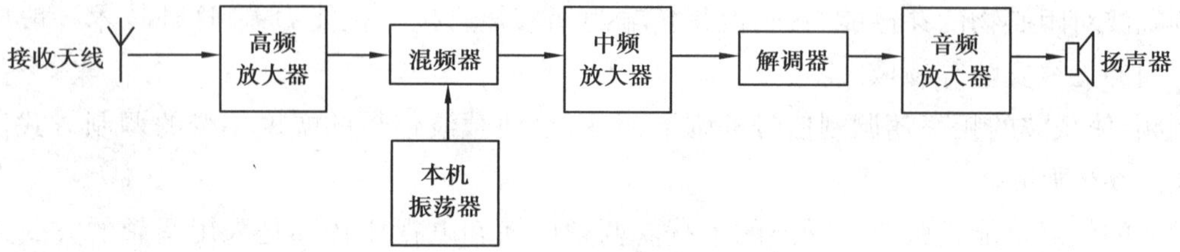

图 6-8 接收电路

3.无线对讲机的有关规定

(1)相关规定

无线电频谱资源是一种有限的自然资源,归国家所有,具有经济学意义上的稀缺性。因此,国家实行有偿使用原则,频率使用者要向国家交纳一定的费用,才能获得使用权。

《刑法》第二百八十八条规定:违反国家规定,擅自设置、使用无线电台(站),或者擅自占用频率,经责令停止使用后拒不停止使用,干扰无线电通信正常进行,造成严重后果的,处三年以下有期徒刑、拘役或者管制,并处或单处罚金。

为保证众多用户通话不受干扰以及合理地利用频率资源,国家无线电管理委员会对对讲机的使用频率进行了划分,规定不同的行业使用相应的频率,用户在购买对讲机的时候,要向当地的无线电管理委员会申请使用频点。

对讲机主要应用在公安、民航、运输、铁路、水利、服务、建筑等行业,用于团体成员间的联络和指挥调度,以提高沟通效率和处理突发事件的快速反应能力。随着对讲机进入民用市场,人们外出购物、旅游也开始越来越多地使用对讲机。

(2)常用无线电频段的使用规定

公安:350 MHz;海岸:220 MHz;业余:433 MHz;集群:800 MHz;手机:900 MHz;收音机:185~120 MHz;电视机:100~800 MHz。目前,各国都开辟了专门的开放频段,中国:409~410 MHz;美国:462~467 MHz;欧洲:433 MHz。

二、正弦波振荡器

1.正弦波振荡的基本概念与原理

一个放大电路在输入端加上输入信号的情况下,输出端才有输出信号。如果输入端无外加输入信号,输出端仍有一定频率和幅度的信号输出,这种现象称为电路的自激振荡。

正弦波振荡电路就是在没有外加输入信号的情况下,依靠电路自激振荡而产生正弦波输出电压的电路,广泛应用于遥控、通信、自动控制、测量等设备中。

(1)正弦波振荡电路的组成

正弦波振荡电路一般由基本放大器、选频正反馈网络组成,也可以由选频放大器、正反馈网络组成,如图 6-9 所示。

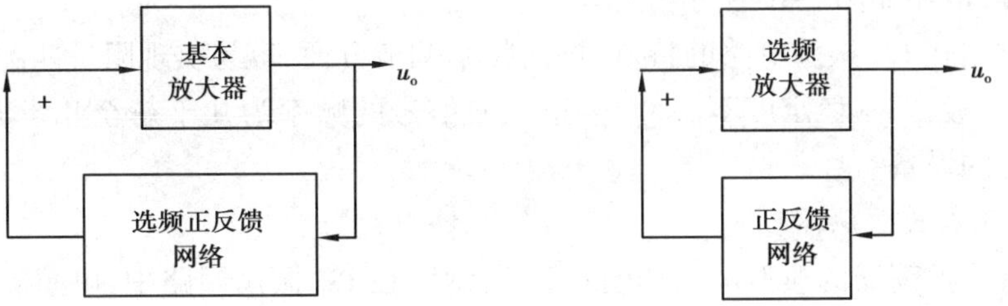

图 6-9　正弦波振荡电路

从正弦波振荡电路的组成上看必须有以下 4 个基本环节：

①放大电路：保证电路能够从起振到动态平衡的过程获得一定幅值的输出量，实现能量的控制。

②选频网络：确定电路的振荡频率，使电路产生单一频率的振荡，即保证电路产生正弦波振荡。

③正反馈网络：引入正反馈，使放大电路的输入信号等于反馈信号。

④稳幅环节：也就是非线性环节，使输出信号幅值稳定。

（2）振荡条件

一个实际的正弦波振荡电路的初始信号是由上电瞬间的电路内部噪声和瞬态过程的扰动引起的，这个初始信号频谱很宽而幅度很小。为了最终能得到一个稳定的正弦信号输出，必须满足两个条件：相位平衡和振幅平衡。首先，必须用一个选频网络把所需频率的分量从噪声或扰动信号中挑选出来，使其满足相位平衡条件，其他频率分量不满足相位平衡条件；其次，为了电路能够发生振荡，要求满足相位平衡条件和振幅平衡条件。

①相位平衡条件

放大器输入端信号与反馈比较信号相位差满足 $\varphi=2n\pi(n=0,1,2,\cdots)$，即反馈网络引入正反馈。

②振幅平衡条件

振幅平衡条件是 $|AF|\geqslant 1$，其中 A 是放大器的电压放大倍数，F 是反馈系数。起振时，$|AF|>1$，振荡建立起来后，输出由小到大不断增长，由于放大电路的非线性，当幅度逐渐增大时，$|A|$将逐渐减小，最终使$|AF|=1$ 达到幅度平衡条件，从而使正弦波振荡稳定。

（3）正弦波振荡电路的类型

正弦波振荡电路常根据选频网络所用元件来命名，分为 RC 正弦波振荡电路、LC 正弦波振荡电路和石英晶体正弦波振荡电路 3 种类型。RC 正弦波振荡电路振荡频率较低，一般在 1 MHz以下；LC 正弦波振荡电路振荡频率较高，一般在 1 MHz 以上；石英晶体正弦波振荡电路也可以等效为 LC 正弦波振荡电路，其特点是振荡频率非常稳定。

在通信、广播、电视等领域的设备中，振荡器已经实现集成化，集成化的正弦波振荡器的工作原理、电路分析、设计方法等原则上与分立元件振荡电路相一致。

2.LC 振荡器

（1）变压器反馈式 LC 振荡器

变压器反馈式 LC 振荡器的反馈网络是利用变压器的一次绕组与电容并联组成振荡回路作选频网络，代替晶体管集电极电阻 R_c，从变压器的二次绕组引回反馈电压并将其加到放大电路的输入端,电路如图 6-10 所示。

变压器反馈式 LC 振荡电路的特点:振荡频率调节方便,容易实现阻抗匹配和达到起振要求,输出波形一般,频率稳定度不高,产生正弦波信号的频率为几千赫至几十兆赫,其一般适用于要求不高的设备。

(2)电感三点式振荡器

电感三点式振荡器的典型电路如图 6-11 所示。在 LC 振荡回路中,电感有一个抽头使线圈分成两部分即线圈 L_1 和线圈 L_2,线圈 L_1 的 3 端接晶体管的基极 b,线圈 L_2 的 1 端接晶体管的集电极 c,中间抽头 2 接发射极 e。也就是说电感线圈的三端分别接晶体管的三极,所以称为电感三点式振荡器,又称哈特莱振荡器。

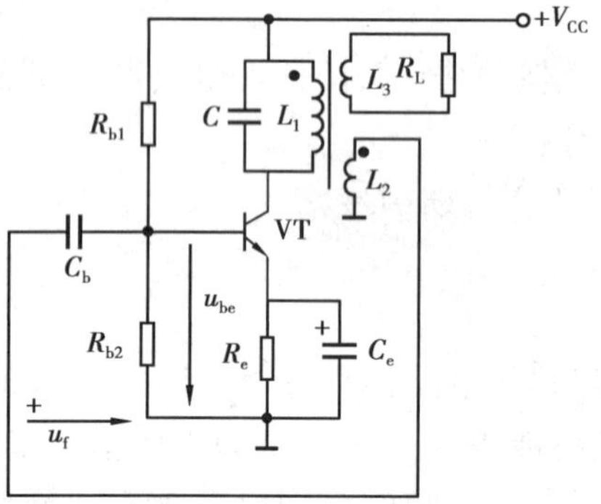

图 6-10 变压器反馈式 LC 振荡器的电路

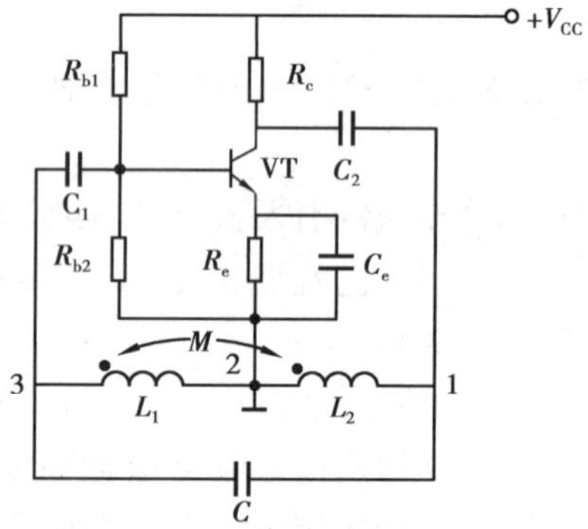

图 6-11 电感三点式振荡器的电路

在该电路中,L_1 兼作反馈网络,通过耦合电容 C_1 将 L_1 反馈电压加在晶体管的输入端,经放大后,在 LC 振荡回路中得到高频振荡信号,只要适当选择电感线圈抽头的位置,使反馈信号大于输入信号,就可以在 LC 回路中获得不衰减的等幅振荡。

其振荡频率可由下式求得

$$f_o = \frac{1}{2\pi\sqrt{L_{eq}C}}$$

其中

$$L_{eq} = L_1 + L_2 + M$$

式中,L_1、L_2 为线圈抽头两边的自感系数;M 为两段电感线圈的互感系数;C 为振荡电容;f_o 为振荡频率。

(3)电容三点式振荡器

电容三点式振荡器的典型电路如图 6-12 所示。其结构与电感三点式振荡器相似,只是将 L、C 互换了位置。LC 振荡回路中采用两个电容串联成电容支路,两电容中间有一引出端,通过引出端从 LC 振荡回路的电容支路上取一部分电压反馈到放大电路的输入端,由于电容支路 3 个端点分别接于晶体管的三极上,所以把这种电路称为电容三点式 LC 振荡器,又称为柯尔皮兹振荡器。

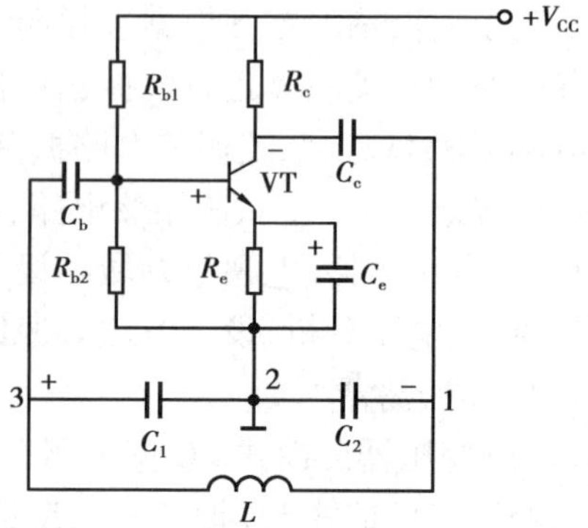

图 6-12 电容三点式振荡器的电路

3.RC 振荡器

采用电阻、电容元件组成的电路作为选频网络的正弦波振荡电路，称为 RC 振荡器。按反馈网络的结构特点，RC 振荡器可分为 RC 移相式、RC 桥式和双 T 式选频网络的振荡器。常见的 RC 桥式振荡器采用 RC 串、并联电路作为选频网络，故又称 RC 串、并联振荡电路，如图 6-13 所示。

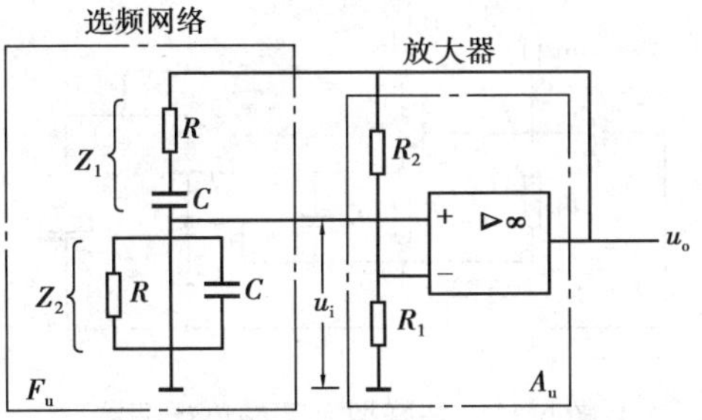

图 6-13　RC 振荡器的电路

RC 振荡器由放大器和选频网络两部分组成。串、并联 RC 将输出信号反馈到运放的同相输入端，构成正反馈网络。Z_1、Z_2 和 R_1、R_2 正好形成一个四臂电桥，放大电路的输入端和输出端分别接到电桥的两个对角线上，因此这种 RC 振荡器又称为 RC 桥式振荡器。当 $R_1=R_2=R$ 时，输出正弦交流电压频率 $f_0=\dfrac{1}{2\pi RC}$。

4.石英晶体振荡器

(1)石英晶体振荡器

石英晶体振荡器又称为石英谐振器，简称“晶振”，是利用具有压电效应的石英晶体片制成的，如图 6-14 所示。这种石英晶体薄片受到外加交变电场的作用时会产生机械振动，当交变电场的频率与石英晶体的固有频率相同时，振动便变得很强烈，这就是晶体谐振特性的反应。利用这种特性，就可以用石英谐振器取代 LC(线圈和电容)谐振回路、滤波器等。由于石英谐振器具有体积小、质量轻、可靠性高、频率稳定度高等优点，被广泛应用于家用电器和通信设备中。石英谐振器因具有极高的频率稳定性，故主要用在要求频率十分稳定的振荡电路中作谐振元件。

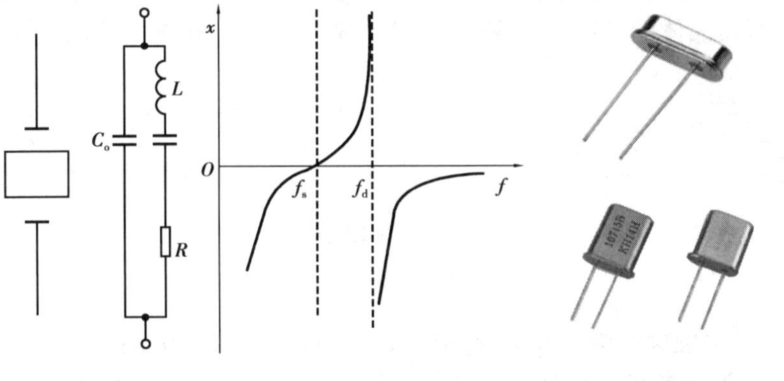

晶体符号 等效电路　　频率特性曲线　　石英晶体振荡器外形图片

图 6-14　石英晶体振荡器

(2)石英晶体正弦波振荡器的类型

①并联型石英晶体振荡器

如果用石英晶体取代 LC 振荡器中的电感,就得到并联型石英晶体振荡器,如图 6-15 所示,电路的振荡频率等于石英晶体的并联谐振频率。

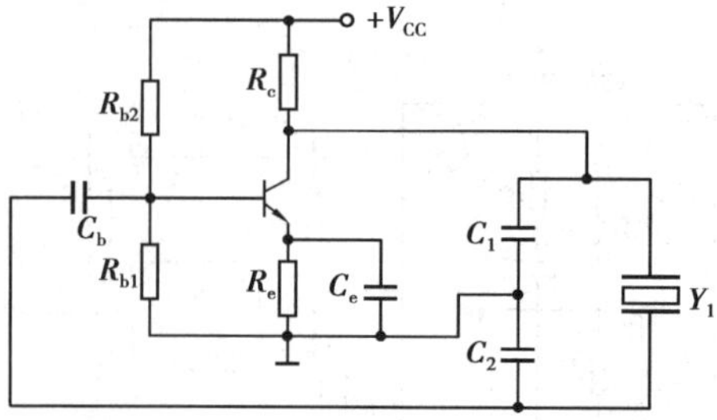

图 6-15 并联型石英晶体振荡器

②串联型石英晶体振荡器

串联型石英晶体振荡器如图 6-16 所示。

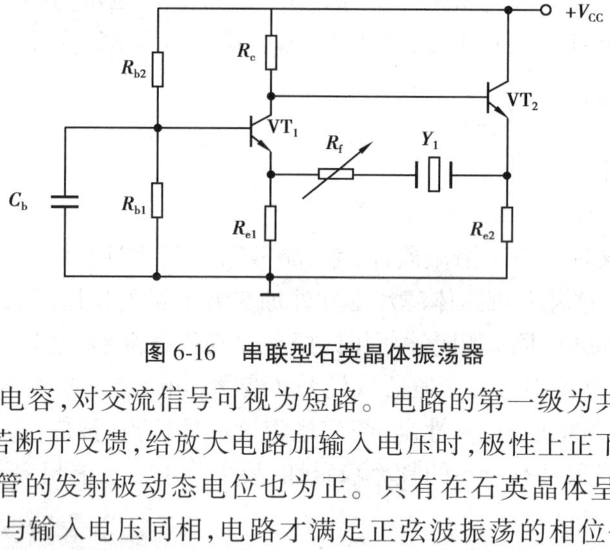

图 6-16 串联型石英晶体振荡器

电容 C_b 为旁路电容,对交流信号可视为短路。电路的第一级为共基放大电路,第二级为共集放大电路。若断开反馈,给放大电路加输入电压时,极性上正下负,则 VT_1 管集电极动态电位为正,VT_2 管的发射极动态电位也为正。只有在石英晶体呈纯阻性,即产生串联谐振时,反馈电压才与输入电压同相,电路才满足正弦波振荡的相位平衡条件。所以电路的振荡频率为石英晶体的串联谐振频率。调整 R_f 的阻值,可使电路满足正弦波振荡的幅度平衡条件。

※检测与反思

A 类测试题

一、填空题

1.驻极体话筒灵敏度的检测方法:将指针式万用表置于 $R\times100\ \Omega$ 挡,红表笔接驻极体话筒的__________、黑表笔接驻极体话筒的__________,用嘴向话筒吹气,指针摆动越大,说明话筒的灵敏度越__________(高、低),质量越__________(好、差)。

2.驻极体话筒是一种________转换器件,是把________信号装换成________信号(声、电)。

3.石英晶体正弦波振荡电路的类型有________和________两种。

4.将指针式万用表置于 $R\times100\ \Omega$ 挡,红、黑表笔分别交替接驻极体话筒的 S、D 极,如果正、反向电阻值均为∞,则内部________;如果正、反向电阻值均接近或等于 0 Ω,则内部________;如果正、反向电阻值相等,则说明被测话筒内部场效应管________极与________极之间的晶体二极管已经开路。

二、选择题

1.低通滤波器是允许(　　)某个频率的信号通过。

A.高于　　B.等于　　C.小于　　D.不确定

2.超外差式调幅收音机的中频信号频率是(　　)。

A.465 kHz　　B.200 kHz　　C.465 Hz　　D.10 kHz

3.从振荡电路的组成上看,使放大电路的输入信号等于反馈信号的是(　　)电路。

A.放大电路　　B.选频网络　　C.正反馈网络　　D.稳幅环节

4.从振荡电路的组成上看,能保证电路从起振到动态平衡的过程是靠(　　)电路。

A.放大电路　　B.选频网络　　C.正反馈网络　　D.稳幅环节

三、判断题

1.振荡电路可以没有选频网络。(　　)

2.检测扬声器的好坏:用红、黑两表笔轻碰扬声器正、负两只引脚,如果扬声器发出“沙沙”的响声,则扬声器损坏。(　　)

3.检测驻极体话筒的灵敏度时,用嘴向话筒吹气,指针摆动越大,说明话筒的灵敏度越低,质量越差。(　　)

4.改变可变电容器的电容量是通过改变极片面积。(　　)

5.在正常情况下,当开关接通时,测得的阻值应为零或接近零。(　　)

B 类测试题

一、填空题

1.产生自激振荡的两个条件:一是________________,二是________________。

2.LC 振荡电路的类型有变压器反馈式、________反馈式和________反馈式 3 种。

3.正弦波振荡的起振条件是________________________。

4.振荡器的等幅振荡条件是________________________。

5.我国规定:调频收音机的中频频率为________ MHz。

6.从振荡电路的组成上看,必须有以下 4 个基本环节:__________、__________、__________、__________。

7.第五代移动通信技术的英语缩写为________。

二、选择题

1.在正弦波振荡器中,正反馈网络的作用是(　　)。

A.保证电路满足振幅平衡条件　　B.提高放大器的放大倍数
C.产生单一频率的正弦波　　D.保证放大器满足相位平衡条件

2.单调谐放大器选频是靠(　　)实现的。
A.电感 L　　B.电容 C　　C.LC 并联回路　　D.LC 串联回路

3.振荡器的等幅振荡条件是(　　)。
A.$AF=1$　　B.$AF>1$　　C.$AF\geqslant 1$　　D.$AF<0$

4.调幅波的(　　)按调制信号的变化而变化。
A.振幅　　B.频率　　C.波长　　D.以上均有可能

三、判断题

1.振荡器的等幅振荡条件是 $AF=1$。(　　)
2.鉴频的作用是将调频信号变换成原来的载波信号。(　　)
3.振荡电路一般由电阻、电感、电容等元器件组成。(　　)

C 类测试题

一、填空题

1.调频收音机中的鉴频电路的作用是从 10.7 MHz 中频信号中取出________信号。

2.单调谐放大器就是把低频放大电路的集电极负载电阻 R_c 改为________,并利用它的谐振特性来完成其选频作用。

3.________三点式振荡器又称哈特莱振荡器。

4.________三点式 LC 振荡器又称柯尔皮兹振荡器。

5.振荡电路一般由________、________、________等元件和电子器件所组成。

6.把低频信号放在高频信号上的过程称为________,这个高频信号称为________,低频信号称为调制信号。常见的调制方式有________、________和调相。

7.________就是调整谐振频率,通过改变电感、电容来改变频率,调谐回路的作用就是选出需要的信号,将其他不需要的或者干扰的信号排除掉。

8.振荡器的种类很多,按信号的波形来分,可分为________和________振荡器。

9.频率调制的最大优点是能克服幅度噪声的干扰,所以具有________、失真小的特点。

10.调频就是使载波的频率随调制信号的________变化而变化的过程。

二、选择题

1.自激振荡电路实质上就是外加信号为零时的(　　)。
A.基本放大器　　B.负反馈放大器
C.正反馈放大器　　D.正反馈选频放大器

2.正弦波振荡器的振荡频率取决于(　　)。
A.电路的放大倍数　　B.正反馈深度
C.反馈元件的参数　　D.选频网络的参数

3.正弦波振荡器中选频网络的作用是(　　)。
A.产生单一频率的振荡　　B.提高输出信号的振幅
C.保证电路起振　　D.使振荡有较多的频率成分

4.设某单级选频放大器输出信号与输入信号之间的相位差为 180°,则由该放大器构成振荡器时,反馈网络应产生的相位差为(　　)。

A.0°　　B.90°　　C.180°　　D.270°

5.于 2018 年 2 月 23 日首次完成 5G 通话测试的中国企业是(　　)。

A.华为　　B.小米　　C.格力　　D.海尔

三、判断题

1.负反馈放大电路也能产生自激振荡。(　　)

2.调幅波的幅度和频率不会按调制信号的变化而变化。(　　)

3.从振荡电路的组成上看,放大电路是非线性环节,作用是使输出信号的幅值稳定。(　　)

四、简述题

1.简述我国常用无线电频段的使用规定。

2.简述振荡电路各部分的组成和作用。

项目三

制作数字信号电路

随着现代电子技术的发展,数字电路的应用越来越广泛,目前所见到的电器中基本都有数字电路。相对于模拟电路来讲,数字电路具有更大的优点,主要体现在信号的传输过程中失真小,保密性强,易实现高保真,同时便于与计算机系统相连。

数字电路的基本信号是二进制的数字信号(即用二进制数码"0"和"1"分别表示低电平和高电平)。数字电路研究的主要问题是输入信号状态和输出信号状态之间的逻辑关系。下面通过各个任务的学习,了解数字电路的相关知识,掌握数字电路的基本应用。

【项目目标】

- 能理解数字及代码的基础知识,掌握门电路的基本逻辑关系及常用逻辑门电路;熟悉逻辑代数的基本运算法则、基本定理,并能运用基本运算法则、基本定理化简逻辑函数。
- 能掌握逻辑电路图、逻辑表达式、真值表之间的互换。
- 能理解组合逻辑电路的定义,掌握组合逻辑电路的分析方法;了解编码器、译码器的工作过程。
- 能理解时序逻辑电路的定义及分类,掌握 RS 触发器、主从 JK 触发器、D 触发器的符号、电路组成及工作原理;了解寄存器、计数器的特点及工作过程。
- 能理解脉冲的概念、RC 充放电规律;了解积分电路、微分电路的工作特点及工作原理;了解脉冲电路的应用。
- 了解数—模和模—数转换电路的工作原理及特点。
- 会识别检测数字电路的常用元器件和特殊元器件。
- 会正确利用电路装配工具装配数字功能电路及使用仪器、仪表;会检修电路的简单故障。
- 树立企业"6S"管理理念。

任务七　制作声光控制电子开关

声光控制电子开关是通过声音音量变化和光照明暗度变化来控制电路通断，通常用于楼道照明控制电路中。本任务是制作一个如图 7-1 所示的声光控制电子开关。

图 7-1　声光控制电子开关

※工作任务说明

现场提供了制作声光控制电子开关所需的工具、仪表、元器件。按照电路原理图（图 7-2）、电路装配图（图 7-3）和制作流程图（图 7-4）完成声光控制电子开关的制作，同时将相关数据填入表 7-1 中。

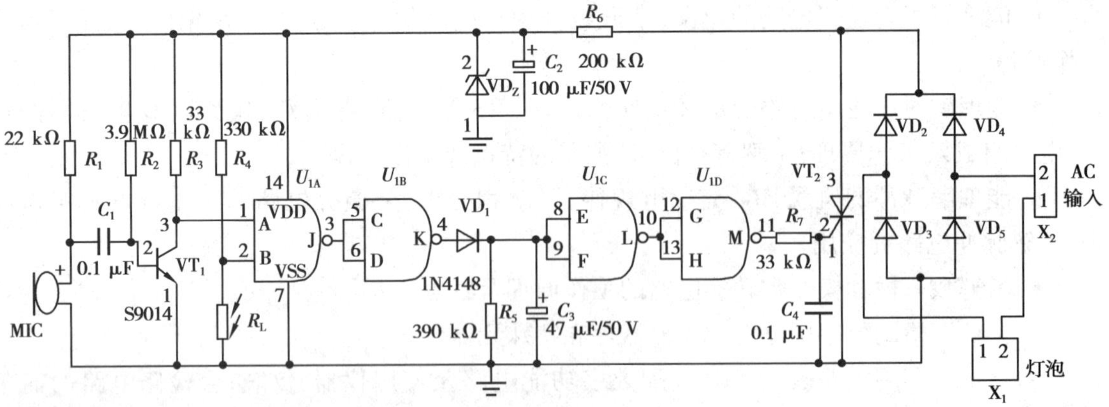

图 7-2　声光控制电子开关电路原理图

图 7-3　声光控制电子开关电路装配图

图 7-4　制作流程图

表 7-1　声光控制电子开关制作任务完成时间

序号	任务内容	开始时间	结束时间	完成时间
1	清点并归类工具、仪表、元器件			
2	元器件检测			
3	元器件插装			
4	元器件焊接、剪脚			
5	电路检测			
6	电路维修			

※任务实施

活动一　清点并归类工具、仪表、元器件

一、清点并归类工具和仪表

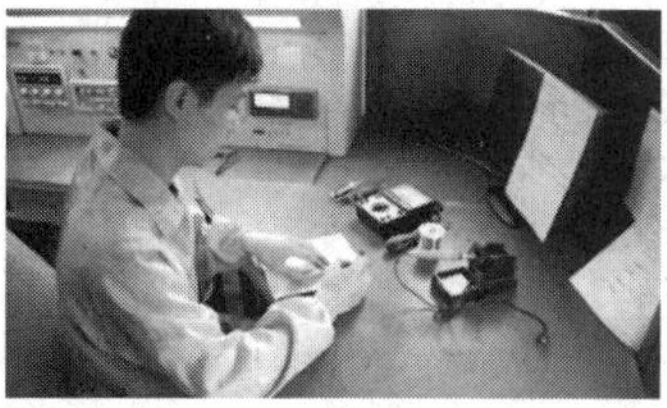

清理本任务所需的工具和仪表，并归类摆放整齐，同时按安全提示要求检查工作现场安全情况，将清理情况填写在表 7-2中。

表 7-2 工具及仪表清单

名称	实物图片	规格/型号	状况	名称	实物图片	规格/型号	状况
电烙铁				镊子			
万用表				螺丝刀			
稳压电源				焊锡丝			
斜口钳				防静电服			

二、清点并归类元器件

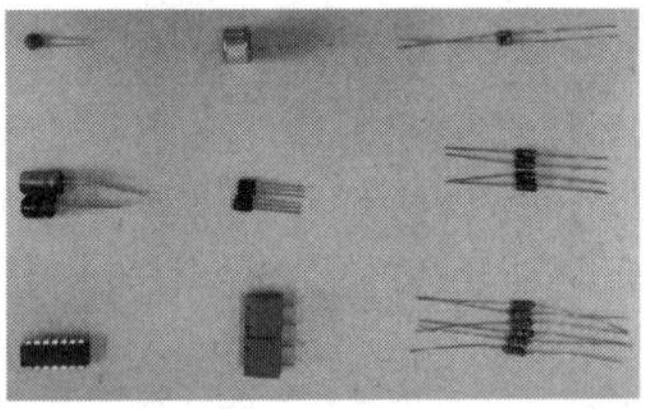

清理本任务所需的元器件，并归类摆放整齐，将元器件的符号、型号/规格、数量填写在表 7-3 中。

表 7-3 元器件清单

名称	位号	实物图	符号	型号/规格	数量	名称	位号	实物图	符号	型号/规格	数量
色环电阻	R_1—R_7					驻极话筒	MIC				
瓷片电容	C_1					三极管	VT_1				
电解电容	C_2					集成块	G				
稳压二极管	VD_z					光敏电阻	R_L				
整流二极管	VD_1—VD_5					晶闸管	VT_2				

活动二　判断元器件质量

一、判断光敏电阻的质量

判断声光控制电子开关的常见元器件质量的方法在前面任务中已学习过，在这里重点介绍判断光敏电阻质量的方法。

操作步骤如下：

①检测准备

将光敏电阻的透光窗口向上，面对自然光或照明光。万用表选择 $R\times1\ \text{k}\Omega$ 或 $R\times10\ \text{k}\Omega$ 挡，测量前调零。

②测量“亮电阻”

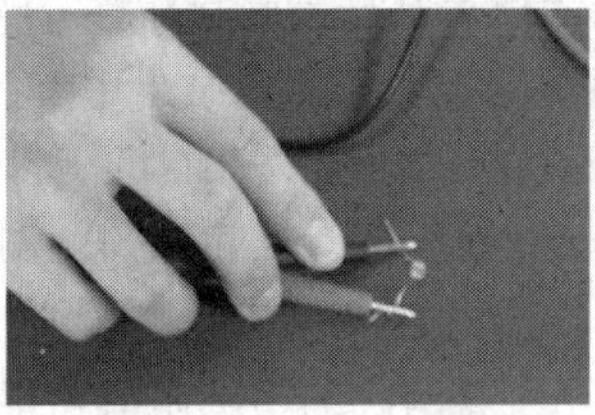

将万用表的表笔接光敏电阻的两端，万用表指针应有较大幅度的摆动，阻值明显减小，此值越小，说明光敏电阻性能越好。若此值很大甚至为无穷大，表明光敏电阻内部已开路损坏。

③测量“暗电阻”

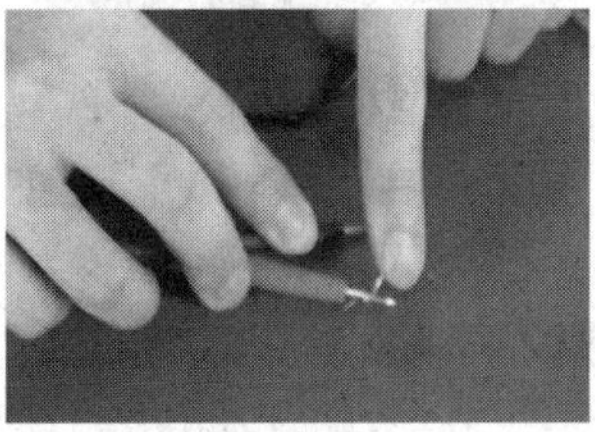

遮挡光敏电阻的透光窗口，此时万用表的指针基本保持不动，阻值接近无穷大。此值越大，说明光敏电阻性能越好。若此值很小或接近于零，说明光敏电阻已损坏。

光敏电阻

光敏电阻是利用半导体材料制成的特殊电阻，通常用于光的测量、控制和光电转换。

光敏电阻对光照十分敏感，光照越强，电阻值就越低，随着光照强度的升高，电阻值迅速降低，此时的电阻称为“亮电阻”，其值可小于 1 kΩ。在无光照时，电阻呈高阻状态，此时的电阻称为“暗电阻”，其值一般可达1.5 MΩ。

常用的光敏电阻为硫化镉光敏电阻，其对光的敏感性（即光谱特性）与人眼对可见光（0.4~0.76 μm）的响应很接近，也就是说只要人眼可感受的光，都会引起它的阻值变化。

在电路中，常用字母“R”“R_L”或“R_G”表示光敏电阻，其外形及电路符号如下图所示。

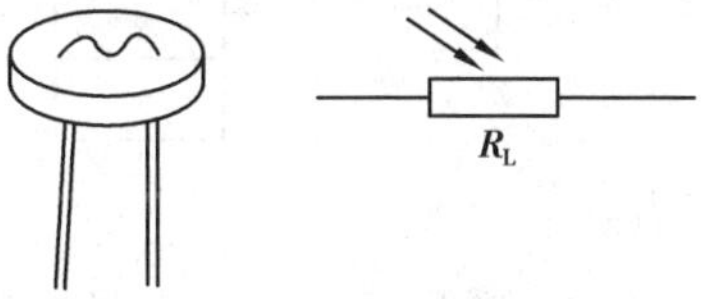

(a)外形　　(b)电路符号

晶闸管

(1)作用与结构

晶闸管又称为可控硅,具有硅整流器件的特性,能在高电压、大电流条件下工作,其工作过程可以被控制,广泛应用于可控整流、交流调压、无触点电子开关、逆变及变频等电子电路中。

在电路中用字母“V”或“VT”表示(旧标准中用字母“SCR”表示)晶闸管。其电路符号和结构如下图所示。

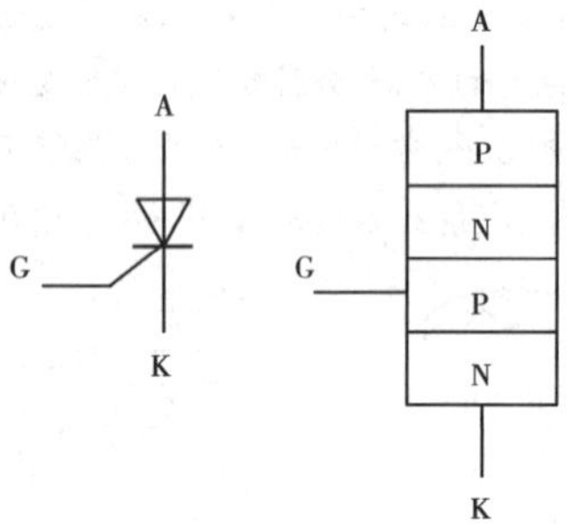

(a)电路符号　(b)结构

(2)工作原理

晶闸管的工作原理如下:

①当晶闸管承受反向电压时,不管门极承受何种电压,晶闸管都处于反向阻断状态。

②当晶闸管承受正向电压时,仅在门极承受正向电压的情况下才导通,这时晶闸管处于正向导通状态。

③晶闸管在导通情况下,只要有一定的正向电压,不论门极电压如何变化,晶闸管保持导通,门极失去作用(门极只起触发作用)。

④晶闸管在导通情况下,只有当主回路电压(或电流)减小到接近于零时,才会关断。

二、判断晶闸管的质量

操作步骤如下:

①检测准备

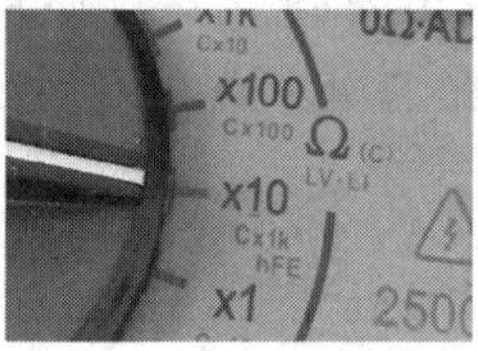

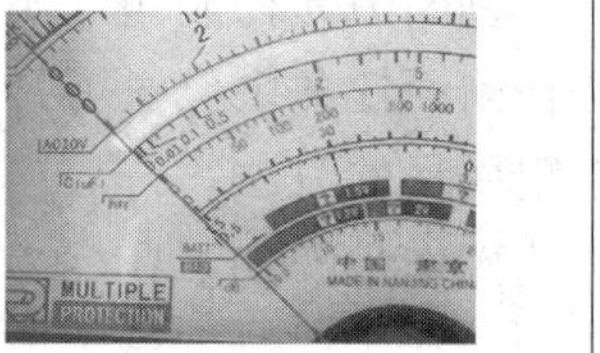

判别晶闸管的引脚,万用表选择 $R\times100\ \Omega$ 或 $R\times1\ \text{k}\Omega$ 挡;判断晶闸管的质量,万用表选择 $R\times1\ \Omega$ 或 $R\times10\ \Omega$ 挡;测量前调零。

②判别晶闸管的引脚

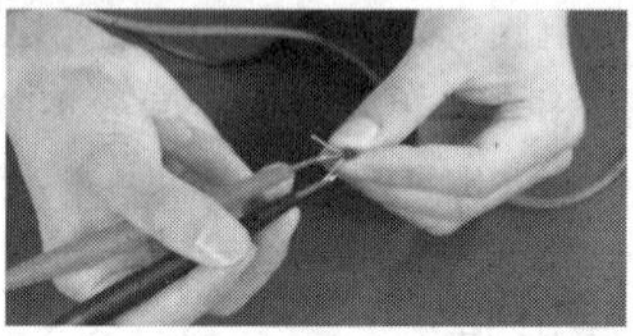

先用万用表黑表笔接晶闸管任意一极,红表笔依次去触碰另外两个电极。若测量结果中有一次的阻值为几千欧姆,而另一次的阻值为几百欧姆,则可判定黑表笔接的是门极 G。在阻值为几百欧姆的测量中,红表笔接的是阴极 K;而在阻值为几千欧姆的那次测量中,红表笔接的是阳极 A。若两次测出的阻值均很大,则说明黑表笔接的不是门极 G,应用同样方法改测其他电极,直到找出 3 个电极为止。

③判断晶闸管的质量

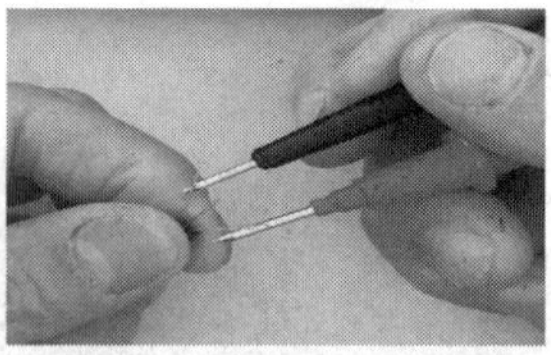

将万用表置于 $R\times10\ \Omega$ 或 $R\times1\ \Omega$ 挡,黑表笔接阳极 A,红表笔接阴极 K,此时万用表指示为无穷大,如果让控制极接触一下黑表笔,此时万用表指针应向右发生偏转呈低阻状态,即使断开控制极,只要阳极与阴极保持与表笔接触,就能一直维持低阻状态,否则,说明晶闸管损坏。

导师说

测量光敏电阻的“暗电阻”时，一定要将整个电阻遮挡，不能透光，否则将影响读数。

活动三　安装声光控制电子开关印制线路板电路

操作步骤如下：

①插装元器件  根据元器件几何尺寸的大小，按由小到大的顺序将所有元器件插装到各自对应的位置上。	②焊接引脚 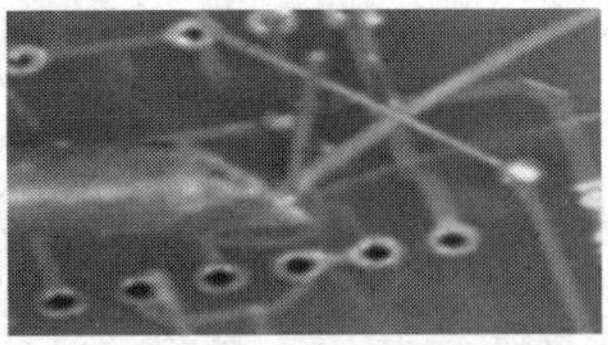 按照焊接工艺要求，焊接元器件引脚。
③引脚处理  将已经焊接好的元器件的引脚剪去大部分，保留 1 mm 左右的长度。	④装配检查  焊接完成后，检查电路板是否有错装或漏装的元器件，焊点是否有虚焊或拉尖等情况。

导师说

检查电路时，手指一定要握住电路板边缘，不能碰触焊接面，避免因人体静电造成电路损坏。

活动四　检查、调试声光控制电子开关电路

一、通电前检查

①检测输入端有无短路、开路现象 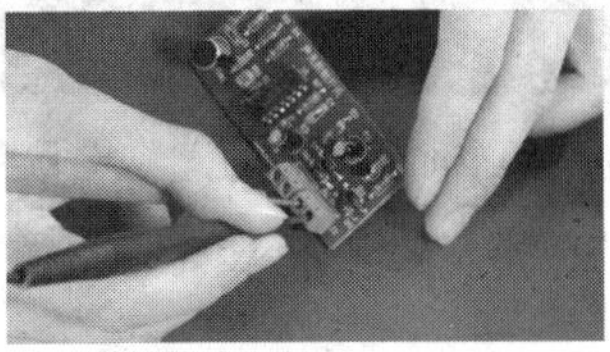 若测得电阻值为 0，表明短路；若测得电阻值为∞，表明开路。	②检测输出端有无短路、开路现象  若测得电阻值为 0，表明短路；若测得电阻值为∞，表明开路。

二、通电测试

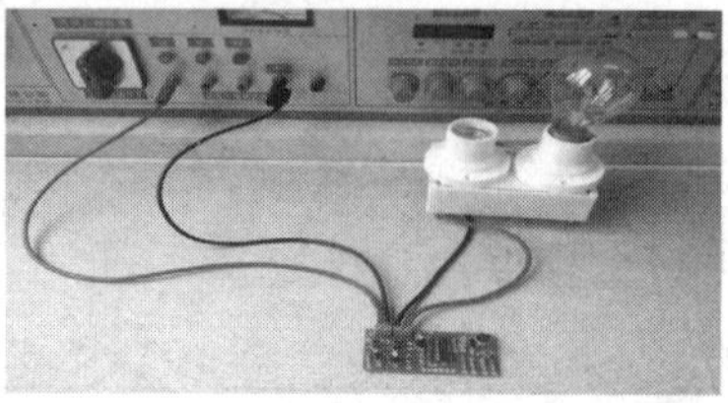

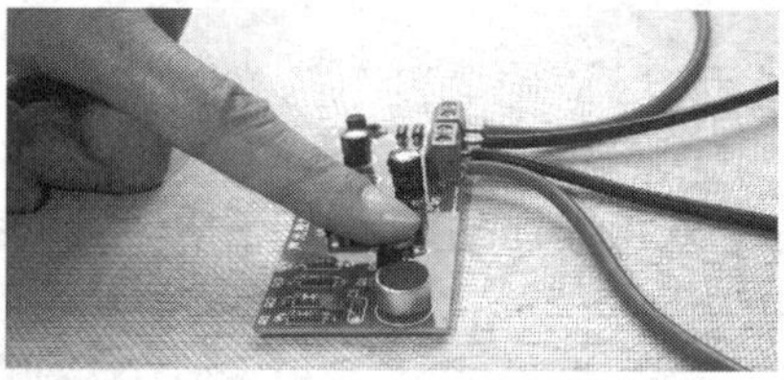

接通 220 V 交流电源，用手遮挡光敏电阻，并发出声响，测试电路能否正常工作。

活动五　声光控制电子开关电路的简单故障维修

故障现象：晶闸管触发引脚无触发信号。

维修步骤如下：

①在检测点 1 进行检测

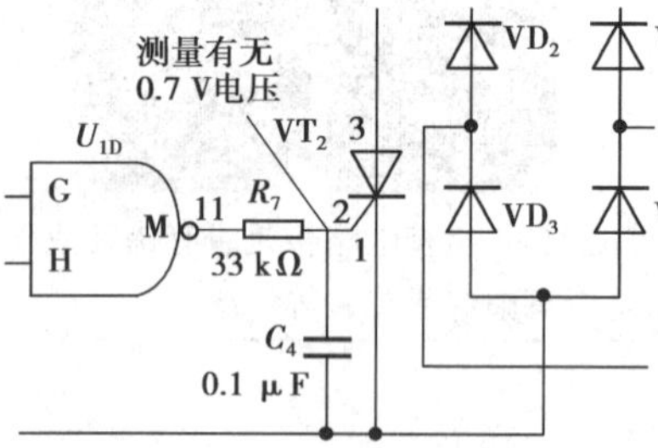

结合电路原理图确定检测点 1（晶闸管触发引脚），若测得晶闸管触发引脚电压为 0 V，则说明前一级电路无输出，故障在前级电路，需逐级对前级单元电路各输出点进行检测。

②在检测点 2 进行检测

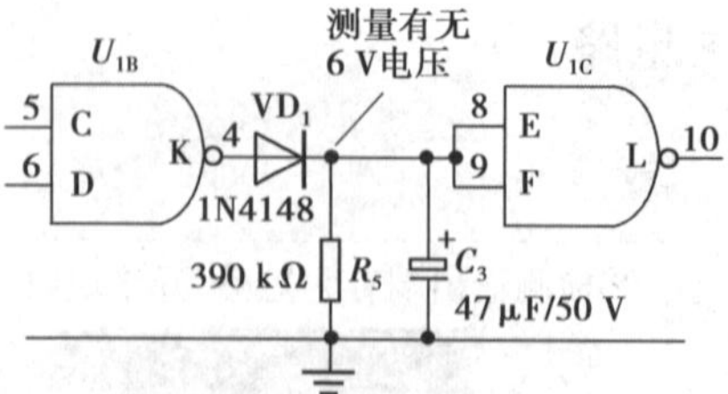

结合电路原理图确定检测点 2（检测点 1 的前一级电路），若测得 R_5 的工作电压为 6 V，则说明前级电路输出正常，则电路故障应在检测点 1 和检测点 2 之间，接下来需对两检测点之间的电路及元器件进行检测，找到故障并排除。

③在故障区进行检测

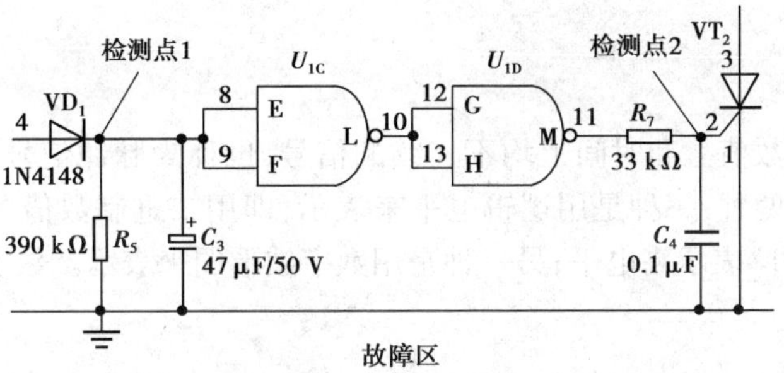

故障区

其他点的工作电压检测和故障分析方法与前面相同。

【任务评价】

任务评价表

评价内容		自 评	小组评价	教师评价
		优☆ 良△ 中√ 差×		
职业素养	①安全用电			
	②设备及器材的安全			
	③记录整理完整准确			
	④符合“6S”管理理念			
知识与技能	①准备制作声光控制电子开关所需的工具、仪表、元器件			
	②评估声光控制电子开关元器件的质量			
	③安装声光控制电子开关电路			
	④检查与调试声光控制电子开关电路			
	⑤简单维修声光控制电子开关电路			
汇报展示	①作品展示(可以为实物作品展示、PPT 汇报、简报、作业等形式)			
	②语言流畅,思路清晰			
评价等级				

※拓展与提高

一、数字信号

数字信号是指在数值上和时间上均不连续的信号,也称为脉冲信号。在数字电路中,数字信号的表示方法有两种:一种是用逻辑电平来表示,即用二进制数值"0"和"1"来表示,其中"0"表示低电平,"1"表示高电平;另一种是用数字波形图来表示。数字信号和模拟信号的波形图如图 7-5 所示。

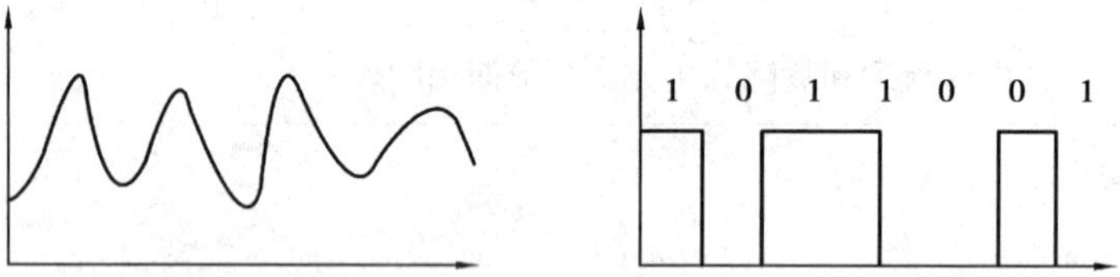

(a)模拟信号　(b)数字信号

图 7-5　模拟信号和数字信号的波形图

1.数字信号的特点

与模拟信号相比,数字信号的优点更多,主要体现在以下方面:

①抗干扰能力强;

②便于加密处理;

③便于存储、处理和交换;

④设备便于集成化;

⑤便于构成综合数字网和综合业务数字网;

⑥占用信道频带较宽。

2.常见的脉冲信号

常见的脉冲信号如图 7-6 所示。

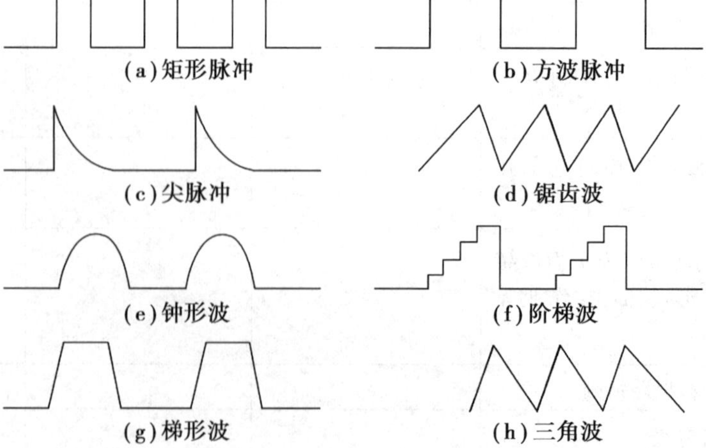

(a)矩形脉冲　(b)方波脉冲　(c)尖脉冲　(d)锯齿波　(e)钟形波　(f)阶梯波　(g)梯形波　(h)三角波

图 7-6　常见的脉冲信号

二、数制与代码

1.数制

数制就是用来计数的制度。常用的计数制度有十进制、二进制、十六进制等。

(1)十进制

十进制是最常用的一种计数制度,有 0、1、2、3、4、5、6、7、8、9 共 10 个数码。计数原则:“逢十进一”。

十进制数的表示:$(23)_D$。

(2)二进制

二进制数只有 0、1 两个数码,在数字电路及计算机中通常采用二进制数。计数原则:“逢二进一”。

二进制数的表示:$(1010)_B$。

(3)十六进制

十六进制数有 0、1、2、3、4、5、6、7、8、9、A、B、C、D、E、F 共 16 个数码。计数原则:“逢十六进一”。

十六进制数的表示:$(1A)_H$。

2.数制间的转换

(1)二进制数转换为十进制数

方法:用二进制数码乘权求和,即得相应的十进制数值。

所谓的权是指二进制数码所在位置表示的数值,从右到左依次为 $2^0,2^1,2^2,2^3,\cdots,2^n$。

【例 1】　将$(1010)_B$转换为十进制数。

解:$(1010)_B=1\times2^3+0\times2^2+1\times2^1+0\times2^0=(10)_D$

(2)十进制数转换为二进制数

方法:采用除 2 取余倒计法。将十进制数逐次除以 2,依次记下余数,直到商为 0,首次所得余数为最低位,末次所得余数为最高位。

【例 2】　将$(13)_D$转换成二进制数。

解:

即$(13)_D=(1101)_B$

(3)十进制数转换为十六进制数

方法 1:先将十进制数转换成二进制数,然后依次从右到左用 4 位二进制数表示一位十六进制数,最左边的一组不足 4 位的用 0 补齐。

【例 3】　将十进制数$(107)_D$转为十六进制数。

解:$(107)_D=(01101011)_B$

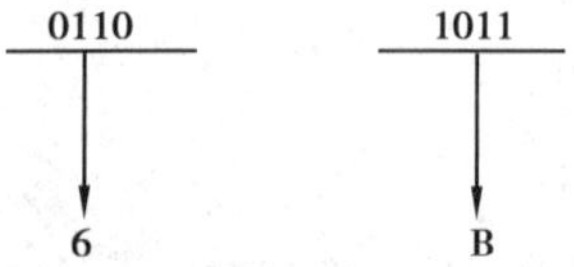

即$(107)_D=(6B)_H$

方法2:采用除16取余倒计法。将十进制数逐次除以16,依次记下余数,直到商为0,首次所得余数为最低位,末次所得余数为最高位。

【例4】 将$(107)_D$转换成十六进制数。

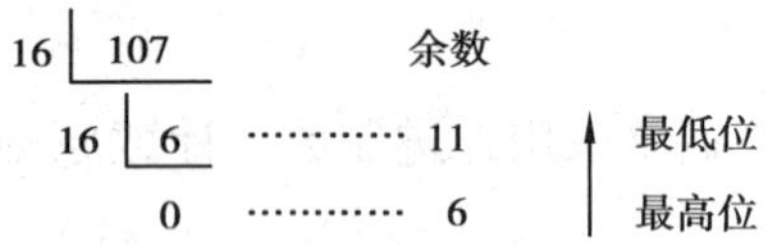

即$(107)_D=(6B)_H$

3.代码

在数字电路系统中,数字、符号、字母、汉字等通常是通过二进制数码或十六进制数码来表示的,这种数码被称为代码,常用的代码有BCD码、ASCII码。

(1)BCD码

BCD码是指用4位二进制数表示1位十进制数,并按十进制数的次序排列,也称为8421BCD码。注意:BCD码每4位之间应有一个空格。

【例5】 将$(139)_D$转换为BCD码、$(0100\ 0110\ 0011\ 0000)_{BCD}$转换为十进制数。

解:$(139)_D=(0001\ 0011\ 1001)_{BCD}$

$(0100\ 0110\ 0011\ 0000)_{BCD}=(4630)_D$

(2)ASCII码

ASCII(American Standard Code for Information Interchange,美国信息互换标准代码)是基于拉丁字母的一套电脑编码系统,使用指定的7位或8位二进制数组合来表示128或256种可能的字符。标准ASCII码也称基础ASCII码,用7位二进制数(剩下的1位二进制为0)来表示所有的大写和小写字母、数字0到9、标点符号,以及在美式英语中使用的特殊控制字符。

例如:数字0—9的ASCII码是30H—39H;

大写字母A—Z的ASCII码是41H—5AH;

小写字母a—z的ASCII码是61H—7AH;

?、%、=的ASCII码分别是3FH、25H、3DH。

三、逻辑门电路

门电路是一种开关电路,是数字电路系统中的基本单元。门电路主要由工作在开关状态的二极管、三极管及其他组件构成,可以用来控制电脉冲的通断。

逻辑是指事物内部联系的规律性。因果关系是最常见的一种逻辑。在数字电路系统中,常见的基本逻辑关系:“与”逻辑关系、“或”逻辑关系、“非”逻辑关系。

1.常用逻辑门电路

(1)与门电路

当决定某事件的全部条件都具备时,事件才发生,这种因果关系称为“与”逻辑关系。能实现“与”逻辑的电路称为与门电路,如图 7-7 所示。

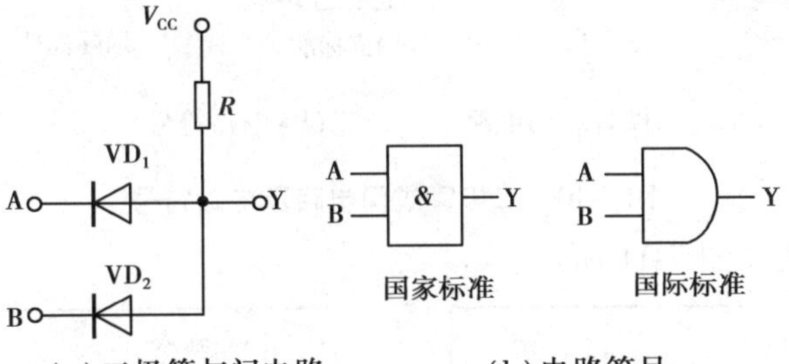

(a)二极管与门电路 (b)电路符号

图 7-7 二极管与门电路及电路符号

逻辑函数表达式:Y=A · B。

在表达式中,符号“ · ”读作“与”,可简写为 Y=AB。

逻辑关系和真值表如图 7-8 所示。

条件		结果
A	B	Y
0 V	0 V	0 V
0 V	3 V	0 V
3 V	0 V	0 V
3 V	3 V	3 V

(a)逻辑关系

输入		输出
A	B	Y
0	0	0
0	1	0
1	0	0
1	1	1

(b)真值表

图 7-8 逻辑关系和真值表

注:3 V 为高电平,0 V 为低电平。

电路原理:只有当 A、B 输入端均为 3 V 时,Y 才输出 3 V 高电位,其他情况输出均为 0 V。电路实现了“与”逻辑关系,而真值表则是逻辑乘的结果。

与门电路波形图如图 7-9 所示。

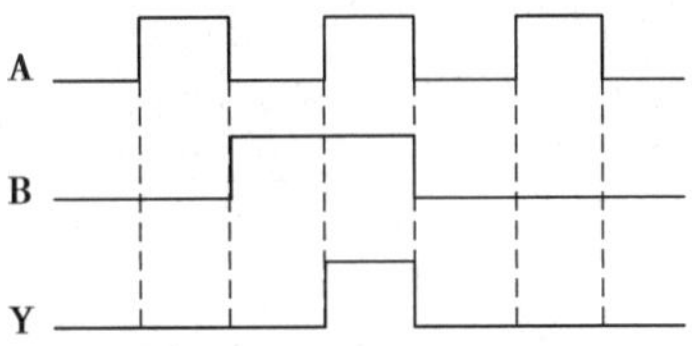

图 7-9 与门电路波形图

与门电路逻辑功能:有低为低,全高出高。

(2)或门电路

当决定某事件的全部条件中,只要有一个或一个以上条件具备,事件就发生,这种因果关系称为“或”逻辑关系。能实现“或”逻辑的电路称为或门电路,如图 7-10 所示。

逻辑函数表达式:Y=A+B。

在表达式中,符号“+”读作“或”。

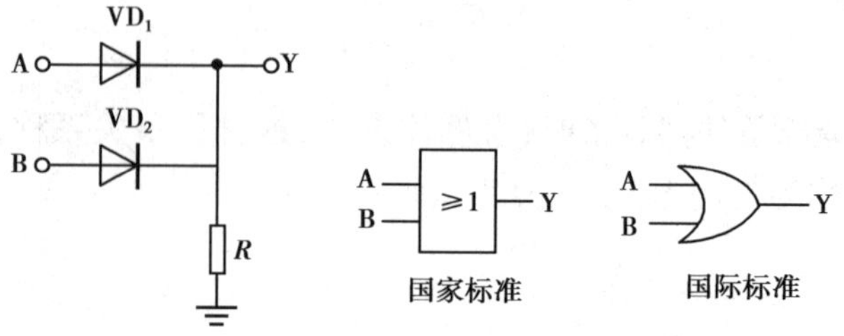

(a)二极管或门电路 (b)电路符号

图 7-10 二极管或门电路及电路符号

逻辑关系和真值表如图 7-11 所示。

条件		结果
A	B	Y
0 V	0 V	0 V
0 V	3 V	3 V
3 V	0 V	3 V
3 V	3 V	3 V

(a)逻辑关系

输入		输出
A	B	Y
0	0	0
0	1	1
1	0	1
1	1	1

(b)真值表

图 7-11 逻辑关系和真值表

注:3 V 为高电平,0 V 为低电平。

电路原理:只有当 A、B 输入端均为 0 V 时,Y 才输出 0 V 低电位,其他情况输出均为 3 V,电路实现了"或"逻辑关系,而真值表则是逻辑加的结果。

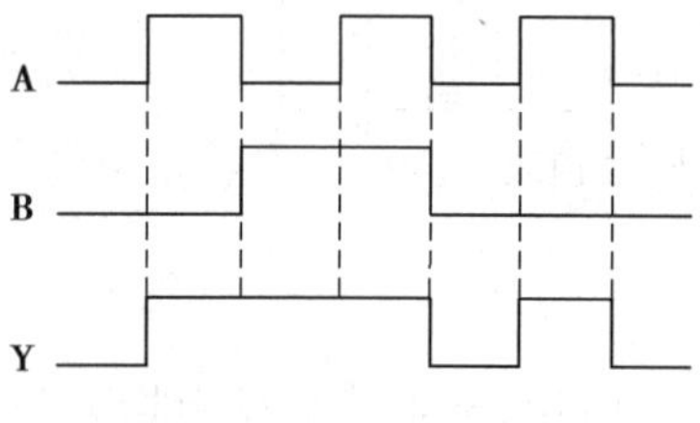

图 7-12 或门电路波形图

或门电路波形图如图 7-12 所示。

或门电路逻辑功能:有高出高,全低出低。

(3)非门电路

当决定某事件的条件不具备时,事件就发生,这种逻辑关系称为"非"逻辑关系。能实现"非"逻辑的电路称为非门电路,如图 7-13 所示。

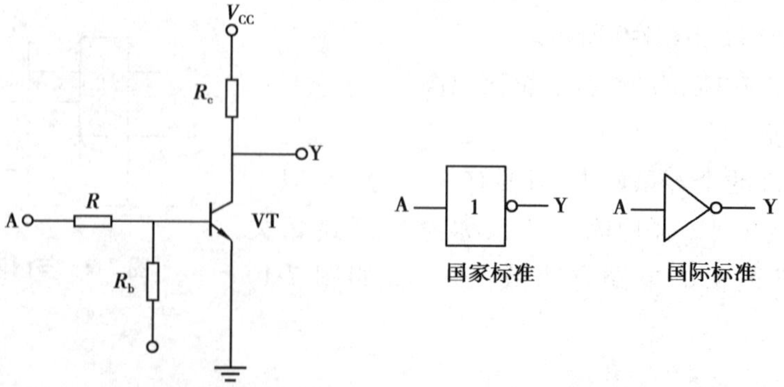

(a)三极管非门电路 (b)电路符号

图 7-13 三极管非门电路及电路符号

逻辑函数表达式：$Y=\overline{A}$。

在表达式中，符号“—”读作A的非或A的反。

电路原理：当输入端为0时，Y输出为1；当输入端为1时，Y输出为0，电路实现了“非”逻辑关系。

非门电路波形图和真值表如图7-14所示。

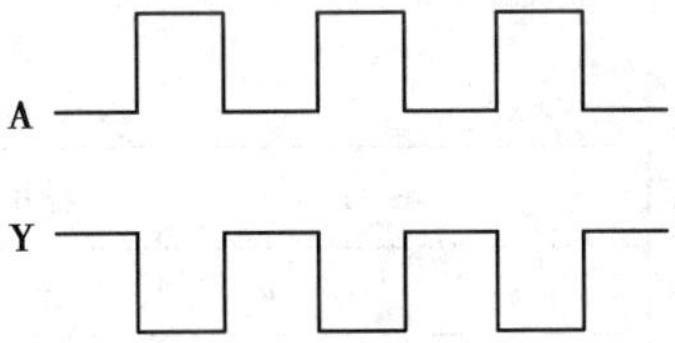

(a)波形图

输入	输出
0	1
1	0

(b)真值表

图7-14　非门电路波形图和真值表

非门电路逻辑功能：有高出低，有低出高。

(4)与非门电路

电路逻辑结构和电路符号如图7-15所示。

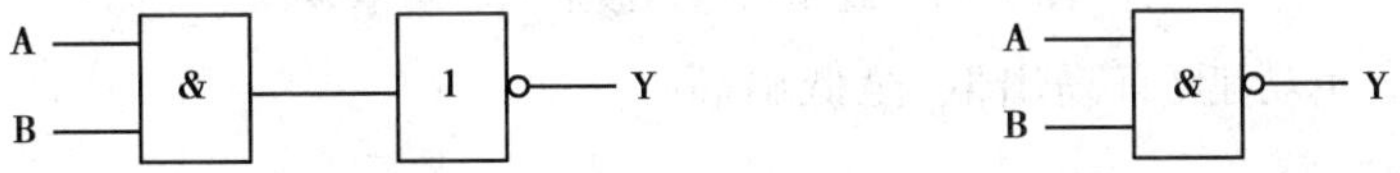

(a)电路逻辑结构　　(b)电路符号

图7-15　电路逻辑结构和电路符号

逻辑函数表达式：$Y=\overline{A \cdot B}$。

与非门电路波形图和真值表如图7-16所示。

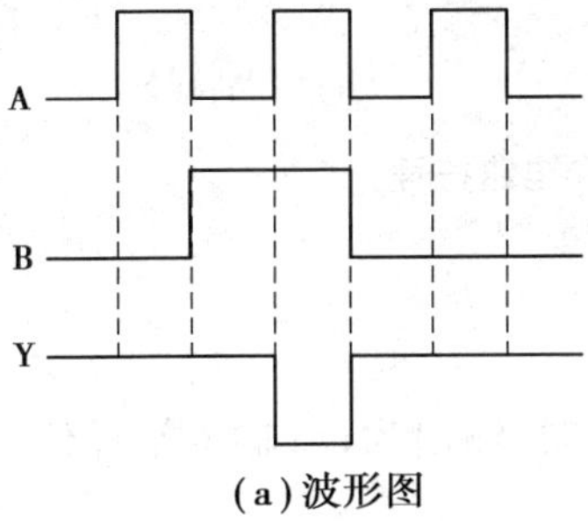

(a)波形图

输入		输出
A	B	Y
0	0	1
0	1	1
1	0	1
1	1	0

(b)真值表

图7-16　与非门电路波形图和真值表

与非门电路逻辑功能：有低出高，全高出低。

(5)或非门电路

电路逻辑结构和电路符号如图7-17所示。

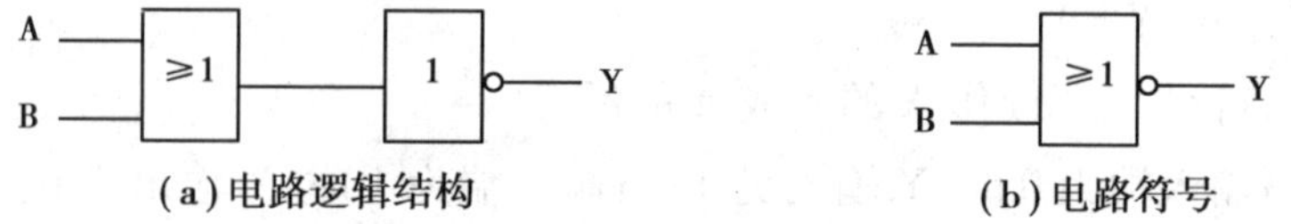

图 7-17 电路逻辑结构和电路符号

逻辑函数表达式：$Y=\overline{A+B}$。

或非门电路波形图和真值表如图 7-18 所示。

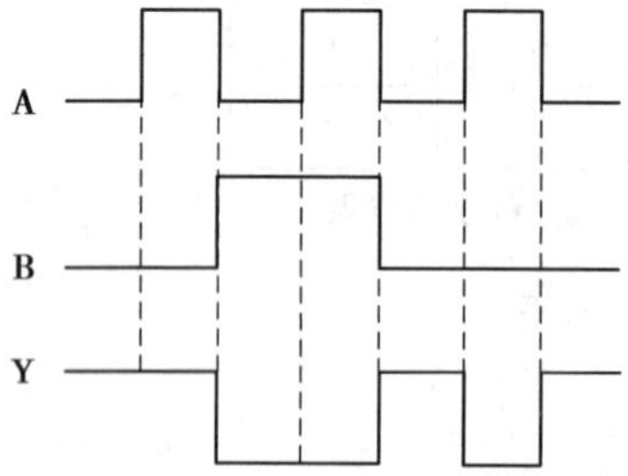

(a)波形图

输入		输出
A	B	Y
0	0	1
0	1	0
1	0	0
1	1	0

(b)真值表

图 7-18 或非门电路波形图和真值表

或非门电路逻辑功能：有高出低，全低出高。

(6)与或非门电路

电路逻辑结构和电路符号如图 7-19 所示。

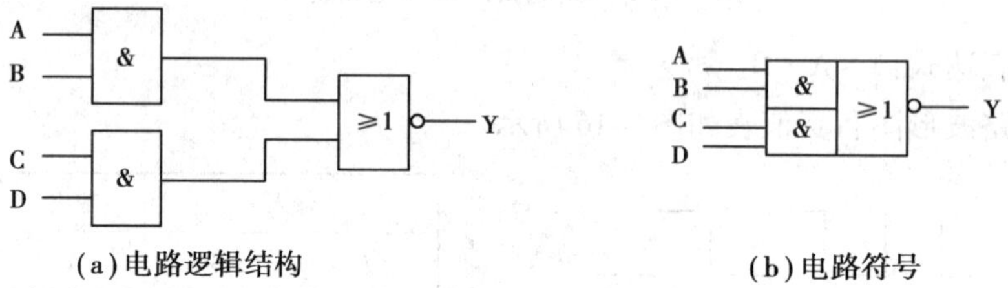

图 7-19 电路逻辑结构和电路符号

逻辑函数表达式：$Y=\overline{A\cdot B+C\cdot D}$。

与或非门电路波形图和真值表如图 7-20 所示。

与或非门电路逻辑功能：输入端任何一组全为高时，输出为低；输入端任何一组有低或输入全为低时，输出为高。

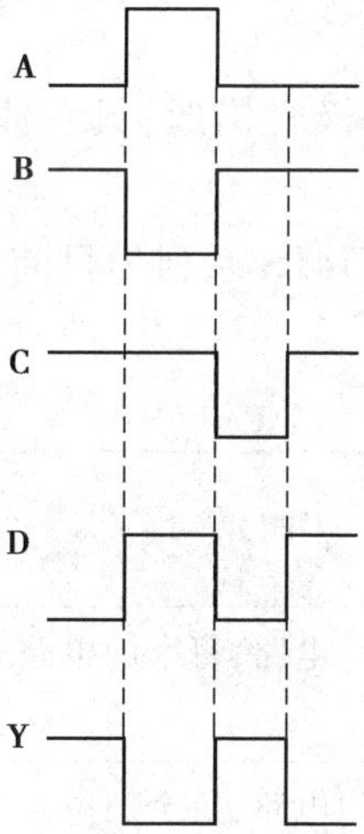

(a)波形图

输入				输出
Y1		Y2		
A	B	C	D	Y
0	0	0	0	1
0	0	0	1	1
0	0	1	0	1
0	0	1	1	0
0	1	0	0	1
0	1	0	1	1
0	1	1	0	1
0	1	1	1	0
1	0	0	0	1
1	0	0	1	1
1	0	1	0	1
1	0	1	1	0
1	1	0	0	0
1	1	0	1	0
1	1	1	0	0
1	1	1	1	0

(b)真值表

图 7-20　与或非门电路波形图和真值表

(7)异或门电路

电路逻辑结构和电路符号如图 7-21 所示。

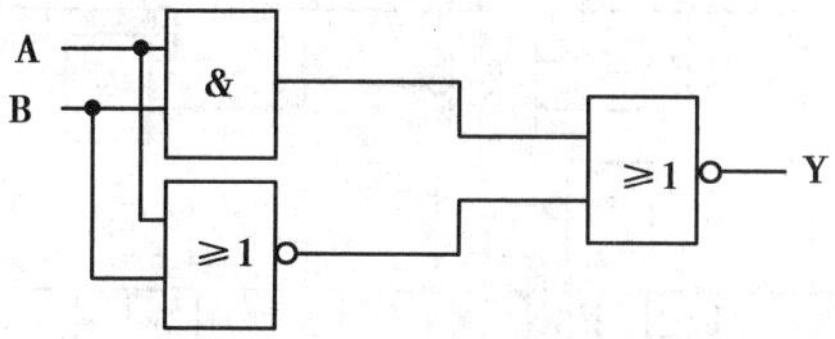

(a)电路逻辑结构

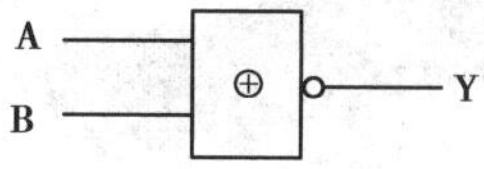

(b)电路符号

图 7-21　电路逻辑结构和电路符号

逻辑函数表达式：$Y=A\oplus B$。

异或门电路波形图和真值表如图 7-22 所示。

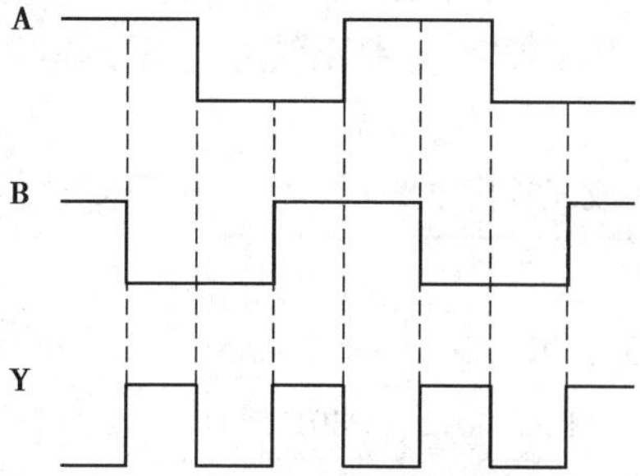

(a)异或门电路波形图

输入		输出
A	B	Y
0	0	0
0	1	1
1	0	1
1	1	0

(b)真值表

图 7-22　异或门电路波形图和真值表

异或门电路逻辑功能：输入相异输出为高，输入相同输出为低。

2.集成逻辑门电路

将逻辑门电路及连线制作在一块半导体芯片上，即构成了集成逻辑门电路，这一技术在数字技术领域中被广泛应用。现在使用最多的是 TTL 和 CMOS 集成逻辑门电路。

(1)TTL 集成逻辑门电路

TTL 集成逻辑门电路是晶体管集成电路，其输入、输出都是由三极管构成，具有体积小、质量轻、功耗高、负载能力强、抗干扰能力强等特点，应用广泛。

我国生产的 TTL 集成逻辑门电路主要有五大系列(见表 7-4)，CT74LS 系列为目前主要应用的产品，其外形和内部结构如图 7-23 所示。

表 7-4 TTL 集成逻辑门电路的五大系列

名 称	国际常用系列型号	国标型号	说明
四 2 输入与非门	74LS00	T100	一个组件内有 4 个门电路，每个门电路有 2 个输入端、1 个输出端
四 2 输入或非门	74LS00	T100	
双 4 输入与门	74LS21	T102	一个组件内有 2 个门电路，每个门电路有 4 个输入端
双 4 输入与非门	74LS20		
8 输入与非门	74LS30	T100	一个组件内只有 1 个门电路，有 8 个输入端

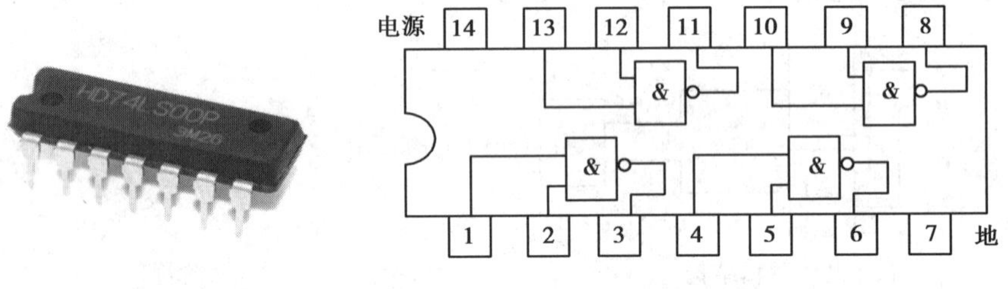

(a)实物图 (b)内部结构

图 7-23 CT74LS 系列

(2)CMOS 集成逻辑门电路

TTL 集成逻辑门电路功耗大、集成度低，不适宜作为大规模集成电路。CMOS 集成逻辑门电路具有集成度高、功耗低、成本低等优点，主要应用在数字技术系统中。常用的 CMOS 集成逻辑门电路的型号见表 7-5。

表 7-5 常用的 CMOS 集成逻辑门电路

种类	系列	常见型号
国内型号	CXX 系列	C001、C010、C033、C062
	CC40 系列	CC4011、CC4012、CC40175
国外型号	CD40 系列	CD4010、CD4023、CD418
	TC40 系列	TC4011、TC4017、TC4066

(3)集成逻辑门电路的使用注意事项

①TTL 和 CMOS 两种门电路可能存在电平高低差异,因此两种电路之间应有接口电路,以保证电路正常工作。

②TTL 和 CMOS 电路外接负载时,一般情况下可以直接驱动,若需较大的驱动电流时,需加接驱动电路。

③集成逻辑门电路在使用时,一般不让多余引脚悬空,以防干扰信号输入,TTL 中一般通过排阻接电源,CMOS 中可根据需要接地(或非门)或接电源正(与非门)。

3.编码器

用若干二进制代码按一定的规律排列起来,组成不同的码制,并给予每个码制固定的含义,这个过程称为编码。完成这个工作的数字电路称为编码器。

按码制的不同,编码器可分为二进制编码器、二—十进制编码器等。编码时要注意输入端与输出端应满足的对应关系:有 M 个输入端、N 个输出端,则 $2^N \geq M$。

例如,设计一个 8421BCD 码编码器。

设计要求:当按下任意一个十进制数码(0~9)时,编码器输出与之相对应的 BCD 码(GS 是用于显示输入端是否有数字输入)。

设计方法如下:

①根据逻辑功能列出真值表(表 7-6)。

表 7-6　真值表

输入										输出				
S_9	S_8	S_7	S_6	S_5	S_4	S_3	S_2	S_1	S_0	A	B	C	D	GS
1	1	1	1	1	1	1	1	1	1	0	0	0	0	0
1	1	1	1	1	1	1	1	1	0	0	0	0	0	1
1	1	1	1	1	1	1	1	0	1	0	0	0	1	1
1	1	1	1	1	1	1	0	1	1	0	0	1	0	1
1	1	1	1	1	1	0	1	1	1	0	0	1	1	1
1	1	1	1	1	0	1	1	1	1	0	1	0	0	1
1	1	1	1	0	1	1	1	1	1	0	1	0	1	1
1	1	1	0	1	1	1	1	1	1	0	1	1	0	1
1	1	0	1	1	1	1	1	1	1	0	1	1	1	1
1	0	1	1	1	1	1	1	1	1	1	0	0	0	1
0	1	1	1	1	1	1	1	1	1	1	0	0	1	1

②写出逻辑表达式。

$A=\overline{8}+\overline{9}=\overline{8\cdot 9}$　　　$B=\overline{4}+\overline{5}+\overline{6}+\overline{7}=\overline{4\cdot 5\cdot 6\cdot 7}$

$C=\overline{2}+\overline{3}+\overline{6}+\overline{7}=\overline{2\cdot 3\cdot 6\cdot 7}$　　　$D=\overline{1}+\overline{3}+\overline{5}+\overline{7}+\overline{9}=\overline{1\cdot 3\cdot 5\cdot 7\cdot 9}$

③画出逻辑电路图(图 7-24)。

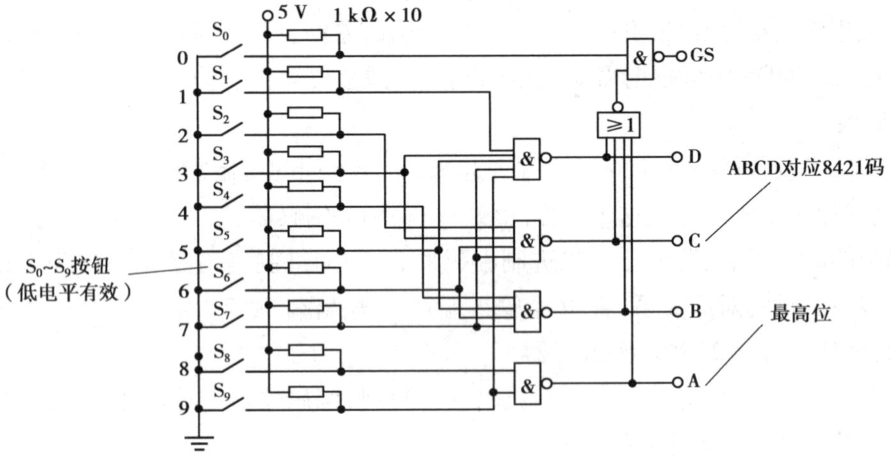

图 7-24　逻辑电路图

※检测与反思

A 类试题

一、填空题

1.模拟信号是时间和数值都连续的信号,数字信号是时间和数值都__________的信号。

2.数字电路的基本信号是二进制的数字信号,它在数值上只有__________和__________两个基本数字。

3.决定某种结果的两个条件 A、B 中,任意一个条件具备时,结果 Y 就会发生,这种逻辑关系为__________关系,它的逻辑表达式为__________。

4.与门电路的逻辑表达式为__________,逻辑功能为__________,逻辑符号为__________。

5.单向可控硅有 3 个电极,分别为__________、__________、__________,用字母__________、__________、__________表示。

二、选择题

1.把十进制数 97 转化成二进制数应是(　　)。

A.110001　　B.1100001　　C.1000011　　D.100011

2.对于或门逻辑电路,用来描述其逻辑特点的是(　　)。

A.有 1 出 0,有 0 出 1　　B.有 0 出 0,有 1 出 1

C.有 1 出 1,全 0 出 0　　D.有 0 出 1,全 1 出 0

三、判断题

1.数字信号比模拟信号抗干扰能力更强、传输质量更高。（　）

2.在数字电路中，0 比 1 小。（　）

3.二进制数、十进制数、十六进制数之间可以相互转换。（　）

4.门电路是一种开关电路，主要由工作于开关状态的二极管、三极管及其他组件构成。（　）

B 类试题

一、填空题

1.二进制数按__________原则转换成十进制数，十进制数按__________原则转换成二进制数。

2.十进制数 53 的 8421BCD 码是__________。

3.当异或门输入端同为高电平或低电平时，其输出端为__________电平。

4.可控硅也称__________，是一种以__________电控制__________电的半导体器件，有__________和__________两大类。

二、选择题

1.在下列逻辑等式中，不正确的是（　）。

A.1+0=1　B.1+1=2　C.1 · 1=1　D.1 · 0=0

2.或非门的逻辑功能为（　）。

A.有低为低，全高为高　B.有高为高，全低为低

C.有高为低，全低为高　D.有低为高，全高为低

3.在下列关于逻辑门电路的说法中，正确的是（　）。

A.与非门的逻辑功能：有 1 出 1，全 0 出 0

B.或门的逻辑功能：有 1 出 1，全 0 出 0

C.与或非门的逻辑功能：相同为高，相异为低

D.异或门的逻辑功能：有 1 出 1，全 0 出 0

4.单向可控硅导通的条件是（　）。

A.闸流管加正向电压，控制回路加正向电压

B.闸流管加反向电压，控制回路加反向电压

C.闸流管加正向电压，控制回路加反向电压

D.闸流管加反向电压，控制回路加正向电压

三、判断题

1.二—十进制编码器是指将十进制数的 0—9 这 10 个数字编成二进制代码的电路。（　）

2.只有当决定某种结果的全部条件具备时，结果才发生，这种因果关系在逻辑代数中称为与逻辑关系。（　）

3.在数字电路中，$(10010001)_B$和$(1001\ 0001)_{BCD}$具有相同意思。（　）

C 类试题

一、填空题

1.十进制数 37.125 转换成二进制数为__________。

2.如图 7-25 所示，当 A 为 3 V，B 为 0 V 时，Y=__________V。

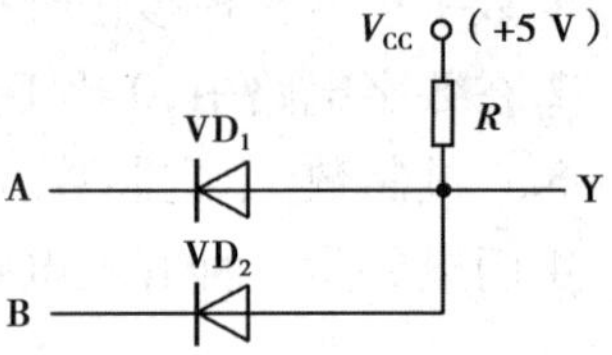

图 7-25

二、选择题

1.某电路的真值表如图 7-26 所示，它的逻辑表达式为(　　)。

A.$Y=\overline{A}$　　B.$Y=\overline{B}$

C.$Y=\overline{A}+B$　　D.$Y=\overline{A\cdot B}$

A	B	Y
0	0	1
0	1	0
1	0	0
1	1	0

图 7-26

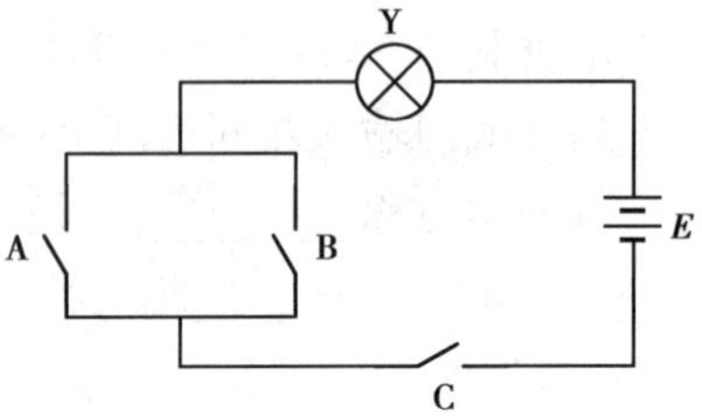

图 7-27

2.在如图 7-27 所示的电路中，欲使灯泡 Y 发亮的逻辑表达式为(　　)。(开关 A、B、C 闭合时用 A、B、C 表示，开关断开时用 $\overline{A}$、$\overline{B}$、$\overline{C}$ 表示)

A.$Y=AC+BC$　　B.$Y=\overline{A}C+\overline{BC}$

C.$Y=AC+\overline{BC}$　　D.$Y=\overline{AC+BC}$

3.8 位二进制数能表示的十进制数的最大值是(　　)。

A.192　　B.248　　C.255　　D.不确定

4.异或门电路的电路符号是(　　)。

A. 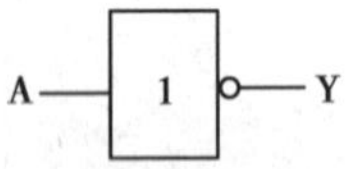

B. 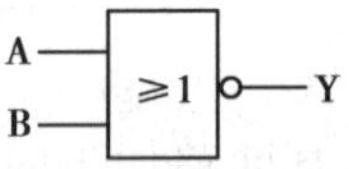

C. 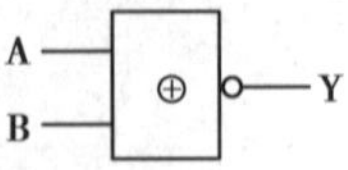

D. 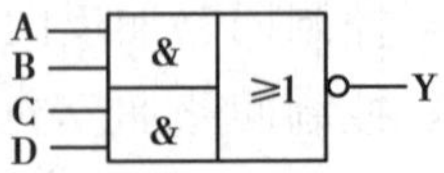

三、判断题

1.当四输入端或非门的 4 个输入端全为低电平时，该或非门的输出端应为高电平。(　　)

2.3 位二进制编码器只能对 8 个输入信号进行编码。(　　)

3.8421BCD 码是唯一能表示十进制的编码。(　　)

任务八 制作三人表决器

在民主与文明的社会环境中，表决器被广泛应用于各种知识竞赛、体育比赛、会议表决、选举投票等活动，如图 8-1(a)所示。本任务是制作如图 8-1(b)所示的三人表决器。三人表决器的主要元器件是集成逻辑门电路。

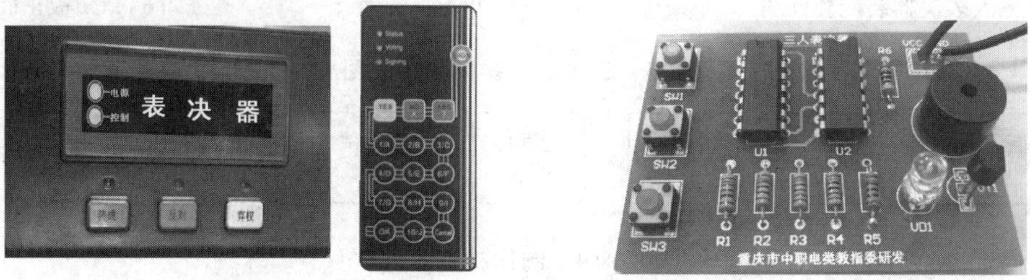

(a) (b)

图 8-1 三人表决器

※工作任务说明

现场提供了制作三人表决器所需的工具、仪表、元器件。按电路原理图(图 8-2)、装配图(图 8-3)和制作流程图(图 8-4)完成三人表决器的制作，同时将相关数据填入表 8-1 中。

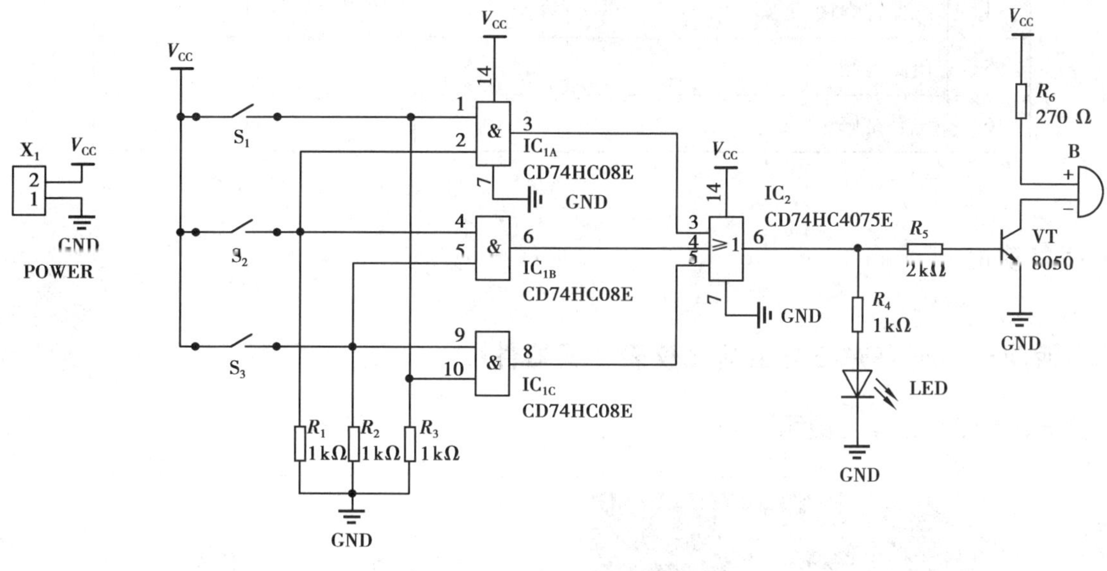

图 8-2 三人表决器电路原理图

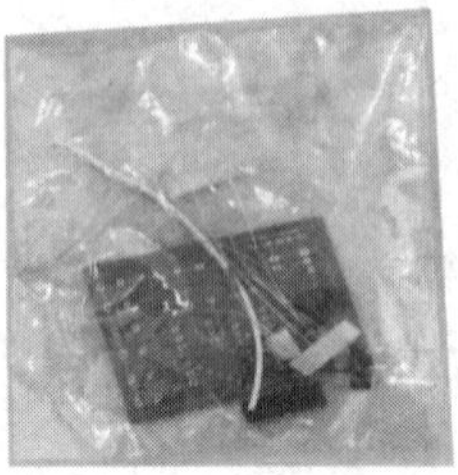

(a)三人表决器装配套件图

(b)PCB板背面

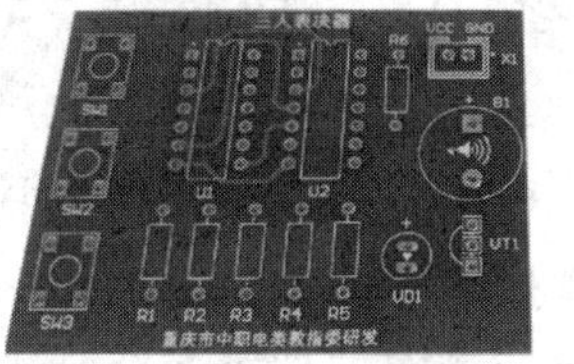

(c)PCB板正面

图 8-3　三人表决器电路装配图

图 8-4　制作流程图

表 8-1　三人表决器制作各项任务完成时间

序号	任务内容	开始时间	结束时间	完成时间
1	清点并归类工具、仪表、元器件			
2	元器件检测			
3	元器件插装			
4	元器件焊接、剪脚			
5	电路检测			
6	电路维修			

※任务实施

活动一　清点并归类工具、仪表、元器件

一、清点并归类工具和仪表

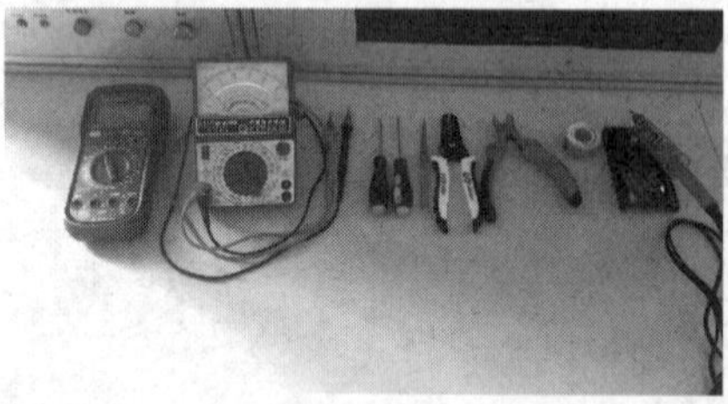

清理本任务所需的工具和仪表，并归类摆放整齐，同时按安全提示要求检查工作现场安全情况，将清理情况填写在表 8-2 中。

表 8-2　工具及仪表清单

名称	规格/型号	状况	名称	规格/型号	状况
电烙铁			剥线钳		
指针式万用表			镊子		
数字万用表			十字螺丝刀		
验电笔			一字螺丝刀		
稳压电源			焊锡丝		
斜口钳			防静电服		
尖嘴钳					

二、清点并归类元器件

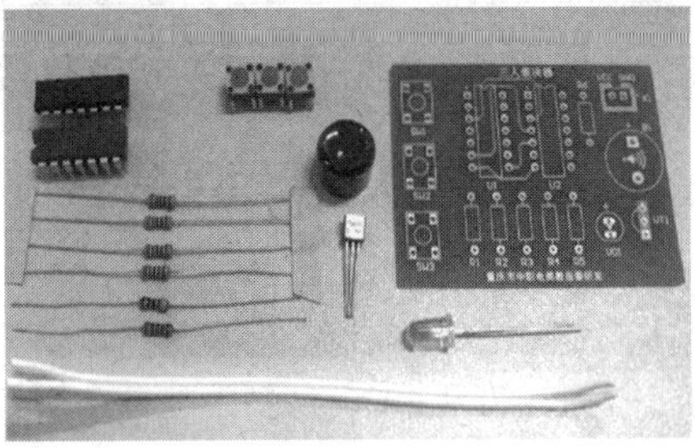

清理本任务所需的元器件，并归类摆放整齐，将元器件的符号、型号/规格、数量填写在表8-3中。

蜂鸣器

(1)作用

蜂鸣器是一种一体化结构的电子讯响器，采用直流电压供电，常在计算机、打印机、复印机、报警器、电子玩具、汽车电子设备、电话机、定时器等电子产品中作为发声器件。

(2)分类

蜂鸣器主要分为有源蜂鸣器与无源蜂鸣器两种。本任务中的TMB12A05是电磁式蜂鸣器，属于有源蜂鸣器。

(3)有源蜂鸣器与无源蜂鸣器的判断

用万用表电阻挡 $R\times1\ \Omega$ 挡测试：用黑表笔接蜂鸣器"+"引脚，红表笔在另一引脚上来回触碰，如果只在触碰时发出"咔咔"声且电阻只有8 Ω(或16 Ω)的是无源蜂鸣器；如果能发出持续声音且电阻在几百欧以上的是有源蜂鸣器。

(4)有源蜂鸣器与无源蜂鸣器的区别

这里的"源"不是指电源，而是指振荡源。也就是说，有源蜂鸣器内部带振荡源，所以只要一通电就会鸣叫；而无源蜂鸣器内部不带振荡源，所以用直流信号无法令其鸣叫，必须用2~5 kHz的方波去驱动它才能发出声音。

有源蜂鸣器往往比无源蜂鸣器的价格高。

555时基电路

555时基电路是一种多用途的数字—模拟混合集成电路，利用它能极方便地构成施密特触发器、单稳态触发器和多谐振荡器。由于其内部输入电路部分有3个5 kΩ的精密电阻串联，所以称为555时基电路，又称为555定时器，如下图所示。

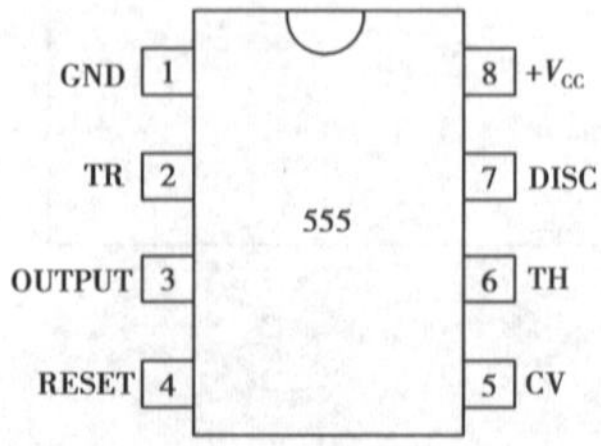

1.555定时器的分类和组成

(1)分类

555定时器有双极型和CMOS两种类型。

表8-3 元器件清单

名称	位号	实物图片	符号	型号/规格	数量
电阻	R_1—R_4				
	R_5				
	R_6				
发光二极管	LED				
三极管	VT				
轻触开关	S_1—S_3				
蜂鸣器	B				
或门电路	IC_2				
与门电路	IC_1				
导线0.8	—		—	—	

活动二 判断元器件质量

一、判断电阻二极管、三极管的质量

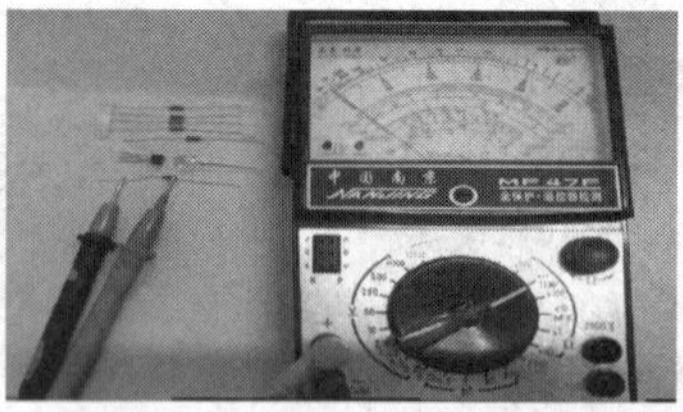

根据学过的方法，正确检测本任务中所用的电阻、发光二极管LED、三极管 VT_1 的质量，如可用，继续安装；如不可用，根据参数要求，更换相应元器件。

二、判断轻触开关的质量

①寻找等效引脚

用万用表的电阻挡检测轻触开关 4 个引脚之间的电阻,阻值为 0 则为等效引脚。

②测量开路电阻

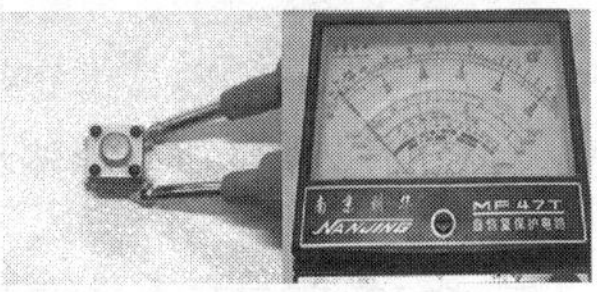

用万用表的电阻挡测按钮引脚之间的电阻,阻值为∞则为开路,将检测结果填入表 8-4 中。

③测量导通电阻

按下按钮,用万用表的电阻挡测引脚之间的电阻,阻值为 0 则为导通电阻。

表 8-4　轻触开关检测记录

按钮状态	R_{12}	R_{34}	R_{13}	R_{24}	质量判断
按钮按下					
按钮松开					

(2)组成

555 定时器是由分压器、两个比较器、基本 RS 触发器以及晶体管开关、输出缓冲器组成,如下图所示。

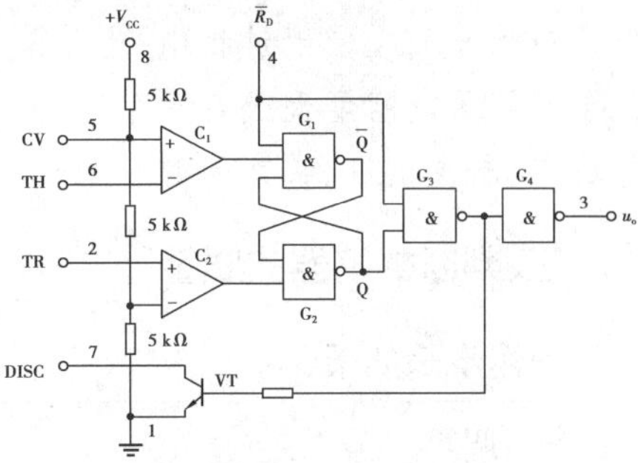

2.555 定时器各个引脚的功能

引脚序号	555 定时器各个引脚功能
1	外接电源负端 V_{SS} 或接地,一般情况下接地
8	外接电源正端 V_{CC},双极型时基电路 V_{CC} 为 4.5~16 V,CMOS 型时基电路 V_{CC} 为 3~18 V,一般用 5 V
3	输出端
2	低触发端,$U_{TR}<1/3V_{cc}$,$u_o=1$
6	高触发端(阈值端),$U_{TH}>2/3V_{cc}$,$u_o=0$
4	复位输入端,当 $\overline{R}_D$ 为低电平时,不管其他输入端状态如何,输出 u_o 为低电平。正常工作时,一般应将其接高电平
5	控制电压端
7	放电端与 3 脚输出同步,输出电平一致,但 7 脚并不输出电流,所以 3 脚称为实高(或低),7 脚称为虚高

轻触开关

轻触开关又称按键开关,使用时轻轻按下触点即可接通。轻触开关被广泛应用于游戏机、复印机、打印机、电子仪器、仪表、电视和电磁炉等电器设备。

轻触开关的内部等效电路如下图所示。1、2 脚内部导通,3、4 脚内部导通。

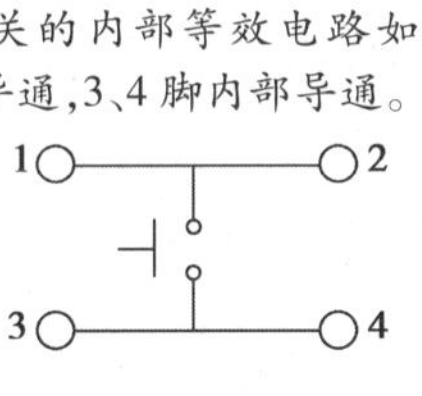

导师说

轻触开关在使用过程中,由于灰尘或者其他杂质进入其内部,内部的触点会被氧化,可能会导致导通电阻增大或者开路,也可能会导致触点短路或者存在一定的漏电电阻。在按键式电磁炉、电视机中,常常因为轻触开关触点被氧化而引起按键无效或者控制异常。

三、判断蜂鸣器的质量

操作步骤如下:

<table>
<tr>
<td>①选挡调零

将万用表置于 $R\times1\ \Omega$ 挡并进行欧姆调零。</td>
<td>②正向检测
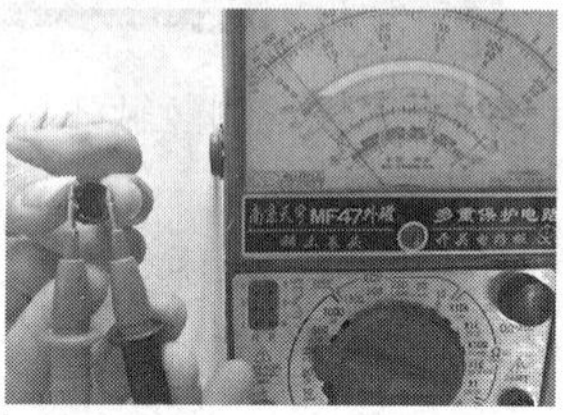
万用表的黑表笔接蜂鸣器的正极,红表笔接蜂鸣器的负极。万用表指针有少量偏转,且蜂鸣器持续发声,直到表笔离开。</td>
</tr>
<tr>
<td>③反向检测

万用表的红表笔接蜂鸣器的正极,黑表笔接蜂鸣器的负极。指针为无穷大,蜂鸣器无声音。</td>
<td>④得出结论

若蜂鸣器正向检测时,万用表的指针有一定偏转,且蜂鸣器发出"哧哧"声;反向检测时,万用表的指针不偏转,蜂鸣器无"哧哧"声,则说明蜂鸣器质量良好。</td>
</tr>
</table>

导师说

检测有源蜂鸣器时,正向检测有较大阻值,蜂鸣器持续发声,反向检测时阻值为无穷大;检测无源蜂鸣器时,正、反向电阻都较小,且蜂鸣器只响一次。有以上结果是因为无源蜂鸣器需要脉冲驱动,有源蜂鸣器为电压驱动。

四、判断与门、或门集成块的质量

操作步骤如下：

①检测 74HC08 的各引脚对地电阻

用万用表 $R\times1\ \Omega$ 挡逐一检测 74HC08 各引脚与 GND（7 脚）之间的正、反向电阻，并记录在表 8-5 中。

表 8-5　74HC08 对地电阻

引脚编号		1	2	3	4	5	6	7
74HC08	正向电阻							
	反向电阻							
引脚编号		8	9	10	11	12	13	14
74HC08	正向电阻							
	反向电阻							

②检测 74HC4075 的各引脚对地电阻

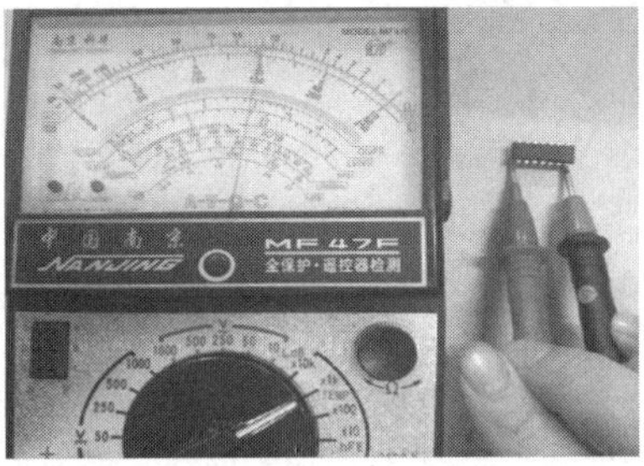

用万用表 $R\times1\ \Omega$ 挡逐一检测 74HC4075 各引脚与 GND（7 脚）之间的正、反向电阻，并记录在表8-6中。

集成电路知识

集成电路排列的标志一般为有色点、凹槽及封装时压出的圆形标志。对于双列直插集成块，引脚识别方法是将集成电路水平放置，引脚朝下，标志朝左边，左下角为第一个脚，然后按逆时针方向依次为 2 脚、3 脚、4 脚等。对于单列直插集成块，引脚朝下，标志朝左边，从左下角开始依次为 1 脚、2 脚、3 脚等。

74HC08 具有 4 组两输入端与门集成电路，是一款高速 CMOS 器件。在下图中，1A—4A 为输入端，1B—4B 为输入端，1Y—4Y 为输出端，V_{CC} 为电源端，GND 为接地端。

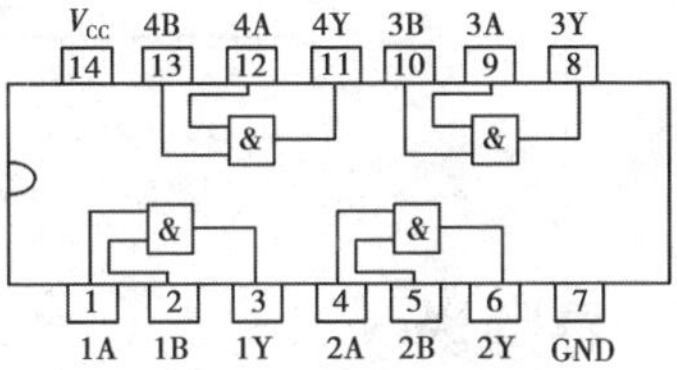

74HC4075 三输入或门集成块具有 CMOS 的低功耗、高速度、高性能等特点，同时还具有高抗噪声度和较强的驱动负载的能力，属于一种高速低功耗产品。

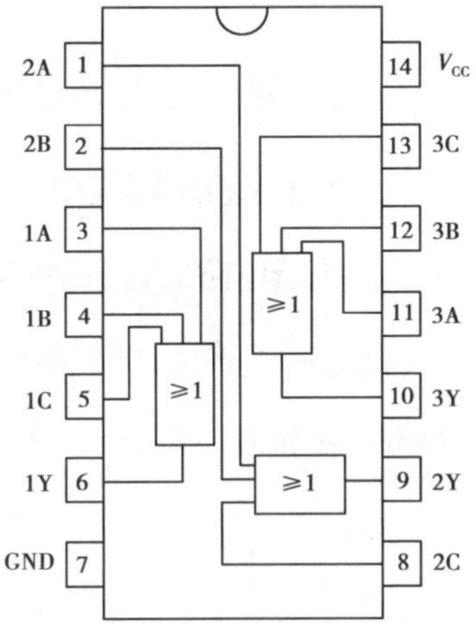

表 8-6 74HC4075 对地电阻

引脚编号		1	2	3	4	5	6	7
74HC4075	正向电阻							
	反向电阻							
引脚编号		8	9	10	11	12	13	14
74HC4075	正向电阻							
	反向电阻							

导师说

由于集成电路的引脚和功能比较多，所以不能直接通过万用表准确判断其好坏，只能通过其内部逻辑功能和所测阻值进行初步判断。V_{CC}与 GND 之间短路可直接判定为损坏。

五、检查印制线路板

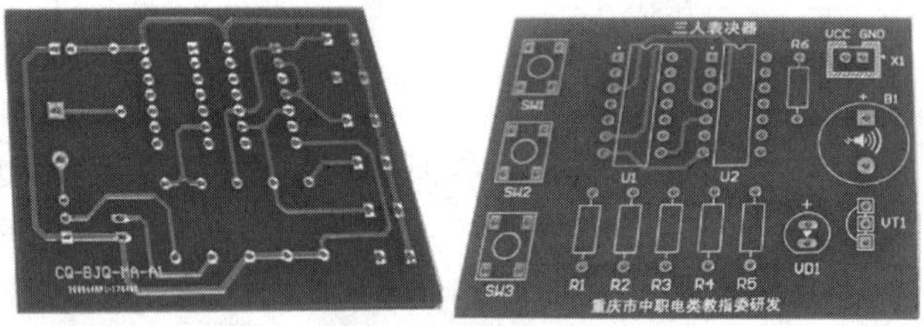

肉眼观察印制线路板的连接导线有无断裂，焊盘有无脱落、损坏等情况，如有上述情况，请及时更换。

活动三　安装三人表决器电路

一、观察三人表决器电路原理图和印制线路板

三人表决器电路原理图和印制线路板如图 8-2 和图 8-3 所示。

二、安装三人表决器印制线路板电路

操作步骤如下：

①安装电阻  先用镊子将电阻的引脚整形，再将其安装到印制线路板上 R_1—R_6 的位置，将电阻焊接好后剪掉多余的引脚。	②安装轻触开关  将轻触开关贴装到印制线路板 S_1—S_3 的位置上。
③安装集成电路 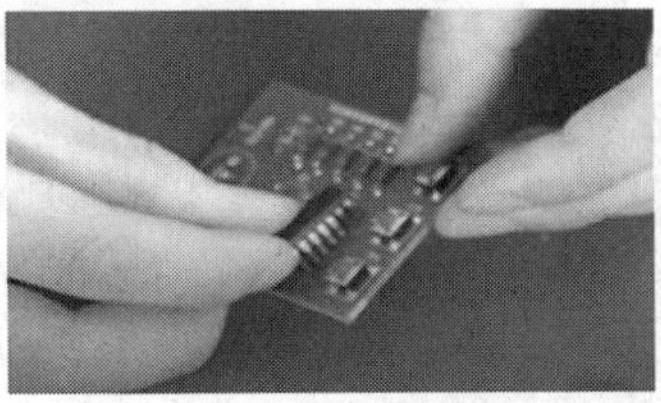 将 74HC08 安装到印制线路板上 IC_1 的位置；将 74HC4075 安装到印制线路板上 IC_2 的位置。	④安装发光二极管  将二极管插入到印制线路板上 VD_1 的位置并焊接、剪脚。
⑤安装三极管 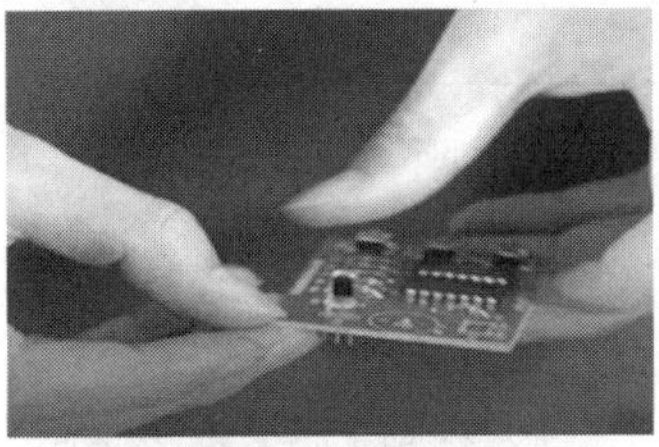 将三极管插入到印制线路板上 VT_1 的位置并焊接、剪脚。	⑥安装蜂鸣器 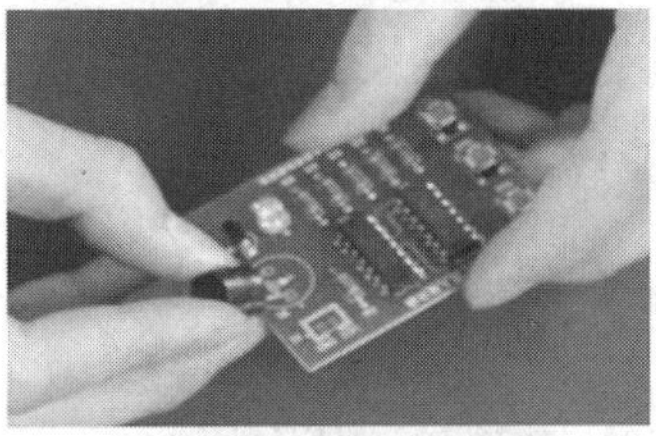 将蜂鸣器插入到印制线路板上 B 的位置并焊接。
⑦安装导线 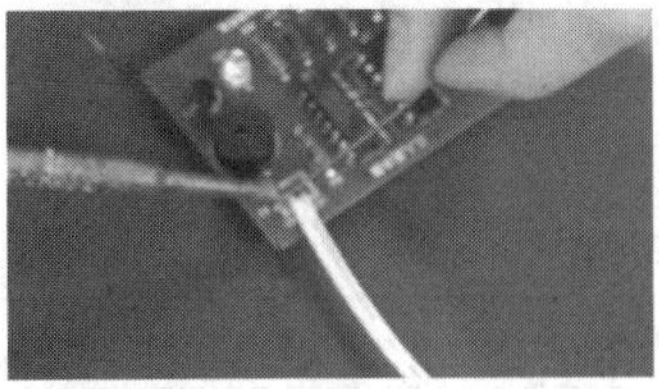 将导线绝缘层剥出后插入印制线路板并焊接。	⑧检查工艺 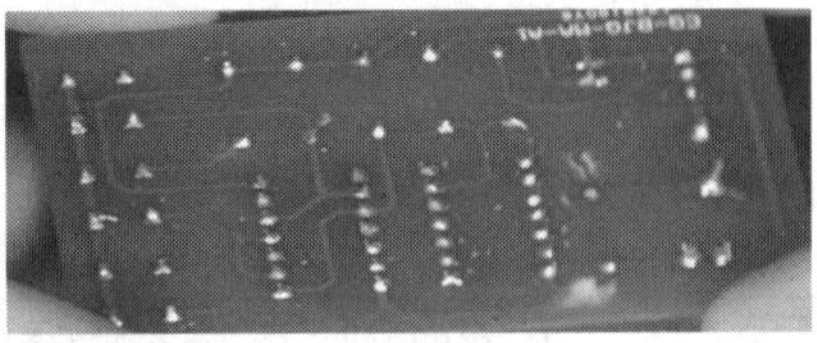 检查焊点，修补缺陷，清理电路板上多余的锡渣。

导师说

为了便于检修与调试，建议先安装集成块座子，再将集成块插入。安装蜂鸣器时，应注意极性，正极标有“+”且引脚比负极稍长，安装时不能装反。

活动四　检查、调试三人表决器电路

一、通电前检查

1.直观检查

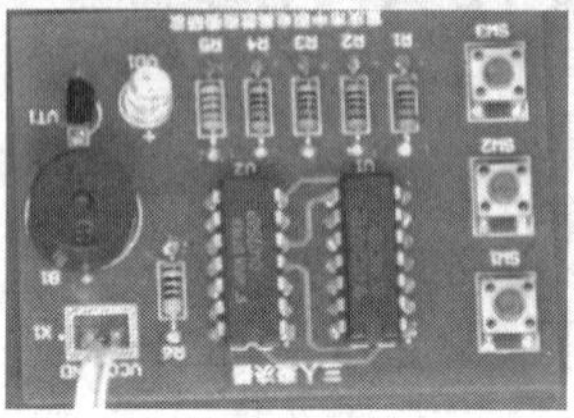

(a)正面

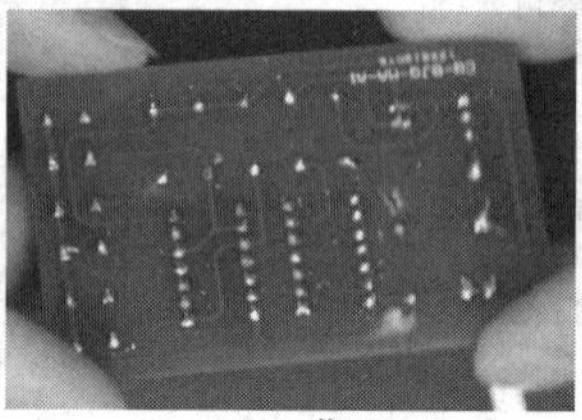

(b)背面

通电前，用肉眼直观检查印制线路板上有无漏装、错装的元器件，焊点有无明显虚焊、漏焊、毛刺等情况。

2.在路电阻检测

操作步骤如下：

①检测 V_{CC} 与 GND

用万用表测量电路板上 V_{CC} 和 GND 之间的电阻。

②检测对地电阻

用万用表检测集成电路各引脚对地(7脚)电阻，并记录在表 8-7 中。

表 8-7　集成电路对地电阻

引脚编号		1	2	3	4	5	6	7	8	9	10	11	12	13	14
74HC08	正向电阻														
	反向电阻														

续表

引脚编号		1	2	3	4	5	6	7	8	9	10	11	12	13	14
74HC4075	正向电阻														
	反向电阻														
V_{CC}															

二、通电测试

1.通电准备

操作步骤如下：

①调整电源	②连接电源
  将工作台上电源的输出电压调整到 5 V。	 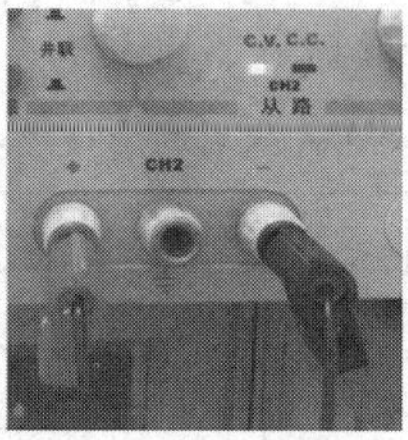 先关闭直流电源，然后再将三人表决器的电源线接到直流电源上。

2.静态电压测试

操作步骤如下：

①测试 V_{CC}	②测试各脚电压
 打开电源，用万用表检测 V_{CC} 的电压，将测量值填入表 8-8 中。	 打开电源，用万用表检测集成块各引脚的电压，将测量值填入表 8-8 中。

组合逻辑电路

(1)组合逻辑电路的特点

组合逻辑电路是由多个逻辑门电路组合而成,组合后的电路具有一定功能。组合逻辑电路可以有一个或者多个输入端,也可以有一个或者多个输出端。组合逻辑电路只有输入端到输出端的通路,无反馈支路。

(2)组合逻辑电路的分析

根据组合逻辑电路输入与输出之间的逻辑关系,得出电路的逻辑功能的过程称为组合逻辑电路的分析。

(3)组合逻辑电路的分析方法

①根据图 8-2 可写出表达式:

Y1=AB;Y2=BC;Y3=AC;

Y4=AB+BC+AC+…

②表达式已经是最简单的形式,所以无须化简。

③根据表达式列真值表:

输入			输出
A	B	C	Y4
0	0	0	0
0	0	1	0
0	1	0	0
0	1	1	1
1	0	0	0
1	0	1	1
1	1	0	1
1	1	1	1

④根据真值表分析逻辑功能:

有两个或 3 个输入同时为 1 时,Y4 输出为 1,否则为 0。

根据原理图可以看出,按键开关按下时为 1,不按下时为 0。因此该电路可实现的功能为当两个或者 3 个按键同时按下时,输出为 1,此时发光二极管点亮,同时三极管工作,蜂鸣器响。

(4)组合逻辑电路的设计方法

①根据电路功能列出真值表;

②根据真值表写出逻辑表达式;

③化简逻辑表达式;

④根据最简逻辑表达式画出逻辑电路图。

表 8-8 集成电路对地电压

引脚编号	74HC08	74HC4075	V_{CC}
1			
2			
3			
4			
5			
6			
7			
8			
9			
10			
11			
12			
13			
14			

3.功能测试

操作步骤如下:

①无操作测试

通电后观察不按任何按键时,二极管是否点亮,蜂鸣器是否发声,同时将 1Y、2Y、3Y、4Y 的电平记录在表8-9 中。

②任意按下一个键测试

通电后观察任意按下一个键时，二极管是否点亮，蜂鸣器是否发声，同时将1Y、2Y、3Y、4Y的电平记录在表8-9中。

③任意按下两个键测试

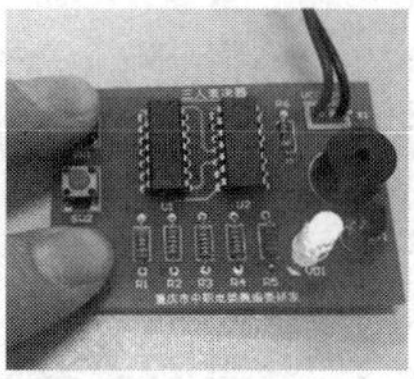

通电后观察任意按下两个键时，二极管是否点亮，蜂鸣器是否发声，同时将1Y、2Y、3Y、4Y的电平记录在表8-9中。注意：任意按下两个键有3种情况。

④同时按下3个键测试

通电后观察同时按下3个按键时，二极管是否点亮，蜂鸣器是否发声，同时将1Y、2Y、3Y、4Y的电平记录在表8-9中。

表8-9　电平记录

引脚序号	1Y（74HC08的3脚）	2Y（74HC08的6脚）	3Y（74HC08的8脚）	4Y（74HC4075的6脚）
S_1—S_3都不按				
仅按下S_1				
仅按下S_2				
仅按下S_3				
按下S_1、S_2				
按下S_2、S_3				
按下S_1、S_3				
按下S_1、S_2、S_3				

三、三人表决器电路的简单故障维修

故障现象：接通电源，同时按下两个轻触开关，LED发光，但蜂鸣器无声。

维修步骤如下：

①观察故障

接通电源，同时按下两个按键，LED发光，但蜂鸣器无声。

②直观检测

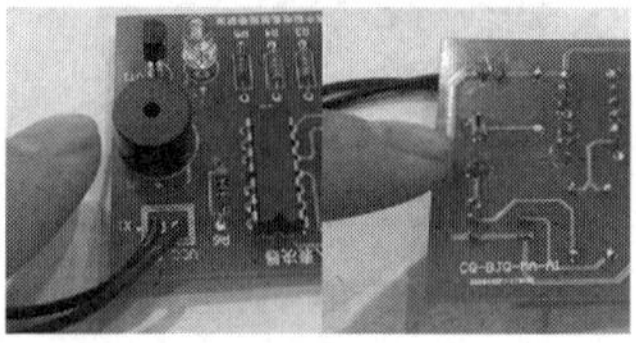

直观检查蜂鸣器的正面有无炸裂、烧黑等情况；检查蜂鸣器的背面引脚焊点有无虚焊；检查印制板上铜皮是否异常。经检查未发现异常。

③故障分析

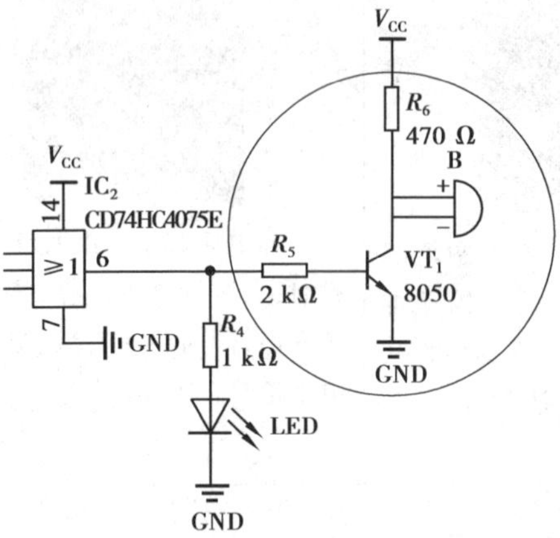

同时按下两个按键，LED 发光，说明前面的与门电路、或门电路、LED 发光支路正常，蜂鸣器不发声，故障在黑色圆圈的区域。

④测量 VT_1 基极电压

接通电源，同时按下两个轻触开关，用万用表电压挡测得 VT_1 基极为0 V。

⑤测量 VT_1 集电极电压

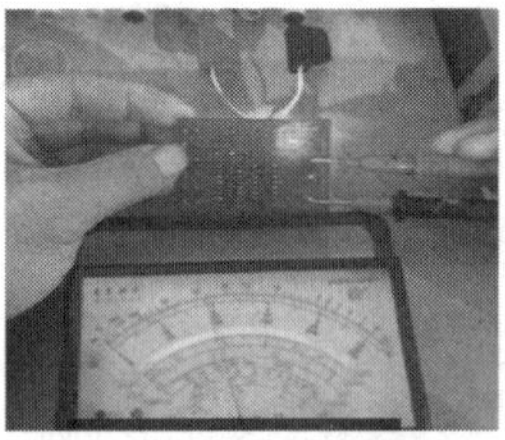

接通电源，同时按下两个轻触开关，用万用表 10 V 电压挡测得 VT_1 集电极为 4 V（高电平），说明三极管没有工作，可能是 R_5 开路或者 VT_1 自身损坏。

⑥检测 R_5 在路电阻

断开电源，用万用表 $R\times1$ kΩ 挡检测 R_5 两端的在路电阻，阻值接近 2 kΩ，说明 R_5 的阻值正常。

⑦检测 VT_1 基极与发射极之间的电阻

断开电源，用万用表 $R\times1$ kΩ 挡检测 VT_1 基极与发射极之间的电阻，阻值接近 0 Ω，初步判断 VT_1 击穿。

⑧确认排除故障

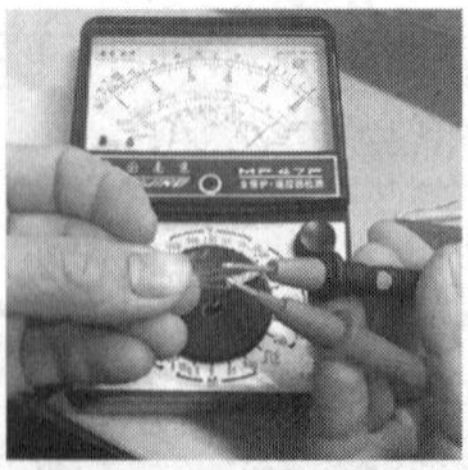

焊下 VT_1，用 $R\times1$ kΩ 挡测量基极与发射极之间的电阻，阻值为 0，确认 VT_1 击穿，更换后排除故障。

【任务评价】

任务评价表

评价内容		自　评	组长评价	教师评价
		优☆　良△　中√　差×		
职业素养	①安全用电			
	②设备及器材的安全			
	③记录整理完整准确			
	④符合“6S”管理理念			
知识与技能	①准备制作三人表决器所需的工具、仪表、元器件			
	②评估三人表决器元器件的质量			
	③安装三人表决器电路			
	④检查与调试三人表决器电路			
	⑤简单维修三人表决器电路			
汇报展示	①作品展示(可以为实物作品展示、PPT 汇报、简报、作业等形式)			
	②语言流畅,思路清晰			
评价等级				

※拓展与提高

一、逻辑函数的定义和表示方法

1.逻辑函数的定义

若对应于输入逻辑变量 A,B,C,…的每一组确定值,输出一个唯一的确定值 Y,则称 Y 是 A,B,C,…的逻辑函数。逻辑函数的变量只有逻辑 0 和逻辑 1 两个,它表示的是一种状态,而不是数值,如灯的亮与灭,开关的开与关,电平的高与低等。

2.逻辑函数的表示方法

(1)真值表

真值表是反映逻辑函数中输入变量与输出变量之间的逻辑关系的表格。表 8-10 为三人表决器的真值表。

表 8-10 三人表决器的真值表

输入			输出
A	B	C	Y4
0	0	0	0
0	0	1	0
0	1	0	0
0	1	1	1
1	0	0	0
1	0	1	1
1	1	0	1
1	1	1	1

(2)逻辑函数式

逻辑函数式是将逻辑函数中输出变量与输入变量之间的逻辑关系用与、或、非等逻辑运算符号连接起来的式子，又称逻辑表达式。例如，由 A 和 B 两个变量组成的与门电路：$Y=A \cdot B$。

(3)逻辑图

逻辑图是将逻辑函数中输出变量与输入变量之间的逻辑关系用与、或、非等逻辑符号表示出来的图形。例如，$Y=A \cdot B$ 的逻辑图如图 8-5 所示。

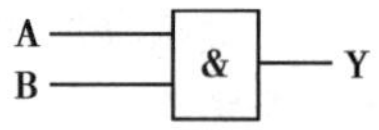

图 8-5 逻辑图

二、逻辑函数的化简

对逻辑函数进行化简后，逻辑电路将变得更简单。

1.逻辑代数的运算法则

逻辑代数的运算法则与普通代数的运算法则相似，除了交换律、结合律、分配律以外，还有一些特有的规律，见表 8-11。

表 8-11 逻辑代数的运算法则

定律	表达式	
0-1 律	$A \cdot 0=0$	$A+1=1$
自等律	$A \cdot 1=A$	$A+0=A$
等幂律	$A \cdot A=A$	$A+A=A$
互补律	$A \cdot \overline{A}=0$	$A+\overline{A}=1$
交换律	$A \cdot B=B \cdot A$	$A+B=B+A$
结合律	$A \cdot (B \cdot C)=(A \cdot B) \cdot C$	$A+(B+C)=(A+B)+C$

续表

定　律	表达式	
分配律	$A(B+C)=AB+AC$	$A+BC=(A+B)(A+C)$
吸收律	$A+AB=A$	$A(A+B)=A$
非非律	$\overline{\overline{A}}=A$	
摩根定律	$\overline{ABCA}=\overline{A}+\overline{B}+\overline{C}+A$	$\overline{A+B+C+AB}=\overline{A}\cdot\overline{B}\cdot\overline{C}A$

2.逻辑函数化简的意义

逻辑函数的化简就是使一个逻辑函数化简后得到的式子中的“与”“或”项数最少,而每项中的变量数也最少,从而使组成的逻辑电路最简单。

化简的判别标准有两条:一是函数的项数少,二是在项数最少的条件下,每项内的变量最少,此时称为最简函数。

3.逻辑函数化简的常用方法

(1)并项法

利用 $A+\overline{A}=1$,将两项合并为一项,并消去一个变量,如 $\overline{A}B+AB=(A+\overline{A})B=B$。

(2)吸收法

利用公式 $A+AB=A$ 吸收多余项,如 $AB+ABCD=AB$。

(3)消去法

利用 $A+\overline{A}B=(A+\overline{A})(A+B)=A+B$ 消去 $\overline{A}$,如 $AB+\overline{A}C+\overline{B}C=AB+(\overline{A}+\overline{B})C=AB+\overline{AB}C=AB+C$。

(4)配项法

一般是在适当项中配上 $A+\overline{A}=1$,同其他项的因子进行化简,如

$\overline{AB}+\overline{BC}+\overline{B}C+\overline{A}B$

$=\overline{AB}+\overline{BC}+(A+\overline{A})\overline{B}C+(C+\overline{C})\overline{A}B$

$=\overline{AB}+\overline{AB}C+\overline{BC}+\overline{ABC}+\overline{AB}C+\overline{A}BC$

$=\overline{AB}+\overline{BC}+\overline{A}C$

※检测与反思

A 类试题

一、填空题

1.逻辑变量的取值范围只有__________和__________两个值。

2.逻辑代数中“0”和“1”不再表示大小,而只能表示__________。

3.如图 8-6 所示的图形符号表示__________逻辑运算。

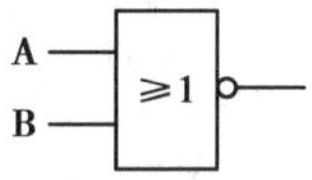

图 8-6

二、选择题

1.在下列逻辑代数的基本公式中,正确的是(　　)。

A.$A+\overline{A}=A$　　B.$\overline{A}\cdot A=1$　　C.$\overline{A}\cdot A=0$　　D.$A+\overline{A}=0$

2.与逻辑的表达式是(　　)。

A.$Y=A+B$　　B.$Y=\overline{A\cdot B}$

C.$Y=A\cdot B$　　D.$Y=\overline{A+B}$

3.如图 8-7 所示的波形图的逻辑功能是(　　)。

A.有 1 出 0,全 0 出 1

B.有 0 出 0,全 1 出 1

C.有 1 出 1,全 0 出 0

D.有 0 出 1,全 1 出 0

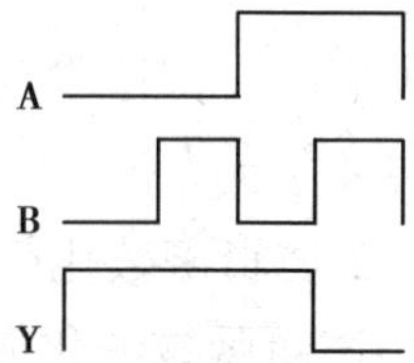

图 8-7

三、判断题

1.若两个逻辑函数具有相同的真值表,则两个逻辑函数必然相等。(　　)

2.只有当决定某种结果的全部条件具备时,结果才发生,这种因果关系在逻辑代数中称为与逻辑关系。(　　)

3.基本的逻辑关系有与、或、非 3 种。(　　)

B 类试题

一、填空题

1.74HC08 具有 4 组两输入端与门集成电路,是一款高速__________器件。

2.555 时基电路是一种具有广泛用途的电路,其内部输入部分有__________个 5 kΩ 的精密电阻串联,也称为万能集成电路。

3.组合逻辑电路没有__________功能。

二、判断题

1.组合逻辑电路的输出状态不取决于输入信号。(　　)

2.二进制编码器有 3 个输出端,可以对 9 个对象进行编码。(　　)

3.实现同一逻辑功能,可以用不同的逻辑函数式。(　　)

三、选择题

1.与门逻辑关系可表述为(　　)。

A.有 0 出 1,全 1 出 0　　B.有 1 出 1,全 0 出 1

C.有 0 出 0,全 1 出 1　　D.有 1 出 0,全 0 出 1

2.以下不属于组合逻辑电路特点的是(　　)。

A.有多个输入、输出端

B.信号只能从输入端到输出端

C.输出信号、输入状态和前一种输出状态有关

D.都是由逻辑门电路组成

3.当逻辑函数有 n 个变量时,则共有(　　)个变量取值组合。

A.n　　B.$2n$　　C.2^n　　D.n^2

C 类试题

一、填空题

1.组合逻辑电路的输出仅取决于当时__________,而与电路无关,电路没有__________功能。

2.逻辑函数的常用化简方法有两种:一种是__________化简法;另一种是卡诺图化简法。

3.逻辑函数化简的判别标准有两条:一是函数的项数最少;二是每项内的__________最少。

二、判断题

1.4 输入端或非门当其 4 个输入端全为低电平时,该或非门的输出端应为高电平。（　　）

2.组合逻辑电路的输出状态不取决于输入信号。（　　）

3.或非门的逻辑功能:有高为高,全低为低。（　　）

4.与非门的逻辑功能:全 0 出 1,有 1 出 0。（　　）

三、选择题

1.成语“万事俱备,只欠东风”说的是以下哪种逻辑关系?（　　）

A.或关系　　B.与关系　　C.与非关系　　D.或非关系

2.逻辑电路如图 8-8 所示,函数式为(　　)。

A.$F=\overline{AB}+\overline{C}$　　B.$F=\overline{ABC}$

C.$F=ABC$　　D.$F=AB+C$

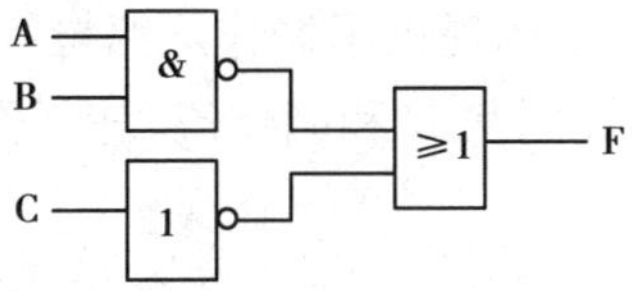

图 8-8

3.下列变换错误的是(　　)。

A.$A+B=AB$　　B.$AB=\overline{\overline{A}+\overline{B}}$

C.$\overline{A+B}=\overline{AB}$　　D.$\overline{AB}=\overline{A}+\overline{B}$

4.在下列逻辑电路中,不是组合逻辑电路的有(　　)。

A.译码器　　B.寄存器

C.编码器　　D.全加器

任务九　制作八路抢答器

在一些竞赛抢答活动中，谁抢先按下按钮，对应的指示灯就会点亮并发出响铃声，而其他人再按下按钮均无效。这样的抢答响铃指示电路用到了数字电路中的编码、译码、触发器等电路。本任务是通过制作八路抢答器，掌握抢答器的相关知识与技能。

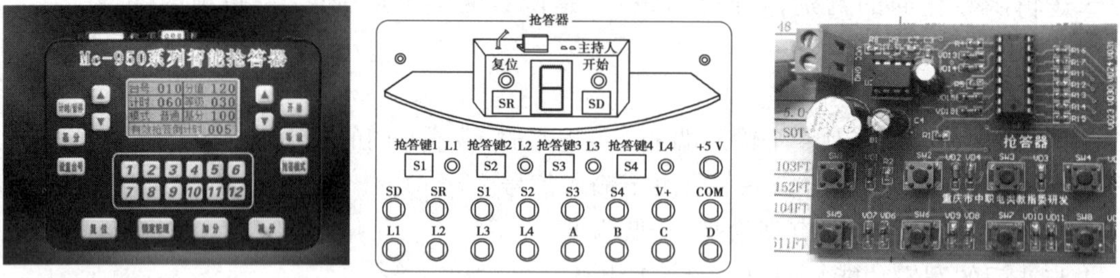

图 9-1　抢答器

※工作任务说明

现场提供了制作八路抢答器所需的工具、仪表、元器件。按电路原理图（图 9-2）、电路装配图（图 9-3）和制作流程图（图 9-4）完成八路抢答器的制作，同时将相关数据填入表 9-1 中。

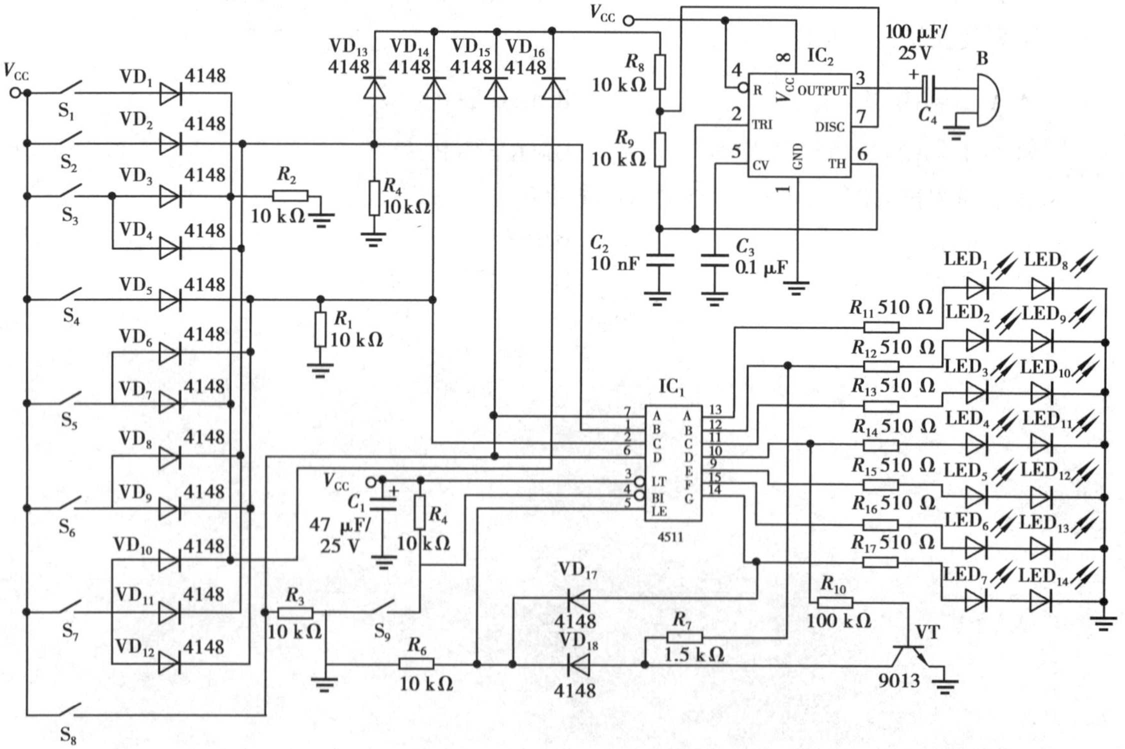

图 9-2　八路抢答器电路原理图

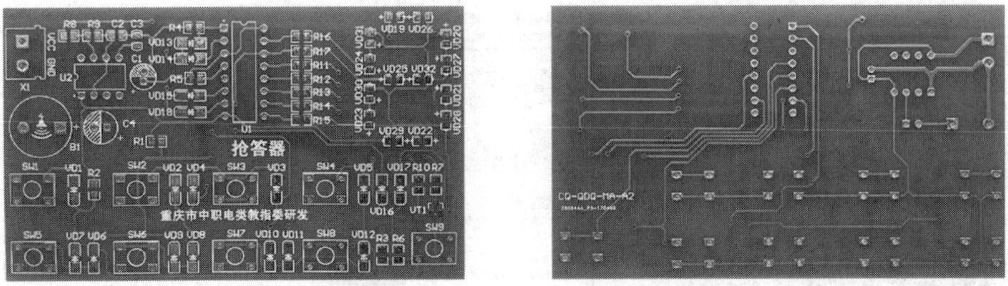

图 9-3　八路抢答器电路装配图

元器件归类 ➡ 元器件检测 ➡ 元器件插装 ➡ 元器件焊接 ➡ 元器件剪脚 ➡ 电路检测 ➡ 电路维修

图 9-4　制作流程图

表 9-1　八路抢答器制作各项任务完成时间

序号	任务内容	开始时间	结束时间	完成时间
1	清点并归类工具、仪表、元器件			
2	元器件检测			
3	元器件插装			
4	元器件焊接、剪脚			
5	电路检测			
6	电路维修			

※任务实施

活动一　清点并归类工具、仪表、元器件

一、清点并归类工具和仪表

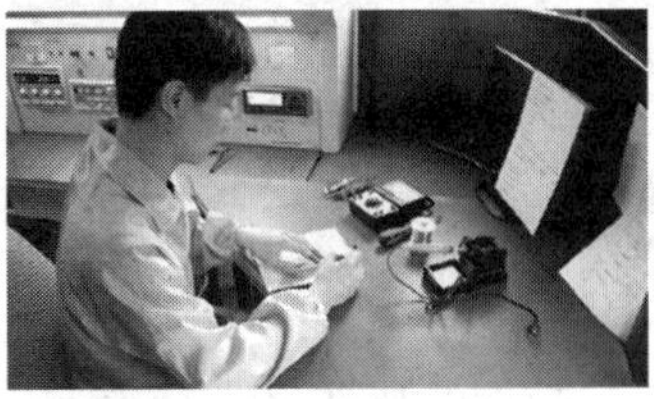

清理本任务所需的工具和仪表，并归类摆放整齐，同时按安全提示要求检查工作现场安全情况，将清理情况填写在表 9-2 中。

热风枪

(1)热风枪的作用

热风枪利用枪芯吹出的热风对元器件进行焊接与拆卸。

(2)热风枪的基本结构

热风枪主要由气泵、线性电路板、气流稳定器、外壳、手柄、电源开关、风量控制旋钮、温度控制旋钮等组成,如下图所示。

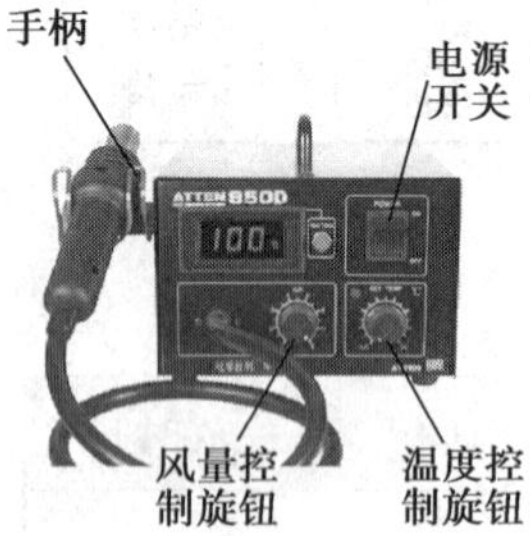

(3)热风枪的操作步骤

①开启位于风枪面板右上方的总电源开关,风量控制指示灯常亮,温度控制指示灯闪烁。

②根据元器件大小调节风量控制旋钮,一般调到1~2级风量。

③根据元器件大小调节温度控制旋钮,一般调到3~4级温度。

④预热一分钟左右,才可以使用。

(4)热风枪的使用注意事项

①垂直90°握住风枪手柄,风枪手柄嘴距离主板1.5~2 cm。

②在使用过程中,不可随意调高温度和风量,以免吹坏电路板或板上的元器件。

③当温度控制指示灯熄灭时,说明热风枪处于过热保护状态,需要将风量调到最大值、温度调到最小值,冷却3~5分钟,温度指示灯开始闪烁时才可以使用热风枪。注意:使用前温度、风量要调节到适当值。

表9-2 工具及仪表清单

名 称	实物图片	规格/型号	状 况
电烙铁			
万用表			
稳压电源			
斜口钳			
镊子			
螺丝刀			
焊锡丝			
防静电服			
热风枪			

二、清点并归类元器件

清理本任务所需的元器件,并归类摆放整齐,将元器件的符号、型号/规格、数量填写在表9-3中。

表 9-3 元器件清单

名 称	位 号	实物图片	符号	型号/规格	数量
电阻	R_1—R_5，R_6，R_8，R_9				
	R_7				
	R_{10}				
	R_{11}—R_{17}				
电解电容	C_1				
	C_4				
电容	C_2				
	C_3				
二极管	VD_1—VD_{18}				
发光二极管	LED_1—LED_{14}				
三极管	VT				
集成块 1	IC_1				
集成块 2	IC_2				
蜂鸣器	B				
轻触开关	S_1—S_9				
连接线	—	—	—		
电路板	—	—	—		

导师说

贴片电阻和贴片电容可以通过观察外观颜色及形状进行区分，电阻基体一般都是黑色的，且在顶部印有数字或字母标出其阻值，如 103、472、30R9 等；贴片电容的基体一般是黄色，目前由于材料和制造工艺的原因，无法在它的外表面上印字。

贴片电阻

贴片电阻一般为矩形，黑色基体，表面用数字丝印来表示电阻值和精度，一般 5%精度的用三位数字来表示，而 1%精度的用四位数字来表示。

3 位数字表示法	混合表示法	4 位数字表示法

前两位表示有效数字，第三位表示有效数字后零的个数，单位为 Ω，103 表示 10 kΩ	“R”表示小数点，30R9 表示 30.9 Ω	前三位表示有效数字，第四位表示有效数字后零的个数，1502 表示 15 kΩ

贴片电容

贴片电容的外形与贴片电阻相似，形状也以矩形居多，有黄色、青色、青灰色等颜色，以半透明浅黄色的最常见。小容量（皮法级）电容体上一般无标识，微法级电容才有标识。

无极性	钽电容	铝电解
 小容量电容体上一般无标识	 带横杠的一端是正极	 带黑色小半圆端为负极

贴片二极管

贴片二极管分为柱形玻璃封装和片状塑料封装两种。

柱形玻璃封装	片状塑料封装

贴片发光二极管

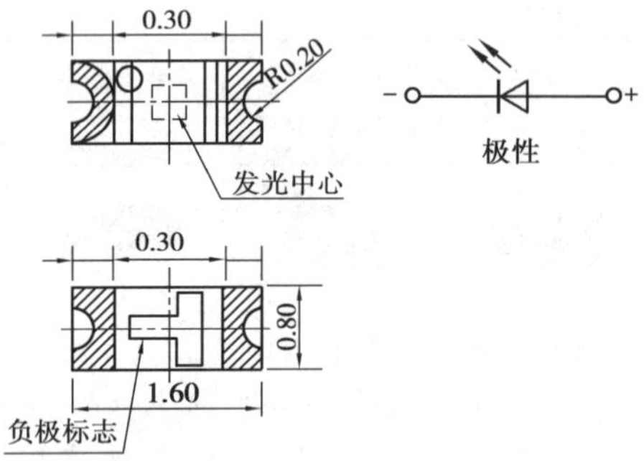

贴片三极管

SOT-23 是通用的表面贴装晶体三极管的封装形式，它有 3 条翼形引脚。本任务中所使用的三极管的封装和管型如下图所示。

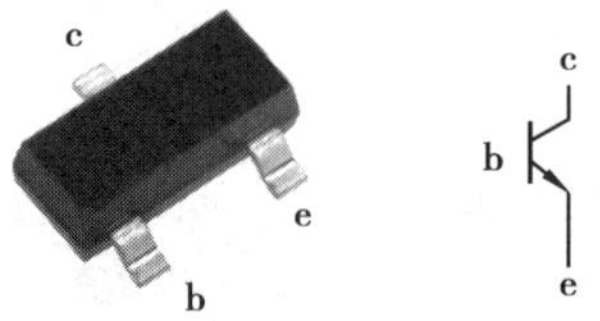

CD4511

功能：它是一个用于驱动共阴极 LED（数码管）显示器的 BCD 码——七段码译码器。

特点：具有 BCD 转换、消隐和锁存控制、七段译码及驱动功能的 CMOS 电路能提供较大的电流，可直接驱动 LED 显示器。

引脚功能如下图所示。

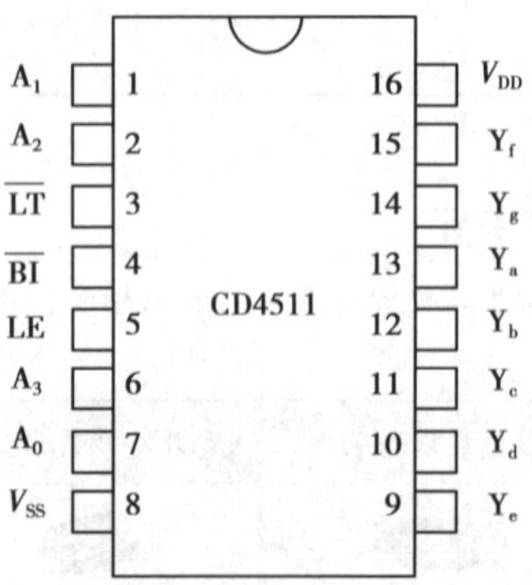

活动二　判断元器件的质量

一、判断电阻、电容、二极管、三极管、扬声器的质量

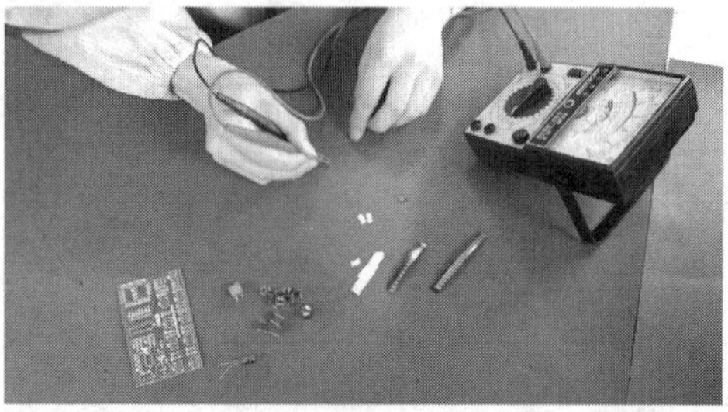

根据前面所学的方法，正确检测每个元器件并判断质量，如可用，继续安装；如不可用，根据参数要求，更换元器件。

二、判断集成电路 CD4511 的质量

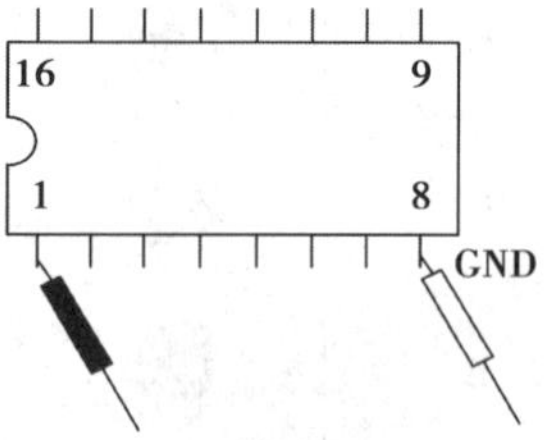

用万用表 $R\times100\ \Omega$ 挡，红表笔固定接被测集成电路的接地脚（8 脚），黑表笔依次接其他各引脚，测出各引脚与接地引脚之间的电阻，将检测结果填写在表 9-4 中。与同型号的正常集成电路的各引脚对地电阻进行比较：完全相同（正常），有较大差距（损坏）。

表 9-4　CD4511 各引脚对地电阻

引脚编号	1	2	3	4	5	6	7	8
对地电阻								
引脚编号	9	10	11	12	13	14	15	16
对地电阻								

导师说

集成电路开路电阻参照集成电路测试手册对比测试。

三、检查印制线路板及其他物料质量

一看印制线路板字符是否清晰，铜皮是否有断裂、脱落；二看导线芯是否裸露、破损等。如有上述情况，及时更换物料。

活动三　安装八路抢答器电路

一、观察八路抢答器电路原理图和印制线路板

八路抢答器电路原理图和印制线路板如图 9-2 和图 9-3 所示。八路抢答器电路框图如图 9-5 所示。

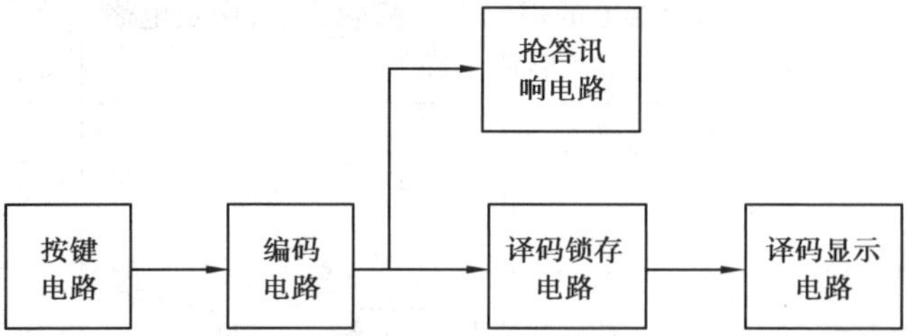

图 9-5　抢答器电路框图

A_0—A_3：输入端。

Ya—Yg：译码输出端，高电平有效。

V_{DD}：电源正极。

V_{SS}：电源负极。

$\overline{BI}$：消隐输入控制端，当 BI=0 时，不显示数字。

$\overline{LT}$：测试输入端，当 BI=1，LT=0 时，译码输出全为 1，显示“8”。

LE：锁定控制端，当 LE=0 时，允许译码输出；当 LE=1 时，译码器是锁定保持状态。

S_1—S_8 组成 1—8 路按键电路；

VD_1—VD_{12}组成编码电路；

555 及外围电路组成抢答讯响电路；

CD4511 构成译码锁存电路；

LED_1—LED_{14}组成译码显示电路。

二、安装八路抢答器印制线路板电路

八路抢答器印制线路板同时含有贴片类器件和接插类器件时，应该先焊接贴片类器件，再焊接其他接插类器件。

1.焊接电阻、电容、二极管等两端贴片元器件

对于管脚较少的贴片元器件的焊接一般都采用单脚固定法，操作步骤如下：

①焊盘上锡

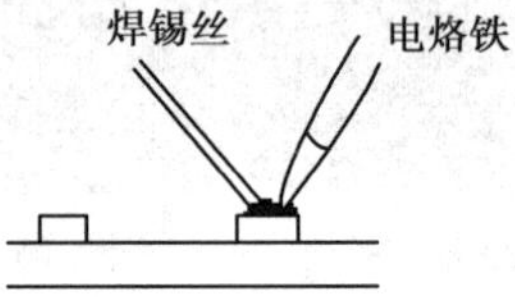

一手持焊锡丝，一手握电烙铁在一端的焊盘上镀少量的锡。

②固定元件

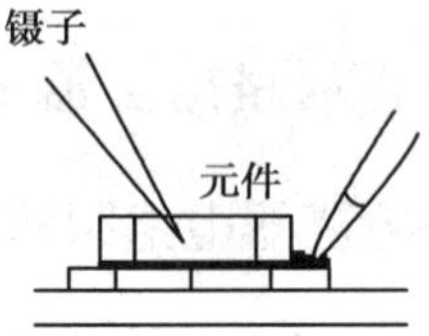

一手持电烙铁压在镀锡的焊盘上，使焊锡保持在熔化状态；另一手用镊子夹着元器件推到焊盘上，当焊盘上的焊锡和引脚融合后，撤走电烙铁和镊子，元器件就固定好了。

③完成焊接

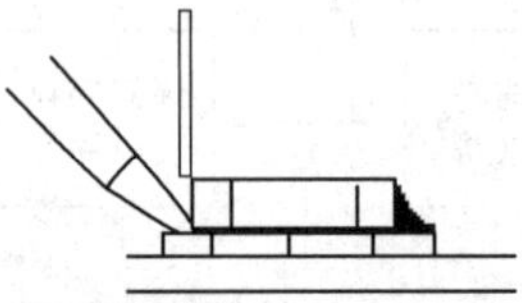

一手持焊锡丝，另一手握电烙铁焊好另一端引脚。

焊接注意事项

注意二极管的极性，不要接反，如下图所示。

元件本体有色点一端为负极(图中圆圈)

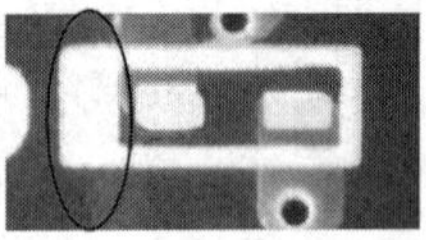

印制板上丝线框线体较粗一端为负极(图中圆圈)

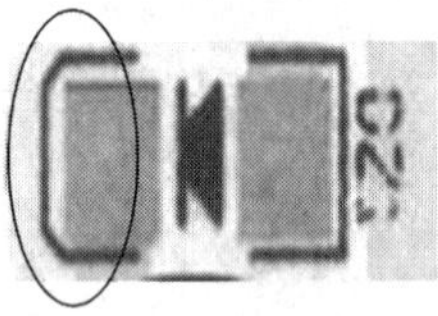

丝印符号三角形有横线一端为负极，丝印框有缺角的一端为负极(图中圆圈)

2.焊接贴片三极管

操作步骤如下：

<table>
<tr>
<td>①焊盘镀锡
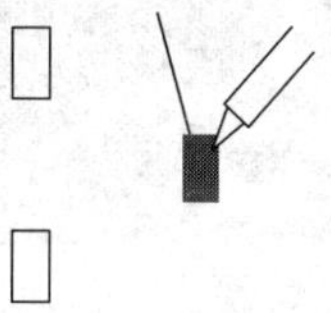
先在一侧焊盘上镀少许焊锡。</td>
<td>②固定元件
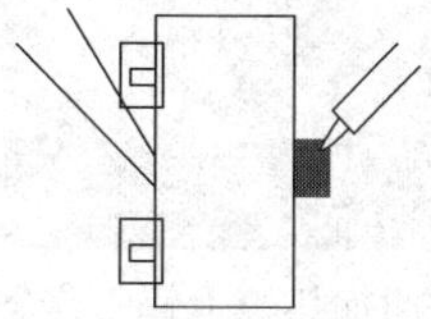
一手持电烙铁压在镀锡的焊盘上，另一手用镊子夹着元器件推到焊盘上，当焊盘上的焊锡和引脚融合后，撤走电烙铁和镊子，注意确保三极管在焊盘正中。</td>
</tr>
<tr>
<td>③对角固定
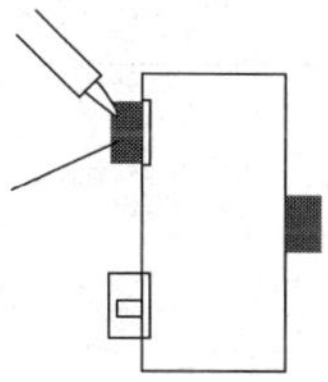
一手持焊锡丝，另一手握电烙铁焊好对角引脚，注意确保三极管 3 个引脚居于焊盘正中。</td>
<td>④焊接完成
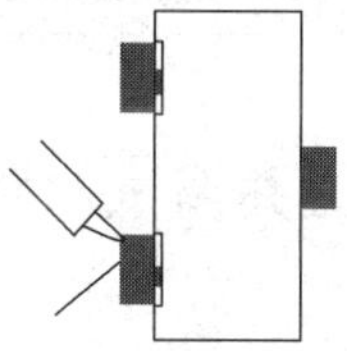
一手持焊锡丝，另一手握电烙铁焊好剩余引脚。</td>
</tr>
<tr>
<td colspan="2">⑤检查贴片元件焊点质量
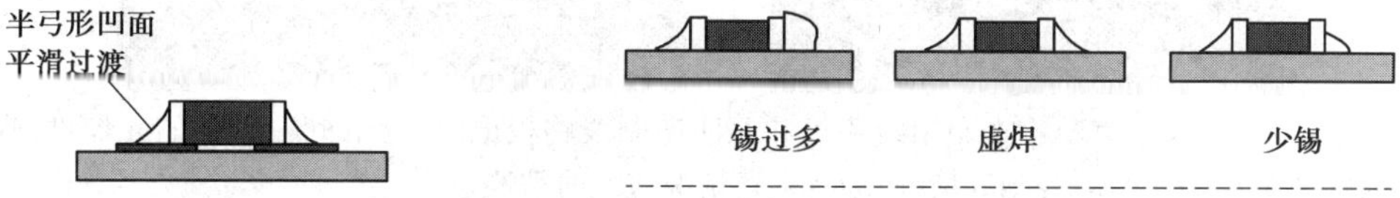

(a)正常焊点 (b)问题焊点</td>
</tr>
</table>

导师说

焊接贴片类元器件时应遵循先焊接贴片集成类元器件，再焊接贴片电阻、电容、二极管、三极管等元器件。焊接有极性的贴片元器件时，一定要注意元器件的方向和极性，不要焊反。

焊接贴片类元器件的一般流程：固定→焊接→清理。

3.焊接针脚式元器件

印制线路板电路的焊接流程基本都相同。

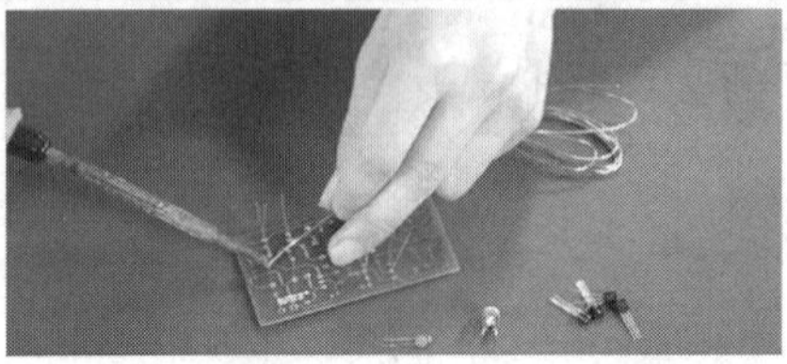
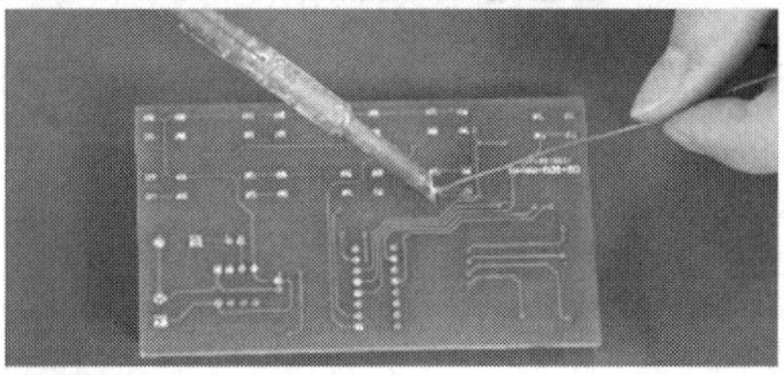

焊接流程:加热→上锡→送锡→送电烙铁→去焊锡丝→去电烙铁。

4.印制线路板管脚处理

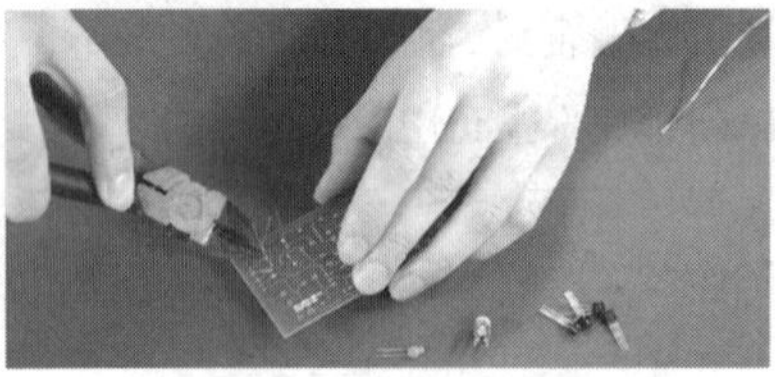

元器件焊接完成后,剪去元器件的多余引脚(剪头留脚 1 mm),并检查焊点,修补缺陷,同时清理电路板上多余的锡渣。

活动四 检查并调试八路抢答器电路

一、通电前测试

1.直观检查

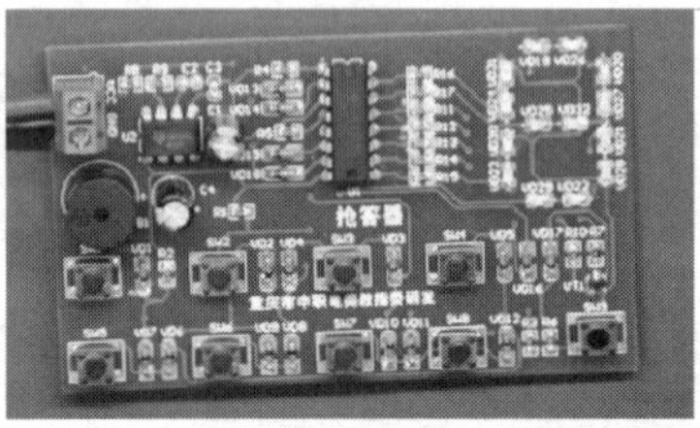
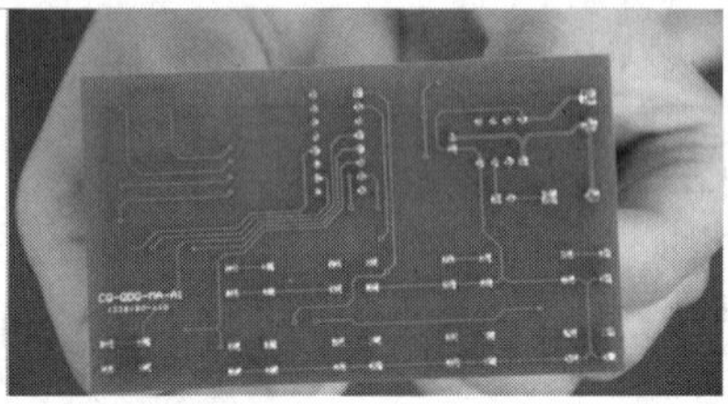

通电前,用肉眼直观检查印制线路板和照明印制线路板电路有无漏装、错装的元器件,焊点有无明显虚焊、漏焊、毛刺等情况,如有上述情况应及时解决。

2.在路电阻检测

检测抢答器电路电源端的正反向电阻

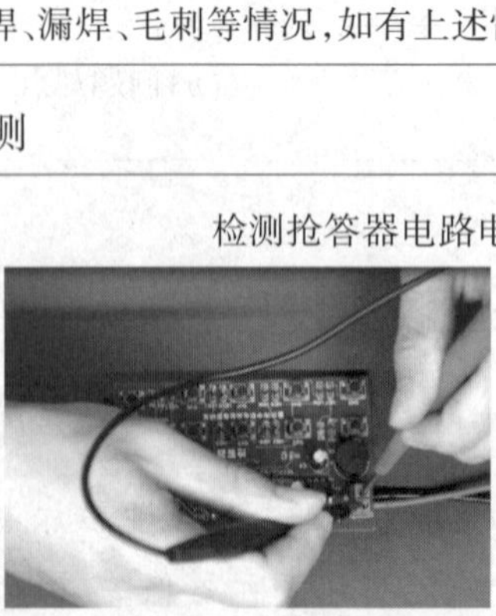
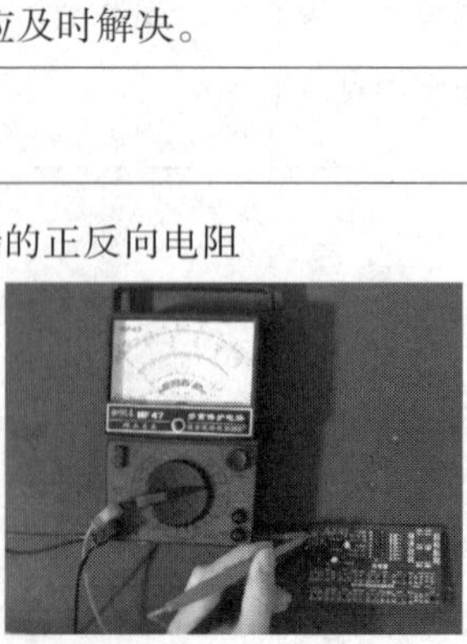

将万用表置 $R\times100\ \Omega$ 挡,测抢答器电路板上 V_{CC} 和 GND 之间的正、反向电阻。电阻值为 0(短路),电阻值为∞(开路),正常阻值为一百多欧。

二、通电测试

1.工作电源测试

通入 9 V 直流电源，用万用表直流电压挡测量抢答器的工作电压是否为供电电压 9 V。

2.整机电流测试

操作步骤如下：

①检测抢答器电路的工作电压	②检测抢答器电路的整机电流

将万用表置直流电压 10 V 挡，将红表笔接电路板 V_{CC} 端，黑表笔接电路板 GND 端，测出抢答器电路的工作电压，正常值应为 9 V。	断开一根电源连接线，将万用表置电流挡，将两表笔串联接入断开的电源线中，测出抢答器的整机电流。

3.功能测试

按下按键 S_1 不放，蜂鸣器__________（发声或不发声），电流为 __________ mA，发光二极管显示__________。当松开 S_1 时发现 ______________。

按下按键 S_8 不放，蜂鸣器__________（发声或不发声），电流为__________ mA，发光二极管显示__________。当松开 S_8 时发现__________。

4.测量 NE555 电路 3 脚的输出波形

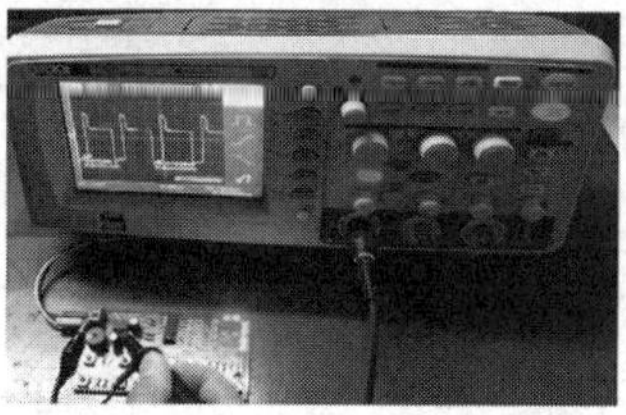

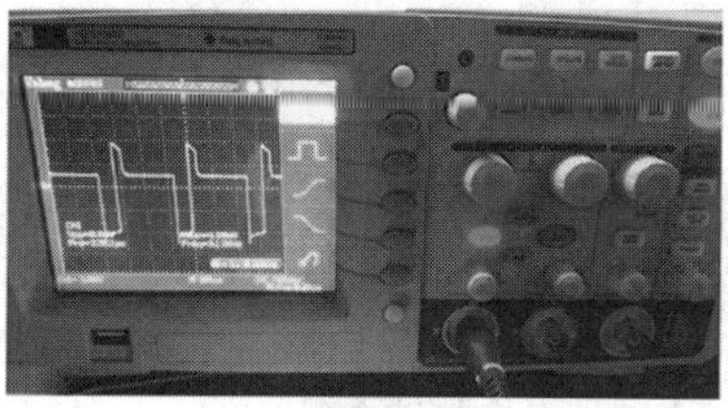

将示波器表笔接 NE555 集成块的 3 脚，在按键按下时，测 NE555 电路 3 脚的输出波形，并填在表 9-5 中。

表 9-5　NE5553 脚的波形、周期及幅值

波　形	频　率	幅　度
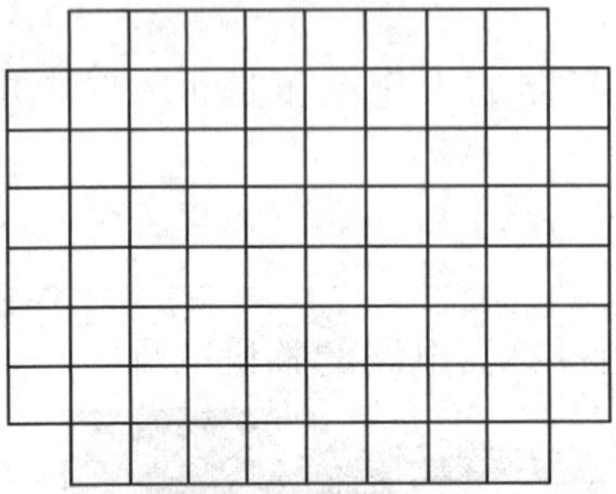	f =	$V_{P\text{-}P}$ =
	时间挡位	幅度挡位

三、抢答器制作完成的成果展示

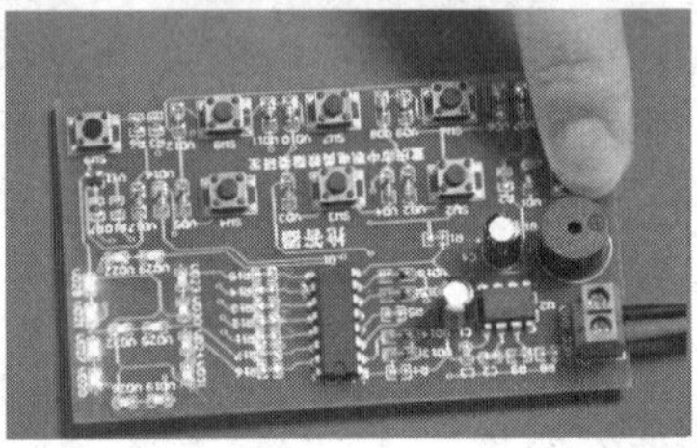

当按下抢答按键时，发光二极管显示对应的数字，迅响电路发声，此时再按其他按键抢答无效，需要重新按复位键复位之后才能开始新一轮抢答。

活动五　八路抢答器电路的简单故障维修

故障现象：通电后，按下抢答按键，显示电路正常，但蜂鸣器不发声。

维修步骤如下：

①故障分析

由现象可知，按键电路、编码电路、译码锁存显示电路正常，问题主要出在抢答器讯响电路。

②电路分析

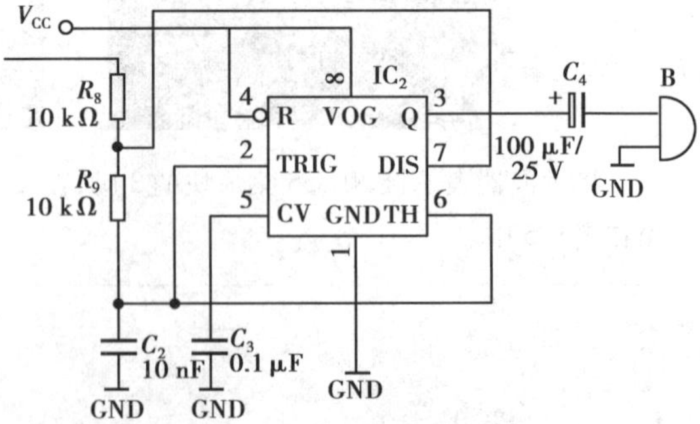

抢答器讯响电路是由 NE555 接成的音频多谐振荡器，R_8 接在 4 只二极管构成的或门电路的输出端，4 只二极管的阳极分别接 CD4511 的 1、2、6、7 脚，按下任何一个抢答按键，讯响电路都能因振荡发出讯响声。

③检测迅响电路的供电电压

检测迅响电路集成块 IC_2 的电源引脚（8 脚）的供电电压，电压正常，排除集成块供电故障。

④检测迅响电路的输出波形

用示波器检测集成块 $IC_2$3 脚的波形，无波形输出，排除输出耦合电容 C_4 和蜂鸣器的故障。

⑤检查迅响电路的充放电回路

当按下按键时，测得 2 脚电压为 0，表明充电回路有问题。断开电源，用万用表 $R\times1\ \mathrm{k\Omega}$ 挡检测 R_8、R_9、C_2 元器件，发现它们都正常，进一步检查，发现故障是因为连接 R_8 的印制板开路。

⑥排除故障

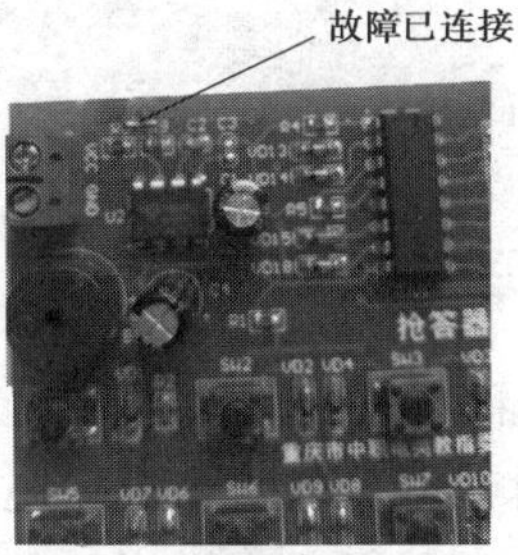

用电烙铁将开路处补焊好，故障排除。

【任务评价】

任务评价表

评价内容		自　评	组长评价	教师评价
		优☆　良△　中√　差×		
职业素养	①安全用电			
	②设备及器材的安全			
	③记录整理完整准确			
	④符合“6S”管理理念			
知识与技能	①准备制作八路抢答器所需的工具、仪表、元器件			
	②评估八路抢答器元器件的质量			
	③安装八路抢答器电路			
	④检查与调试八路抢答器电路			
	⑤简单维修八路抢答器电路			

续表

评价内容		自　评	组长评价	教师评价
		优☆　良△　中√　差×		
汇报展示	①作品展示(可以为实物作品展示、PPT 汇报、简报、作业等形式)			
	②语言流畅,思路清晰			
评价等级				

※拓展与提高

一、时序逻辑电路

1.时序逻辑电路的定义

时序逻辑电路是与组合逻辑电路不同的另一类数字电路。时序逻辑电路是指任何一个时刻的输出状态不仅取决于当时的输入信号,还与电路的原状态有关,即与电路经历的时间顺序有关。

2.时序逻辑电路的组成框图

时序逻辑电路通常含有组合逻辑电路和存储电路,其电路组成框图如图 9-6 所示,图中 $X(X_1,X_2,\cdots,X_i)$代表时序电路的输入信号; $Y(Y_1,Y_2,\cdots,Y_i)$代表时序电路的输出信号; $Z(Z_1,Z_2,\cdots,Z_i)$代表存储电路的输入信号;$Q(Q_1,Q_2,\cdots,Q_i)$代表存储电路的输出信号。通常所说的时序电路的状态,是指存储电路的状态。

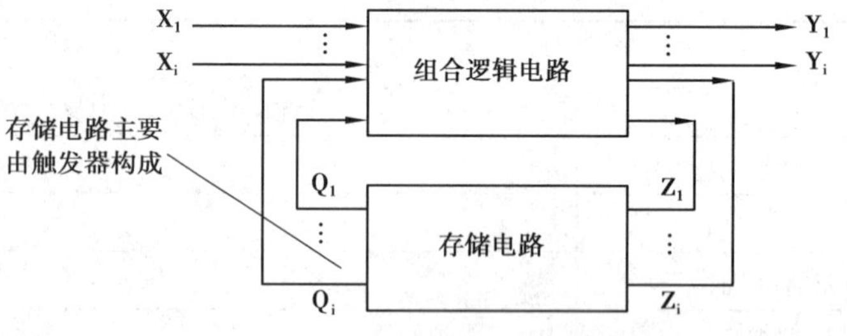

图 9-6　时序逻辑电路的组成框图

3.时序逻辑电路的特点

时序逻辑电路的特点如下:

- 含有记忆元件;
- 具有反馈通道。

4.时序逻辑电路的分类

按存储电路中存储元件状态变化的特点来分,可分为同步时序逻辑电路和异步时序逻辑电路。在同步时序逻辑电路中,存储元件状态的变化都是在同一时钟信号控制之下同时发生的;在异步时序逻辑电路中,存储元件状态的变化不受统一时钟的控制,状态的变化是不稳定的。

二、触发器

触发器是构成时序逻辑电路的基本电路。触发器具有记忆功能，能存储二进制数码，它有两个稳定状态（0 或 1），在一定的外加信号作用下，它可从一种状态转换到另一种稳定状态。

触发器在数字系统和计算机中有着广泛的运用。触发器按逻辑功能不同可分为基本 RS 触发器、同步 RS 触发器、D 触发器、JK 触发器、T 触发器等多种类型。

1.基本 RS 触发器

（1）电路组成及符号

基本 RS 触发器的电路组成及逻辑符号如图 9-7 所示，它由两个与非门相互连接构成。它有两个输入端：$\overline{R}$（置 1 端）、$\overline{S}$（置 0 端），还有两个互补输出端：Q 和 $\overline{Q}$。

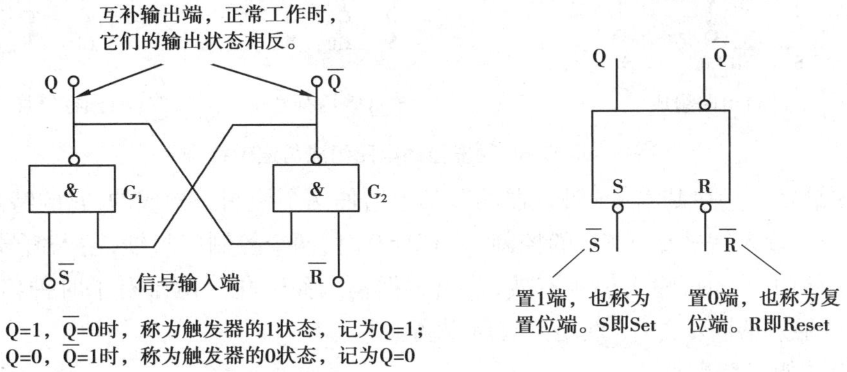

（a）电路组成　　　　（b）逻辑符号

图 9-7　基本 RS 触发器的电路组成与逻辑符号

（2）逻辑功能

基本 RS 触发器的逻辑功能见表 9-6。

表 9-6　基本 RS 触发器的逻辑功能

输　入		输　出	功能说明
$\overline{R}$	$\overline{S}$	Q_{n+1}	
0	0	状态不定	不允许（禁用）
0	1	0	置 0
1	0	1	置 1
1	1	Q_n	保持

注：现态 Q_n：触发器接收输入信号之前的状态，也就是触发器原来的稳定状态。

次态 Q_{n+1}：触发器接收输入信号之后所处的新的稳定状态。

（3）主要特点

优点：电路简单，是构成各种触发器的基础。

缺点:输出直接受输入的影响,当有干扰信号进来时,会对输出产生影响,所以它的抗干扰性能很差。另外,由于输入直接影响输出,不便于控制多个触发器同步工作。为了克服这些缺点,出现了同步 RS 触发器。

2.同步 RS 触发器

(1)电路组成及符号

同步 RS 触发器的电路组成及逻辑符号如图 9-8 所示。

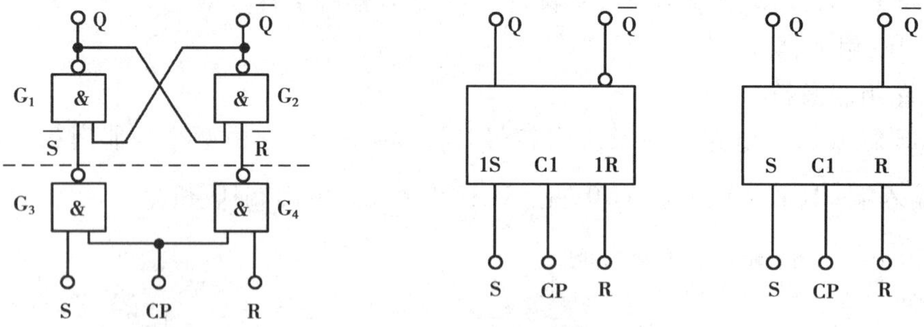

(a)电路组成　　(b)曾用符号　　(c)国标符号

图 9-8　同步 RS 触发器的电路组成与逻辑符号

同步 RS 触发器是在基本 RS 触发器的基础上增加两个控制门构成的,它的特点是引入了一个时钟信号。输入信号受到 CP 的控制,在 CP=0 时,两个控制门封锁,输入信号不能进入,输出无变化;当 CP=1 时,输入信号有效,输出根据输入而变化。由于有了时钟信号的控制,可以实现多个触发器同步工作,性能上有所提高。

(2)逻辑功能

同步 RS 触发器的逻辑功能见表 9-7。

表 9-7　同步 RS 触发器的逻辑功能

CP	R	S	Q_{n+1}	功能说明
0	×	×	不变	$Q_{n+1}=Q_n$保持
1	0	0	不变	$Q_{n+1}=Q_n$保持
1	0	1	1	$Q_{n+1}=1$
1	1	0	0	$Q_{n+1}=0$
1	1	1	不定	不允许

CP=0时,触发器保持原来的状态不变

CP=1时,工作情况与基本RS触发器相同

(3)主要特点

优点:CP=0 时不接收信号,抗干扰能力有所提高,但由于 CP=1 时输出受输入信号的直接控制,它的抗干扰能力有待进一步提高。

缺点:与基本 RS 触发器一样都存在 R、S 之间的约束问题,限制了它的使用。

3.JK 触发器

JK 触发器分为主从 JK 触发器和边沿 JK 触发器,下面主要介绍主从 JK 触发器。

(1)电路组成及符号

主从 JK 触发器由两个相同的同步 RS 触发器串联组合而成,分别称为主触发器和从触发

器。它的电路组成及逻辑符号如图 9-9 所示。

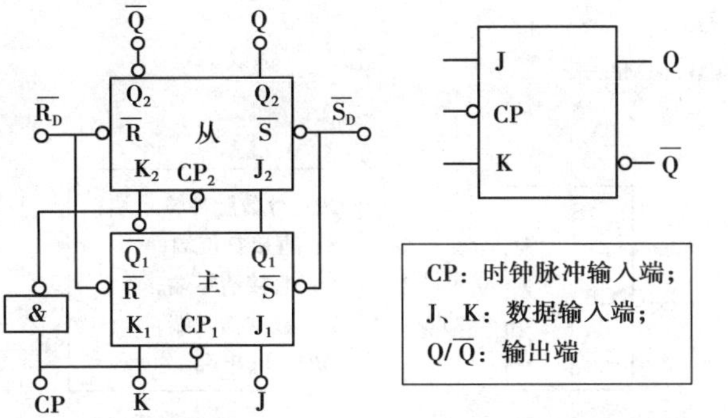

(a)电路组成　　(b)逻辑符号及引脚说明

图 9-9　主从 JK 触发器电路组成及逻辑符号

(2)逻辑功能

主从 JK 触发器的逻辑功能见表 9-8。

表 9-8　主从 JK 触发器的逻辑功能

CP	Q_n	J	K	Q_{n+1}	说　明
上升沿	×	×	×	Q_n	保持
下降沿	×	0	0	Q_n	保持
	×	0	1	0	置“0”
	×	1	0	1	置“1”
	×	1	1	$\overline{Q}_n$	翻转

注:设触发器的初态即原来的状态为 0。

主从 JK 触发器的波形图如图 9-10 所示。

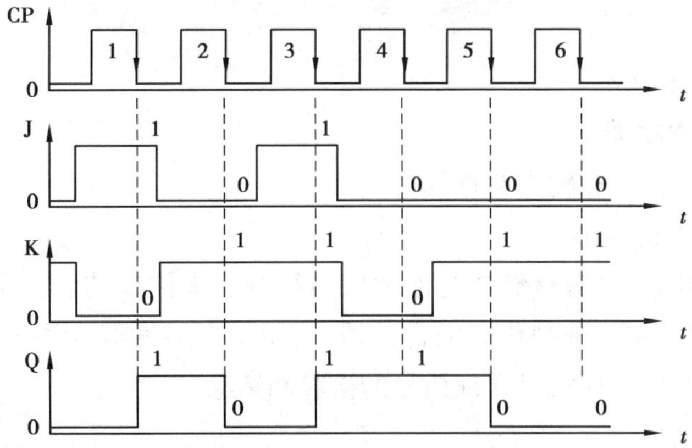

图 9-10　主从 JK 触发器的波形图

4.D 触发器

(1)电路组成及符号

触发器的符号如图 9-11 所示。

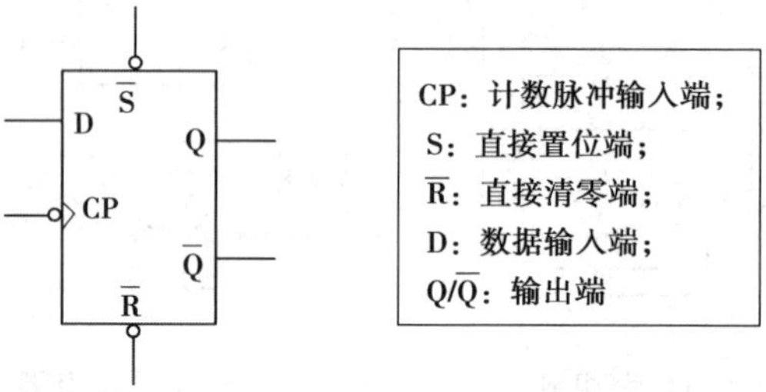

图 9-11 D 触发器符号及引脚说明

D 触发器只有一个触发输入端，在时钟脉冲 CP 下降沿没到来前，输出状态与输入端 D 的状态相同。

(2)逻辑功能

D 触发器的逻辑功能见表 9-9。

表 9-9 D 触发器的逻辑功能

D	Q_n	Q_{n+1}	功能说明
0	0	0	输出状态与 D 状态相同
0	1	0	
1	0	1	
1	1	1	

三、寄存器

在数字系统中，常常需要将一些数据暂时存放起来，这种能够暂时存放数据的逻辑电路称为寄存器。

1.寄存器的基础知识

(1)寄存器的基本功能

寄存器具有接收、存放和输出数据的功能。

(2)寄存器的基本构成

寄存器是由门电路和具有存储功能的触发器组合起来构成的。一个触发器可以存储一位二进制代码。存放 n 位二进制代码的寄存器，需用 n 个触发器来构成。此外，寄存器还应包含由门电路构成的控制电路，以保证信号的接收和清除。

(3)寄存器的分类

寄存器存放数码的方式有并行和串行两种。并行方式是数码从各对应位输入端同时输入到寄存器中；串行方式是数码从一个输入端逐位输入到寄存器中。寄存器读出数码的方式也有并行和串行两种。在并行方式中，被读出的数码同时出现在各位的输出端上；在串行方式中，被读出的数码在一个输出端逐位出现。

寄存器分为内部寄存器与外部寄存器。所谓内部寄存器，其实也是一些小的存储单元，也能存储数据。同存储器相比，寄存器又有自己独有的特点：

①寄存器位于 CPU 内部，数量很少，仅有 14 个；

②寄存器所能存储的数据不一定是 8 bit，有一些寄存器可以存储 16 bit 或 32 bit 数据；

③每个内部寄存器都有一个名字，而没有类似存储器的地址编号。

（4）寄存器的用途

①可对寄存器内的数据执行算术及逻辑运算；

②存于寄存器内的地址可用来指向内存的某个位置，即寻址；

③可以用于与计算机的周边设备交换数据。

2.基本寄存器

图 9-12 所示是一个 4 位的寄存器，其中 CR 是异步清零控制端。在往寄存器中寄存数据或代码之前，必须先将寄存器清零，否则可能出错。D_0—D_3端是数据输入端，在 CP 脉冲上升沿作用下，D_0—D_3端的数据被并行地存入寄存器。输出数据可以并行从 Q_0—Q_3端输出。

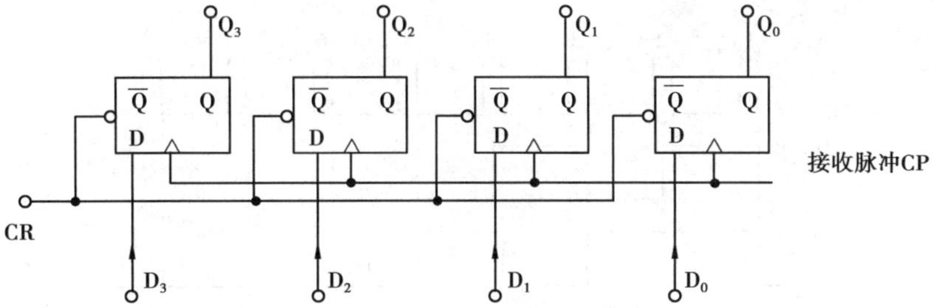

图 9-12　并行输入并行输出的寄存器

3.移位寄存器

移位寄存器不仅有存放数码的功能，而且有移位传送的功能。所谓移位，就是每当遇到一个移位正脉冲，触发器的状态便向右或向左移一位。根据移位方向不同，可分为左移寄存器、右移寄存器和双向移位寄存器 3 种。

根据移位数据的输入—输出方式的不同组合，移位寄存器又可分为串行输入—串行输出、串行输入—并行输出、并行输入—串行输出和并行输入—并行输出 4 种电路结构。

把若干个触发器串接起来，就可以构成一个移位寄存器。由 4 个 D 触发器构成的 4 位移位寄存器的逻辑电路如图 9-13 所示，它是一个右移寄存器。数据从串行输入端 D_0输入，左边触发器的输出数据作为右邻触发器的输入数据。

假设移位寄存器的初始状态为 0000，现将数码 $D_3D_2D_1D_0$（1101）从高位（D_3）至低位依次送到 D_1端，经过第一个时钟脉冲后，$Q_0=D_3$。由于跟随数码 D_3后面的数码是 D_2，则经过第二个时钟脉冲后，触发器 FF_0的状态移入触发器 FF_1，而 FF_0变为新的状态，即 $Q_1=Q_3$，$Q_0=D_2$。依次类推，可得 4 位右移寄存器的状态（表 9-10）和波形图（图 9-14）。

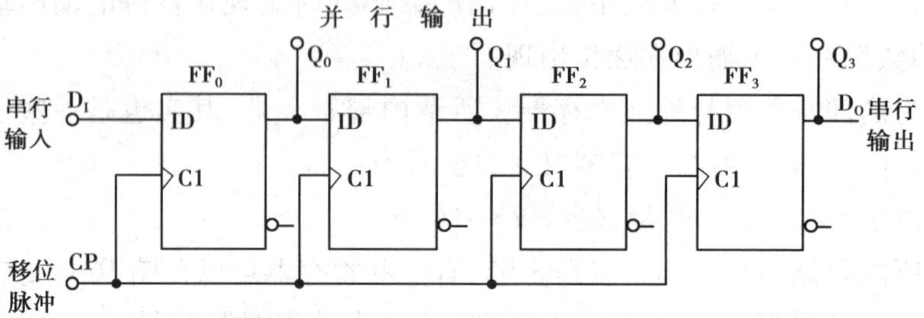

图 9-13　由 4 个 D 触发器构成的 4 位移位寄存器

表 9-10　电路状态表

CP	Q_0	Q_1	Q_2	Q_3
0	0	0	0	0
1	D_3	0	0	0
2	D_2	D_3	0	0
3	D_1	D_2	D_3	0
4	D_0	D_1	D_2	D_3

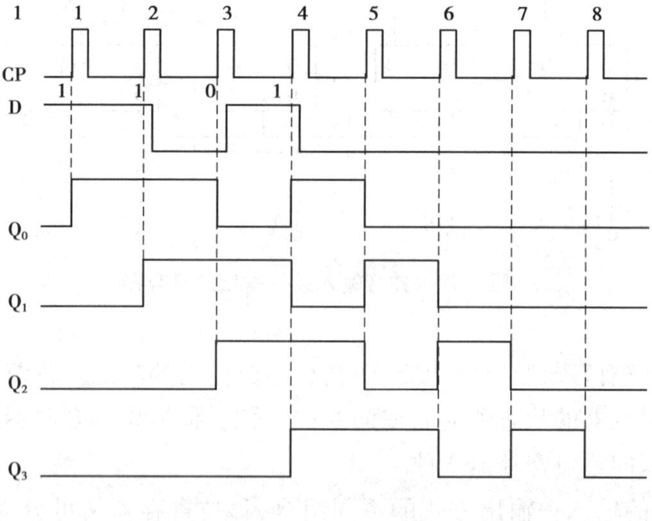

图 9-14　波形图

由电路状态表和波形图可知，输入数码依次由低位触发器移到高位触发器，作右向移动。经过 4 个脉冲后，4 个触发器的输出状态 Q_3、Q_2、Q_1、Q_0 与输入数码 D_3、D_2、D_1、D_0 相对应。

四、计数器

1.计数器的功能及应用

计数器是一个用以实现计数功能的时序部件，它不仅可用来记录脉冲数，还常用作数字系统的定时、分频和执行数字运算以及一些特定的逻辑功能。

2.计数器的分类

计数器的分类见表9-11。

表9-11　计数器的分类

分类方式	类　型	说　明
按计数器中的触发器是否同时翻转分类	同步计数器	计数脉冲同时加到所有触发器的时钟信号输入端，使具有翻转条件的触发器同时翻转的计数器
	异步计数器	计数脉冲只加到部分触发器的时钟脉冲输入端上，而其余触发器的触发信号则由电路内部提供，触发器的翻转有先有后，不是同时发生的。显然，它的计数速度要低于同步计数器
按计数增减分类	加法计数器	随着计数脉冲的输入做递增计数的电路
	减法计数器	随着计数脉冲的输入做递减计数的电路
	可逆计数器	在控制信号作用下，可做递增计数，或做递减计数的电路
按计数进制分类	二进制计数器	编码方式按二进制数规律进行计数
	十进制计数器	编码方式按有关BCD码规律进行计数，或称为二—十进制计数器
	N进制计数器	除二进制计数器和十进制计数器之外的其他进制计数器，如七进制计数器、六十进制计数器等

3.计数器的容量、模的概念

计数器中循环的有效状态的个数M称为模。计数器中能记录的最大数称为计数器的计数容量或计数长度。由N个触发器构成的二进制计数器称为N位二进制计数器，它的模为2^N。

例如，一个三位二进制计数器的模就是$M=2^3=8$。

4.三位二进制异步加法计数器

加法计数就是每输入一个计数脉冲，电路就进行一次加1。

表9-12　3位二进制加法计算器电路状态表

计数顺序	电路状态			等效十进制数
	Q_2	Q_1	Q_0	
0	0	0	0	0
1	0	0	1	1
2	0	1	0	2
3	0	1	1	3
4	1	0	0	4
5	1	0	1	5
6	1	1	0	6
7	1	1	1	7

从表9-12可知，Q_0是遇到一个时钟脉冲翻转一次，所以第一个触发器输入的$CP_0=CP$，观察Q_1的状态可发现，有两个CP时翻转一次，且Q_0是从1跳变到0时，Q_1才发生翻转，所以Q_0的输出作为第二个触发器的CP，即$CP_1=Q_0$；观察Q_2的状态可发现，有4个CP时翻转一次，且Q_1是从1跳变到0时，Q_1才发生翻转，所以用Q_1的输出接第三个触发器的CP，即$CP_2=Q_1$。如果要考虑进位，C是要Q_2、Q_1、Q_0都为1时才进位，所以$C=Q_2Q_1Q_0$。

5.三位二进制同步加法计数器

三位二进制同步加法计数器的3个触发器CP都是一样的，要实现有效计数，只有改变T触发器的输入信号。观察表9-12可知，Q_0是遇到一个时钟脉冲翻转一次，所以第一个触发器的$J_0=K_0=1$；观察表9-12可知，$Q_0=1$，CP到来即翻转，所以第二个触发器$J_1=K_1=Q$；观察表9-12可知，当$Q_1Q_0=1$，CP到来即翻转，所以第三个触发器$J_2=K_2=Q_1Q_0$。

※检测与反思

A类试题

一、填空题

1.触发器具有记忆功能，一个触发器可存储__________位二进制数。

2.构成计数器的基本单元电路是__________。

3.根据数字电路的特点，按照逻辑功能的不同，数字电路可以分成两大类：一类是组合逻辑电路；另一类是__________逻辑电路。

4.寄存器主要由__________和__________组成。

5.触发器是数字电路中的一种基本单元电路，它具有__________个稳定状态。

二、判断题

1.触发器具有记忆功能。（　）

2.在一个时钟脉冲CP内，同步触发器可以被输入信号触发多次。（　）

3.JK触发器的J、K不允许同时设置为1。（　）

4.D触发器具有JK触发器的全部功能。（　）

5.编码器、译码器、寄存器、计数器均属于组合逻辑电路。（　）

6.不论触发器原来是什么状态，当$CP=1$，$R=S=0$时，同步RS触发器都保持原来的状态。（　）

7.主从JK触发器具有空翻现象。（　）

8.译码器输出的是输出信号（高电平或低电平），而不是数字。（　）

三、选择题

1.要使JK触发器$Q_n=0$，$Q_{n+1}=1$，则JK取值应为（　）。

A.11　　B.01　　C.01或11　　D.10或11

2.电路的输出状态不仅与当前输入信号有关，还与前一时刻的电路状态有关，这种电路称为（　）。

A.组合电路　　B.时序电路　　C.逻辑电路　　D.模拟电路

3.触发器在一定的信号作用下,可以转换状态,它具有的稳态个数是(　　)。

A.1　　B.2　　C.3　　D.4

4.触发器正常工作时,两个输出端 Q 和 $\overline{Q}$总是(　　)。

A.相同　　B.互补　　C.不变　　D.不定状态

5.构成计数器的基本电路是(　　)。

A.与门　　B.555　　C.非门　　D.触发器

6.某个寄存器中有 8 个触发器,它可存放(　　)位二进制数。

A.2　　B.3　　C.8　　D.28

7.功能最为齐全、通用性强的触发器是(　　)。

A.RS 触发器　　B.JK 触发器　　C.T 触发器　　D.D 触发器

8.若 JK 触发器的 J=1,Q=0,当触发脉冲触发后,Q 的状态为(　　)。

A.0　　B.1　　C.与 K 一致　　D.不定

B 类试题

一、填空题

1.在逻辑电路中,三极管通常工作在__________和__________状态。

2.时序逻辑电路按照其触发器是否有统一的时钟控制分为__________时序逻辑电路和__________时序逻辑电路。

3.TTL 集成 JK 触发器在正常工作时,其$\overline{R_d}$端和$\overline{S_d}$端应接__________电平。

4.基本 RS 触发器是由两个__________门电路首尾交叉相连组成。

5.在同步 RS 触发器中,当 CP=0,R=1,S=0 时,触发器保持原来状态;当 CP=1,R=0,S=1 时,触发器 __________状态。

二、判断题

1.计数器除了用于计数外,还可用作分频、定时、测量等电路。(　　)

2.JK 触发器具有置 0、置 1、保持、计数 4 种功能,所以它不是双稳态电路。(　　)

3.计数器的模是指输入的计数脉冲的个数。(　　)

4.同步 RS 触发器只有在 CP 信号到来后,才依据 R、S 信号的变化改变输出状态。(　　)

5.D 触发器具有计数、置 0、置 1 的功能。(　　)

6.JK 触发器可以转换成 D、T 触发器。(　　)

7.寄存器是时序逻辑电路,它具有接收、存放和输出数据的功能。(　　)

8.二进制编码器有 3 个输出端,可以对 9 个对象进行编码。(　　)

三、选择题

1.移位寄存器是由多个(　　)构成。

A.D 触发器　　B.基本 RS 触发器

C.JK 触发器　　D.同步 RS 触发器

2.有 8 个触发器的二进制计数器,最多有(　　)种计数状态。

A.8　　B.16　　C.256　　D.64

3.在下列关于寄存器的说法中,正确的是(　　)。

A.移位寄存器只能串行输出

B.移位寄存器每输入一个时钟脉冲,电路中只有一个触发器翻转

C.移位寄存器每输入一个时钟脉冲,电路中至少有一个触发器翻转

D.构成寄存器电路的器件必须具有记忆能力

4.在下列关于 JK 触发器的说法中,正确的是(　　)。

A.主从 JK 触发器与边沿 JK 触发器相比,电路结构不同,逻辑符号不同,逻辑功能也不同

B.JK 触发器的逻辑功能为置 0、置 1、保持、无计数

C.当 J=0,K=1 时, JK 触发器置 1

D.当 J=K 时,JK 触发器相当于 T 触发器

5.主从 JK 触发器在 CP=1 时,把(　　)。

A.输入信号暂存在主触发器

B.输入信号暂存在从触发器

C.主触发器的输出信号传送到从触发器

D.输出信号清 0

6.时序逻辑电路一般由组合电路与(　　)组成。

A.全加器　　B.存储电路　　C.译码器　　D.选择器

7.下列触发器中不具有保持功能的是(　　)。

A.基本 RS 触发器　　B.同步 RS 触发器

C.D 触发器　　D.主从 JK 触发器

C 类试题

一、填空题

1.当 CP=0 时,同步 RS 触发器的控制门__________,触发器保持状态不变。

2.D 触发器在脉冲作用后,触发器状态与 D 状态 __________。

二、判断题

1.主从 JK 触发器具有空翻现象。(　　)

2.译码器输出的是输出信号(高电平或低电平),而不是数字。(　　)

3.二进制编码器有 3 个输出端,可以对 9 个对象进行编码。(　　)

4.移位寄存器只能串行输出。(　　)

5.数码寄存器的工作方式是并入并出。(　　)

6.优先编码是只对优先级别高的信息进行编码。(　　)

三、选择题

1.在如图 9-15 所示电路中,当按键 S_1、S_2 按下后,Y_1、Y_0 的状态是(　　)。

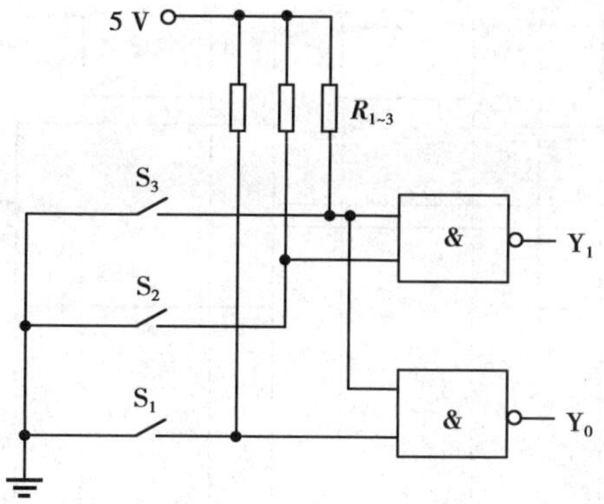

图 9-15

A.00　　　　B.01　　　　C.10　　　　D.11

2.如图 9-16 所示是一个串入并出的移位寄存器，设 D 触发器的初态为 0，串行端输入数据是 1101(低位在前，高位在后)，当经过 3 个 CP 脉冲后，输出端 Q_3、Q_2、Q_1、Q_0 的状态是(　　)。

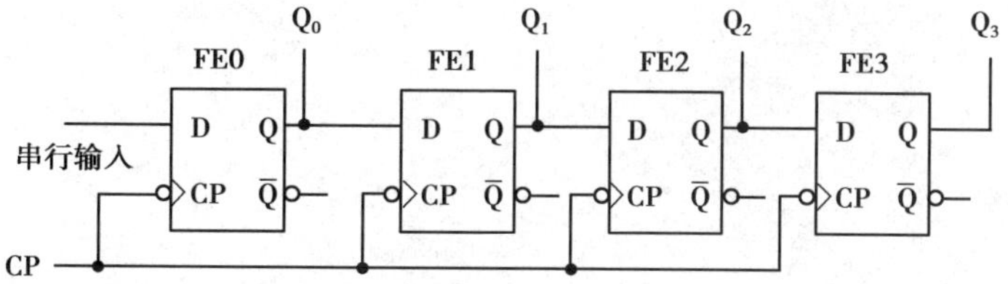

图 9-16

A.1011　　　　B.0101　　　　C.1110　　　　D.1000

3.同步计数器与异步计数器的主要区别是(　　)。

A.工作速度　　　　B.计数脉冲的作用方式

C.各触发器的翻转次序　　　　D.计数脉冲的工作方式

4.同步 RS 触发器在时钟脉冲 CP=0 时，触发器的状态(　　)。

A.取决于输入信号 R、S　　　　B.不翻转

C.置 1　　　　D.置 0

5.在 JK 触发器中，在 CP 脉冲作用下，要使 $Q_{n+1}=Q_n$，则输入信号不是(　　)。

A.J=K=0　　　　B.J=1，K=0

C.J=Q，K=Q　　　　D.J=Q，K=0

四、作图题

已知 JK 信号如图 9-17 所示，请画出主从 JK 触发器的输出波形。(设触发器初始状态为 0)

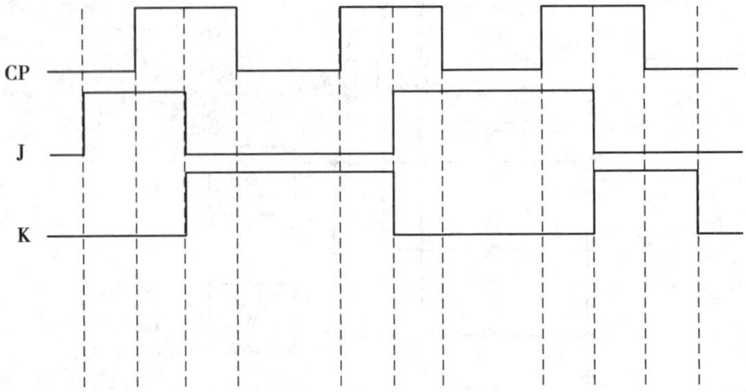

图 9-17

五、简答题

1.在八路抢答器电路中,按下不同按键时,测出的整机电流为什么有差异?

2.在八路抢答器电路中,蜂鸣器为什么只有在按键按下时才发声?

3.在八路抢答器电路中,IC_1 和外围电路的功能是什么?

*任务十　制作数字毫伏表

数字毫伏表可以将被测的模拟电压转换为数字量，并进行实时数字显示。数字毫伏表测量精度高，读数清晰，使用方便，是用于精确测量电压的实用仪表。本任务是制作一个三位半的数字毫伏表，如图 10-1 所示。

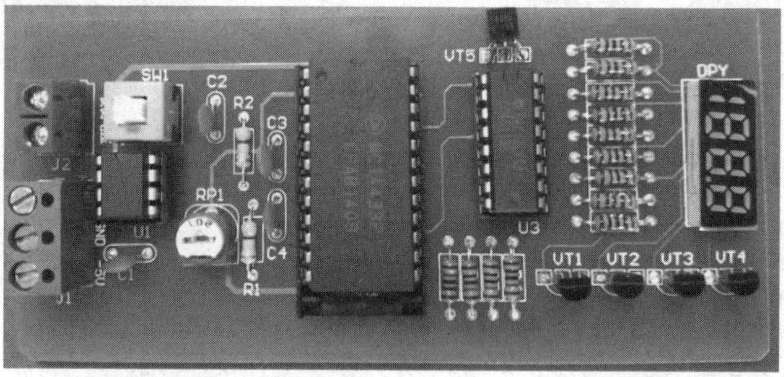

图 10-1　数字毫伏表

※工作任务说明

现场提供了制作数字毫伏表所需的工具、仪表、元器件。按电路原理图（图 10-2）、电路装配图（图 10-3）和制作流程图（图 10-4）完成数字毫伏表的制作，同时将相关数据填入表 10-1 中。

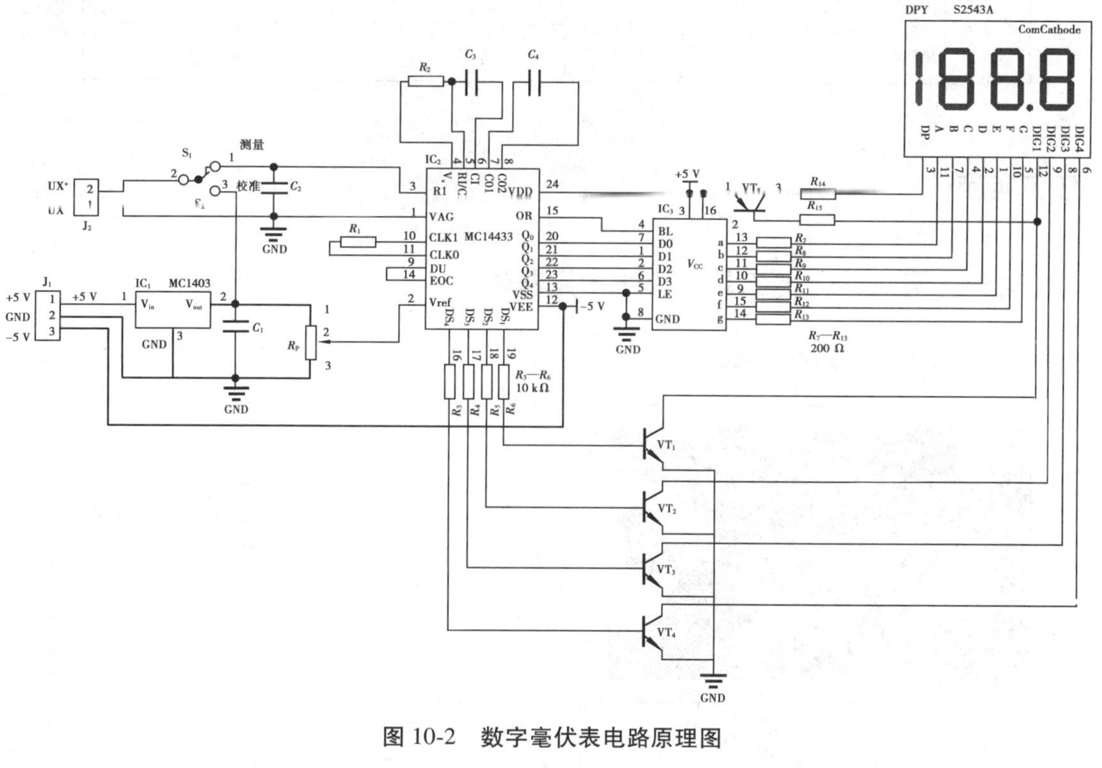

图 10-2　数字毫伏表电路原理图

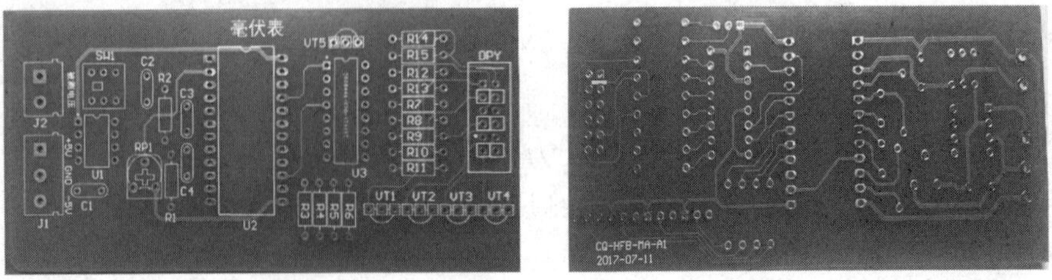

(a)正面　　(b)背面

图 10-3　数字毫伏表电路装配图

元器件归类 ➡ 元器件检测 ➡ 元器件插装 ➡ 元器件焊接 ➡ 元器件剪脚 ➡ 电路检测 ➡ 电路维修

图 10-4　制作流程图

表 10-1　制作数字毫伏表各项任务完成时间

序号	任务内容	开始时间	结束时间	完成时间
1	清点并归类工具、仪表、元器件			
2	元器件检测			
3	元器件插装			
4	元器件焊接、剪脚			
5	电路检测			
6	电路维修			

※任务实施

活动一　清点并归类工具、仪表、元器件

一、清点并归类工具和仪表

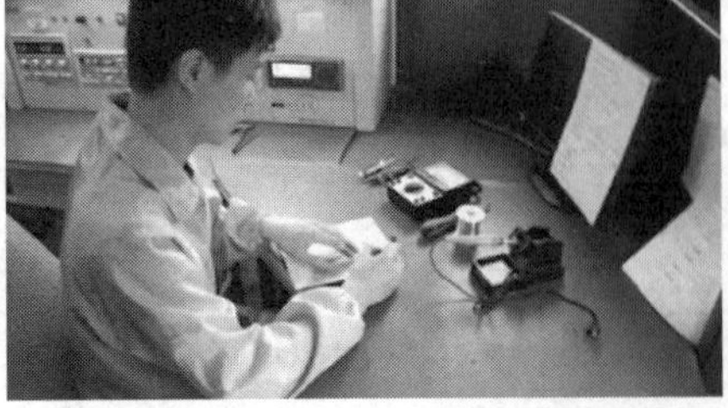

清理本任务所需的工具和仪表，并归类摆放整齐，同时按安全提示要求检查工作现场安全情况，将清理情况填写在表 10-2 中。

表 10-2　工具及仪表清单

名称	实物图片	规格/型号	状况	名称	实物图片	规格/型号	状况
电烙铁				镊子			
万用表				螺丝刀			
稳压电源				焊锡丝			
双踪示波器				连接线			
斜口钳				防静电服			

二、清点并归类元器件

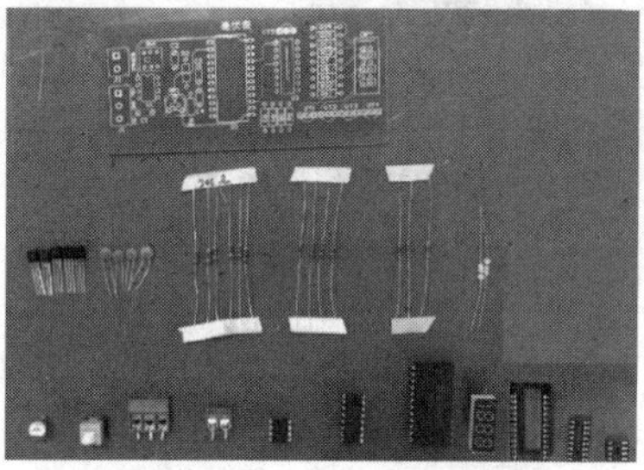

清理本任务所需的元器件，并归类摆放整齐，将元器件的符号、型号/规格、数量填写在表 10-3 中。

表 10-3　元器件清单

名称	位号	实物图片	符号	型号/规格	数量
电阻	R_1、R_2				
	R_3—R_6	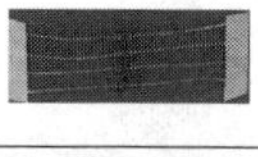			
	R_7—R_{15}				

七段数码管

数码管价格便宜，使用简单，在数字时钟、微波炉、电饭煲、洗衣机等电子产品中常用来显示数字信息。最常用的数码管是七段数码管，又称七段数码显示器或七段字符显示器。目前，常用的七段数码管有发光二极管 LED 字符显示器和液态晶体 LCD 字符显示器。

七段数码管是由七段能够独立发光的直线段排列成“8”字形来显示数字。一个七段数码管可用来显示 1 位 0~9 的十进制数和一个小数点。

（1）七段数码管的电路结构

一个七段数码管由 8 个发光二极管组成，其中一个圆形发光二极管为小数点 DP，另外 7 个条形发光二极管构成字形“8”的各个笔画（字段）a—g，按顺时针方向，这 7 个字段分别称为 a、b、c、d、e、f、g，如下图所示。

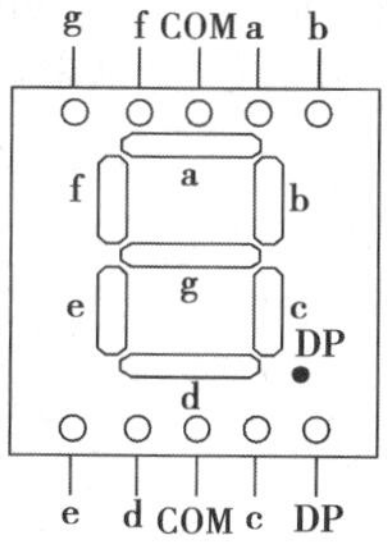

下图表示 a—g 发光段的 10 种发光组合情况，它们分别和十进制的 10 个数字相对应。

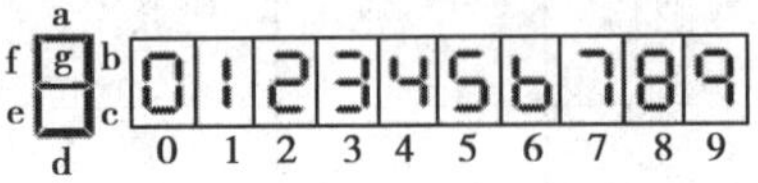

(2)七段数码管的类型

根据内部 7 个发光二极管的公共端不同，七段数码管有共阳极型和共阴极型两种类型。下图是七段数码管的等效电路。图(a)中，共阴极型中各发光二极管的阴极连接在一起，接低电平，a—g 和 DP 各引脚中任一脚为高电平时相应的字段发光；图(b)中，共阳极型中各发光二极管的阳极连接在一起，接高电平，a—g 和 DP 各引脚中任一脚为低电平时相应的字段发光。

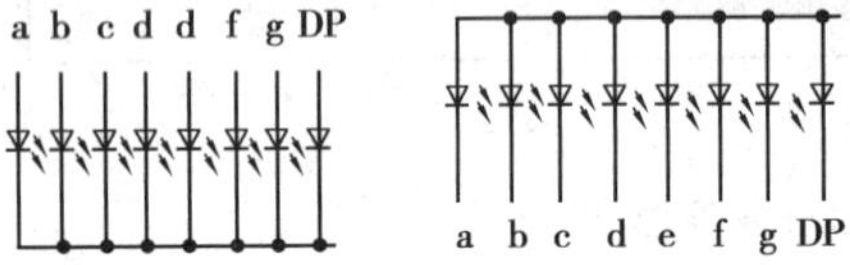

(a)共阴极　　(b)共阳极

(3)认识三位半 LED 数码管

三位是指个位、十位和百位的数字范围为 0~9；半位是指千位数只能是 0 或 1，不能从 0 变化到 9。三位半 LED 数码显示器能将译码器输出的七段信号进行数字显示，读出 A/D 转换结果。三位半 LED 数码管外形如下图所示，最大能显示 1999。

(4)七段数码管的颜色

数码管的颜色有红色、绿色、黄色等。小型数码管(0.5 寸和 0.36 寸)每段发光二极管的正向压降随显示光的颜色不同略有差别，通常为 2~2.5 V，每个发光二极管的点亮电流为 5~10 mA。

续表

名称	位号	实物图片	符号	型号/规格	数量
电容	C_1—C_4				
三极管	VT_1—VT_5				
电位器	R_P				
基准电源	IC_1				
A/D 转换器	IC_2				
七段译码器	IC_3				
显示器	DPY				
按键开关	S_1、S_2				
接线器	J_1	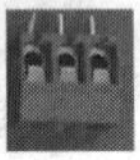			
接线器	J_2				
印制电路板	—		—	—	
集成芯片插座	—		—	—	

导师说

数码管可分为七段数码管和八段数码管，区别在于八段数码管比七段数码管多一个用于显示小数点的发光二极管单元 DP(Decimal Point)，其基本单元是发光二极管。小数点 DP 位于数码管的右下角。

活动二　判断元器件质量

一、判断电阻、电容、三极管的质量

根据所学方法，正确检查每个电阻、电容和三极管的质量，如可用，保留、安装；如不可用，根据参数要求，更换元器件。

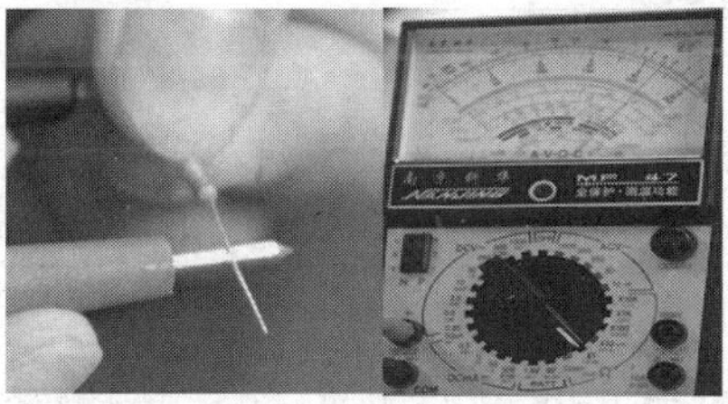

根据前面所学的方法检测本任务中 R_1—R_{15}、C_1—C_4、VT_1—VT_5 的参数并判断质量。

二、判断电位器的质量

在本任务中，1 kΩ 电位器用于与 MC1403 配合，提供精密的 2 V 基准电压，所以要选用精度较高的电位器。

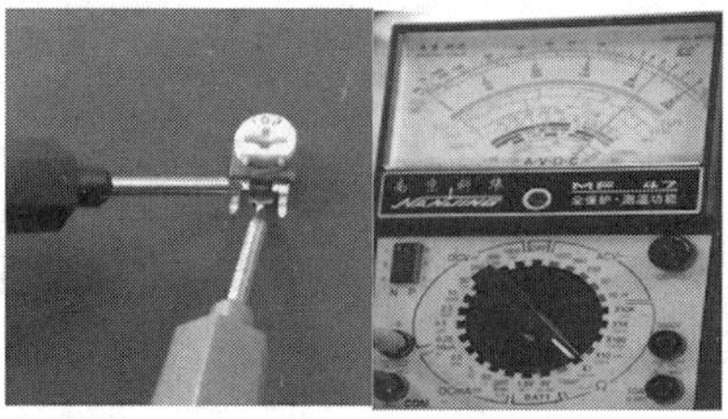

根据前面所学的方法检查电位器的质量。

集成电路的引脚

(1) 模数转换器 MC14433 的引脚

MC14433 是双积分型 ADC(模数转换器)，主要功能是将输入的模拟电压转换为三位半 8421BCD 码输出。MC14433 引脚图如下图所示。

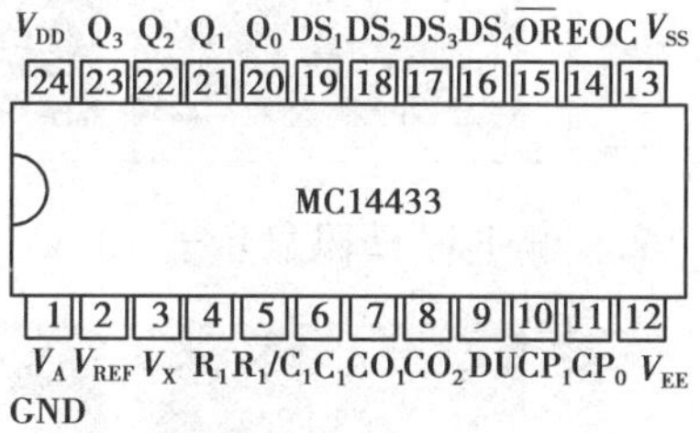

(2) 七段译码显示器 CD4511 的引脚

CD4511 能将 8421BCD 码转换成 a，b，c，d，e，f，g 七段驱动信号。CD4511 引脚功能参见前面任务九中的图片。

(3) 能隙基准电源 MC1403 的引脚

MC1403 是用 8 引脚双列直插标准封装，如下图所示。它能提供精密电压，作为 A/D 转换器的基准电压。MC1403 引脚图如下图所示。

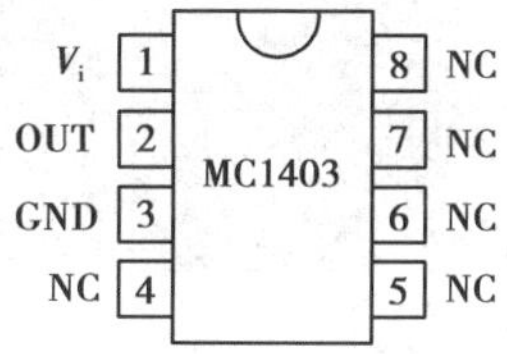

(4) 三位半数码显示屏的引脚

三位半数码显示屏是共阴极型，它有 12 个引脚，引脚识别方法与集成电路引脚识别方法相同。引脚功能如下：数码管七段信号有 11 脚 a、7 脚 b、4 脚 c、2 脚 d、1 脚 e、10 脚 f、5 脚 g；小数点：3 脚 DP；扫描驱动信号有 6 脚 DS_4、8 脚 DS3、9 脚 DS_2、12 脚 DS_1。

三、识别与检测集成电路引脚

1.检测模数转换器 MC14433

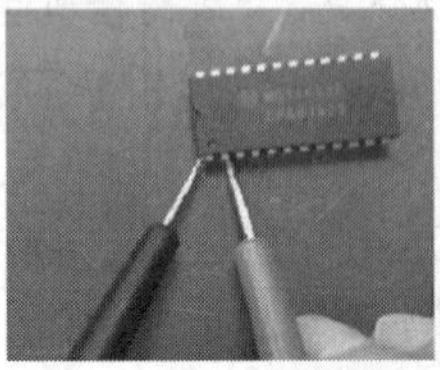

用万用表 $R\times1\ \text{k}\Omega$ 电阻挡，测量MC14433的1脚与2脚之间的阻值。经检测，无短路现象，质量良好。

2.检测七段译码显示器 CD4511

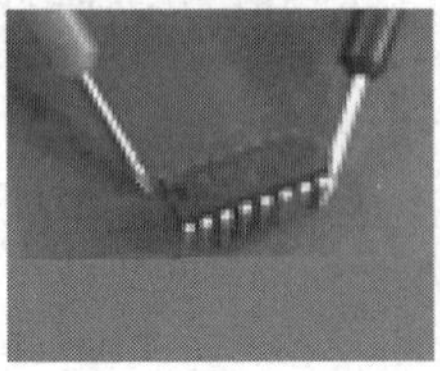

用万用表 $R\times1\ \text{k}\Omega$ 电阻挡，测量CD4511的8脚与16脚之间的阻值。经检测，无短路现象，质量良好。

3.检测能隙基准电源 MC1403

(1)检测有无短路

操作步骤如下：

①检测1、2脚

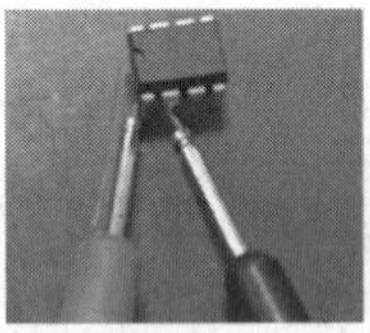

用万用表 $R\times1\ \text{k}\Omega$ 电阻挡，测量MC1403的1脚与2脚之间的阻值。经检测，无短路现象。

②检测1、3脚

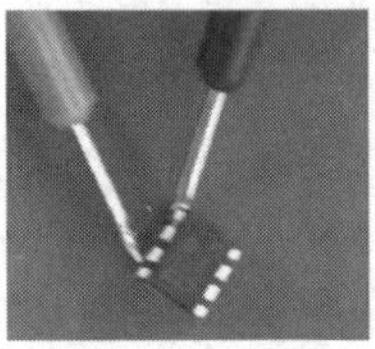

同①，测量1脚与3脚之间的阻值。经检测，无短路现象。

③检测2、3脚

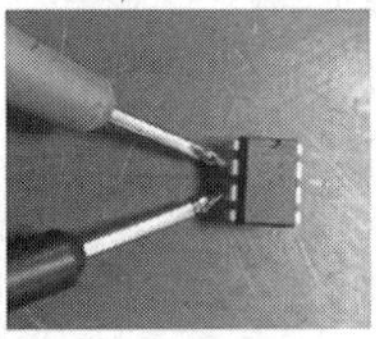

同①，测量2脚与3脚之间的阻值。经检测，无短路现象。可判断MC1403质量良好。

（2）空载测试

集成能隙基准电源 MC1403 在空载时的测试方法如下：

①连接直流稳压电源

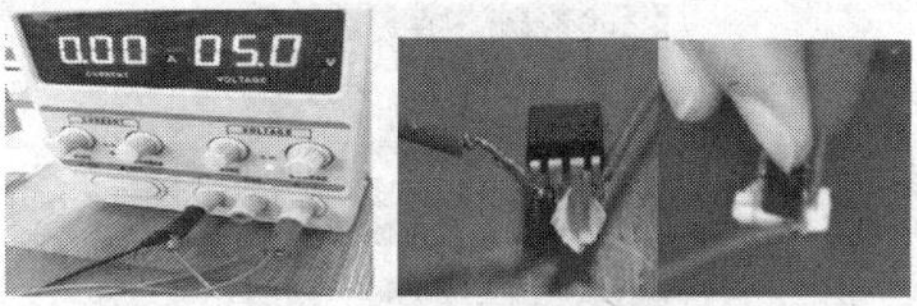

使用数字万用表的直流电压挡，将 MC1403 的 1 脚接直流稳压电源输出，3 脚接地，2 脚接数字万用表红表笔，黑表笔接地。

②测量输出电压

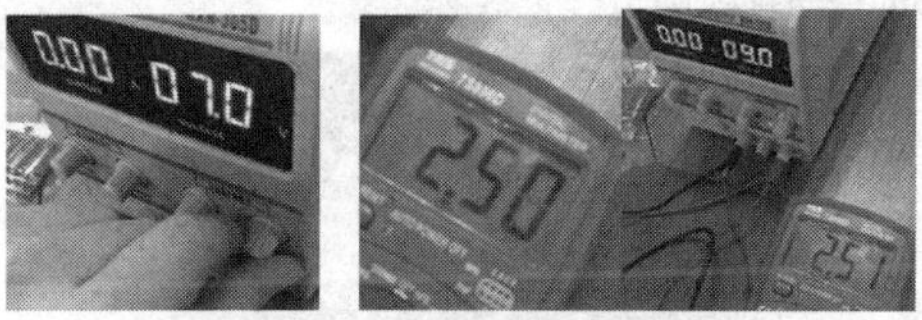

按照表 10-4 调整直流稳压电源的输出，测量 2 脚电压，并填入表 10-4，与理想输出电压进行比较。

表 10-4　集成能隙基准电源 MC1403 测试表

输入电压 u_i/V	数字万用表实测电压 u_o/V
10	
9	
8	
7	
6	
5	

想一想

当输入电压发生变化时，集成能隙基准电源 MC1403 的输出电压变化吗？如果变化，变化很大吗？变化量是多少？

能隙基准电源 MC1403

能隙基准电源 MC1403 输出电压的温度系数为零，即输出电压与温度基本无关。当输入电压从+4.5 V 变化到+15 V 时，输出电压变化量小于 3 mV，输出电压值准确度较高，稳定在 2.475~2.525 V。理想输出电压 u_o 为 2.5028 V。

七段数码管的工作原理

当二极管导通时，相应的一个点或一个笔画发光。控制相应的二极管导通，就能显示出各种字符，其控制方法简单，使用方便。

以共阴极型为例，如下图所示，在 a 段发光二极管上施加 5 V 的正向电压时，这段笔画即亮；不加电压则暗。

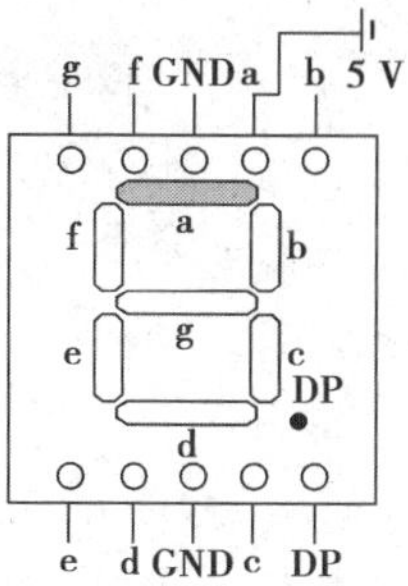

辨别数码管的类型

数码管有共阳和共阴两种类型,测试数码管的正负属性的方法是将黑表笔连接到其中一个引脚上,将红表笔逐一连接到其他所有引脚上,观察是否有一段数码管点亮。如果没有,则将黑表笔更换一个引脚,红表笔再逐一连接剩余的引脚,直到使用黑表笔将所有引脚测试一遍。如果有一段数码管点亮,说明是共阳数码管。通过这个办法将所有公共端找出来。

如果测试完毕仍然没有一段数码管点亮,说明是共阴数码管,将红、黑表笔交换后再进行测试,直至将所有公共端找出来。

四、判断三位半数码显示屏的质量

共阴极三位半显示屏的检测方法如下:

①选挡调零

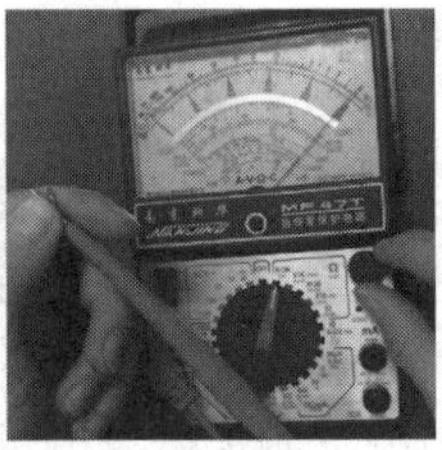

选挡调零与前面的操作方法一致。将万用表转换开关置于 $R\times10$ kΩ 挡,并进行欧姆调零。

②辨别各引脚顺序

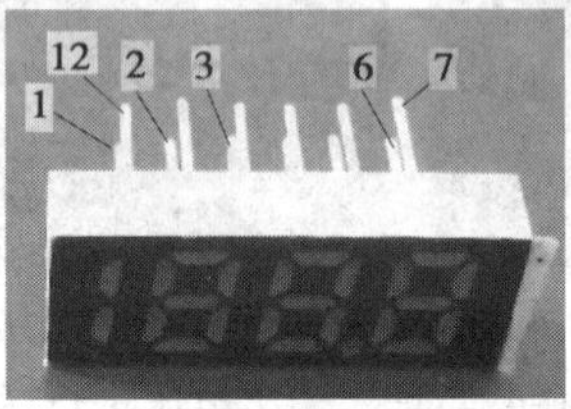

从数码管的正面观看,以第 1 脚为起点,管脚沿逆时针方向排序。12、9、8、6 脚是公共脚,其余各脚为 a—11,b—7,c—4,d—2,e—1,f—10,g—5,DP—3。

③判断最低位的质量

将万用表红表笔接 DS_4(6)脚,黑表笔分别接触 1、2、4、5、7、10、11 脚,根据发光情况判别出最低位的 a—g 七段。

④判断第二位的质量

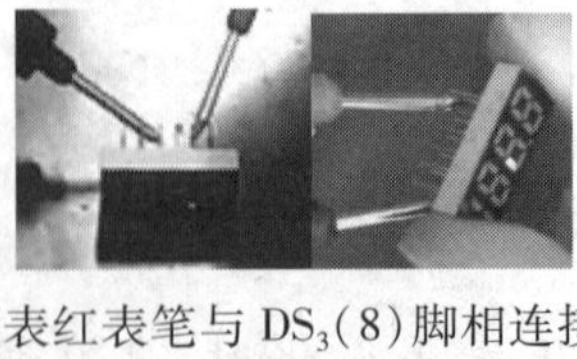

再将万用表红表笔与 DS_3(8)脚相连接,黑表笔分别接触 1、2、3、4、5、7、10、11 脚,判别第二位的 a—g 七段及小数点 DP。

⑤判断第三位的质量	⑥判断最高位的质量
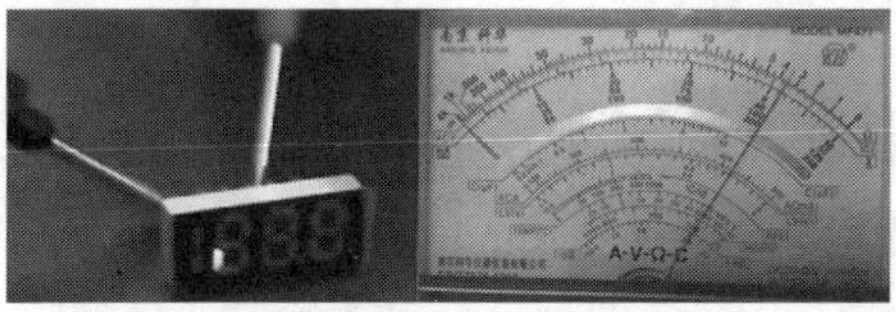 将万用表红表笔与 DS_2(9)脚相连接,以相同方法检测第三位。	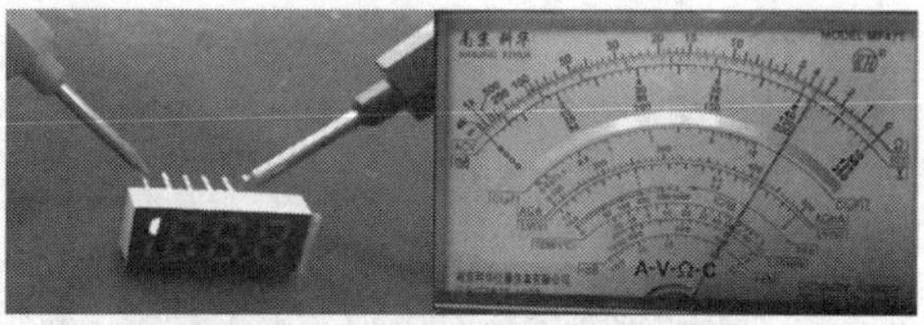 将万用表红表笔与最高位 DS_1(12)脚相连接,黑表笔分别接触 4、7 脚。

导师说

用万用表 $R\times10\ \text{k}\Omega$ 挡进行检测时,注意观察数码管段,如果每段都点亮,说明数码管是好的。如果其中有的段不亮或者亮度与其他段不同,则说明数码管有问题。

练一练

七段数码管由________个发光直线段组成。当七段数码管显示数字 4 时,所对应的发光段是________;当七段数码管显示数字 6 时,所对应的发光段是________。

五、判断按键开关的质量

按键开关用于校准和测量转换。按键开关的识别与检测方法如下:

①测 1、2 脚

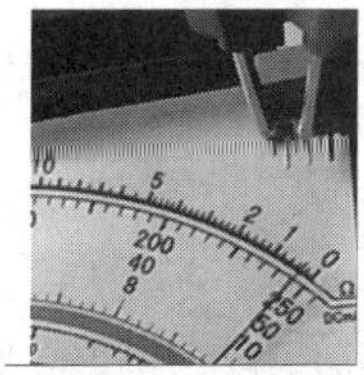
(a)按下按键时

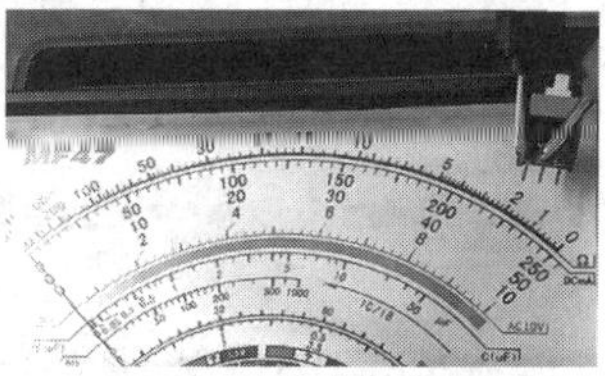
(b)弹出按键时

将万用表置于 $R\times1\ \Omega$ 挡,用万用表两表笔接触 1、2 脚,分别观察按下按键和弹出按键时的指针情况,并将结果记录在表 10-5 中。

②测 2、3 脚

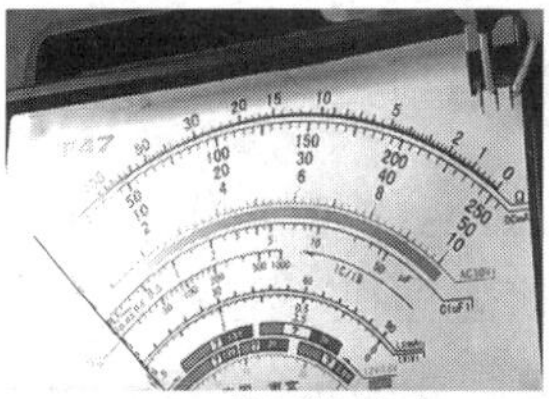
(a)按下按键时

(b)弹出按键时

同上,用万用表两表笔接触 2、3 脚,分别观察按下按键和弹出按键时的指针情况,并将结果记录在表 10-5 中。

③测 1、3 脚

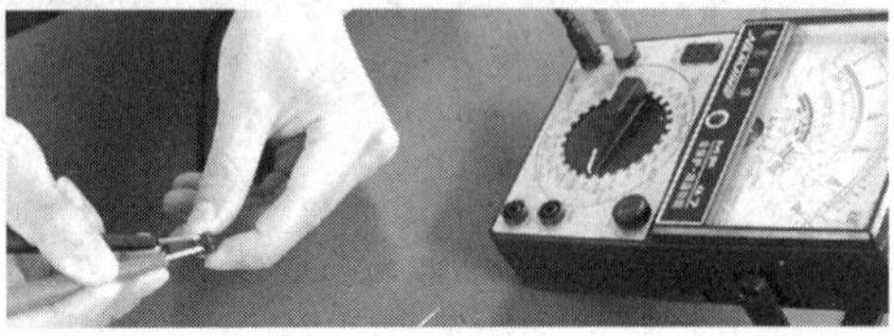

同上，用万用表两表笔接触 1、3 脚，分别观察按下按键和弹出按键时的指针情况，并将结果记录在表 10-5 中。

表 10-5 开关检测记录

万用表选挡	按键状态	R_{12}	R_{23}	R_{13}	质量判断
	按键弹出				
	按键按下				
校准信号输入脚		被测信号输入脚			

数字毫伏表的工作过程

数字毫伏表电路由三位半 A/D 转换器、基准电源、七段显示译码器、显示驱动器和三位半数码显示屏组成（图 10-2）。

（1）A/D 转换

MC14433 是双积分 A/D 转换器，采用电压—时间间隔（V/T）转换方式。通过先对被测模拟电压 U_X 积分，后对基准电压 U_{REF} 的两次积分，将输入的被测模拟电压转换成与平均值成正比的时间间隔，用计数器测出这个时间间隔对应的脉冲数目，即可得到被测模拟电压的数值。

（2）基准电源

能隙基准电源 MC1403 与电位器 R_P 一起，为 A/D 转换器提供基准电压。该电路的特点：噪声小；输入电压范围大且稳定性能好；输出电压值准确度较高，稳定在 2.475～2.525 V；适用于低压电源；负载能力小，最大输出电流为 10 mA。

（3）七段显示译码器

由于 MC14433 模数转换结果采用三位半 8421BCD 码输出，因此需要一块七段显示译码器 CD4511，将 MC14433 输出的三位半 8421BCD 码译成 a—g 七段信号。

六、检查印制线路板及接线座的质量

直观检查

肉眼观察印制线路板和接线座，观察有无破裂、脱落、损坏等情况，如有应及时更换。

活动三 安装数字毫伏表

一、观察数字毫伏表电路原理图和印制线路板

数字毫伏表电路原理图和印制线路板如图 10-2 和图 10-3 所示。

二、安装数字毫伏表印制线路板电路

按照电子设备整机装配的基本顺序进行安装。电路安装可参照数字毫伏表样机（图 10-1）。

1.装接数字毫伏表印制线路板的电阻、电容

操作步骤如下：

①装接电阻

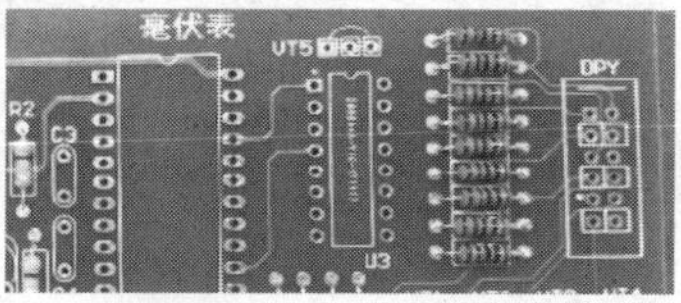

将电阻 R_1、R_2、R_3—R_6、R_7—R_{15} 分别安装在正确位置,并进行焊接。

②装接电容

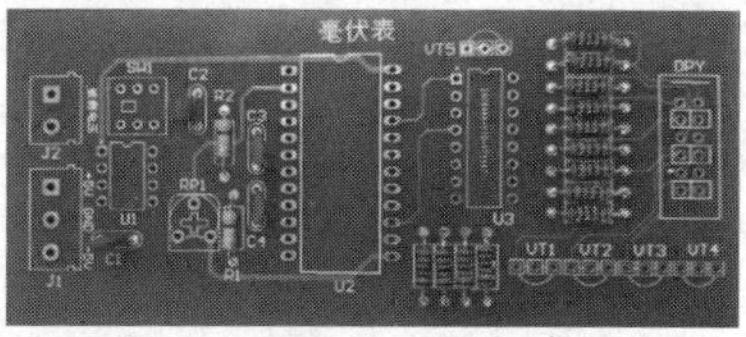

将电容 C_1—C_4 分别安装在正确位置,并进行焊接。

2.装接数字毫伏表集成芯片及其插座

操作步骤如下:

①装接芯片插座

将集成芯片 MC1403、MC14433、CD4511 对应的插座从左向右依次安装在正确位置,并进行焊接。

②插装集成芯片

将集成芯片 MC1403、MC14433、CD4511 插入对应的插座,注意方向。

③检查背面效果

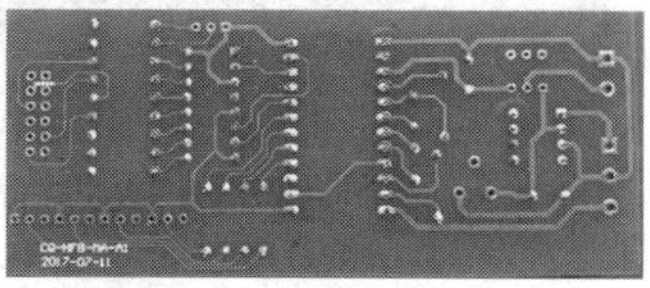

集成芯片焊接好后,背面如图所示。

(4)显示驱动器

显示驱动器由三极管 VT_1—VT_4 构成。MC14433 的 DS_1—DS_4 端输出选通脉冲。当 DS_i 选通脉冲为高电平时,对应的三极管 VT_i 饱和导通,共阴极数码管的公共端接地,对应的数位被选通,此时在 Q_0—Q_3 端输出的是该位数据,与 CD4511 显示译码器配合,通过动态扫描在三位半数码管上显示出来。

3.装接三位半数码显示器

将三位半数码显示器安装在正确位置，并进行焊接，注意小数点的位置要在右下角。

4.装接数字毫伏表三极管

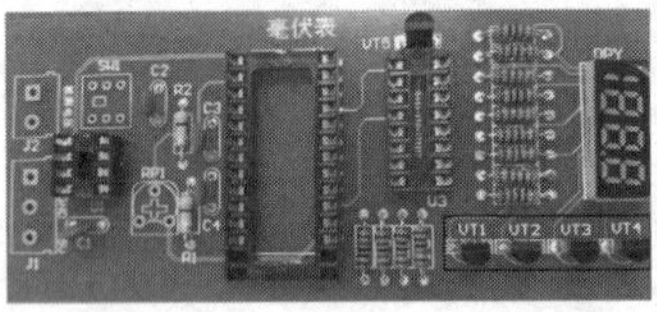

将三极管 VT_1—VT_5 安装在正确位置，并进行焊接。

5.装接数字毫伏表电位器

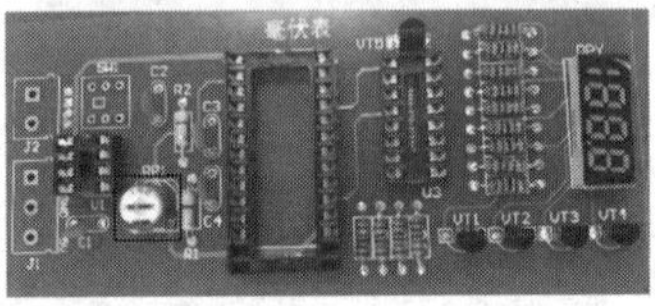

将电位器 R_P 安装在正确位置，并进行焊接。

6.装接数字毫伏表按键开关、接线器

操作步骤如下：

①装接两线接线器 J_2 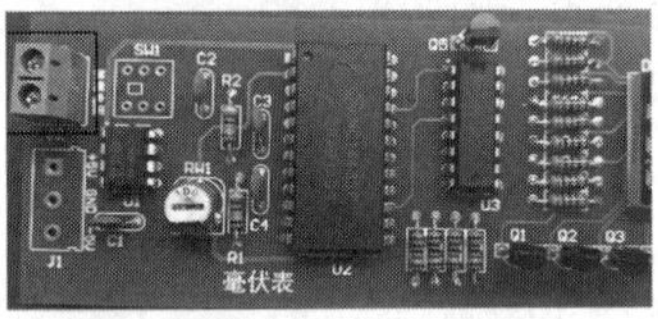 将两线接线器 J_2 安装在正确位置，并进行焊接。	②装接按键开关 S_1 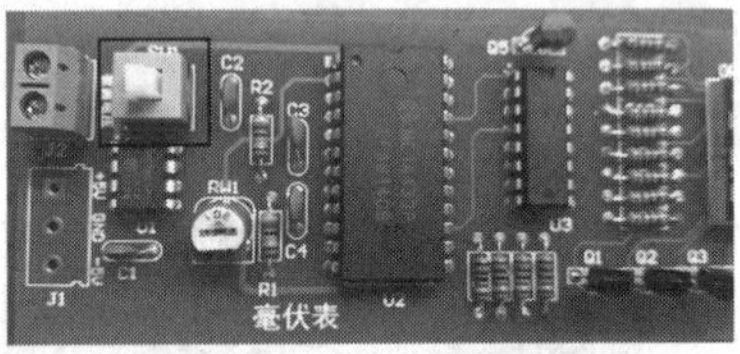 将按键开关 S_1 安装在正确位置，并进行焊接。
③装接三线接线器 J_1 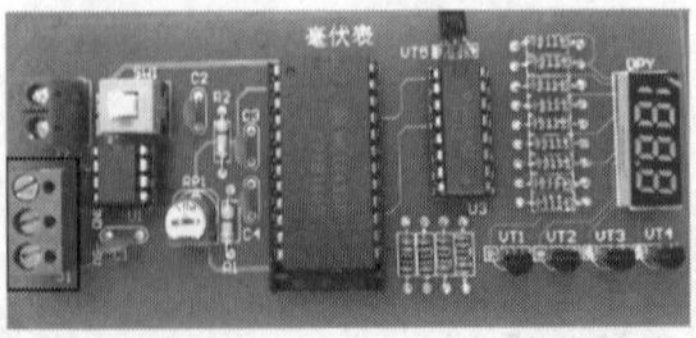 将三线接线器 J_1 安装在正确位置，并进行焊接。	④检查印制板背面效果 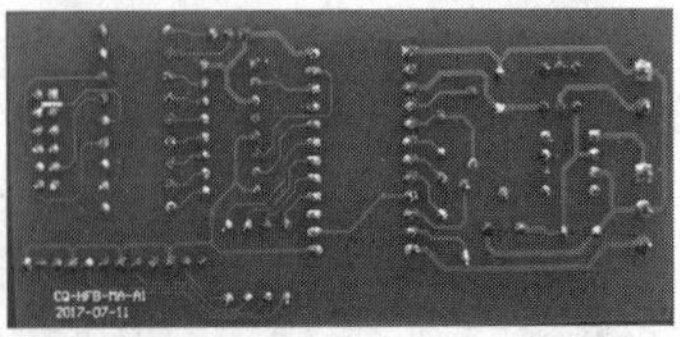 所有元器件装接完成后，印制板背面如图所示。

导师说

制作数字毫伏表需要的3个集成芯片均采用插座贴板焊接，可避免芯片装反，造成短路。另外，三位半数码显示屏也可采用插座贴板焊接。为了重复使用三位半数码显示屏，可以自己制作插座。取一个14引脚的集成电路插座，用斜口钳纵向剪开，分成两个7脚的单排插座，再剪去1个引脚，分别插入三位半数码显示屏上焊接即可。

活动四　检查并调试数字毫伏表电路

一、通电前检测

操作步骤如下：

①观察电路板正、反两面  电路安装完成后，用肉眼直观检查印制线路板电路有无漏装、错装的元器件，焊点有无明显虚焊、漏焊、毛刺等情况。经检查无误后，就可以进行下面的操作。	②测+5 V和GND之间的电阻 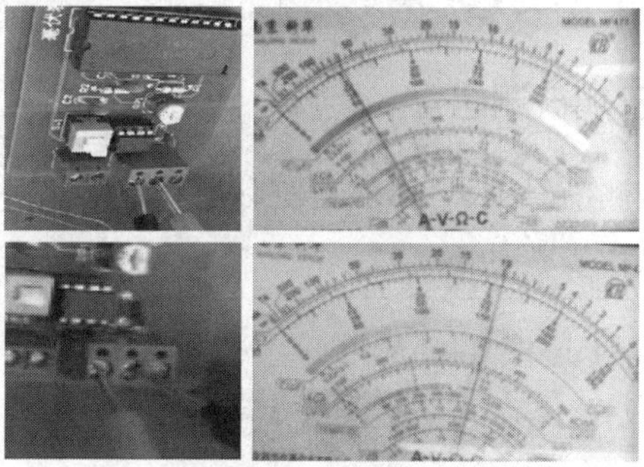 用万用表$R\times100\ \Omega$挡检测电源输入端J_1的+5 V和GND之间的正、反向电阻。经检测，两点间无短路，电路正常。
③测−5 V和GND之间电阻 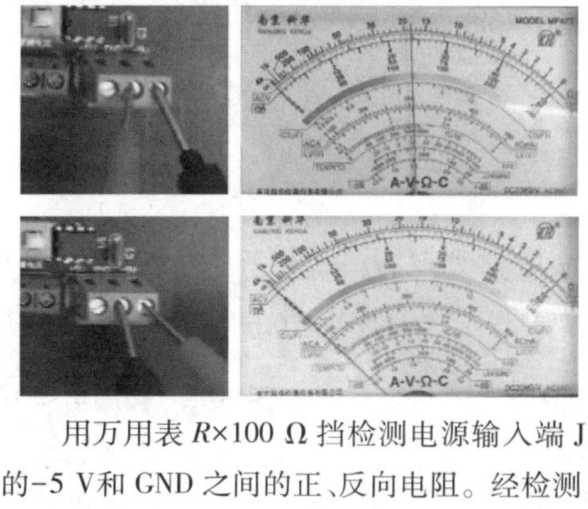 用万用表$R\times100\ \Omega$挡检测电源输入端J_1的−5 V和GND之间的正、反向电阻。经检测，两点间无短路，电路正常。	④测输入端电阻 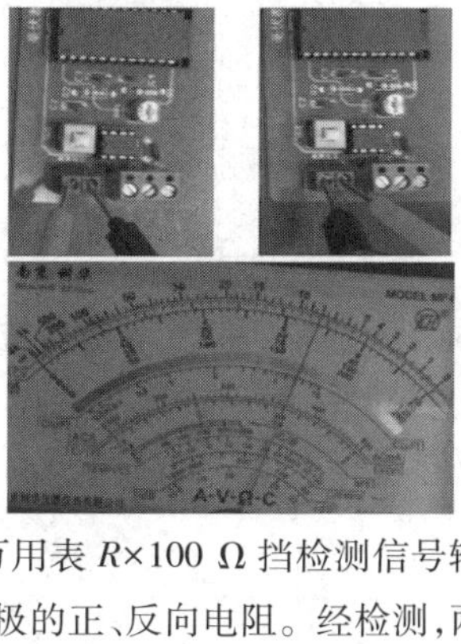 用万用表$R\times100\ \Omega$挡检测信号输入端J_2的正、负极的正、反向电阻。经检测，两点间无短路，电路正常。

二、通电检测

操作步骤如下：

①连接三线接线器 J_1	②连接±5 V 双电源	③通电测试
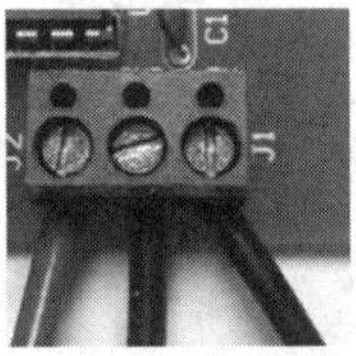 关闭稳压电源，将+5 V、-5 V和接地线分别接至 J_1 相应端子上。	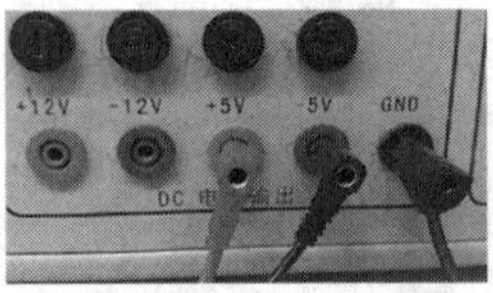 将3根连接线分别接在实训台的+5 V和-5 V直流稳压电源以及地线上。注意：要先接上地线。	 接通±5 V 双电源，数码管有显示，电路正常。

三、加被测信号 U_X

被测信号 U_X 可以取自实际电路，也可以用实训台提供的0~2 V可调直流电压。

操作步骤如下：

①连接0~2 V可调直流电压	②连接接线器 J_2
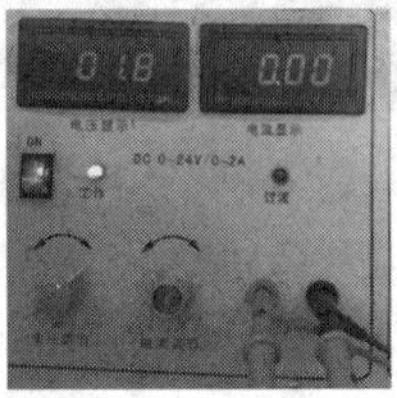 用连接线与实训台上0~2 V可调直流电压进行连接，为数字毫伏表提供被测信号。	 关闭稳压电源，将被测信号接至接线器 J_2 两端。

导师说

在电路调试过程中，要使用稳压电源可通过分压方式取得。分压电路如图10-5所示。转动电位器的转柄，从 U_{X+} 和 U_{X-} 将得到0至2 V的直流电压。

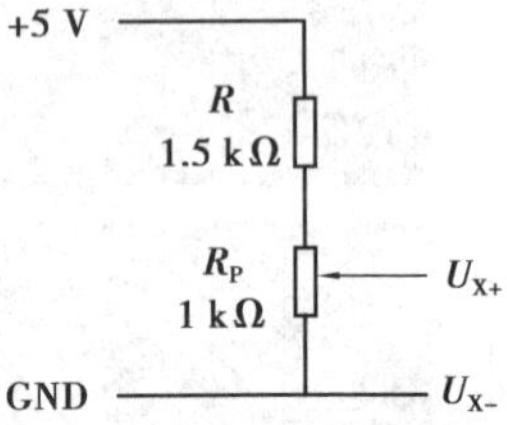

图10-5 被测信号 U_X

四、基准电压调整

上述信号连接好后，如果有显示（但不一定显示 1999），说明电路正常，可以进行基准电压的调整。操作步骤如下：

①观察显示屏	②调整基准电压
 按下按键开关 S_1，打到校准位置，观察三位半显示屏，有数字显示。	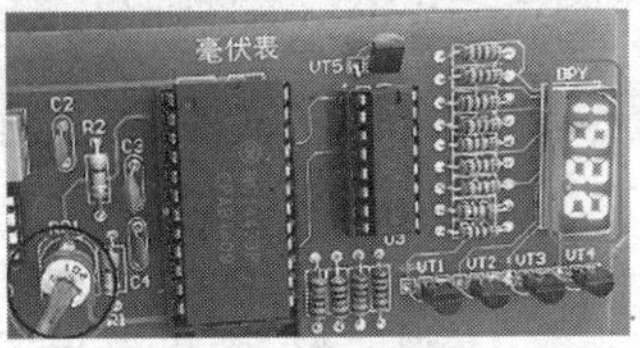 用螺丝刀缓慢转动电位器 R_P 的转动柄，尽量使数码显示为 1999。

至此，基准电源调整结束。基准电源调整结束后，就不要再更改 R_P。

五、测量电压

上述调整结束后，可以使用数字毫伏表测量电压。操作步骤如下：

①弹起按键开关	②测量信号
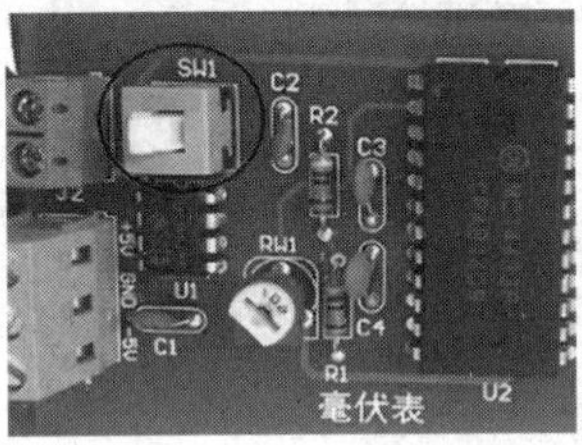 弹起按键开关 S_1，开始测量。	  转动电压调节旋钮（左图），会观察到随着旋钮的转动，显示屏（中图）上的数字也随之变化，数字毫伏表就制作成功了，它可用数字万用表（右图）进行检验。

六、电路测试

数字毫伏表功能正常后可以进行测试。操作步骤如下：

①MC14433 扫描驱动波形测试	②观察 VT_1—VT_4 集电极波形
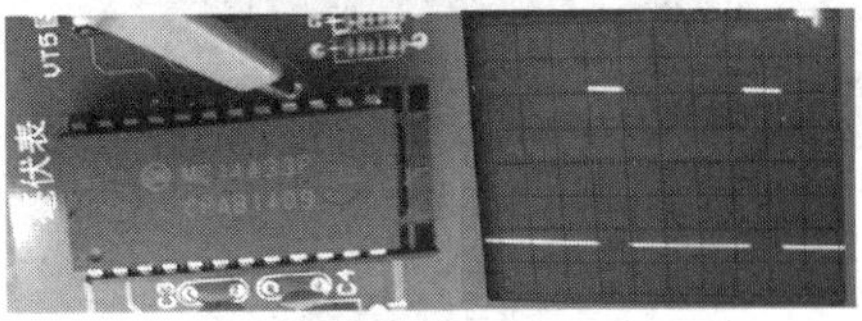 用双踪示波器观察 MC14433 的 14 脚、16—19 脚，画出各引脚波形，测量工作频率，并进行 5 个引脚的相位比较。	 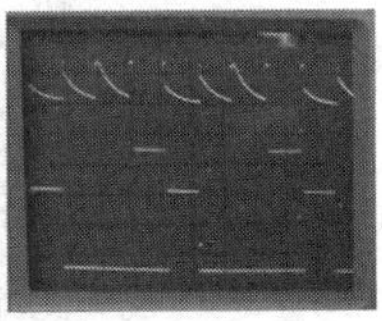 用双踪示波器观察 VT_1—VT_4 集电极波形，画出波形，进行相位比较，并与 MC14433 的 16—19 脚波形比较，观察是不是反相关系。

③时钟频率测定

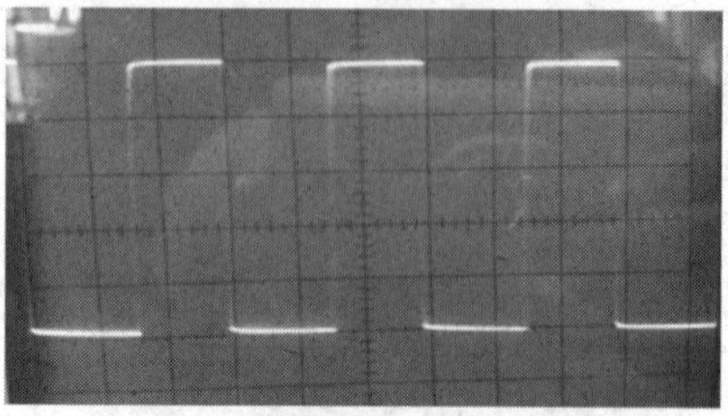

（T/DIV 为 10 μs）

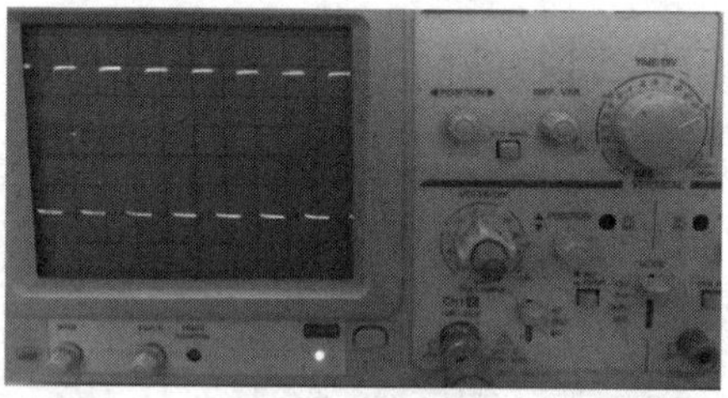

（T/DIV 为 5 μs）

用示波器观察 11 脚波形，画出波形图，并测量振荡周期和频率。可将测量结果与理论计算值 $f_{CP}=66$ kHz 进行比较，两者的数字应相近。

导师说

①由于使用印制电路板焊接电路，当安装正确时，通常不会产生故障。当数字毫伏表没有任何显示时，说明电路有故障，应立即关断电源，检查元器件安装以及电源连接是否正确。

②由于三位半数字显示屏最大能显示“1999”，表示满刻度电压为 1999 mV，所以数字毫伏表是精确的直流电压测量仪表。当使用数字毫伏表测量实际电压时，要注意先估算被测电压的量值，当显示管全部熄灭时，说明超过量程，不能使用数字毫伏表进行测量。另外，还要注意被测电压的极性，本任务中的数字毫伏表设计为用于测量正电压。

显示译码器 CD4511

CD4511 是常用的显示译码器。它是 CMOS 集成电路，用于驱动共阴极 LED 数码管。CD4511 除了完成译码驱动外，还附加有测试输入、消隐输入、锁定控制 3 个控制信号。其功能如下：

BI：消隐输入控制端，当 BI＝0 时，不管其他输入端状态如何，七段数码管均处于熄灭（消隐）状态，不显示数字。

LT：测试输入端，当 BI＝1，LT＝0 时，译码输出全为 1，即全亮，不管 DCBA 状态如何，七段均发亮，显示“8”。它主要用来检测数码管是否损坏。

七、故障现象与排除

故障现象：通电后，数码管无显示。

维修步骤如下：

①观察故障现象

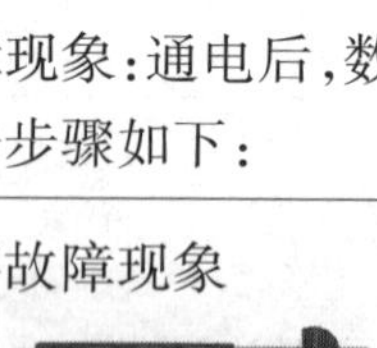

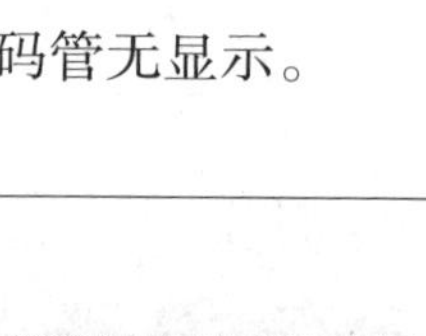

接通电源，数码管无显示。

②故障分析

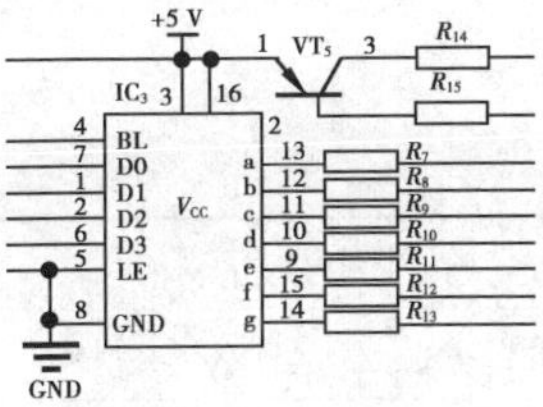

怀疑数码管无显示驱动，说明显示译码器 CD4511 这块集成芯片可能损坏。

③故障检测

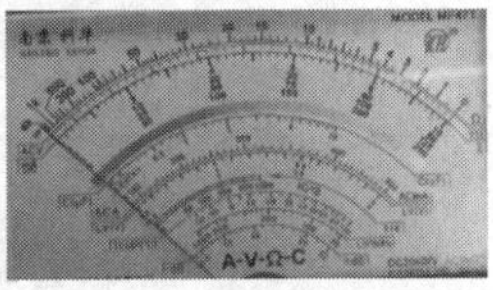

用万用表 10 V 电压挡测量各管脚，电压均为 0 V，说明数码管无驱动。

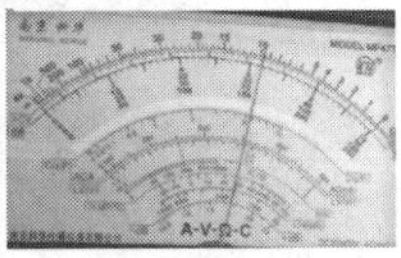

用万用表 5 V 电压挡测量集成芯片 CD4511 的 3、4、16 脚，各端电压为高电平 2.5 V；再测量 5、8 脚，各端电压为低电平 0 V。各管脚电压输入正常，说明集成芯片 CD4511 损坏。

④替换集成芯片

用新的集成芯片 CD4511 进行替换。替换后可正常显示。

导师说

在检修电子产品时，通常先使用相同型号、规格、结构的元器件、印制电路板、插入式单元部件等暂时替代怀疑有故障的部件。如故障现象消失，说明被替代部分存在问题。替换法对于缩小检测范围和确定元器件的质量很有帮助。

LE：锁定控制端，当 LE=0 时，允许译码输出；当 LE=1 时，译码器是锁定保持状态，译码器输出被保持在 LE=0 时的数值。

A_1、A_2、A_3、A_4 为 8421BCD 码输入端。

a、b、c、d、e、f、g 为译码输出端，输出为高电平有效。

CD4511 的内部有上拉电阻，在输入端与数码管笔段端接上限流电阻就可工作。

故障维修——替换法

替换法就是对于可疑的元器件、部件、插板、插件乃至半机，用好的部件去代替可能有故障的部件，以判断故障现象是否消失的一种维修方法。这是一种常见的故障维修方法。

对于集成电路（简称“组件”），可以把它看成带有电源端、输入端、输出端，且具有一定功能的黑匣子，而不必深究内部的电路结构，只要判明它的电源端并确认其输入、输出之间的逻辑关系正确，便认为它是正常的，否则表明组件有故障。

替换时，尽量选用同型号的集成电路。若没有，也可选用其他型号的集成电路进行替代，注意其外形规格及引线排列顺序应与原型号相同。

【任务评价】

任务评价表

评价内容		自 评	小组评价	教师评价
		优☆ 良△ 中√ 差×		
职业素养	①安全用电			
	②设备及器材的安全			
	③记录整理完整准确			
	④符合“6S”管理理念			
知识与技能	①准备制作数字毫伏表所需的工具、仪表、元器件			
	②评估数字毫伏表元器件的质量			
	③安装数字毫伏表电路			
	④检查与调试数字毫伏表电路			
	⑤简单维修数字毫伏表电路			
汇报展示	①作品展示(可以为实物作品展示、PPT 汇报、简报、作业等形式)			
	②语言流畅,思路清晰			
评价等级				

※拓展与提高

把数字量到模拟量的转换称为数—模转换,简称为 D/A 转换。实现 D/A 转换的电路称为 D/A 转换器,简写为 DAC。反之,把模拟量到数字量的转换称为模—数转换,简称为 A/D 转换。实现 A/D 转换的电路称为 A/D 转换器,简写为 ADC。

数字毫伏表就是利用了模—数转换原理,将模拟量——电压转换成数字量——8421BCD 码,再通过数字显示系统,将数字量显示出来。

在数控装置、数字仪表、数字通信、计算机控制系统以及家用电器中,经常要对一些模拟量进行控制。这些模拟量可以是电量(如电压、电流等),也可以是非电量(如位移、温度、压力、流量、速度、重量、应变、音频、视频等)通过传感器转换而来的电量。为了使数控系统能处理模拟量,必须把模拟量转换成数字量,才能送入数控系统中进行处理。同时,还要求把处理后得到的数字量转换成相应的模拟量,以驱动电磁阀、液压电磁铁等执行机构实现自动控制。

一、模—数转换

1.模—数转换的一般步骤

模—数转换一般要经过取样、保持、量化和编码 4 个过程。在实际电路中，这些过程基本上都是合并进行的，如取样和保持、量化和编码在转换过程中是同时实现的。

2.模—数转换的主要技术指标

模—数转换的主要技术指标有转换精度和转换时间等。

(1)转换精度

单片集成 ADC 的转换精度是用分辨率和转换误差来描述的。

输出 n 位二进制数的 ADC 能区分 2^n 个不同等级的输入模拟量。对于 n 位 ADC，如果满刻度电压为 U_M，其分辨率又可表示为 $\frac{U_M}{2^n}$，此值越小，分辨率越高。因此，位数越多，分辨率越高。

转换误差包含量化误差、偏移误差、非线性误差、满刻度误差等。

(2)转换时间

转换时间是指 ADC 从转换控制信号到来开始，到输出端得到稳定的数字信号所经过的时间。

二、数—模转换

数字量转换为模拟量的过程是将每一位二进制代码按“权”(表征数码位置的量)的大小转换成相应的模拟量，然后将这些模拟量相加，即可得到与数字量成正比的总模拟量，从而实现了数—模转换。n 位 DAC 的方框图如图 10-6 所示。

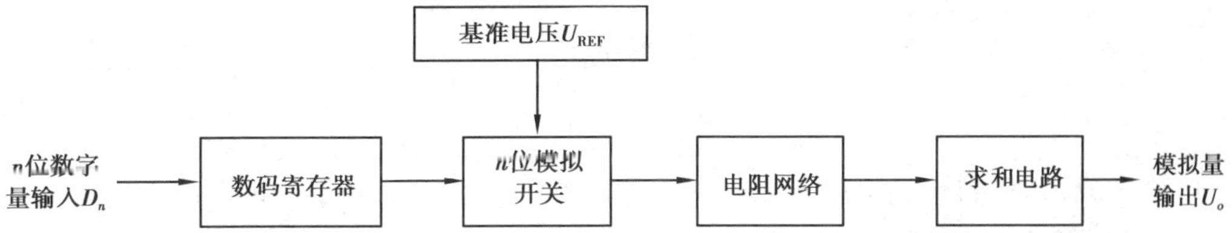

图 10-6　n 位 DAC 的方框图

※检测与反思

A 类试题

一、填空题

1.把数字量到模拟量的转换称为__________；反之，把模拟量到数字量的转换称为__________。

2.实现 A/D 转换的电路称为__________。

3.数字毫伏表是利用模数转换原理，将__________量——电压转换成__________量——

8421BCD 码，再通过数字显示系统，将数字量显示出来的。

4.当七段数码管显示数字 2 时，所对应的发光段是__________；当七段数码管显示数字 7 时，所对应的发光段是__________。

5.三位半 LED 数码管中的半位是指千位数只能是__________或__________，不能从 0 变化到 9，所以称为半位。

二、判断题

1.将模拟量转换为与之成正比的数字量，称为 D/A 转换。 (　　)

2.ADC 的位数越多，分辨率越高。 (　　)

3.数字毫伏表中的 A/D 转换器属于双积分型 A/D 转换器。 (　　)

4.三位半 LED 数码管中的三位和半位均能从 0 变化到 9。 (　　)

三、选择题

1.当使用数字毫伏表测量实际电压时，若显示全灭，说明数字毫伏表(　　)。

A.精度太高　　B.超出量程　　C.被测电压太小　　D.损坏

2.三位半数字显示的直流毫伏表的测量精度为(　　)。

A.1 mV　　B.10 mV

C.100 mV　　D.1 V

3.使用数字毫伏表测量实际电压时，若出现超过量程的情况，则数码管(　　)。

A.显示 1　　B.显示 0　　C.显示 1999　　D.熄灭

4.使用万用表检测七段数码管的质量时，应选择(　　)挡来测量。

A.$R\times1\ \Omega$　　B.$R\times100\ \Omega$

C.$R\times1\ \mathrm{k}\Omega$　　D.$R\times10\ \mathrm{k}\Omega$

B 类试题

一、填空题

1.单片集成 ADC 的转换精度是用__________和__________来描述的。

2.D/A 转换器由寄存器、求和放大器、__________、__________和__________等部分组成。

3.A/D 转换包括__________、__________、__________、__________4 个过程。

4.一个三位半数字显示的直流毫伏表是精确的直流电压测量仪表，它的测量范围是__________，测量精度为__________。

5.按键开关可选择两个位置，分别是__________位置和__________位置。

二、选择题

1.逐次逼近型 A/D 转换器属于(　　)转换器。

A.直接转换式　　B.间接转换式

C.时间/数字转换式　　D.频率/数字转换式

2.三位半数字显示的直流毫伏表所使用的稳压电源是(　　)。

A.+5 V　　B.-5 V

C.+5 V 和-5 V 双电源　　D.1.999 V

3.进行基准电压调整时,可通过调整(　　),尽量使数码显示为 1999。

A.R_P　　B.R_{W1}　　C.按键开关　　D.稳压电源

4.使用数字毫伏表测量出的实际电压为 3 V,则数码管(　　)。

A.显示 3　　B.显示 3000　　C.显示 1999　　D.熄灭

5.使用万用表检查按键开关的质量时,应选择(　　)挡来测量。

A.R×1 Ω　　B.R×100 Ω　　C.R×1 kΩ　　D.R×10 kΩ

三、简述题

数字毫伏表由哪些电路组成？各有什么作用?

C 类试题

一、填空题

1.七段数码管根据其内部 7 个发光二极管的公共端不同,可分为__________和__________两种类型。

2.在数字毫伏表中,带隙基准电源 MC1403 与__________一起为 A/D 转换器提供__________。

3.在三位半 LED 数码管中,三位是指个位、十位和百位的数字范围为__________,半位是指千位数只能是__________或__________。

二、判断题

1.在共阴极型七段数码管中,各发光二极管的阴极连接在一起,接低电平,a—g 和 DP 各引脚中任一脚为高电平时相应的字段发光。(　　)

2.三位半数码显示器能将译码器输出的七段信号进行数字显示,读出 A/D 转换结果。(　　)

3.三位半数码显示器安装小数点的目的是提高测量精度,可精确到 1 mV。(　　)

4.模数转换器 MC14433 的功能是将输入的模拟电压转换为三位半 8421BCD 码输出。(　　)

参考文献

[1] 王英,蔡耀明.电子装接工[M].重庆:重庆大学出版社,2007.

[2] 费小平.电子整机装配工艺[M].北京:电子工业出版社,2010.

[3] 王成安.电子技术基础与技能[M].北京:人民邮电出版社,2010.

[4] 曹白杨.现代电子产品工艺[M].北京:电子工业出版社,2012.

[5] 周业忠.电子技术基础与技能[M].北京:机械工业出版社,2014.

[6] 陈振源.电子技术基础与技能[M].北京:高等教育出版社, 2014.

[7] 王扬帆,栾良龙.电子技术基础与技能[M].大连:大连理工大学出版社,2015.

[8] 张道平.电子技术基础与技能[M].北京:高等教育出版社,2015.

[9] 杨少妹,周秀梅.电子技术基础与技能[M].北京:人民交通出版社, 2017.